国家级一流本科课程配套教材

普通高等教育“十一五”国家级规划教材

面向21世纪课程教材

Textbook Series for 21st Century

北京高等教育精品教材

BEIJING GAODENG JIAOYU JINGPIN JIAOCAI

“大国三农”系列规划教材

全彩版

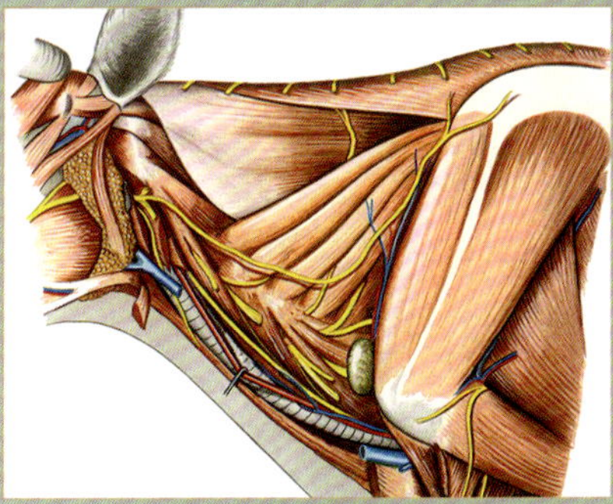

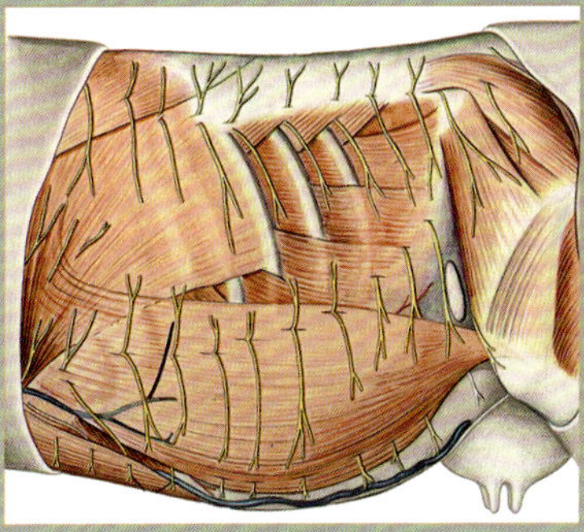

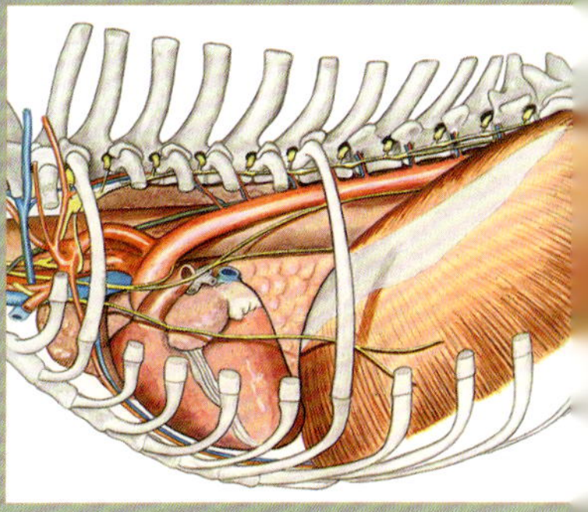

动物局部解剖学

（动物解剖实验实习指导）

ANIMAL TOPOGRAPHIC ANATOMY

(GUIDE TO THE DISSECTION OF ANIMALS)

第3版

陈耀星◎主编

中国农业大学出版社

China Agricultural University Press

·北京·

内容简介

本书为国家级一流本科课程配套教材，全书分为绪论、头部解剖、颈部解剖、前肢解剖、胸部解剖、腹部解剖、后肢解剖、骨盆和外生殖器解剖及脊柱解剖，共9章，按局部全面介绍了动物体各部位的层次、结构和位置关系，全面覆盖了动物局部解剖学知识。全书选用彩色图片等158幅，以图释文，简洁明晰，不但满足高等农业院校动物医学、动物科学和生命科学等专业的教学需要，还适合作为相关科研人员和研究生的基础参考资料。

图书在版编目（CIP）数据

动物局部解剖学：动物解剖实验实习指导 / 陈耀星主编. --3版. --北京：中国农业大学出版社，2024.8. -- ISBN 978-7-5655-3262-7

Ⅰ.Q954.5

中国国家版本馆CIP数据核字第2024QK1546号

书　名　动物局部解剖学（动物解剖实验实习指导）　第3版

作　者　陈耀星　主编

策划编辑　张秀环　　**责任编辑**　张秀环

封面设计　李尘工作室

出版发行　中国农业大学出版社

社　址　北京市海淀区圆明园西路2号　　**邮政编码**　100193

电　话　发行部 010-62818525，8625　　读者服务部 010-62732336

编辑部 010-62732617，2618　　出　版　部 010-62733440

网　址　http://www.caupress.cn　　**E-mail**　cbsszs@cau.edu.cn

经　销　新华书店

印　刷　涿州市星河印刷有限公司

版　次　2024年8月第3版　　2024年8月第1次印刷

规　格　210 mm×285 mm　　16开本　　13.25印张　　388千字

定　价　59.80元

第 3 版编审人员

主　　编 陈耀星

副 主 编 董玉兰　曹　静　姜俊兵

编　　者（以姓氏拼音为序）

蔡玉梅　曹　静　常建宇　陈　曦
陈风雷　陈付菊　陈耀星　董玉兰
耿梅英　胡　格　姜俊兵　蒋　南
金　鑫　荆海霞　匡　宇　兰云刚
李　剑　李　健　刘　琪　马俊兴
邱建华　商艳红　宋德光　苏　娟
王　勇　张国敏　张凯照　张利卫
张艺佳

主　　审 李福宝　刘为民

第2版编写人员

主　编 陈耀星　李福宝

副主编 刘为民　尹逊河　郑世学

编　者（以姓氏拼音为序）

曹　静　常建宇　陈　曦　陈耀星
董玉兰　高　明　姜俊兵　蒋书东
匡　宇　李福宝　刘为民　邱建华
宋　卉　吴建云　尹逊河　郑世学

绘　图 祖国红

第1版编审人员

主　　编　陈耀星

副 主 编　李福宝　尹逊河　郑世学

编　　者（以姓氏拼音为序）

陈耀星　蒋书东　匡　宇　李福宝

马玉忠　孙秉贵　尹逊河　郑世学

主　　审　沈和湘　张玉龙

绘　　图　祖国红

第 3 版前言

《动物局部解剖学（动物解剖实验实习指导）》（第 3 版）作为国家级一流本科课程配套教材和“大国三农”系列规划教材，在中国农业大学出版社等各方的大力支持下付梓发行了。本教材是在 2010 年出版的普通高等教育“十一五”国家级规划教材和面向 21 世纪课程教材《动物解剖学及实验教程第二分册：动物局部解剖学（动物解剖实验实习指导）》（第 2 版）的基础上，经过广泛征求众多兄弟院校的动物解剖学同仁和广大读者的意见，努力按国家级一流课程和“四新”融合的新形态教材建设的需求，重新进行修订的。除了传承前两版的“新”“活”和“精”等特点，本版主要修订如下。

1. 为了更好地便于实际授课和学生学习的需要，本教材分为绪论、头部解剖、颈部解剖、前肢解剖、胸部解剖、腹部解剖、后肢解剖、骨盆和外生殖器解剖及脊柱解剖，共 9 章，按局部全面介绍了动物体各部位的层次、结构和位置关系，全面覆盖了动物局部解剖学知识。不但满足高等农业院校动物医学、动物科学和生命科学等专业的教学需要，还适合作为相关科研人员和研究生的基础参考资料。

2. 为了激发读者的学习兴趣和提高学习效果，根据课程特点，全书选用彩色图片等 158 幅，选图考究，以图释文，简洁明晰，提升了可视性与美观度。

本教材由中国农业大学陈耀星教授、董玉兰教授、曹静教授、匡宇副教授和常建宇副教授，山西工程技术学院姜俊兵教授，吉林大学宋德光教授和兰云刚副教授，北京农学院胡格教授，浙江大学李剑副教授，南京农业大学苏娟副教授、张国敏副教授和张艺佳讲师，华中农业大学陈曦副教授，安徽农业大学王勇副教授，阜阳师范大学李健副教授，青岛农业大学蒋南副教授，青海大学荆海霞副教授、陈付菊副教授，山东农业大学蔡玉梅教授、邱建华副教授，扬州大学陈风雷副教授、刘琪讲师，河北农业大学耿梅英讲师，福建农林大学张凯照讲师，河南农业大学商艳红副教授、金鑫副教授、马俊兴讲师，河南牧业经济学院张利卫讲师等编写修订。中国农业大学博士生李佳玥参加第 1 章图版制作。安徽农业大学李福宝教授和佛山科技学院刘为民教授对本书进行了全面审校和修改，提出了许多中肯和宝贵的意见，付出了辛勤的劳动。本教材的修订工作凝聚了全体编审老师的心血和汗水，在此一并表示由衷的感谢。

本教材的出版还得益于中国农业大学出版社的大力支持，特此向他们表示诚挚的感谢。

部分插图是根据书后所列参考文献仿绘或修改的，在此对原书作者和出版者谨致衷心的谢意。

由于编者水平有限，书中错误和欠妥之处，竭诚希望读者和同行老师批评指正。

陈耀星
2024 年 4 月于北京

第 2 版前言

在中国农业大学出版社和各方的大力支持下，《动物局部解剖学及实验实习指导》（第 2 版）作为普通高等教育“十一五”国家级规划教材付梓发行了。本书是在我们编写并于 2002 年出版的教育部面向 21 世纪课程教材《动物局部解剖学及实验实习指导》（第 1 版）的基础上，经过广泛征求许多使用第 1 版教材的兄弟院校的动物解剖学同仁和广大读者的意见，努力按国家精品课程建设一流教材的标准，重新进行修订的。除了继续传承第 1 版的“新”“活”和“精”等特点，本版主要修订如下。

1. 为了更好地便于实际授课和学生学习的需要，本版教材按照头部、颈部、前肢、胸部、腹部、后肢、骨盆和外生殖器各部位详实叙述牛和犬局部解剖结构，并比较牛（羊）、猪、犬、马和兔等动物的局部解剖结构特点，不但能满足高等农业院校动物医学、动物科学和生命科学等专业的教学需要，还适合为本学科的科研人员和研究生的基础参考资料。

2. 根据解剖学课程的特点，更换或新增了彩色图版 11 幅和插图 141 幅，选图考究，精选并引用了一些国外新出版的教材和图谱，使全书图文并茂，相得益彰。

3. 为了便于学生阅读国外原版教材，本教材采用了解剖学名词改用英文注释的方式，方便了学生学习及其他专业人员参考查阅。

本书由中国农业大学陈耀星教授、董玉兰副教授、匡宇副教授、曹静讲师（第一章、第四章、第七章），安徽农业大学李福宝教授、蒋书东副教授（第六章第二节、第三节），佛山科技学院刘为民教授（第二章），山东农业大学尹逊河教授、邱建华副教授（第三章），河北农业大学郑世学教授（第五章第二节、第三节），华中农业大学大学宋卉讲师、陈曦讲师（第五章第一节），西南大学吴建云副教授（第六章第一节），山西农业大学姜俊兵副教授（第八章）等分别编写修订。中国农业大学常建宇副教授和沈阳农业大学高明讲师参加了编写修订。书中插图除了部分由修订者提供外，大部分由中国农业大学陈耀星教授、曹静讲师、董玉兰副教授和祖国红高级实验师精心选取和绘制。

本教材的修订工作凝聚了全体编写老师的心血和汗水。中国农业大学动物医学院曹静讲师、董玉兰副教授以及动物医学专业的本科生杨夏云、钱婉莹、胡易、李萌、王瑶等同学在后期的文字校对和图版处理等工作中付出了辛勤的劳动。在此对他们表示由衷的感谢。

本教材的出版还得益于中国农业大学出版社的大力支持，特此向他们表示诚挚的感谢。

部分插图是根据书后所列参考文献仿绘或修改的，在此对原书作者和出版者谨致衷心的感谢。

由于编者水平有限，书中错误和欠妥之处竭诚希望读者和同行批评指正。

陈耀星

2010 年 7 月于北京

第 1 版前言

家畜解剖学是畜牧兽医科学重要的基础理论学科之一。由于该课程以理论性、抽象性和实践性为主要特点，所以课程教学多采用联系实际、讲练结合的方式；在传授基础理论知识的同时，多让同学们观察实物标本、实地解剖动物，具体实习操作时也多采用局部解剖的形式。然而现有的家畜解剖学教材多为系统解剖学的知识介绍，相对缺乏指导实验实习的解剖学教材。为此，我们结合近年来解剖学的新进展和各兄弟院校的教学实践，并参考国内外同类书籍，在 2001 年编写出版了教育部面向 21 世纪课程教材《畜禽解剖学》的基础上，作为配套教材建设，又编写了这本《动物局部解剖学及实验实习指导》教材，供兽医、畜牧、卫生检疫、动物生理生化和经济动物等专业本科、专科学生使用，也供广大畜牧兽医科技工作者阅读参考。

本教材作为教育部面向 21 世纪课程系列改革成果，在内容和编写形式上进行了较大调整。全书分绪论、前肢、胸部、腹部、骨盆和外生殖器、后肢、颈部及头部解剖共 8 章，每一章的开始和结尾附有教学目标和复习思考题，并从当前畜牧兽医专业的教学和临床实践需要考虑，内容叙述以牛和犬局部解剖结构为主，比较牛（羊）、猪、犬、马和兔等动物的局部解剖结构特点，以适应小动物养殖业发展和临床门诊数量剧增的新需要。在编写中，尽可能做到既突出重点，又避免重复；力求文笔流畅，内容精练；根据学科的新发展，更新旧知识和旧概念，使其兼具系统性、实用性、科学性和先进性，便于读者使用。

本书各章内容选择和篇幅大小适当，深入浅出。全书文字约 16 万字，插图 106 幅（包括彩图 10 幅），图文并茂，相得益彰。本书中所使用的名词以国际兽医解剖学名词委员会新出版的《兽医解剖学名词（N.A.V.）》为准。

参加本书编写的有 4 个单位，参编人员均在有关院校的教学第一线工作，使本教材能集各家所长。具体人员和单位有：中国农业大学陈耀星教授（第 1 章和第 2 章）、孙秉贵讲师（第 3 章）、匡宇讲师（第 6 章）；安徽农业大学李福宝副教授、蒋书东讲师（第 4 章）；山东农业大学尹逊河教授、马玉忠博士（第 7 章和第 8 章）；河北农业大学郑世学副教授（第 5 章）。书中部分插图由中国农业大学祖国红高级实验师绘制。

安徽农业大学沈和湘教授和河南农业大学张玉龙教授对本书进行了全面审校和修改，提出了许多中肯和宝贵的意见，付出了辛勤的劳动。本教材的出版还得益于中国农业大学有关领导和中国农业大学出版社的大力支持。特此向他们表示诚挚的感谢。

书中的插图仿制引用文献或做部分修改，内容编写也得益于书后附的参考资料，借此向所有被引用文献的作者和出版社致以衷心的感谢。

由于编者水平有限，书中错误和欠妥之处，竭诚希望读者和同行批评指正。

编　者

2002 年 7 月

目录

第一章 绪论 1

第二章 头部解剖 8

第六章 腹部解剖 100

第七章 后肢解剖 128

第一章 绪论

【教学目标】

1. 了解动物局部解剖学的研究内容及学习意义。
2. 了解解剖前的准备工作和解剖操作过程中的注意事项。

一、动物局部解剖学的内容及学习意义

动物局部解剖学（animal topographic anatomy）是将动物体划分为若干个部位，例如头、颈、胸、腹、骨盆、前肢和后肢等（图 1–1），并对各个局部的形态构造进行解剖研究的学科。其内容主要在于阐明各个局部的分界定位、结构层次、各器官的所在位置与毗邻关系，以及体表定位与投影等。这是一门以临床应用为目的的课程，由浅入深逐层进行观察研究，常涉及数个系统，实践性强，具有重要的临床意义。通过本课程的学习和实际解剖操作，可以加深对动物体结构知识的理解，为临床应用打下良好的基础。因此，动物局部解剖学不仅是学习动物系统解剖学的继续和深化，也是学习动物医学临床课程的起程，是介于基础兽医学和临床兽医学之间的桥梁课程。

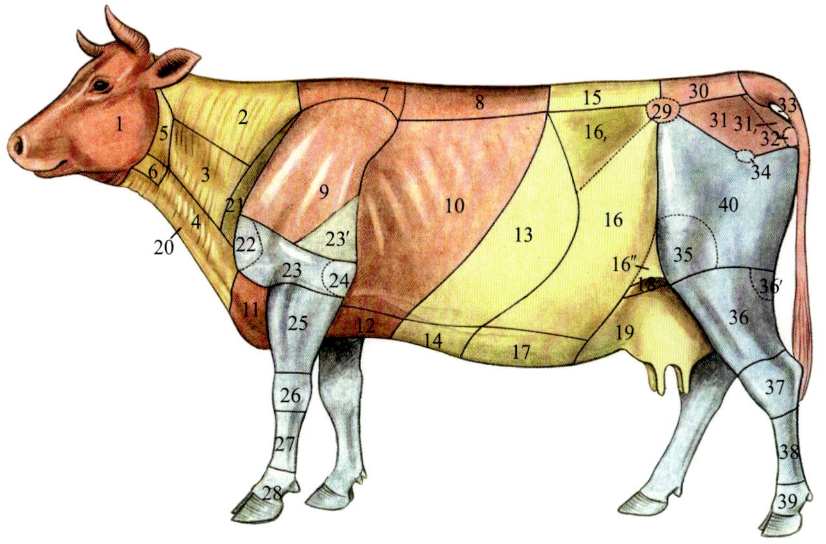

图 1–1　畜体各部位名称

1. 头部　2. 颈背侧部　3. 颈侧部　4,6,20. 颈腹侧部　5. 腮腺区　6. 喉部　7,8. 胸椎部　7. 鬐甲部　8. 背部　9. 肩胛部　10. 肋部　11. 胸骨柄部　12. 胸骨部　13. 季肋部　14. 剑状软骨区　15. 腰部　16,16′,16″,17. 腹部（16′. 腰旁窝　16″. 膝褶部　17. 脐部）　18. 腹股沟部　19. 耻骨部　20. 颈腹侧褶　21. 肩胛前部　22. 肩胛骨关节区　23. 臂部　23′. 三角肌部　24. 尺骨部　25. 前臂部　26. 腕部　27. 掌部　28. 指部　29. 髋结节　30. 荐部　31. 臀部　31′. 尻部　32. 坐骨结节部　33. 尾部　34. 髋关节区　35. 膝关节区　36. 小腿部　36′. 腘区　37. 跗部　38. 跖部　39. 趾部　40. 股部

（引自 Popesko，1985）

动物有机体是一个完整的统一体，其所有器官都是互相联系和互相制约的。同时，结构和功能又相互依赖而存在。因此，在学习动物局部解剖学的过程中，应理论联系实际，把动物体的结构与临床实践联系起来，随时注意思考结构与机能、局部与整体、尸体与活体的关系，而不要把学习解剖学当成单纯的形态结构的记忆过程。为此，在实践过程中还应注意做到，解剖和验证各器官的构造时，要认清各器官彼此之间的局部关系及其与整体的关系；在解剖各器官时要注意识别组织特征与质地，如色泽、软硬度等；在活体触摸骨性标记、肌腱和肌沟，以及浅在血管、神经、淋巴结等正常结构时，要联想其深部器官的形态、位置及其联系。

二、局部解剖学的研究方法和解剖前的准备工作

动物局部解剖学的最基本和最常用的研究方法是用普通的解剖器械（刀、剪、镊和锯等）按部位来解剖观察正常的动物尸体。为此，尸体或其一部分材料，都必须事先进行防腐固定处理，以便能较长期地保存使用。这也要求在解剖前对动物进行必要的麻醉、保定、放血和灌注与防腐固定。

（一）麻醉

完善的麻醉是使动物局部解剖学顺利进行的重要环节。在解剖学研究中，通常应用操作简便、不需要特殊的麻醉装置的全身麻醉。目前常用的输入途径有肌肉注射、腹腔内注射、静脉注射和皮下注射等。下面介绍不同家畜的全身麻醉方法：

1. 龙朋或二甲苯胺噻唑　成年牛肌肉注射 0.2 ～ 0.5 mg/kg，羊和马肌肉注射 1 mg/kg。

2. 5% ～ 10% 水合氯醛　成年牛静脉注射 0.12 g/kg。

3. 硫喷妥钠　成年牛静脉注射 10 ～ 15 mg/kg，犊牛、羊和猪静脉注射 15 ～ 20 mg/kg。

4. 3% 戊巴比妥钠　犬静脉注射 1 mL/kg。

5. 氯胺酮　成年犬肌肉注射 15 ～ 20 mg/kg。

（二）保定

保定是以人力或器械控制动物，限制其防卫活动，以保证人畜安全。为了实施对动物灌流固定，一般对动物通常使用横卧保定。

1. 胸腰脚缠缚倒牛保定法　用一条长而柔软的圆绳，一端拴在两角根部，引绳向后，分别在胸部和腹部各绕一圈，交叉成套，交叉点应放在倒卧的对侧，保持在髋关节水平线下方。然后再将绳在胫部上方绕两后肢一圈，使绳末端向后（图 1–2），以 2 ～ 3 人牵拉。令一人固定头部，另一人牵引牛尾。

图 1–2　胸腰脚缠缚倒牛保定法

倒牛时，牛鼻部应向倒卧对侧斜上方牵引，牛角按向倒卧同侧斜下方，牛尾向倒卧同侧牵引，前后同时用力，牛即自然卧倒。卧倒后注意保定头部，并固定四肢。

2. 双套结和绳套与双抽筋倒马保定法 用一条 12 m 长柔软的圆绳，于绳的正中间作一双套结，并使之成两个绳套（图 1–3A），绳套要一长一短，每个绳套上穿一个直径 10 cm 的铁环。再将绳套端用一木棒固定在马颈基部的一侧（倒卧的对侧），令两助手各执一绳，通过两前肢之间和两后肢之间，分别从马的跗关节上绕至前方，与方才的绳子作一交叉，以防将来收紧时滑脱。将绳的游离端穿过绳套上的铁环并向后拉紧，再慢慢地将套在跗关节上的绳子逐步移到系部，左、右侧牵引绳子的助手用力牵引自己的绳子，牵牲畜的助手此时拉马向前走，在马运步的过程中，迅速收紧绳子，使马因失去重心而以犬坐式卧倒。欲倒向哪一侧，则该侧的牵引力量就要大一些，并使头向倒卧的对侧上方弯曲（图 1–3B）。马倒下后，让一助手专门照管头部，可使头后部着地，嘴向上提，不要让头抬起。

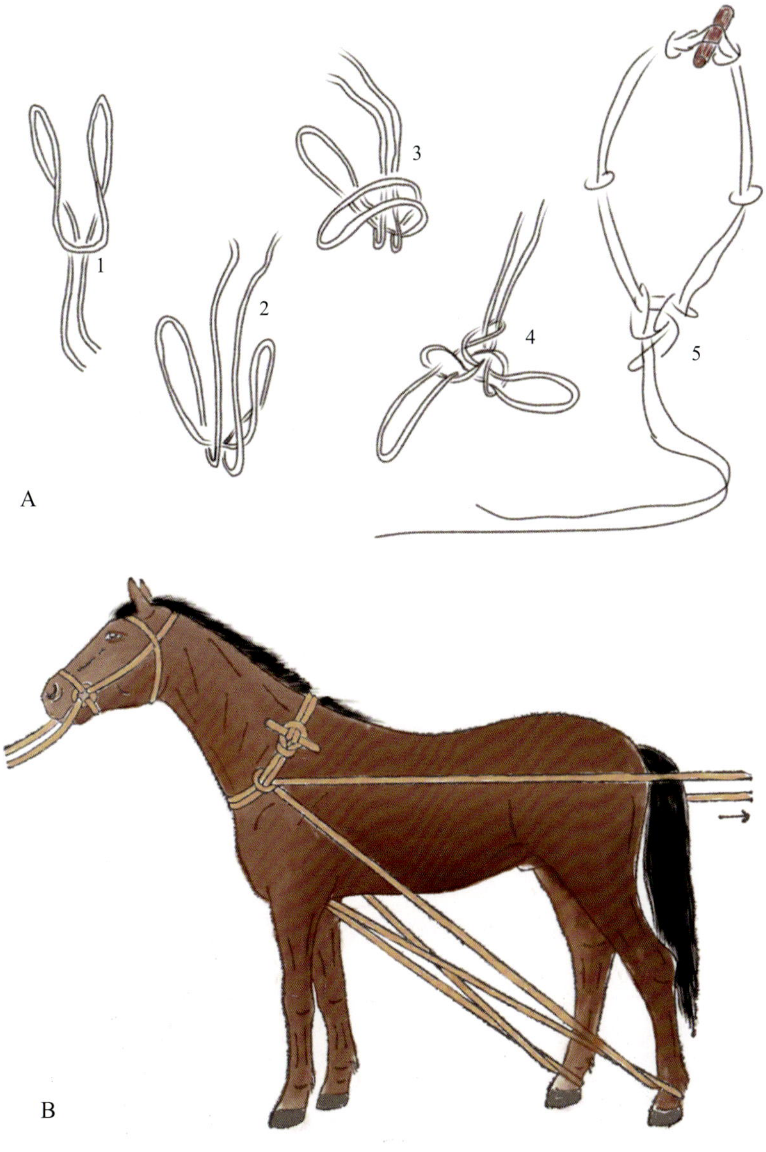

图 1–3 双套结和绳套（A）与双抽筋倒马保定法（B）

3. 猪横卧徒手保定法 术者以左手或右手握住对侧的猪耳朵，另一只手抓住对侧膝襞处柔软的皮肤皱襞，用力向上提，使该侧后腿离地，同时两手一起用力扳倒该猪，使之横卧地上，顺势以左膝或右膝跪压住猪的肩部或腰部，两手握住原处不放，即可保定（图 1–4）。

图 1-4　猪横卧徒手保定法

4. 羊倒卧保定法　术者俯身从对侧用一只手抓住两前肢系部或抓住一前肢臂部，另一只手抓住腹肷部膝襞处扳倒羊体，后一只手改为抓住两后肢的系部，前后一起按住即可（图 1-5）。

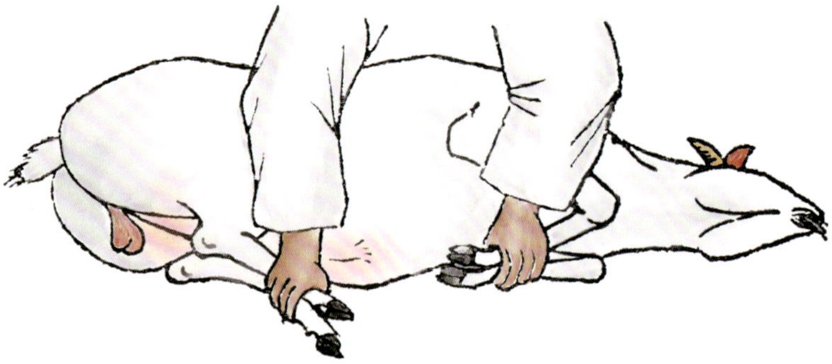

图 1-5　羊倒卧保定法

5. 犬横卧保定法　先将犬做口部保定，即用绷带或细软绳，在其中间绕两次，打一活结圈，套在口后颜面部，在颈背侧枕部收紧打结；短头犬可用绷带或细软绳，在其 1/3 处打活结圈，套在口后颜面部，于下颌间隙处收紧；其两游离端向后拉至耳后枕部打一个结，并将其中一长的游离绷带经额部引至鼻背侧穿过绷带圈，再返转至耳后与另一游离端收紧打结。然后，两手分别握住犬两前肢的腕部和两后肢的跖部，将犬提起横卧在平台上，以右手的臂部按压住犬的颈部，即可保定（图 1-6）。

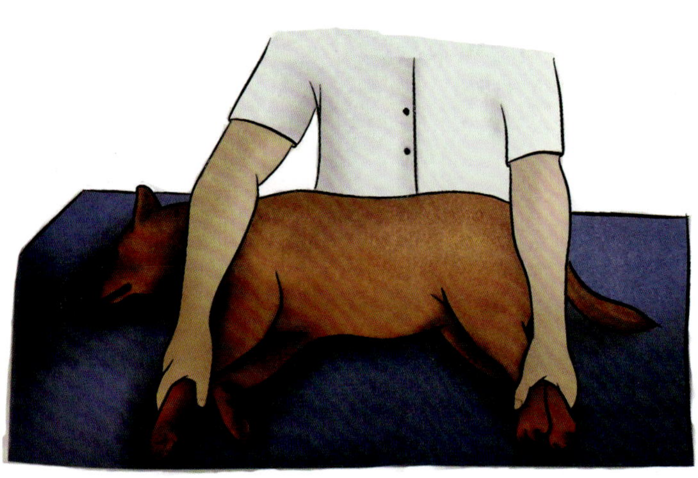

图 1-6　犬横卧保定法

（三）放血和灌注与防腐固定

尸体材料的防腐固定方法是先将动物进行动脉（常用颈总动脉）放血致死，然后用吊桶以大气压力注入法或用连续注射器，把15%的福尔马林溶液或5%福尔马林、2%苯酚与30%乙醇组成的防腐液注入尸体内。例如，将牛麻醉后行左侧卧位，固定保定，触摸右侧颈静脉沟，在颈静脉沟中后部切开皮肤，钝性分离筋膜、血管和神经，暴露右颈总动脉，用双重结扎线（远心端打死结，近心端打活结）在颈总动脉中间的管壁上纵向切一小口，插入预先准备好的尖头玻璃插管（带30 cm长的乳胶管），松开近心端的活结，将玻璃管进一步插入，扎牢固定，让血液流入准备好的容器内。该过程是借助于心的泵送功能以清空血管内血液。

准备好输液装置，等放血完毕后，更换玻璃管，或经同一玻璃管灌注预先配制的15%福尔马林固定液或5%福尔马林、2%苯酚与30%乙醇组成的防腐液。灌注前应将尸体姿势整复，摆好头、颈和四肢的位置，并将两前肢及后肢间用支架撑开，保持一定距离，以便日后解剖操作，并防止器官位置的变移。防腐固定液的灌注量取决于尸体的大小和体脂的多少。对于一般体况、中等大小的黄牛或马，灌注25 000～30 000 mL（约每100 kg体重灌注10 000 mL）即可，对于中等大小的犬的灌注量约为10 000 mL，或用手触摸尸体的唇、颊、耳、股内侧和四肢下部，当其达到一定硬度时即可。若尸体还较柔软，说明灌注量不足或防腐固定液没有到达这些部位，可再继续灌注，或用较高浓度的福尔马林溶液作局部的补充注射。在灌注防腐固定液的过程中，应多次翻转尸体，以保证固定液灌注完善。如果口、鼻孔有液体流出，即可停止灌注，取出玻璃管，结扎血管，防止固定液流出。一般在固定液灌注完再停留2～4周以后，即可解剖使用。

为了便于解剖操作过程中对于小动脉的观察，在防腐固定液灌注完成后的第3～5天，可用注射器经大动脉血管注入一些红色血管填充剂，如红色橡胶乳等，后者可使小动脉充填起来，以便辨认和观察。为了区别静脉，可以从静脉注入蓝色的血管填充剂。

一个保存良好的标本可用于解剖学的全过程。在解剖过程中，可用2%苯氧乙醇、1%苯酚或其他抗真菌药物湿润的纱布，对标本进行防腐处理。还可用塑料袋包裹标本的头部和四肢末梢，并用塑料布覆盖整个标本，以防止其在解剖期间干燥。冷藏有助于储存，但非必需。

三、局部解剖注意事项

（1）每次解剖前都要认真阅读教材和参考书的有关内容，以便对于该局部的轮廓建立起一个理性概念，然后根据本实验指导的提示和对照图谱，按步骤有秩序地进行实际解剖操作。要做到人员分工明确，认真负责。每次应指定术者一人，助手一人，其他人员以观察记录或做一些辅助工作，但术者应每次轮流担任，以便每人都有操作机会。切不可各行其是，任意切割尸体或随个人兴趣去追溯某些东西。

（2）局部解剖一般都应分层逐次分离，审慎地寻找和显露各有关结构，做到界线明晰，观察清楚。对于一些规律性的东西，应该做到心中有数，抓住主要结构，舍弃次要部分。这样就能以较少的时间学习更多的知识。譬如，在清除局部区域的脂肪或结缔组织时，把主要解剖构造显示出来就可以，在进行血管神经的解剖操作时，要注意掌握血管神经的分布走向和分支规律。在体壁和四肢部，它们多数伴行于肌肉间隙内；而胸、腹腔内的血管神经，则常沿系膜伸延至器官的“门”处。对于血管神经主干及其主要分支一般应同时观察其行程和相互关系，并注意其大小、来源、径路、分支与分布区域以及变异或畸形等情况。为了显示主干及其主要分支的形态结构，常要清除其周围或浅层的结缔组织，甚至去掉一些小静脉或淋巴结，但要注意保留它们与相邻结构的联系，不要将其完全分离变成一根根悬空的“孤干”，说不清其毗连关系与行径。在分离操作方法上，可采用“多分少切”的钝性解剖法，即用刀尖、刀背或镊子沿其走行方向作小幅度的分割或剥离，少用刀刃去切割，更不能作垂直走向的切割，以免切断拟观察的结构。对于一些细小的分支或伴行的静脉，只了解其一般的排列与分布情况就可以，不必花费更多的时间去追溯其终末与细支。对于体腔内器官，应在体壁部解剖观察完之后，再由浅入深逐一进行，先观察其形态大小、光泽、硬度和位置关系，然后由表及里观察其构造。为了便于解剖，可以在器官位置关系观察完毕后，再逐层、逐段或全部取出，仔细分离，深入观察。

（3）在每次解剖过程中都应该认真观察，并做必要的记录或绘出简图，以便存查。当每一部分的局部解剖完毕，应对照尸体材料和记录资料全面复习教材和阅读参考书，必要时各自总结文字材料和绘图，以便获得清晰而完整的概念，加深印象和积累资料。

（4）必须负责照管和保护好所解剖的尸体或标本材料，注意防止霉变或干枯。暂时不解剖的部位不要剥皮，并用湿布包裹，以免长时间暴露于空气中蒸发干枯；正在解剖的部位，也要适时洒上防腐液，并包以湿布，以保持湿润。每次解剖操作完毕后，都要用湿布包好，尤其对于头部、四肢下部和外生殖器等部位应注意防腐和湿润处理。

（5）解剖器械必须妥善保管。每次解剖完成后，都应如数清点，洗净擦干，切勿将其遗忘在尸体标本上，以免锈坏；用过的刀要及时擦干、放好，以备下次使用。解剖器械一律不准携出室外，另作他用。如果发现异常或损坏情况，应及时报告指导教师，酌情处理。

四、常用解剖器械的使用方法

各种器械都有它的不同用处，用得恰当，一方面可使操作顺利进行，另一方面也可以少破坏一些结构。常用的解剖器械有解剖刀、解剖镊和解剖剪。初次解剖者必须注意其使用方法。

1. 解剖刀 切割的工具，主要用于切割皮肤、分离神经、清理血管、解剖肌肉及剖割脏器等。解剖刀有固定刀柄和活动刀柄两种。活动刀柄解剖刀是由刀柄和刀片两部分构成。装刀方法是将刀片装置于刀柄前端的槽缝内。使用解剖刀时，关键在于稳重而精确的动作，执刀的方法必须正确，动作的力量要适当。执刀的姿势和动作的力量根据不同的需要有以下几种（图 1–7）：

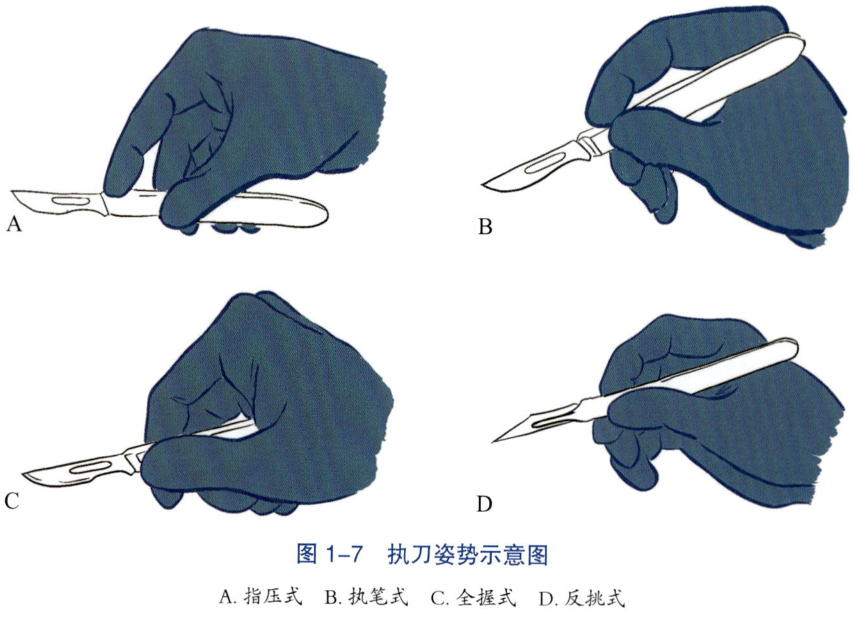

图 1–7 执刀姿势示意图

A. 指压式 B. 执笔式 C. 全握式 D. 反挑式

（1）指压式 以手指按刀背后 1/3 处，用腕与手指力量切割。适用于切开皮肤、腹膜及切断钳夹组织。

（2）执笔式 动作涉及腕部，力量主要在手指，需用小力量短距离精细操作，用于切割短小切口，分离血管、神经等。

（3）全握式 力量在手腕。用于切割范围广，用力较大的切口，如切开较长的皮肤切口、筋膜、慢性增生组织等。

（4）反挑式　刀刃由组织内向外挑开，以免损伤深部组织，如腹膜切开。

2. 解剖镊　用于夹持、稳定或提起组织以利切开。解剖镊有不同的长度。镊的尖端分有齿及无齿（平镊），又有短型、长型、尖头与钝头之分，可按需选择。有齿镊损伤性大，用于夹持坚硬组织，如皮肤的剥离；无齿镊损伤性小，用于夹持脆弱的组织及脏器；精细的尖头平镊对组织损伤较轻，用于夹持血管、神经、黏膜等。执镊方法是用拇指对食指和中指执拿，执夹力量应适中。

3. 解剖剪　也叫组织剪，可沿组织间隙分离和剪断组织。为了适应不同的解剖部位，解剖剪分大小、长短、弯和直几种，直剪用于浅部解剖操作，弯剪用于深部组织分离。使用时手和剪柄不妨碍视线，从而达到安全操作的目的。除作剪物之用外，解剖剪还可用于钝性分离血管、神经和器官等。正确的执剪方法是以拇指和第四指插入剪柄的两环内，但不宜插入过深；食指轻压在剪柄和剪刀交界的关节处，中指放在第四指环的前外方柄上，准确地控制剪的方向和剪开的长度。在解剖过程中，常是剪、镊并用（一手持镊，一手拿剪），例如寻找皮神经和分离神经血管时，最好使用剪子，而不轻易用刀。

4. 解剖器械使用后，应及时清点和清洗。首先将用过的器械放入冷水中浸泡。有锋刃的锐利器械（如刀、剪等）最好捡出另外处理，以免与其他器械相互碰撞，使锋刃变钝。能拆卸的器械（如止血钳、剪等）最好拆开清洗。洗刷时用指刷或纱布块仔细擦净血迹。特别注意止血钳、无齿镊等的齿槽，解剖刀柄槽和剪、钳的活动轴，或有螺丝钉固定的地方。清洗后的器械应立即使其干燥，可用干布擦干，或置于通风处晾干。

5. 经清洁的器械应分类整齐排列在器械柜内，不要任意堆放。器械柜内应保持干燥，并不得在同柜内贮存药品（如碘、汞、酸、碱等腐蚀性药品）。

【思考题】

1. 简述动物局部解剖学的定义及其学习的目的与意义。
2. 简述动物体的体表分部特征。

第二章 头部解剖

【教学目标】

1. 掌握头部浅层肌、浅层血管和神经的解剖特征。
2. 了解头部深层结构的解剖特征。
3. 掌握口、鼻、咽、喉和眼眶等的组成与结构特征。
4. 掌握脑的形态、位置和结构特点。

头部解剖包括头部浅层结构的观察、头部深层结构的观察和脑的解剖 3 部分内容。

头部与颈部相接，包括颅部和面部。颅内有脑、脑膜和血管；面部有眼（视器）、耳（位听器）、口、鼻、咽、喉等，其中视器、位听器、口鼻的嗅区和味蕾均属于特殊感受器。头部结构复杂精细，神经血管丰富，分布错综复杂，除了是重要感受器和脑的集中汇集区外，还是消化道和呼吸道的起始端。

第一节 头部的分区和体表结构与骨性标志的观察

一、头部的分区

头部（head）与颈部的交界是以两侧耳根后缘连线向下与地面垂直引出的假想横断面，直至喉部皮褶。头部可分为颅部和面部（图 2-1）。

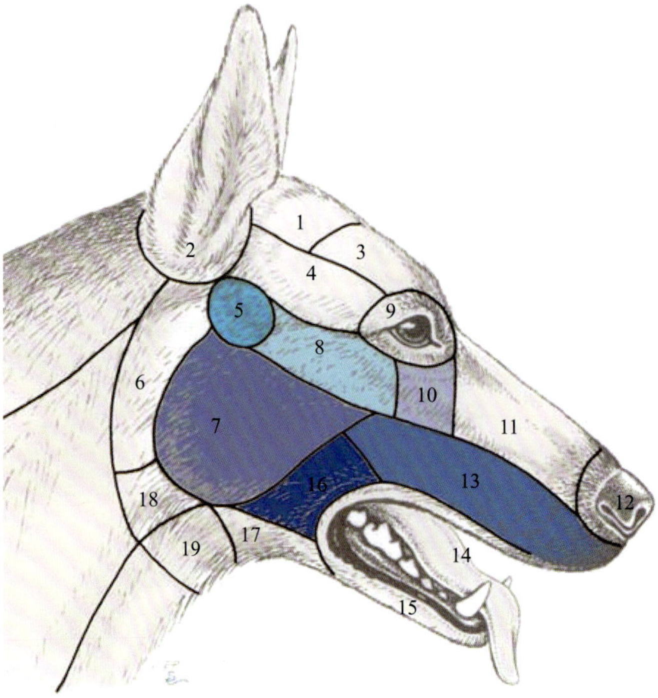

图 2-1 犬头部的分区

1. 顶区 2. 耳廓区 3. 额区 4. 颞区 5. 颞下颌关节区 6. 腮腺区 7. 咬肌区 8. 颧区 9. 眶区 10. 眶下区 11. 鼻区 12. 鼻孔区 13. 上颌区 14. 口区 15. 下颌区 16. 颊区 17. 下颌间隙区 18. 咽区 19. 喉区

（引自陈耀星和刘为民，2009）

（一）颅部（cranium region）

枕区（occipital region）：两耳根后缘之间的区域，枕骨的上方。

顶区（parietal region）：两耳根连线前上方与眶上缘连线之间的后半部，表面朝向背侧。

颞区（temporal region）：构成颅部两侧，前界为眶上突后缘，下界为颧弓背缘，后界为耳根的后缘，背侧界为颞线。

额区（frontal region）：顶区的前方，两耳根连线前上方与眶上缘连线之间的前半部分，表面朝向背侧。

（二）面部（facial region）

眼区（眶区，orbital region）：包括眼和眼的附属结构。

眶下区（infraorbital region）：位于眶部的前下方。

鼻区（nasal region）：包括鼻背部、鼻侧部和鼻孔部。

口区（oral region）：包括上唇、下唇和口角。

颊区（buccal region）：位于咬肌和口角之间，部分围绕上唇和下唇。

下颌区（mandibular region）：颊部腹侧的狭窄区域，以下颌骨体为基础。

咬肌区（masseter region）：咬肌所分布的区域。

腮腺区（parotid region）：位于耳根下方，咬肌区后方的四边形区域，其内具有腮腺。

下颌后区（retromandibular region）：位于腮腺区下方。

喉区（laryngeal region）：位于咽区下方。

下颌间隙区（intermandibular region）：头部底面，位于两下颌骨体所夹的角内。

二、体表结构与骨性标志

（一）体表结构与标志的观察

1. 观察皮肤及其衍生物。

2. 观察和触摸下述结构或突起、凹陷。

（1）头面部　角间隆凸、颞线、颧弓、面嵴、面结节、面血管切迹、眶下孔、颏孔。

（2）颈部　寰椎翼、颈浅淋巴结、颈静脉沟。

（3）前肢　肩胛冈、肱骨大结节、尺骨鹰嘴、副腕骨、肌沟。

（4）荐臀部和后肢　荐正中嵴、荐结节、髋结节、坐骨结节、大转子、膝盖骨、膝韧带、跟总腱、跟结节、髂下淋巴结、肌沟。

（二）头部重要的骨性标志

家畜头部重要的骨性标志较少，主要有：

1. 眶上突（supraorbital process）　又称额骨的颧突，为由额骨中部向外下方伸延的突起。牛、马和羊的眶上突与颧弓相接。猪的眶上突为一锥状突起，不与颧弓相接。眶上突前方为眼眶，容纳眼球，后方为颞窝，充满颞肌。

2. 颧弓（zygomatic arch）　由颧骨向后发出的颧骨颧突与颞骨向前发出的颞骨颧突相接形成。颧弓为颞窝的下界，其腹侧有大的咬肌附着。马的颧弓与其前方的面嵴互相延续，沿其行走有面横动脉和面横静脉。在颧弓后端腹侧有颞下颌关节，位置偏深，不易触及。

3. 面嵴（facial crest）和面结节（facial tubercle）　牛的面嵴不明显，但在上颌骨颜面中央有粗糙隆起的面结节，正对第 3 前上臼齿的上方。马的面嵴十分发达，面嵴前端正对第 3 上前臼齿的上方。

猪无面结节，其面嵴由颧弓向前伸延，逐渐变矮，消失于眶下孔后方。

4. 下颌骨血管切迹 马、牛和羊的下颌骨腹侧缘易于触及。在下颌骨腹侧缘后段，有一略凹陷的部位即为下颌骨血管切迹，活体上有面动脉、面静脉和腮腺管通过，是感知脉搏的部位。

第二节 头部的浅层解剖

一、解剖步骤

1. 剥皮 沿着颈腹侧正中做皮肤切口，向前继续切开下颌间隙的皮肤，然后向两侧剥离皮肤至背侧中线。在口和鼻孔部，口鼻边缘留 0.5 ～ 1 cm 的皮肤带，围绕眼和耳根部做一个环形切口，也留下一个皮肤缘。注意剥离皮肤时不要损伤皮下的皮肌及鼻唇提肌等。

2. 解剖观察皮肌 将面部皮肤剥离翻转后小心清理皮下结缔组织和筋膜，清楚地显露出头部皮肌，剔去头部皮肌表面的筋膜，将头部皮肌界限分清，仔细观察头部皮肌的分布范围、肌纤维走向。观察后，将皮肌向一侧掀起，以便继续观察。

3. 解剖观察面神经 头部皮肌掀起后，可见伸延于面部的神经为面神经，自下颌关节后缘找到面神经根，沿本神经向前清理包裹在神经外面的结缔组织，剥离干净，勿伤神经，并使各分支保持原位。然后，辨识面神经的分支——上颊支和下颊支。沿该神经的分支，追寻面神经的分布区域。

4. 解剖观察咬肌及面动脉、面静脉和腮腺管 在下颌支的外侧找到咬肌，清理覆盖于该肌表面的结缔组织，分离咬肌的界限，观察咬肌的肌纤维方向、位置和起止点。沿咬肌前缘分离结缔组织，找到此部位经过的 3 条管道，辨识面动脉、面静脉和腮腺管。如不易辨识，可沿管道向上追寻，从止点部辨认，然后记录 3 条管道的排列规律、腮腺管的开口部位、面动脉的分布范围和面静脉的汇流区域。再沿 3 条管道向后，在下颌间隙处分离，找到它们的起源。

5. 解剖观察面横动脉和面横静脉 在咬肌背侧部的浅层可见有前、后方向伸延的动脉和伴随的静脉，即为面横动脉和面横静脉。将覆盖于上述血管表面的肌纤维剥离开，显露出该血管，观察它们的分支分布范围，并追寻其起始部位。

6. 口鼻周围肌肉和眶下神经的解剖观察 分离口鼻周围肌肉，主要辨识鼻唇提肌、犬齿肌、上唇固有提肌、颧肌、颊肌和下唇降肌等肌肉，仔细观察上述各肌肉的起止点和肌纤维走向。然后将鼻唇提肌从中间切断向两端掀开，找到眶下孔。将眶下孔周围的结缔组织分离干净，显露出眶下神经，沿眶下神经向前，剔除包裹于神经外面的结缔组织膜，追寻该神经各分支，观察其分布范围。

7. 解剖观察颞肌 从额部和顶部正中线向侧面剔除覆盖于额、顶部的筋膜，可见自正中线起始的颞肌肌纤维集中走向颞窝，止于下颌骨冠状突。观察该肌的位置，分析其功能。

8. 观察颏神经 在下颌骨前部，剥离皮肤和皮下筋膜，找到颏孔和沿该孔发出的颏神经，追寻、观察其分支分布。

9. 观察腮腺部浅层 在耳根下方、下颌骨支后缘及寰椎翼之间是以腮腺为基础的腮腺部。在腮腺的表面覆盖有面皮肌、筋膜和腮耳肌。沿腮腺部边缘剥离皮肤、面皮肌，清除筋膜，可见一自耳根向下的、薄的条带状肌，覆盖于腮腺表面，该肌为腮耳肌。将该肌远端切断，向耳根方向掀起，可全部暴露出腮腺。然后仔细清理覆盖在腮腺表面和周围的结缔组织，分清腮腺界限。观察该腺体的位置、形态、颜色和质地及其腺叶。小心地分离通过腮腺表面的血管、神经，分别追寻其来源和分布。在耳根下方找到耳大神经和耳大静脉，分离该神经和静脉，观察其分布。在腮腺的前缘分离出咬肌动脉和咬肌腹侧静脉，追寻它们的走行和分支。在颈静脉沟前部找到颈静脉，沿颈静脉向前至腮腺后缘找到舌面静脉，分离并观察。在下颌间隙后部、下颌支后缘，沿已分离的腮腺管向上追寻该导管的起始部。然后再沿面动脉和面静脉追寻它们的起始部。将腮腺前缘上部掀起，可见腮淋巴结，将腮腺前下角掀起，可见下颌淋巴结。清理淋巴结周围组织，观察这些淋巴结的形态、位置、颜色和质地。观察后将腮腺小心地清理并剥离。注意观察腮腺深部的上颌静脉，剥离时注意勿伤及血管、神经及其他结构。

二、解剖层次与结构

1. 第一层——皮肤 牛头部皮肤较厚，除鼻唇镜和沿下唇游离缘的一窄带区无毛外，其他各处均长有短毛，额部常有旋涡形毛流（旋毛）。羊没有鼻唇镜，在两鼻孔之间的无毛区称鼻镜。上唇被一深裂分为左、右两半。另于下颌间隙部，常有一对由皮肤皱褶形成的颈垂。犬的唇部皮肤表面生有长的触毛。马的唇部皮肤除有细的被毛外，还有粗的触毛。

2. 第二层——皮下组织和浅筋膜 在牛，该层比较厚，因此，牛头部皮肤，除鼻唇镜、下唇和眼睑等外，都较容易分离。牛的头部皮肌较发达，包括面皮肌（facial cutaneous muscle）和额皮肌（frontal cutaneous muscle）。猪、犬的浅筋膜较发达，常蓄积有厚薄不等的脂肪，面皮肌也很发达。

牛的面皮肌稍厚，覆盖于腮腺、咬肌及下颌间隙，起于腮筋膜。肌纤维向前呈放射状分布，一部分纤维向前伸向颊部和口角（至口角的皮肌称口角降肌），另一部分纤维向前上方伸延，止于面结节、眶前下缘和颧弓处的筋膜，并汇入眼轮匝肌。牛的额皮肌薄而宽大，覆盖于额部，起于枕部筋膜和角基部，肌纤维斜向前下方，与眼轮匝肌相汇合。猪、犬和马的头部皮肌均无额皮肌，只有面皮肌。猪的面皮肌肌纤维基本呈前后行，前接口轮匝肌和口角下方的筋膜，后与颈皮肌的深部相接，上部与面嵴筋膜相连，下部达下颌间隙正中线与对侧同名肌相接。马的面皮肌与牛的相似，但不如牛的发达，稍薄。

浅筋膜的深面有许多皮神经和浅表血管通行。

3. 第三层——深筋膜 紧密地和肌肉或腺体等相贴连。

4. 第四层——肌肉、腺体、淋巴结、血管和神经 见图 2-2 至图 2-5。

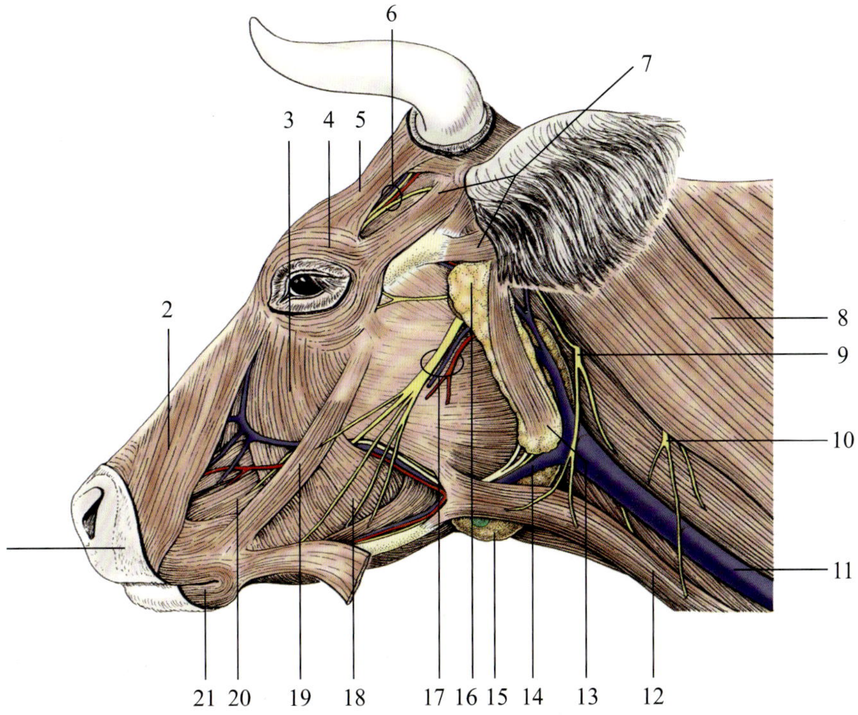

图 2-2 牛头部浅层肌肉和腺体

1. 鼻唇镜 2. 鼻唇提肌 3. 下睑降肌
4. 眼轮匝肌 5. 额皮肌
6. 角动、静脉和角神经
7. 耳肌 8. 斜方肌
9. 第 2 颈神经腹侧支
10. 第 3 颈神经腹侧支
11. 颈外静脉 12. 胸头肌
13. 腮耳肌 14. 舌面静脉
15. 颌下腺 16. 腮腺
17. 面神经和面横动、静脉
18. 颊肌 19. 颧肌
20. 犬齿肌
21. 口轮匝肌

（引自陈耀星和刘为民，2009）

（一）面颊和口、鼻区的肌肉及血管神经

1. 口轮匝肌（orbicular muscle of the mouth） 马的口轮匝肌为环绕口裂的括约肌，在皮肤与黏膜之间，围绕于上、下唇内。牛的口轮匝肌不如马的发达，且不形成完整的环，缺口位于上唇中央。猪的口轮匝肌同马。犬的口轮匝肌也不发达，下唇部的肌束不明显，其他同牛。

2. 颧肌（zygomatic muscle） 呈扁平带状，位于颊部皮下，起于颧弓（牛）或面嵴前下方的咬肌筋膜（马），肌纤维斜向前下方，止于口角，与口轮匝肌相混。猪的以一薄腱起自颧骨的外侧面，犬的起自外耳前方和内侧的盾状软骨，止点同牛、马。

3. 鼻唇提肌（nasolabial levator muscle） 为薄板状肌，位于鼻侧部皮下，牛、犬的比马的宽阔，它们均起于颧骨和鼻骨，肌纤维向前下方，分为深、浅两层，分别止于鼻外侧和上唇。猪的鼻唇提肌为上宽下窄的薄扇形肌，位于鼻背和上唇侧缘中段，起于鼻背的筋膜和皮肤，止于上唇侧缘中部，肌纤维上下行。

4. 上唇固有提肌（proprius levator muscle of the upper lip） 位于鼻背的外侧，牛的起于面结节，经鼻唇提肌深、浅两层之间向前延伸，以数支细腱止于鼻唇镜。犬的起于眶下孔后方，经鼻唇提肌深、浅两层之间向前扩展，末端的一部分腱与对侧的同名肌腱相结合后止于上唇，另一部分细腱固着于鼻孔周围。马的上唇固有提肌发达，起于泪骨、颧骨及上颌骨交界处，肌腹向前向下，大部分被鼻唇提肌所覆盖，其肌腱在两鼻孔之间与对侧的上唇固有提肌腱相结合后，止于上唇。猪的上唇固有提肌又称吻提肌（rostral levator muscle），位于鼻侧的上部。其起止点基本同马，以大羽状肌腹的后端起于泪骨、颧骨和上颌骨交界处的眶前窝，自此向前，肌腹被鼻唇提肌所覆盖；至前方转为圆腱，至吻骨的上方与对侧同名肌腱汇合，止于吻突的上缘。

5. 犬齿肌（canine muscle） 又称鼻孔外侧开肌，牛的位于上唇固有提肌下缘，起于面结节，向前穿经鼻唇提肌浅、深两层之间，以二止腱止于外侧鼻翼。犬的该肌也位于上唇固有提肌下缘，起于眶下孔附近，向前逐渐扩展，止于上唇，只有少部分肌束分散至外侧鼻翼。

猪的犬齿肌较发达，起于眶前窝，自此向前分成两个梭形肌腹及多条细止腱，止于鼻孔的外侧缘（图 2-3）。马的犬齿肌为薄的三角形扁肌，起于面嵴前端附近，肌腹向前渐变宽，并穿过鼻唇提肌浅、深两层之间，止于外侧鼻翼（图 2-4）。

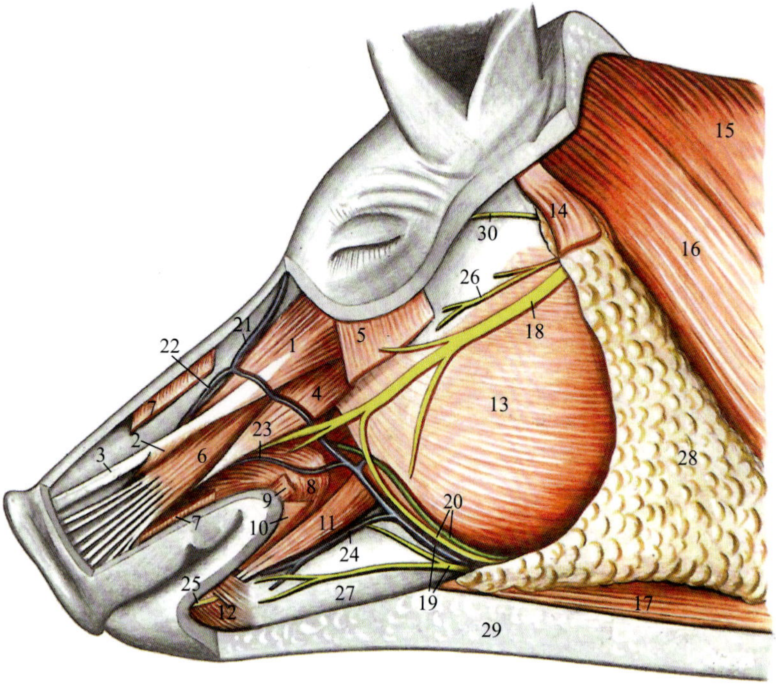

图 2-3 猪头部浅层肌肉和腺体

1. 上唇提肌 2. 上唇提肌附着点
3. 上唇提肌腱 4. 上唇降肌 5. 下眼睑降肌
6. 犬齿肌 7. 鼻唇提肌 8. 颊肌颊部
9. 颧肌 10. 唇皮肌 11. 下唇降肌
12. 颏肌 13. 咬肌 14. 腮耳肌
15. 颈斜方肌 16. 臂头肌
17. 胸骨舌骨肌 18. 面神经上颊支
19. 面静脉、面神经下颊支
20. 面神经交通支、腮腺管
21. 眼角静脉 22. 鼻外侧静脉
23. 上唇静脉 24. 下唇静脉
25. 颏静脉 26. 耳颞神经面横支
27. 下颌骨 28. 腮腺 29. 脂肪体
30. 耳睑神经

（引自 Popesko，1985）

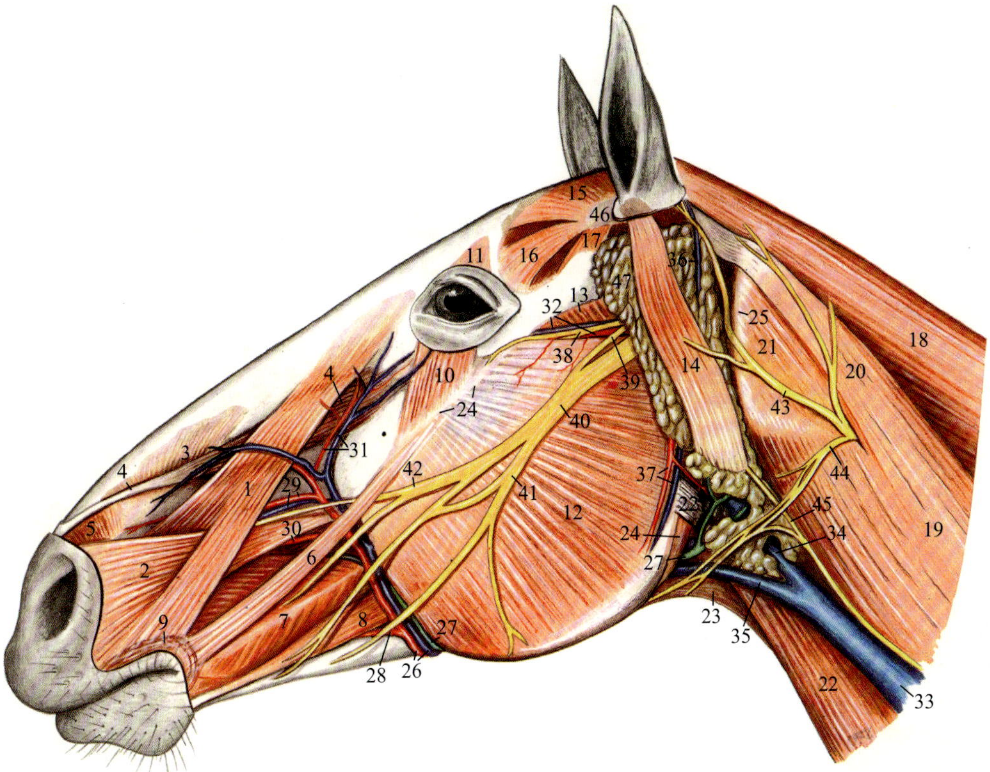

图 2-4　马头部浅层肌肉和腺体

1. 鼻唇提肌　2. 犬齿肌　3. 鼻外侧肌背侧部　4. 上唇提肌　5. 鼻翼开大肌　6. 颧肌　7. 颊肌颊部　8. 下唇降肌　9. 口轮匝肌　10. 下眼睑降肌　11. 眼内侧角提肌　12. 咬肌浅层　13. 咬肌深层　14. 腮耳肌　15. 盾间肌　16. 额盾肌前部　17. 额盾肌颞部　18. 棘肌　19,20,21. 臂头肌　22. 胸下颌肌　23. 肩胛舌骨肌和胸骨舌骨肌　24. 二腹肌枕下颌肌部　25. 寰椎横突　26. 面动、静脉　27. 腮腺管　28. 下唇动脉　29. 鼻外侧动、静脉　30. 上唇动脉　31. 眼角动、静脉　32. 面横动、静脉　33. 颈静脉　34. 上颌静脉　35. 舌面静脉　36. 耳后静脉　37. 颈外动脉咬肌支　38. 耳颞神经面横支　39. 耳颞神经交通支　40. 面神经　41. 面神经下颊支　42. 面神经上颊支　43. 耳大神经　44. 颈横神经　45. 面神经颈支　46. 盾状软骨　47. 腮腺

（引自 Popesko，1985）

6. 上唇降肌（depressor muscle of the upper lip）　犬、马无此肌。牛的位于犬齿肌的下缘，起于面结节，向前经鼻唇提肌浅、深两层之间，前部肌腹分为两束，以许多细腱止于上唇（本肌在羊则较小，与犬齿肌分界不明显）。猪的上唇降肌较发达，又称吻降肌（rostral depressor muscle），起于上颌骨的面嵴（此处被颧骨肌所覆盖），肌腹向前转为粗长止腱，抵于鼻孔下方的吻部皮下，并与对侧同名肌腱相汇合。

7. 颊肌（buccinator muscle）　位于颊部，构成口腔侧壁的基础。起于上颌骨和下颌骨的齿槽缘，肌纤维分深、浅两层，浅层肌纤维大部分接近垂直（牛）或呈羽状（马），深部纤维大部分纵行（后部被咬肌所覆盖），止于口角，与口轮匝肌相融合。犬的颊肌基本与马的相似，猪的基本与牛的相似。

8. 下唇降肌（depressor muscle of the lower lip）　细而长，位于下颌骨体的外侧，在颊肌下缘。犬无此肌。牛、马的起于下颌骨体颊齿部的齿槽缘，肌纤维纵行，向前止于下唇。猪的下唇降肌基本与牛和马的相似。

9. 面动脉（facial artery）　为舌面（动脉）干的延续，牛的面动脉沿胸下颌肌止端腱的深面前行，与面静脉、面神经的下颊支和腮腺管一起绕过下颌骨血管切迹处至面部浅层（面静脉在前，下颊支及面动脉居中，腮腺管在后），沿咬肌前缘向背侧伸延，至面结节下缘附近转而向前伸延，最后延续为鼻外侧前动脉。牛的面动脉在面部依次分出以下分支。

（1）下唇动脉（inferior labial artery） 分为浅、深2支。浅支细，与同名静脉一起沿下唇降肌腹侧缘前行，分布于下唇降肌和皮肤；深支较粗，与同名静脉一起在颊肌深面前行，分布于颊肌、颊腺和下唇。

（2）上唇动脉（superior labial artery） 与同名静脉一起沿上唇降肌腹侧向前伸延，分布于上唇及鼻唇镜，其末端在鼻唇镜的深部与对侧同名动脉相吻合。

（3）鼻外侧前动脉（lateral nasal rostral artery） 为面动脉的终支，有1～3支，较细，伸延于鼻唇提肌和颧骨肌的深面，分布至眶下和鼻外侧部的肌肉和皮肤。

马的面动脉也为舌面动脉干自下颌骨支内侧绕过血管切迹后的延续（在血管自前向后有面动脉、腮腺管和面静脉伴行），它沿咬肌前缘向上伸延，在面部分出以下分支（图2-4）：

（1）下唇动脉（inferior labial artery） 于下唇降肌后部腹侧缘由面动脉分出，而后在下唇降肌覆盖下向前伸延，分布于颊、口角和下唇。

（2）上唇动脉（superior labial artery） 于面嵴前端自面动脉分出，在鼻唇提肌和犬齿肌覆盖下向前伸延，分布于颊、鼻外侧部和上唇，其末端与腭唇动脉（切齿动脉）以及对侧的上唇动脉相吻合。

（3）鼻外侧动脉（lateral nasal artery） 于上唇动脉的背侧由面动脉分出，在鼻唇提肌覆盖下向前伸延，分布于鼻外侧部和鼻孔。

（4）鼻背动脉（dorsal nasal artery） 于上唇固有提肌的后端表面由面动脉分出，向前上方伸延，分布于鼻背侧部。

（5）眼角动脉（angular artery of the orbit） 为面动脉的终末支，自上唇固有提肌的后端表面伸向后上方，分布于眼内角。

犬的面动脉在二腹肌和咬肌之间绕到下颌骨的前外侧，向前伸达颊部，分为下唇动脉、口角动脉和上唇动脉，分别分布于下唇、颊部和上唇。鼻部则由眶下动脉的分支（鼻外侧动脉和鼻背侧动脉）供应。

猪的面动脉小，直接起于颈外动脉，不伸达面部，主要在下颌骨支的深部，分支至咽肌、颌下腺、腮腺以及下颌间隙与咬肌等，主干延续为颏下动脉，分布于下颌。分布于面部的动脉主要来自颊动脉和眶下动脉。颊动脉为上颌动脉的最大侧支，在咬肌前缘分为眼角动脉、上唇动脉、口角动脉和下唇动脉。眶下动脉大，分深、浅2支，深支分布于上唇的肌肉；浅支相当于鼻外侧动脉，分布于鼻唇部。

10. 面静脉（facial vein） 位于咬肌前缘，与面动脉伴行。牛的面静脉于眼内角的前下方处，由眼角静脉、鼻背静脉和鼻外侧静脉汇合而成，自此向下延伸至面结节的前方与上唇静脉汇合后，折转向后与面动脉伴行，再沿咬肌前缘向后下方伸延（静脉在前，动脉在后），此段又相继汇入面深静脉（由腭降静脉和眶下静脉在上颌隐窝内汇合而成，然后绕到上颌结节外侧和咬肌深面，沿颊肌后缘下降，在上唇降肌后端背缘汇入面静脉）和下唇静脉（沿下唇降肌腹侧缘与下唇浅动脉伴行，向后注入面静脉），然后于下颌骨血管切迹处（胸下颌肌止端腱内侧）绕至下颌间隙部，与舌静脉汇合成舌面静脉，沿下颌骨支和腮腺的腹侧缘向后伸延，至下颌角后缘汇注于颈外静脉。面静脉的属支除鼻背侧静脉、鼻外侧静脉和面深静脉单独行走外，其他与同名动脉伴行，故其汇集区与伸延途径从略。犬、猪和马的面静脉与牛的基本相似（图2-5）。

11. 眶下动脉（infraorbital artery） 是上颌动脉在翼腭窝的终末分支之一，起始后与眶下神经伴行，经上颌孔进入眶下管，在管内发出分支分布于上颌骨、上颌臼齿和上颌窦，本干向前出眶下孔，牛在上唇固有提肌和犬齿肌的深面又向背侧分出一细的鼻外侧动脉（lateral nasal artery），两个终末支分布于鼻外侧的皮肤、上唇和鼻唇镜。猪的眶下动脉出眶下孔后立即分为深、浅两支。浅支又分为数支，分布于上唇和吻部；深支只分布于吻部。犬的眶下动脉出眶下孔后，分为鼻外侧动脉及鼻背侧动脉，分布于鼻部。马的眶下动脉出眶下孔后，在鼻唇提肌和上唇固有提肌的深面有分支，与鼻外侧的动脉相吻合，分布于鼻侧、鼻孔和上唇等处的肌肉和皮肤。

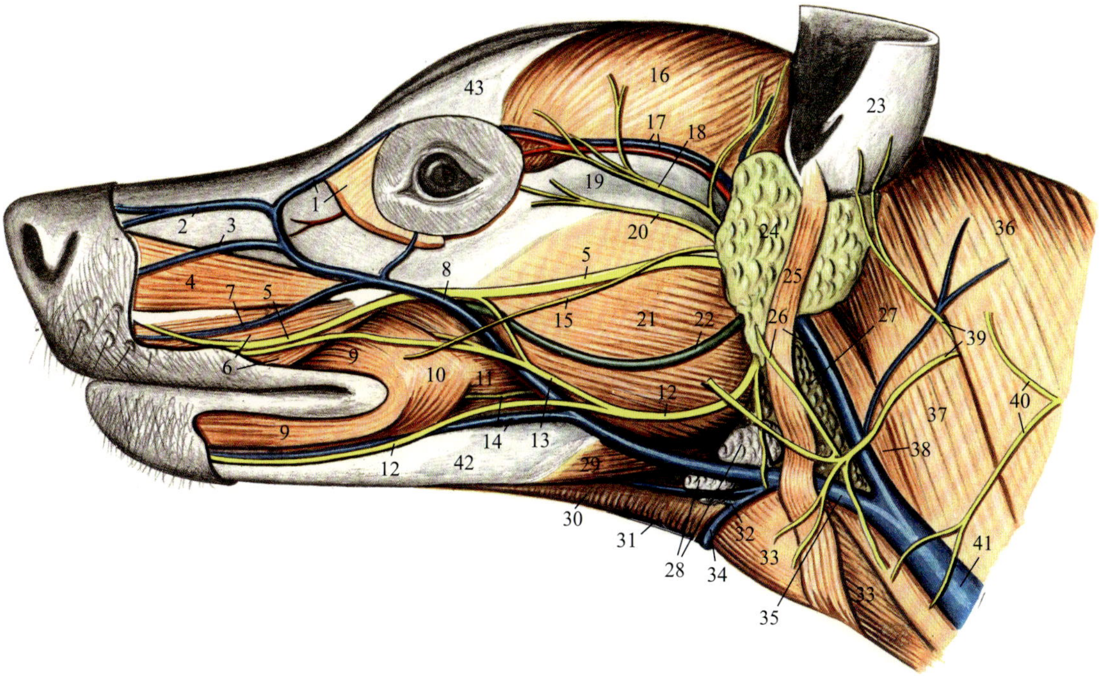

图 2-5　犬左侧头部浅层结构（皮肌已切除）

1. 眼角静脉、鼻唇提肌　2. 鼻背侧静脉　3. 鼻外侧静脉　4. 上唇提肌　5. 面神经上颊支　6. 犬齿肌　7. 上唇静脉　8. 面静脉
9. 口轮匝肌　10. 颊肌颊部　11. 颊肌臼齿部　12. 面神经下颊支　13. 面神经上、下颊支的交通支　14. 颊神经、下唇静脉
15. 耳颞神经面横支　16. 颞肌　17. 颞浅动、静脉　18. 耳睑神经　19. 颧弓　20. 耳睑神经下睑支　21. 咬肌
22. 腮腺管　23. 耳廓软骨　24. 腮腺　25. 腮耳肌　26. 面神经耳支、上颌静脉　27. 颌下腺　28. 下颌淋巴结
29. 二腹肌前部　30. 下颌舌骨肌　31. 颏下静脉　32. 舌静脉　33. 胸骨舌骨肌　34. 舌弓　35. 舌面静脉
36. 锁颈肌　37. 胸枕肌　38. 胸乳突肌　39. 第 2 颈神经　40. 第 3 颈神经
41. 颈外静脉　42. 下颌骨　43. 额骨

（引自 Popesko，1985）

12. 眶下神经（infraorbital nerve）　较粗，为上颌神经的一大分支，与眶下动脉一起经上颌孔进入眶下管，在管内发出分支分布于上颌臼齿齿髓、齿龈、齿槽骨膜和上颌窦黏膜，本干出眶下孔后，牛在鼻唇提肌和犬齿肌深面再分为 4 ～ 5 个小支，呈扇形散开，分别汇合面神经上、下颊支分出的纤维束，再分布于上唇、鼻侧、鼻背和鼻唇镜等处的肌肉和皮肤。

马、猪的眶下神经出眶下孔后，在上唇固有提肌和鼻唇提肌的覆盖下（马）或在吻降肌和犬齿肌的深面（猪），分为上、中、下 3 支。上支又称鼻外支，沿上唇固有提肌背缘前行，分布于鼻背部皮肤和鼻盲囊。中支又称鼻前支，在犬齿肌和鼻唇提肌的深面前行，分出分支分布至鼻孔和上唇及鼻前庭的黏膜。下支又称上唇支，是 3 支中最粗者，在犬齿肌和鼻唇提肌的覆盖下前行，并与上颊支的终末支一起形成神经丛，分布于颊前部和上唇的肌肉、黏膜和皮肤。犬的眶下神经出眶下孔后，分为 7 ～ 8 支（多数分支属鼻前神经），分布于鼻部和上唇等。

13. 面神经（facial nerve）　起于延髓斜方体两端，经颞骨岩部的内耳道进入面神经管，最后经颈乳突孔（面神经孔）出颅腔，牛的在腮腺深部分出耳后等神经后，稍向前伸延（在颞下颌关节下方）又分为耳睑神经、上颊支和下颊支。

（1）耳后神经（caudal auricular nerve）　在腮腺的深部、向后向上伸至耳廓，分数支分布于耳廓背侧面的肌肉和皮肤。

（2）耳睑神经（auriculopalpebral nerve）　较大，由腮腺深部斜向前上方，分出 2 ～ 3 条短支至腮腺，主干随耳大动脉的外侧上行，于腮淋巴结的后方分成 3 支，分别分布于耳肌、角基部、额部皮肤、上下眼睑和颧骨肌。

（3）背侧颊支（dorsal buccal branch） 为面神经的一大分支，由腮腺的深面向前伸延，经腮淋巴结的前缘穿出，至咬肌表面，在此与耳颞神经和下颊支的分支相交通，而后继续向前下方伸延，分为背侧支和腹侧支，分布于鼻唇部、颊部的肌肉和下眼睑降肌。

（4）腹侧颊支（ventral buccal branch） 也是面神经的一大分支，由腮腺的深面向下伸延，沿咬肌的下缘向前，与腮腺管伴行。在下颌骨血管切迹外上方、斜行通过腮腺管和面静脉的表面时，分为升支和前支，分布于颊部、鼻部和下唇等处的肌肉。

马和猪的面神经的伸延途径与牛的相似。犬的面神经在下颌骨支后缘分为4支，即耳睑神经、背侧颊支、腹侧颊支和颈支，前三者的分支分布基本与牛的面神经相似，颈支向后下方穿过腮腺，与第2颈神经合并，分支分布于颈皮肌（颈阔肌）。

14. 颏神经（mental nerve） 为下颌齿槽神经的分支。下颌齿槽神经与舌神经共同起于下颌神经，经卵圆孔（牛）或破裂孔（马）出颅腔，与同名血管一起向前、向下伸延，经翼肌与下颌骨支之间进入下颌管，其末端自颏孔穿出，称为颏神经，分布于下唇及颏部的皮肤和黏膜（下颌齿槽神经在进入下颌管前有分支至下颌舌骨肌和二腹肌前肌腹；在下颌管内分支分布于下颌齿和齿龈）。猪、犬的颏神经基本与牛的相似。

（二）眼区、颞区、咬肌区和腮腺区的肌肉及血管神经

1. 眼轮匝肌（orbicular muscle of eye） 为环绕眼裂的括约肌，在眼睑皮肤与睑结膜之间，环绕于上、下眼睑内。

2. 颧骨肌（malar muscle） 位于眼眶前下方，牛的宽薄呈扇形，起于泪骨和下眼睑（与眼轮匝肌纤维相融合），肌纤维向前下方扩展，经过颧肌的深面，分别止于颊肌筋膜和咬肌筋膜。该肌可分前、后两部，前部可以提颊部，称颊提肌（buccal 1evator muscle），后部可降下眼睑，称下眼睑降肌（depressor muscle of lower eyelid）。猪、犬和马的颧骨肌薄而小，起于咬肌背侧的筋膜和颧骨，止于下眼睑，仅起降下眼睑的作用。

3. 颞肌（ternporal muscle） 位于颞窝内，该肌表面富有腱质。起于颞窝的粗糙面（在犬还起于眶韧带），止于下颌骨的冠状突。

4. 咬肌（masseter muscle） 位于下颌支的外侧面，表面被有厚而发亮的腱膜，内部贯穿很多腱质。起于面结节至颧弓（牛）或面嵴和颧弓（马），止于下颌支的外侧面。猪的咬肌起于颧弓，止点同牛、马。犬的咬肌起于颧弓，止于下颌骨的腹侧缘。

5. 腮耳肌（parotidoauricular muscle） 为上窄下宽的薄带状肌，位于腮腺表面。以薄腱起于腮腺表面的深筋膜和咬肌筋膜，肌腹向上逐渐变窄增厚，止于耳廓软骨基部的外侧面。

6. 腮腺（parotid gland） 牛的略呈狭长倒三角形，淡红褐色，位于下颌骨支后缘与寰椎翼下方的凹陷内，浅面有腮耳肌及面皮肌覆盖。上部宽厚，前缘覆盖于咬肌后部，并部分覆盖在腮淋巴结的表面。下部窄小，弯向前下方，位于舌面静脉与上颌静脉的夹角内，后缘深面与下颌腺相邻贴。腮腺管起自腮腺下部深面，与舌面静脉及面神经下颊支一起，沿咬肌的腹侧缘内侧皮下向前伸延，经下颌骨血管切迹处绕到颜面部的外侧浅面、咬肌前缘再伴随面动脉和面静脉以及面神经腹侧颊支的分支上行（面静脉在前，腹侧颊支的分支及面动脉居中，腮腺管在后），最后开口于第5上臼齿相对的颊黏膜唾液腺乳头。

绵羊的腮腺管自腮腺的下端发出后，沿咬肌下部表面前行，最后开口于第3、4上臼齿相对的颊黏膜上。山羊的腮腺管走行与牛的相似，开口则似绵羊。

猪的腮腺较发达，呈上窄下宽的三角形，棕红色，位于耳根下方，其前缘到达下颌支后缘及咬肌后下部的表面，后缘到达臂头肌中部表面，下部充填于胸头肌与胸骨舌骨肌之间的三角形间隙内。腮腺管的走行与牛的相似，最后越过面神经上颊支、颧肌和颊肌之间，开口于第4、5上臼齿相对的颊黏膜上。

犬的腮腺较小，呈不规则的三角形，位于耳根下方。腮腺管开口于第3、4上臼齿相对的颊黏膜上。

马的腮腺呈长四边形，前缘薄，位于咬肌后部的浅面，并将腮淋巴结全部覆盖；后缘上部达寰椎翼，下部则位于上颌静脉和舌面静脉的汇合角内。腮腺管起于腮腺前下部，在下颌间隙内沿舌面静脉腹侧向前伸延，至下颌骨血管切迹处绕至面部，随同面动脉、面静脉沿咬肌前缘向上伸延，最后开口于第 3 上臼齿相对的颊黏膜腮腺乳头。

7. 腮淋巴结（parotid lymph node） 呈扁平椭圆形，位于下颌骨支后缘，在颞下颌关节的后下方，腮腺上部的前内侧，部分（牛）或全部（马）被腮腺前缘所覆盖，马的很小，体表不易触及。猪、犬的腮淋巴结位于颞下颌关节后下方，在下颌骨支及咬肌的后缘，部分或全部被腮腺前缘所覆盖，其输入管来自颅部、眼部、唇、颊、腭、鼻、外耳和腮腺的淋巴，输出管注入咽后外侧淋巴结，少数注入颈浅淋巴结。

8. 下颌淋巴结（mandibular lymph node） 位于下颌间隙皮下。牛的呈卵圆形，在胸头肌（前端）与皮下之间，长 2.0 ～ 4.5 cm。该淋巴结的内侧上方紧贴颌下腺前部的外侧，临床触诊时，应注意勿与颌下腺的前部相混淆。猪的下颌淋巴结也呈卵圆形，位于颌下腺前方皮下，长 2 ～ 3 cm。犬的下颌淋巴结位于下颌角的后外侧皮下，长 1 ～ 5 cm，常被舌面静脉分为背、腹两群。马的下颌淋巴结发达，在下颌舌骨肌与皮下之间、下颌骨血管切迹附近，长 9 ～ 15 cm，左右下颌淋巴结排列呈顶端向前的“V”字形，临床体表触诊时，前端约拇指大，呈椭圆形，稍有移动性。下颌淋巴结主要收集面部、鼻腔前半部、口腔和唾液腺的淋巴，输出淋巴管汇入咽后外侧淋巴结（牛）、颈浅背侧淋巴结或下颌副淋巴结（猪）、咽后内侧淋巴结（犬）、咽后内侧淋巴结和颈深前淋巴结（马）。

9. 面横动脉（facial transverse artery） 为颞浅动脉在颞下颌关节后下方发出的分支，牛的面横动脉与面横静脉及耳颞神经（前称颞浅神经）一起，经腮腺前缘深面伸至咬肌背侧部浅层，有分支至腮腺和腮淋巴结，而后与耳颞神经分开（后者伸向前下方，并入上颊支），沿颧弓腹侧伸延于咬肌之内，并分布于咬肌。羊的面横动脉较发达，除有分支至腮腺、腮淋巴结和咬肌外，本干伸延于咬肌的浅面，前行至咬肌前缘处再分成数支，分别分布于眶下、鼻侧、上唇、颊部及下唇的肌肉和皮肤。犬的面横动脉与牛的基本相似。

猪的面横动脉由颞浅动脉发出后，一般分为两支。一支前行于咬肌背侧部的浅面，除分支至颞下颌关节囊和咬肌外，于眼下方处分支分布至颧肌、颧骨肌、眼轮匝肌及下眼睑；另一支向后，分布于腮腺附近。

马的面横动脉与面横静脉及耳颞神经的横支一起，经腮腺前缘穿出至咬肌背侧部的浅面，沿颧弓下方约 1 cm 平直地向前伸延，分支分布于咬肌及皮肤。马的面横动脉在颧弓稍下方位置浅在，可在此处触诊脉搏。

10. 舌面静脉（linguofacial vein） 前称颌外静脉，位于腮腺的腹侧，由舌静脉和面静脉在下颌间隙内汇合而成，沿下颌骨支和腮腺的腹侧缘向后伸延，于腮腺的后下角处与上颌静脉汇合成颈（外）静脉。汇注于舌面静脉的有颌下腺静脉以及来自附近肌肉和皮肤的静脉。

11. 上颌静脉（maxillary vein） 前称颌内静脉。牛的上颌静脉由翼丛与颞浅静脉在颞下颌关节腹侧汇合而成，向后、向下走行于腮腺深部，于腮腺后下角处与舌面静脉汇合成颈外静脉。沿途汇入上颌静脉的主要属支有耳后静脉、咬肌腹侧静脉等。猪、犬的上颌静脉基本与牛的相似。

马的上颌静脉在最后臼齿后缘由颞浅静脉和颊静脉汇合而成，在腮腺的后下角处与舌面静脉汇合成颈静脉。

12. 耳颞神经（auriculotemporal nerve） 前称颞浅神经，为下颌神经的分支。牛的耳颞神经向外向后绕过下颌支的后缘，在腮腺深面分为面横神经和耳前神经。面横神经较粗，经腮淋巴结的前缘伸至咬肌表面，在面嵴下方与面动脉和面静脉并行走向前下方，向前与面神经的上颊支相连，分布于颊部皮肤。耳前神经在腮腺深部与耳睑神经相连，伸向后上方，分布于耳颞部的肌肉和皮肤。犬、猪的耳颞神经与牛的基本相似。

13. 角神经（cornual nerve） 为眼神经外侧支（颧颞支）的延续。该支自眶圆孔出颅腔后，即伸至眶骨膜的深面，并向前上外侧伸延，于眶上突的后下缘处分成相伴行的两支，又向后上外侧方呈小弓状急转弯，穿出眶骨膜，伸至颞窝前部的背缘，其中较粗的一支，即沿颞窝的背缘向后伸延，直至角基部，主要分布于角的真皮层。另一细支，在向后外侧伸延过程中，渐至浅表部位，并与耳睑神经的分支相交通形成神经丛，分布于颞额部和眼睑的肌肉与皮肤。羊的角神经是由面神经背侧颊支的起始处向上分出的一支，与角神经伴行，分布于角基部及角的真皮层。

14. 额神经（frontal nerve） 又叫眶上神经，为眼神经的分支。它在眶骨膜内沿眼球上斜肌向前向上伸延，然后穿过眶骨膜经眶上孔（马）或从眶上突前方（牛）分布于上眼睑、额部和颞部的皮肤。犬和猪的额神经与牛的相似。

15. 耳大神经（major auricular nerve） 为第 2 颈神经腹侧支的一较粗分支，在腮腺表面沿腮耳肌后缘向前、向上伸延，分布于耳廓背面的皮肤。

第三节　头部的深层解剖

一、腮腺区和咬肌区深层的结构

（一）解剖步骤

（1）将腮腺向后剥离与咬肌分离，用刀切除咬肌，注意观察咬肌内的咬肌静脉和咬肌下静脉，以及在下颌切迹处的咬肌神经。用锤子将下颌骨支敲碎，清理干净后，可显露出翼肌、枕颌肌等。清除下颌骨支最好用咬骨钳，注意隐藏于下颌骨内黄色脂肪中的下颌齿槽神经。至颞下颌关节处切开该关节并观察关节的构造，随时可将下颌骨冠状突清除。

（2）观察腮腺及其深部结构：先在颈静脉沟前部找到颈静脉，沿颈静脉向前，追寻到上颌静脉、舌面静脉等主要分支。此处可见大部分静脉穿经腮腺，小心分离并切除腮腺组织，直至将静脉与腮腺清除。观察穿经腮腺的神经、静脉，仔细分离颞浅神经、面神经根。在下颌骨后缘找到颌下腺，观察该腺体的形状、位置。追踪颌下腺管，留其末段做进一步观察。在颌下腺前下方、下颌间隙处，找到下颌淋巴结，观察下颌淋巴结位置，并可摘下，做切面，观察淋巴结内部颜色、结构。再找到颈总动脉，沿颈总动脉的分支，找到枕动脉、颈内动脉、颈外动脉、舌面动脉干。在羊还分出舌动脉，观察各动脉的主要分支和分布部位，随后在咽的外侧壁找到舌咽神经，分离该神经，观察其自颅腔的发出部位和分支分布部位。观察完毕，再回到舌咽神经的发出部，在该部后面，分别将所发出神经沿其神经干追踪，分离清各神经干及其分支，观察各神经的分布，从其分布可以辨识出分布于舌的舌下神经，分布于肩带肌的副神经，分支分布于喉前、主干沿颈静脉沟深部向后伸延的迷走神经。再沿迷走神经找到迷走交感干，从干中将交感神经干分离出来，沿交感干向头部追寻，可找到梭形的交感神经颈前神经节，分离包裹在颈前神经节外面的结缔组织，观察该神经节的形状、位置，并分离出自该神经节发出的分布于颈动脉窦的窦神经的分支。

（3）剥离翼肌、枕下颌肌，暴露下方的茎舌骨以及咽侧壁，仔细分离颌下腺、颈外动脉、舌面动脉干、舌下神经、下颌齿槽神经、舌神经、翼肌神经、咬肌神经、颊肌神经、鼓索神经、与鼓索神经相连的下颌神经节等结构，将包于上述结构外的结缔组织清除干净，按顺序辨识上述结构。仔细分离附着于茎舌骨上的茎舌骨舌肌，隐藏于茎舌骨远端内侧的腭扁桃体。注意保留腮腺管和颌下腺管。

（二）解剖层次与结构

1. 颈外静脉（external jugular vein） 由舌面静脉（linguofacial vein）和上颌静脉（maxillary vein）在腮腺后下角汇集而成，为头颈部粗大的静脉干。舌面静脉由舌静脉和面静脉在下颌间隙内汇合形成，沿下颌骨和腮腺腹侧向后延伸。上颌静脉由翼丛和颞浅静脉在下颌骨颈内侧汇合而成，位于腮腺深面向下延伸，逐渐移至腮腺表面，在腮腺后下角处与舌面静脉汇合成颈外静脉，沿途汇集耳深静脉和耳大静脉以及腮腺本身的静脉。

2. 颈总动脉（common carotid artery）及颈动脉窦（carotid sinus） 颈总动脉在颈静脉沟的深部，沿气管（右颈总动脉）或食管（左颈总动脉）的外侧向前上方伸延，在寰枕关节处分为3支，即枕动脉、颈内动脉（成年牛退化）和颈外动脉（图2-6和图2-7）。猪的枕动脉和颈内动脉以一总干起于颈总动脉。在分支处，颈总动脉的管壁增厚，形成颈动脉窦。

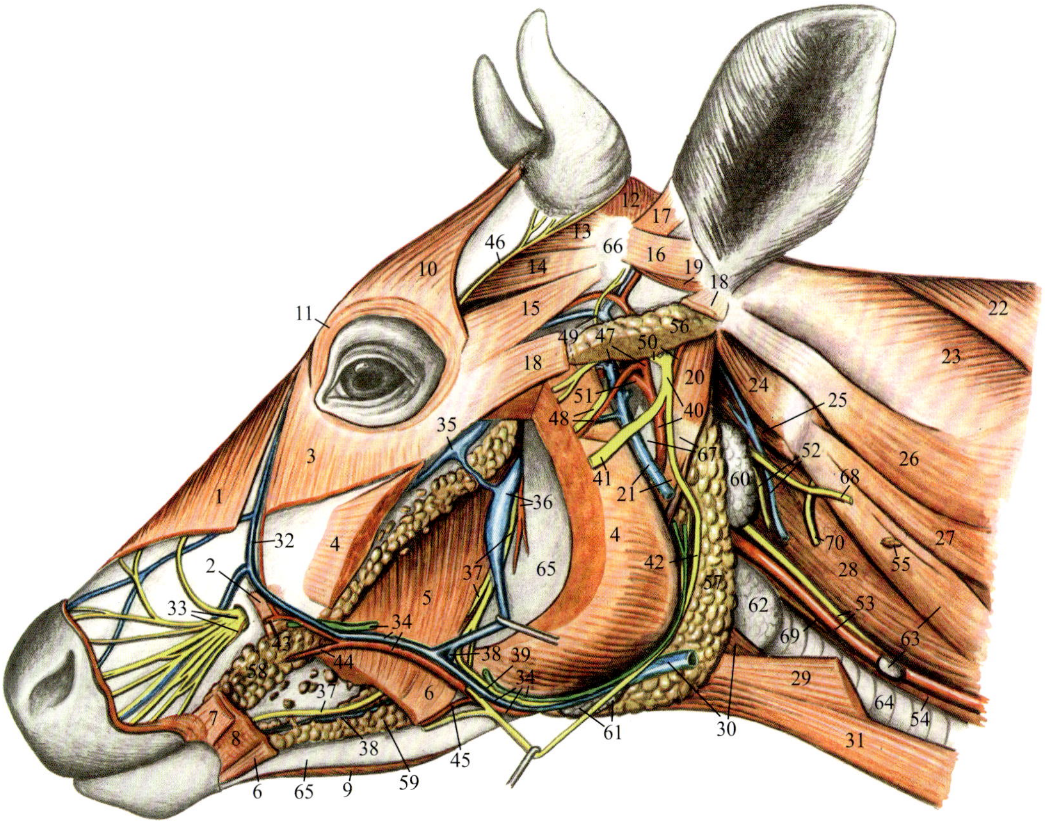

图2-6　牛左侧头部中层结构

1. 鼻唇提肌　2. 上唇提肌、犬齿肌、上唇降肌　3. 颧骨肌　4. 咬肌　5. 颊肌臼齿部　6. 下唇降肌　7. 颧肌　8. 颊肌颊部　9. 下颌舌骨肌　10. 额肌　11. 眼轮匝肌　12. 颈盾肌　13. 盾间肌　14. 额盾肌额部　15. 额盾肌颞部　16. 背侧盾耳浅肌　17. 副盾耳浅肌　18. 颧耳肌　19. 内侧盾耳浅肌　20. 枕舌骨肌　21. 下颌静脉、二腹肌　22. 菱形肌　23. 夹肌　24. 头前斜肌　25. 头外侧直肌　26. 头最长肌　27. 寰最长肌　28. 头长肌　29. 肩胛舌骨肌　30. 舌面静脉、胸骨甲状肌　31. 胸骨舌骨肌　32. 眼角静脉　33. 眶下动脉、眶下神经　34. 面动、静脉和腮腺管　35. 面深静脉丛　36. 颊动脉、面深静脉　37. 颊神经　38. 下唇静脉　39. 腮腺神经　40. 颈外动脉、面神经　41. 面神经上颊支　42. 面神经下颊支　43. 鼻外侧动脉　44. 上唇动脉　45. 下唇浅动脉　46. 颧神经颧颞支　47. 颞浅动、静脉　48. 耳颞神经、面横动脉　49. 耳睑神经耳前支　50. 耳后动脉、耳睑神经　51. 上颌动脉　52. 颈内静脉、副神经腹侧支　53. 颈总动脉、迷走交感干　54. 食管　55. 第3颈神经　56. 腮腺　57. 颌下腺　58. 颊背侧腺　59. 颊腹侧腺　60. 咽后外侧淋巴结　61. 下颌淋巴结　62. 甲状腺　63. 颈前淋巴结、横突间腹侧肌　64. 气管　65. 下颌骨　66. 盾状软骨　67. 茎突舌骨肌　68. 副神经背侧支　69. 喉返神经　70. 第2颈神经

（引自Popesko，1985）

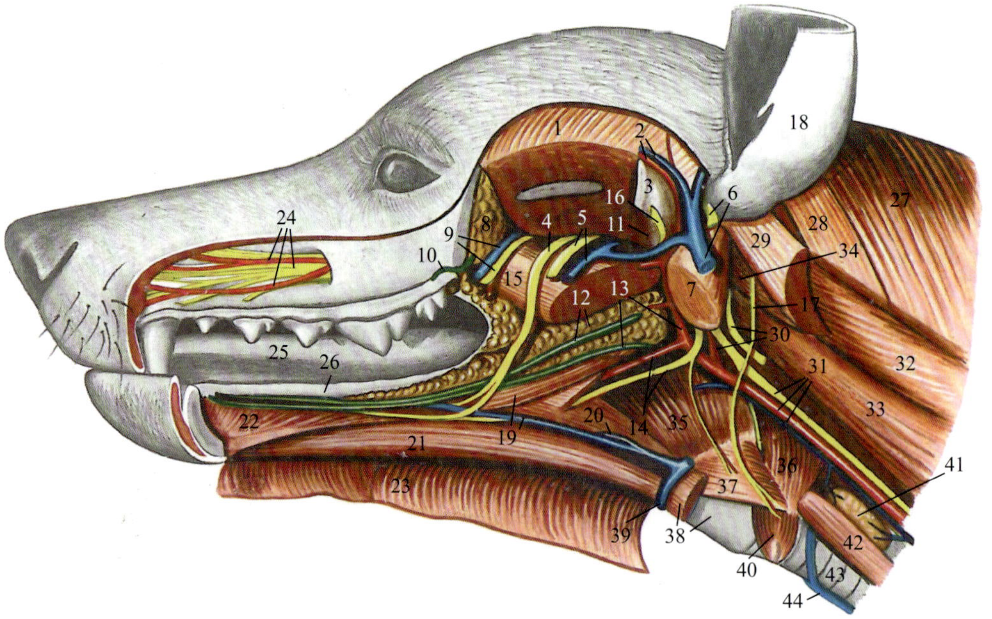

图 2-7　犬头部深层结构

1. 颞肌　2. 颞浅动、静脉　3. 颞骨颧突　4. 舌神经　5. 下颌齿槽静脉神经　6. 面神经、上颌静脉　7. 二腹肌　8. 颧腺　9. 颊静脉和神经　10. 颧腺大管　11. 下颌窝　12. 单口舌下腺、舌下腺管　13. 上颌动脉、颌下腺管　14. 舌动脉、舌下神经　15. 翼肌　16. 耳颞神经　17. 第 1 颈神经腹侧支　18. 耳廓软骨　19. 茎突舌肌、舌下静脉　20. 舌深静脉　21. 颏舌骨肌　22. 颏舌肌　23. 下颌舌骨肌　24. 眶下动脉和神经　25. 舌　26. 颊黏膜　27. 锁颈肌　28. 胸枕肌　29. 胸骨乳突肌　30. 枕动脉、颈内动脉、副神经　31. 迷走交感干、颈总动脉、颈内静脉　32. 寰最长肌　33. 头长肌　34. 头外侧直肌　35. 舌骨咽肌　36. 甲状咽肌　37. 甲状舌骨肌　38. 胸骨舌骨肌、甲状软骨　39. 舌骨弓　40. 环甲肌　41. 甲状腺　42. 胸骨甲状肌　43. 气管　44. 甲状腺后静脉

（引自 Popesko，1985）

（1）枕动脉（occipital artery）　在颌下腺的深面向寰椎窝延伸，有枕支、脑膜中动脉等分支，分布于脑、脊髓、脑硬膜及头后部的皮肤和肌肉。

（2）颈内动脉（internal carotid artery）　成年牛的颈内动脉已经退化为一索状，起自颈动脉窦的背侧，枕动脉起点的后方，伴随交感神经经颈静脉孔入颅腔。

（3）颈外动脉（external carotid artery）　为 3 个分支中最粗的一支，又可分为颌外动脉、颞浅动脉和上颌动脉等较大的分支，分布于面部、口腔、咽、腮腺、牙齿、眼球和泪腺等。

① 颌外动脉（external maxillary artery）　在牛又称舌面（动脉）干（linguofacial trunk），起于颈外动脉的起始部，沿二腹肌前缘向前下方伸延，分出一支较粗的舌动脉后，本干延续为面动脉。舌动脉（lingual artery）伴行舌下神经于茎舌肌腹侧向前伸延，发出分支分别分布至喉、咽、颌下腺和舌的各部。面动脉位于下颌支的深面，绕过面血管切迹至面部浅层，此处有面静脉、腮腺管及下颌神经伴行，此后伸延途径及分支分布参见“面颊和鼻唇部血管神经”的叙述。羊无面动脉，猪的舌动脉和面动脉分别直接起于颈外动脉，故无舌面干之称。

② 颞浅动脉（superficial temporal artery）　于颞下颌关节后方由颈外动脉分出，伴随同名静脉穿过腮腺，斜越颧弓和颞肌表面，达眶上突后方。其主要分支如下：

A. 面横动脉（facial transverse artery）：由颞浅动脉起始部附近处分出，向前行经腮淋巴结深面至咬肌背侧的浅层，此后情况见面、颊和鼻唇部的血管神经所述。

B. 脑膜支（meningeal branch）：于颞下颌关节后方处由颞浅动脉发出，向后穿过腮腺，经颞管入颅腔，分布于脑膜与颅壁，经路上有分支至腮腺。

C. 耳前动脉（anterior auricular artery）：于颞下颌关节后上方起自颞浅动脉，经腮腺深面伸向耳根前方，分支分布于耳前肌肉、耳廓及其皮肤。

③ 上颌动脉（maxillary artery） 又称颌内动脉，为颈外动脉分出颞浅动脉后的直接延续，初位于下颌骨颈的内侧，继而经翼丛与翼肌之间走向前上方，伸延于翼窝前部的深处。主要分支有翼肌支、下颌齿槽动脉、颞深动脉、颊肌动脉、脑膜中动脉、腭降动脉和眶下动脉，分布于上颌的大部分结构。

3. 下颌神经（mandibular nerve） 为三叉神经（trigeminal nerve）中粗大的分支，属于混合神经，经卵圆孔出颅腔，运动神经形成肌支，如咬肌神经、翼肌神经、颞深神经、下颌舌骨肌神经，它们分布于咀嚼肌，可支配咀嚼运动。另有较大的分支，如颊神经、舌神经、颞神经（前称颞浅神经）、下颌齿槽神经，皆为感觉神经，分布于颊黏膜、口腔底黏膜、舌前2/3的黏膜与肌肉，以及耳、眼、睑和颞部，主干为下颌齿槽神经。在翼外肌外侧与舌神经分开，进入下颌管，向前出颏孔，称颏神经，分布于下颌齿和颏部，还分布于颞耳区和面颊部的皮肤。分布于舌黏膜前2/3和口腔底壁黏膜的神经支，称舌神经。自面神经分出的鼓索神经合并于舌神经支内，分布于舌前2/3黏膜的味觉乳头，主司味觉。

4. 舌咽神经（glossopharyngeal nerve） 舌咽神经出颅腔后，在咽外侧沿舌骨大支向前下方伸延，分为咽支和舌支。在此之前还分出一支窦神经，分布至颈动脉窦。咽支分布于咽和软腭；舌支分布于舌根，感觉神经分布于舌后1/3黏膜及味觉乳头、软腭、咽、颈动脉窦，腭扁桃体，司味觉和一般感觉。运动神经分布于咽肌，司咽的运动。

5. 迷走神经（vagus nerve） 经颈静脉孔后缘（牛）或破裂孔（马）出颅腔，与交感神经合并成迷走交感干，沿颈总动脉的背侧缘向后伸延。在咽部，迷走神经分出咽支和喉前神经。咽支在咽外侧分出，分布于咽和食管前端。喉前神经在咽支后分出，分布于咽、喉和食管前端。

6. 副神经（accessory nerve） 为运动神经，由两根组成，颅根和脊髓根。颅根起自延髓。脊髓根起自前6节颈段脊髓，经枕骨大孔入颅腔，与颅根合并成副神经，经颈静脉孔（牛）或破裂孔（马）出颅腔，分为内侧支和外侧支。内侧支并入迷走神经，分布于喉肌、咽肌；外侧支分为背侧支和腹侧支，分布于胸头肌、臂头肌和斜方肌。

7. 舌下神经（hypoglossal nerve） 为运动神经，起自延髓的舌下神经核，自延髓腹侧后部出脑，分布于舌肌和舌骨肌。注意它是在茎舌骨的后下缘向前下方走行。

8. 颈前神经节（cranial cervical ganglion） 呈梭形，位于颅底腹面，发出节后神经纤维围绕颈内、外动脉形成神经丛，分布于唾液腺、泪腺、虹膜开大肌和头部的血管、汗腺和竖毛肌。

二、下颌间隙区和口腔的解剖

（一）解剖步骤

1. 口腔的观察 从一侧剥离颊黏膜及下颌骨，仔细观察颊神经的走向，剪开颊黏膜，观察颊黏膜的锥状乳头以及正对第3上前臼齿的腮腺乳头，再用骨剪剪断茎舌骨，打开咽侧壁，观察口咽（咽峡）和鼻咽。除颏部外，剥离下颌骨体的剩余部分，观察口腔前庭和固有口腔以及齿、齿弓、舌的形状和位置。硬腭、软腭、咽的分部及通口，再将舌自口腔向外拉出，观察舌乳头、舌系带、舌下肉阜、舌肌和舌圆枕（牛、羊）等结构。

沿舌的外侧面切开黏膜，并将黏膜翻起，暴露舌下腺和颌下腺管。多口舌下腺将随黏膜翻出。它们呈链状从腭舌弓伸至下颌骨切齿部。剥离黏膜和多口舌下腺即可暴露出单口舌下腺背侧面的颌下腺管。沿舌下腺外侧面走行的神经是舌神经（三叉神经之下颌神经）的分支。

2. 咽的观察 观察鼻咽部、咽扁桃体、咽鼓管咽口；口咽部、腭扁桃体窦，沿腭扁桃体窦切开，解剖腭扁桃体；喉咽部。

3. 喉的观察 在喉的外侧找到甲状腺，观察甲状腺的形状、位置、大小、颜色和质地，分离喉肌、喉软骨，然后观察喉的结构（喉软骨、声襞、喉口、喉前庭和喉后腔等）。

（二）解剖层次与结构

1. 下颌间隙区解剖

（1）下颌舌骨肌（mylohyoid muscle） 位于下颌间隙浅筋膜的深面，起于下颌骨臼齿齿槽缘下方和齿槽间缘的内侧骨面，两侧的同名肌纤维向下、向内横向伸延止于舌骨体、舌突和甲状舌骨。

（2）二腹肌（digastric muscle） 起于枕骨的颈静脉突，自此伸向前方，以中部的扁腱（马的明显）分为前、后肌腹，前肌腹变宽，以腱膜抵止于下颌骨体臼齿部的内侧下缘。

（3）颏舌肌和颏舌骨肌（genioglossus muscle & geniohyoid muscle） 二者同起于下颌联合附近的背侧凹陷区，肌腹被下颌舌骨肌覆盖。颏舌肌呈扇形向背后方扩展，止于舌尖、舌体及舌根内部；而颏舌骨肌起始部为一短腱，向后肌腹渐增大，至舌根部，两侧同名肌相邻接，同止于舌骨体的前缘。

（4）胸骨舌骨肌（sternohyoid muscle）和肩胛舌骨肌（omohyoid muscle） 详见颈腹侧部解剖所述。

（5）颌下腺（mandibular gland） 牛的略呈窄扁而弯曲的锥形体，自寰椎翼窝的下方向下、向前伸至下颌间隙的后部，其中间部外侧为腮腺所覆盖，前端至面血管切迹后方相对的下颌间隙皮下，此处几乎与对侧的颌下腺相连（图 2–8）。颌下腺管起自腺体中部的前缘，沿茎突舌肌及下颌舌骨肌之间向前伸延，开口于舌下肉阜。

猪和犬的颌下腺较小且致密，呈稍扁的卵圆形，位于腮腺下半部的深面。颌下腺管沿下颌骨内侧向前伸延，开口于舌系带两侧口腔底的黏膜上（猪无舌下肉阜）。马的颌下腺比牛小，后端在寰椎翼下方、腮腺深面，前端仅伸达与舌骨体相平位的下颌间隙内。颌下腺管的行径与开口情况基本与牛相似。

（6）下颌淋巴结（mandibular lymph node） 牛的下颌淋巴结呈扁平椭圆形，长为 2 ～ 4 cm，宽为

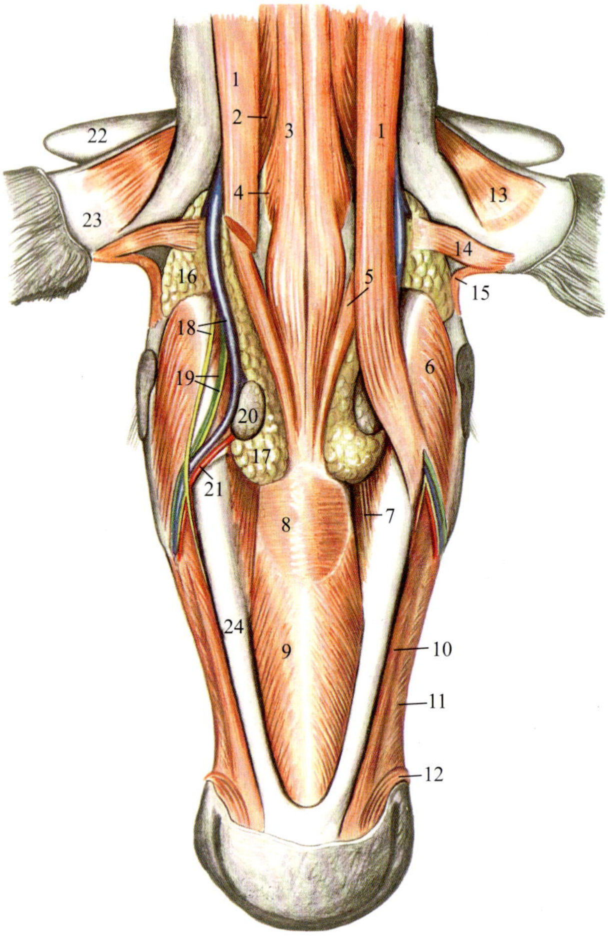

图 2–8 牛头部腹侧结构

1. 胸下颌肌 2. 胸乳突肌 3. 胸骨舌骨肌
4. 胸骨甲状肌 5. 肩胛舌骨肌 6. 咬肌
7. 二腹肌前腹部 8. 下颌舌骨肌后部
9. 下颌舌骨肌前部 10. 下唇降肌
11. 颊肌颊部 12. 口轮匝肌
13. 颈耳深肌 14. 腮耳肌
15. 颧耳肌 16. 腮腺 17. 颌下腺
18. 舌面静脉、面神经下颊支
19. 腮腺管和神经 20. 下颌淋巴结
21. 面动脉 22. 角 23. 外耳
24. 下颌骨

（引自 Popesko，1985）

1.5～2 cm，位于下颌角的腹内侧。该淋巴结的浅面被胸下颌肌的止端部所覆盖，其内上方贴邻颌下腺前部的外侧。临床触诊时，应注意勿与颌下腺的前部相混淆。下颌淋巴结主要收集头的下半部各处淋巴液，输出管通向咽后外侧淋巴结和颈前淋巴结。

马的下颌淋巴结位于下颌间隙中部皮下、胸骨舌骨肌和肩胛舌骨肌止点的前方，至面血管切迹相对的平位处，左右两侧的同名淋巴结在腹正中线处相连，呈一尖端向前的“V”字形，长约 9 cm，宽约 3 cm，临床触诊时，前端约拇指大，呈椭圆形，稍有移动性，淋巴结汇流区及输出管去向基本与牛相同。

猪的下颌淋巴结位于颌下腺前下缘的外侧、舌面静脉的内侧。此外，在颌下腺的后方、腮腺下部的深面，还有一个下颌副淋巴结。前者的汇流区基本与牛的相同，输出管入颈浅淋巴结和下颌副淋巴结。下颌副淋巴结的输出管入颈浅淋巴结。

犬的下颌淋巴结位于下颌的后外侧，在皮肤和皮肌的深面，左右对称，每侧有 2～5 个，长 1～5 cm，常被颌外静脉分为背、腹两群。输出管走向咽后内侧淋巴结。

（7）舌下腺（sublingual gland） 位于下颌骨体和下颌舌骨肌之间的黏膜下，可分上、下两部。上部为多口舌下腺（也称短管舌下腺），长而薄，自软腭下缘伸达颏角，以许多小管开口于口腔底；下部为单口舌下腺（也称长管舌下腺），位于多口舌下腺前端腹侧，呈淡黄色，以一总管开口于舌下肉阜。马无单口舌下腺。

2. 口腔解剖

口腔（oral cavity）：口腔的前壁为唇，两侧为颊，背侧壁是硬腭，底面有舌附着。唇、颊与齿（齿弓）、齿龈之间称为口腔前庭，齿弓以内的部分称为固有口腔（图 2-9 至图 2-11）。

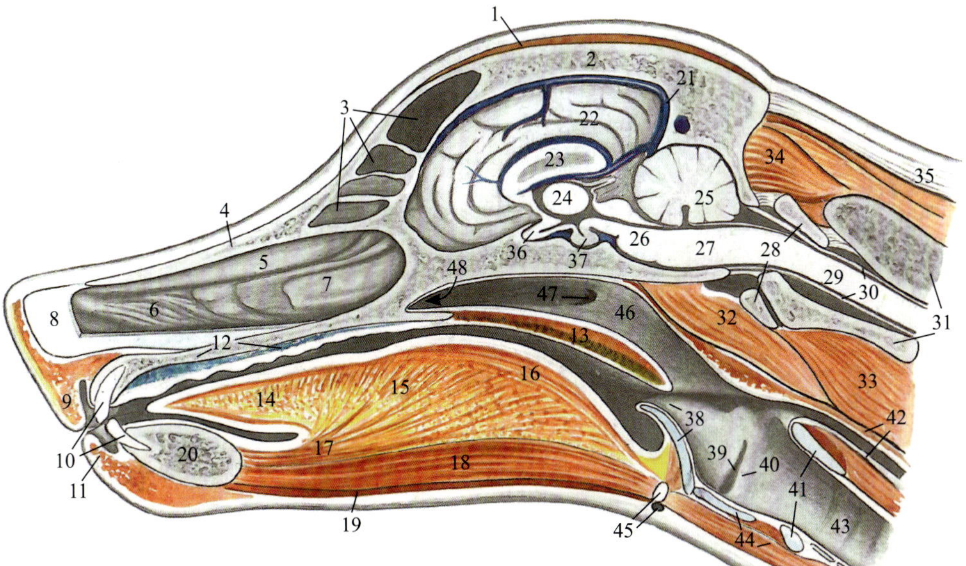

图 2-9 犬头部纵剖（矢状）面模式图

1. 额盾肌和盾间肌 2. 项骨 3. 额窦 4. 鼻骨 5. 上鼻甲 6. 下鼻甲 7. 第 3 内鼻甲 8. 鼻中隔 9. 上唇 10. 切齿 11. 下唇 12. 硬腭 13. 软腭 14. 舌尖 15. 舌体 16. 舌固有肌的浅纵纤维 17. 颏舌肌 18. 颏舌骨肌 19. 下颌舌骨肌 20. 下颌骨 21. 矢状窦 22. 大脑 23. 胼胝体、透明隔 24. 丘脑间黏合 25. 小脑 26. 脑桥 27. 延髓 28. 寰椎 29. 脊髓 30. 硬脊膜 31. 枢椎 32. 头腹侧直肌 33. 颈长肌 34. 头背侧直肌 35. 项韧带 36. 视交叉 37. 垂体 38. 会厌 39. 喉室 40. 声裂 41. 环状软骨 42. 食管 43. 气管 44. 胸骨舌骨肌、甲状软骨 45. 舌骨体、舌骨弓 46. 咽腔 47. 咽鼓管咽口 48. 鼻后孔

（引自 Popesko，1985）

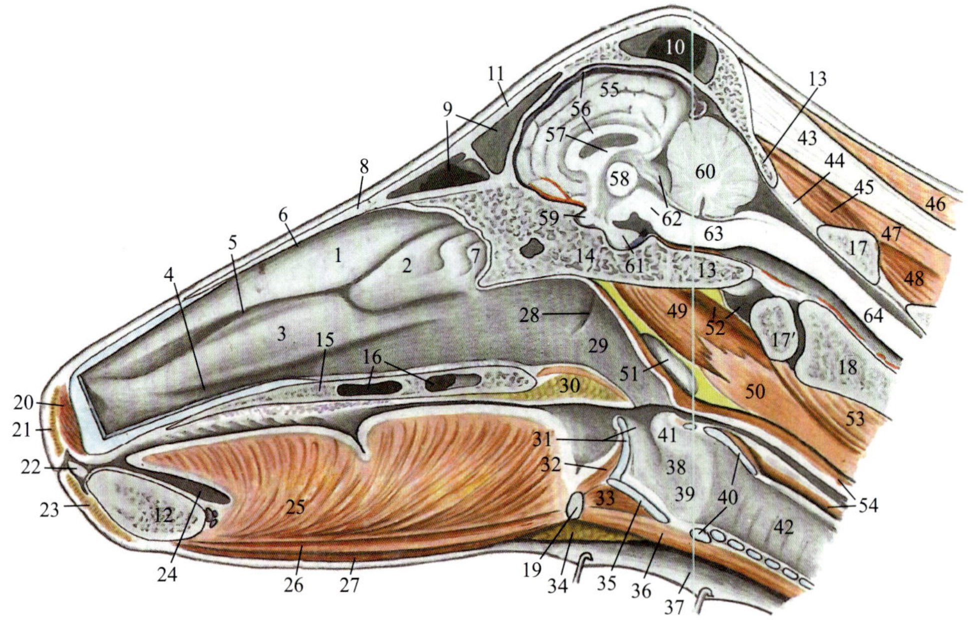

图 2-10　牛头部纵剖（矢状）面模式图

1. 上鼻甲　2. 中鼻甲　3. 下鼻甲　4. 下鼻道　5. 中鼻道　6. 上鼻道　7. 筛骨迷路　8. 鼻骨　9. 额前窦　10. 额后窦　11. 额骨　12. 下颌骨　13. 枕骨　14. 蝶骨　15. 上颌骨腭突（硬腭）　16. 腭窦　17,17′. 寰椎　18. 枢椎　19. 基舌骨　20. 鼻端开大肌　21. 鼻唇腺　22. 切齿　23. 唇腺　24. 口腔固有舌下隐窝　25. 舌　26. 颏舌骨肌　27. 下颌舌骨肌　28. 耳咽管咽口　29. 咽腔　30. 软腭　31. 会厌　32. 舌骨会厌肌　33. 肩胛舌骨肌　34. 颌下腺　35. 甲状软骨　36. 胸骨舌骨肌　37. 垂皮　38. 喉腔　39. 声带　40. 环状软骨　41. 杓状软骨　42. 气管　43. 项韧带索状部　44. 寰枕背侧膜　45. 头背侧小直肌　46. 斜方肌和夹肌　47. 头背侧大直肌　48. 头后斜肌　49. 右侧头长肌　50. 左侧头长肌　51. 咽后内侧淋巴结　52. 头腹侧直肌、寰枕关节腔　53. 颈长肌　54. 食管　55. 大脑半球　56. 矢状窦，胼胝体　57. 穹隆　58. 丘脑间黏合　59. 视交叉　60. 小脑　61. 垂体　62. 中脑　63. 延髓　64. 脊髓

（引自 Popesko，1985）

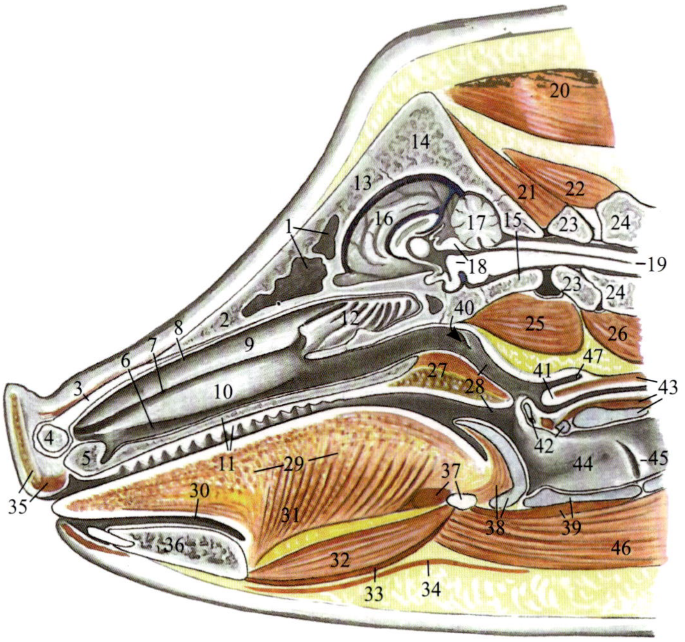

图 2-11　猪头部纵剖（矢状）面模式图

1. 额窦　2. 鼻骨　3. 鼻中隔软骨　4. 吻骨　5. 切齿骨　6. 下鼻道　7. 中鼻道　8. 上鼻道　9. 上鼻甲　10. 下鼻甲　11. 硬腭　12. 筛骨迷路　13. 额骨　14. 顶骨　15. 枕骨　16. 大脑半球　17. 小脑　18. 中脑　19. 脊髓　20. 头半棘肌　21. 头背侧小直肌　22. 头背侧大直肌　23. 寰椎　24. 枢椎　25. 头长肌　26. 颈长肌　27. 软腭　28. 咽腔　29. 舌　30. 固有口腔的舌下隐窝　31. 颏舌肌　32. 颏舌骨肌　33. 下颌舌骨肌　34. 面皮肌　35. 口轮匝肌、鼻口部腺体　36. 下颌骨　37. 舌骨舌肌　38. 舌骨会厌肌、会厌软骨　39. 甲状软骨、甲状舌骨肌　40. 咽鼓管咽口　41. 腭咽弓　42. 杓状软骨　43. 食管、环状软骨　44. 喉腔　45. 声襞　46. 胸骨舌骨肌　47. 咽后隐窝

（引自 Popesko，1985）

（1）口唇（oral lip） 牛的唇较厚而不灵活，尤其是上唇，其外表与鼻孔周围之间高度角化的皮肤结合形成光滑而无毛的鼻唇镜（muzzle），内有鼻唇腺，经常分泌水样液体，使鼻唇镜保持湿润状态。唇黏膜上有短而钝的角质化乳头，近口角处较长而尖。羊的唇薄而灵活，上唇中央有一明显的纵沟，称人中（philtrum），在鼻孔间形成无毛的鼻镜。唇黏膜上有角质乳头，形状同牛。

猪的口裂大，唇不灵活，上唇较厚而宽，其前部与鼻尖共同形成吻突（rostrum）。犬的口裂长，口角约与第 3 或第 4 臼齿相对。唇薄而运动灵活，表面长有触毛，上唇中央有一小区无触毛，且有一中央沟（人中）。下唇侧缘有锯齿状突。马的上唇灵活，是采食的主要器官，下唇短厚，其后下方有一明显的丘形隆起，称为颏（mentum）。

（2）颊（bucca） 位于口腔两侧，主要是颊肌，外被皮肤，内衬黏膜。牛的颊较厚，内侧面黏膜形成许多尖端向后的角质乳头。

（3）硬腭（hard palate） 以切齿骨和上颌骨的腭突以及腭骨的水平为骨质基础、表面被覆黏膜形成硬腭，黏膜层厚而坚实，黏膜下层有丰富的静脉丛。硬腭正中有一条腭缝（palatine raphe），腭缝两侧有多条横行腭褶（palatine fold）。在腭缝前端有一突起，称为切齿乳头（incisive papilla），其两侧沟内有切齿管（incisive canal，前称鼻颌管）的开口。牛的硬腭前端相当于切齿骨骨体处的黏膜高度角化，并形成一扁平的卵圆形隆起区，称为齿枕（dental pad；前称齿板）（图 2–12）。

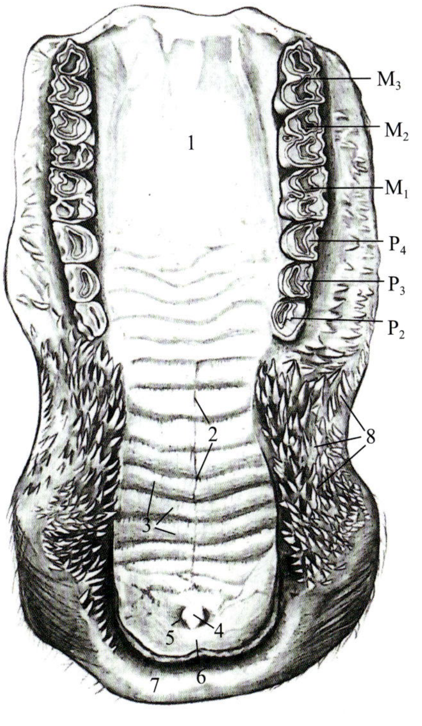

图 2–12 牛上腭结构

1. 硬腭扁平部 2. 腭缝 3. 腭嵴
4. 切齿乳头 5. 切齿管孔
6. 齿枕 7. 上唇
8. 颊部锥状乳头
M_1. 第 1 臼齿
M_2. 第 2 臼齿
M_3. 第 3 臼齿
P_2. 第 2 前臼齿
P_3. 第 3 前臼齿
P_4. 第 4 前臼齿
（引自 Popesko，1985）

（4）口腔底 大部被分舌所占据。口腔底的黏膜在正中线处向上移行并连接舌尖游离部的腹面，形成舌系带，在舌系带前方两侧各有一个舌下肉阜（sublingual caruncle，中医称卧蚕），为颌下腺管和牛的单口舌下腺的开口。猪无舌下肉阜。

（5）舌（tongue） 牛舌体的背后部呈椭圆形隆起，称舌圆枕（lingual torus），舌背面的黏膜角化程度较高，有各种乳头，其中较细的丝状乳头和尖端向后的锥状乳头密布于舌圆枕前方的舌背面。舌圆枕上呈钝锥状突起，称豆状乳头。这 3 种乳头使得整个舌背成为锉状粗糙面，对饲料起机械性摩擦作用。在舌背和游离部的边缘还散布有许多菌状乳头，在舌圆枕后部两侧各有 10 多个轮廓乳头。菌状乳头和轮廓乳头的深层具有味蕾，属于味觉感受器。此外，在舌根部背外侧的黏膜内含有淋巴组织，构成舌扁桃体（lingual tonsil）。舌肌可分舌固有肌和外来肌两组。舌固有肌是由纵行肌、横行肌和垂直肌 3 种伸延方向不同、互相交错排列的肌束组成，它们的起止点都在舌内，肌束间分布有脂肪组织。舌外来肌包括茎突舌肌、舌骨舌肌和颏舌肌 3 种。此外，舌骨肌也参与舌的运动，舌肌受舌下神经支配，舌根部黏膜有舌咽神经分布，兼有一般感觉和味觉。其他部位黏膜则有下颌神经的舌神经以及面神经的鼓索神经分布，分别司一般感觉和味觉（图 2-13）。

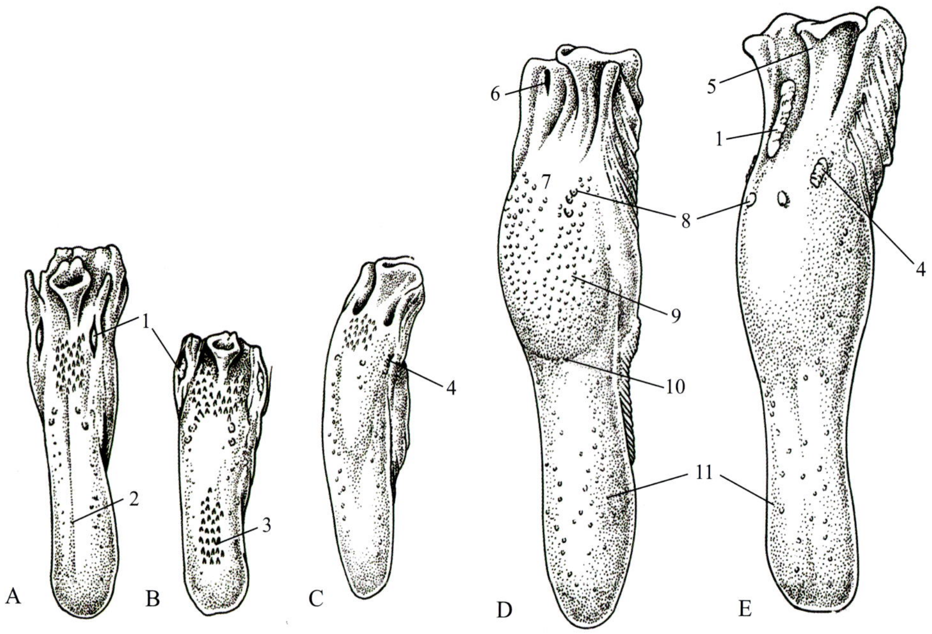

图 2-13　家畜舌的背侧面

A. 犬　B. 猫　C. 猪　D. 牛　E. 马
1. 腭扁桃体　2. 正中沟　3. 丝状乳头　4. 叶状乳头　5. 会厌　6. 扁桃体窦
7. 舌根　8. 轮廓乳头　9. 舌圆枕　10. 舌窝　11. 菌状乳头
（引自 Dyce 等，1987）

猪的舌窄而长，舌尖薄，腹侧面常有两条舌系带与口腔底相连，活动性小。舌黏膜除有丝状乳头、菌状乳头、轮廓乳头和叶状乳头外，在舌根部还有长而软的锥状乳头。犬的舌宽而薄且灵活，呈淡红色。舌黏膜面结构与猪的相似。马的舌背平展，表面黏膜较柔软，舌乳头与猪的相似，但无锥状乳头。

（6）齿（teeth）　嵌于上颌骨和下颌骨的齿槽内，牛最突出的特征是没有上切齿和犬齿，而犬的齿锋利尖锐，犬齿发达。

$$\text{牛的恒齿式：}2\left(\frac{0(I)\quad 0(C)\quad 3(P)\quad 3(M)}{4(I)\quad 0(C)\quad 3(P)\quad 3(M)}\right)=32$$

$$\text{牛的乳齿式：}2\left(\frac{0(I)\quad 0(C)\quad 3(P)\quad 0(M)}{4(I)\quad 0(C)\quad 3(P)\quad 0(M)}\right)=20$$

$$\text{公马的恒齿式：}2\left(\frac{3(I)\quad 1(C)\quad 3(P)\quad 3(M)}{3(I)\quad 1(C)\quad 3(P)\quad 3(M)}\right)=40$$

$$\text{母马的恒齿式：}2\left(\frac{3(I)\quad 0(C)\quad 3(P)\quad 3(M)}{3(I)\quad 0(C)\quad 3(P)\quad 3(M)}\right)=36$$

$$\text{马的乳齿式：}2\left(\frac{3(I)\quad 0(C)\quad 3(P)\quad 0(M)}{3(I)\quad 0(C)\quad 3(P)\quad 0(M)}\right)=24$$

$$\text{猪的恒齿式：}2\left(\frac{3(I)\quad 1(C)\quad 4(P)\quad 3(M)}{3(I)\quad 1(C)\quad 4(P)\quad 3(M)}\right)=44$$

猪的乳齿式：$2\left(\frac{3(I)\quad 1(C)\quad 3(P)\quad 0(M)}{3(I)\quad 1(C)\quad 3(P)\quad 0(M)}\right)=28$

犬的恒齿式：$2\left(\frac{3(I)\quad 1(C)\quad 4(P)\quad 2(M)}{3(I)\quad 1(C)\quad 4(P)\quad 3(M)}\right)=42$

犬的乳齿式：$2\left(\frac{3(I)\quad 1(C)\quad 3(P)\quad 0(M)}{3(I)\quad 1(C)\quad 3(P)\quad 0(M)}\right)=28$

（7）软腭（soft palate） 软腭是从硬腭和鼻后孔边缘的腭骨和翼骨向后延伸的黏膜皱襞（内含肌肉、腺体和淋巴组织），其后缘游离且凹入呈弓形，称为腭弓；腭弓游离缘两侧的黏膜褶向后延伸至食管口背侧的咽后壁，此称腭咽弓；软腭腹侧面两侧的黏膜弯转向下延接舌根，称腭舌弓。在牛的腭舌弓和腭咽弓之间的两侧，各有一扁桃体窦的开口，窦壁上有淋巴组织形成的腭扁桃体（palatine tonsil），呈扁平椭圆形，稍突出于咽峡的侧壁处，恰在茎舌骨远端内侧。

3. 咽（pharynx） 位于颅底之下、舌根之上，口腔和鼻腔的后方，食管和喉入口的前方，形如倒圆锥体，其顶壁仅由黏膜构成，后者紧密附着于颅底的骨膜上。侧壁和椎骨壁有下列 4 层结构。

第一层——薄的黏膜层。黏膜内尚有淋巴组织。在腭咽弓以上部分（呼吸部）覆以假复层纤毛柱状上皮；在腭咽弓以下部分为消化部，覆以复层扁平上皮。

第二层——薄的咽内筋膜，附着于颅底。

第三层——咽肌。

第四层——咽外筋膜。此筋膜向前转为颊筋膜，向后转为颈深筋膜。

在咽腔的前上部有软腭，将咽腔分为鼻咽部、口咽部和喉咽部 3 部分，并有 7 个通口与周围邻近器官相通。鼻咽部位于软腭的背侧、鼻腔向后直接延续的部分，其前上方有两个鼻后口通鼻腔，并在左、右侧壁各有一咽鼓管咽口经咽鼓管通中耳。口咽部位于软腭腹侧与舌根部之间的间隙，又称咽峡，由此向前通口腔。喉咽部为位于喉口的前背侧部分，该部的后上方通食管（口），后下方经喉口通喉腔和气管。在猪的食管口背侧，有一向后长 2～3 cm 的盲囊，称咽（后）隐窝（recessus pharyngeum）。

4. 喉（larynx） 位于下颌间隙的后部，是由单一的会厌软骨、甲状软骨、环状软骨和一对杓状软骨借韧带相连形成的支架，内面覆以黏膜，外面连接以牵动喉软骨的肌肉而构成（图 2-14）。在犬还有杓间软骨（杓状软骨间的软骨）。

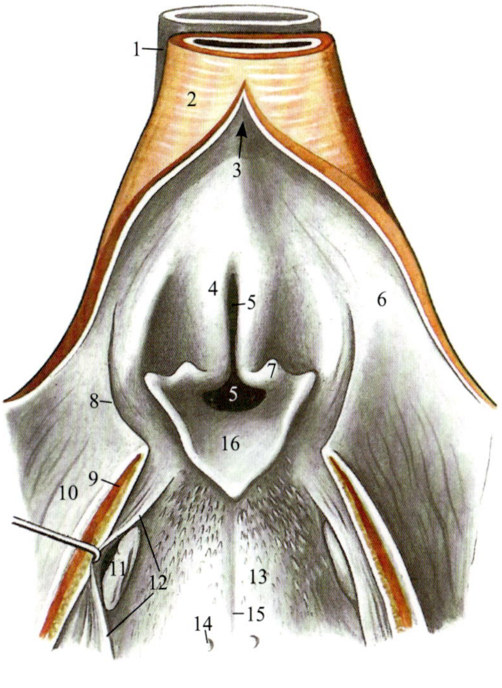

图 2-14　犬咽腔和舌根部背侧结构

1. 气管　2. 食管
3. 食管前庭
4. 杓状软骨　5. 喉口
6. 咽穹　7. 小角状软骨
8. 腭咽弓　9. 软腭断面
10. 鼻面软腭　11. 腭扁桃体
12. 扁桃体窝褶　13. 舌根
14. 轮廓乳头　15. 舌正中沟
16. 会厌

（引自 Popesko, 1985）

三、眶区、颞区和翼腭窝的解剖

（一）解剖步骤

眶部是指头骨眼眶内及其周围的一些结构，包括眼睑、结膜、泪器、眶骨膜、眼球肌、眼球、血管和神经等。将眶窝和颞窝周围的皮肤和结缔组织剥离干净，暴露出眶上突和颞弓，分别在眶上突内侧、颧弓的前端和后端用骨锯将眶上突和颧弓锯断，取下眶上突和颧弓，显示出眶窝和颞窝，再将充塞于眶窝和颞窝内的脂肪剥离。仔细剥离颞窝深部的肌纤维，暴露翼腭窝。在翼腭窝处分离上颌神经和上颌动脉，追寻上颌神经的走向、分布。再从外部观察眼的结构所构成的前大后小的锥形体，剪开包于外面的眶骨膜，观察眶骨膜的后端附着点，然后将它翻起，清除骨膜内脂肪，分别分离出各眼肌，即眼上斜肌、眼下斜肌、眼上直肌、眼下直肌、眼内直肌、眼外直肌和眼球退缩肌。按各肌肉所接受的神经，分别找到动眼神经、滑车神经、外展神经，沿各神经追寻它们穿出颅腔的部位。在眼球背侧找到泪腺，观察泪腺的形状、位置，然后再观察眼睑、眼结膜、结膜囊、第3眼睑、泪点、泪囊孔等结构。观察后，将泪腺剥离，除去眼睑，再将各眼肌按顺序自眼球的止点切下，向眼窝底掀起。在分离眼球退缩肌时，小心地将该肌做一平行于该肌长轴的切口，自切口向两侧分离该肌，可见白色的粗大视神经，观察后将视神经自前1/3处切断，取下眼球。清除眼球外结缔组织，观察巩膜与角膜的位置，并从前面观察瞳孔。然后沿眼球前后轴将眼球从正中矢状面剖开，注意观察玻璃体和眼房水，再观察晶状体、睫状体、视网膜、血管膜和纤维膜。

（二）解剖层次与结构

1. 眼睑（palpebrae） 为盖于眼球前方的皮肤褶，分为上眼睑和下眼睑。上眼睑和下眼睑间形成睑裂。睑裂的外角呈锐角；内角呈圆形且略延长，该处还可见一小突起，称泪阜，为变形的皮肤结构，细胞内常含有色素。

眼睑由皮肤、肌层、睑板和睑结膜4层构成。眼睑皮肤较薄，表面除生有短的被毛外，并长有长的触毛，在睑缘还生有长的睫毛（上睑缘处较多而长）。在近眼角内侧的上、下睑缘，各有一小的裂隙状泪点（lacrimal punctum），是泪小管的开口。肌层主要有受面神经分支支配的眼轮匝肌。睑板是由致密结缔组织构成的薄板，起着上、下眼睑的支架作用。在睑板内侧面的近睑缘部，有排列为一排的睑板腺（tarsal gland，meibomian gland），当翻转眼睑时，可透过睑结膜观察到。该腺体能分泌一种油脂性物质，通过导管直接开口于睑缘；当这些导管堵塞或感染时，会发生睑板腺炎症或肿胀（俗称麦粒肿）。在眼睑内表面衬着一薄层湿润而富有血管的膜，称为睑结膜（palpebral conjunctiva），该部因有毛细血管分布而呈粉红色。

2. 结膜（conjunctive tunic） 是一层薄的黏膜，始于上、下睑缘，与皮肤相接，紧贴于上、下眼睑的内面，此部即称睑结膜，伸至眶缘相对处再折转移行于眼球前部的表面，形成球结膜（bulbar conjunctiva），折转处称为结膜穹窿。在上、下睑结膜和球结膜之间的间隙，称为结膜囊（conjunctival sac）。

在眼内侧角处由结膜形成一半月形皱襞，内藏有一稍弯曲的弹性软骨片，此皱襞称为第3眼睑（third eyelid），又称瞬膜（nictitating membrane），其游离缘较薄，细胞内常有色素而呈红褐色。在软骨片的内面附着有第3眼睑腺，以导管开口于第3眼睑的内面。当眼球后缩或被压入眼窝时，可使眶外脂肪移位，从而推挤软骨使瞬膜外露，覆盖于眼球的前内侧，临床上也常用此法来检查瞬膜。

3. 泪器 包括泪腺和泪道两部分。

（1）泪腺（lacrimal gland） 位于眼球的背外侧、眼球与眶上突之间，呈扁平卵圆形，有10余条导管开口于上眼睑结膜，其分泌的泪液有湿润和清洗眼球的作用。

（2）泪道 为泪液的排泄管道，由泪小管、泪囊和鼻泪管组成。泪小管（lacrimal ductule）为两条短管，起始于眼内侧角处的两个小裂隙，即泪点，汇注于泪囊。泪囊（lacrimal sac）为膜性囊，位于泪骨的泪囊窝内，呈漏斗状，为鼻泪管（nasolacrimal duct）的起始端膨大部。鼻泪管位于骨性鼻泪管中，沿鼻腔侧壁向前下延伸，开口于鼻前庭。

4. 眶骨膜（periorbita） 又称眼鞘，呈锥状，为致密坚韧的纤维膜，包围眼球和眼肌，其内、外间隙充填大量脂肪。

5. 眼球肌 属横纹肌，一端附着在视神经周围的骨上，另一端附着在眼球巩膜上，全部由眶骨膜所包裹（图 2-15）。

（1）眼球退缩肌（retractor muscle of eyeball） 位于最深部，围绕视神经。该肌收缩时可使眼球向后移位，受外展神经支配。

（2）眼球直肌（straight muscle of eyeball） 有 4 块，上下各一，内外各一。该肌收缩时可使眼球做向上、向下、向内、向外的运动，眼内直肌、眼上直肌、眼下直肌均受动眼神经支配。

（3）眼球斜肌（oblique muscle of eyeball） 共 2 块，即眼上斜肌和眼下斜肌。该肌收缩时可旋转眼球。眼上斜肌受滑车神经支配，眼下斜肌受动眼神经支配。

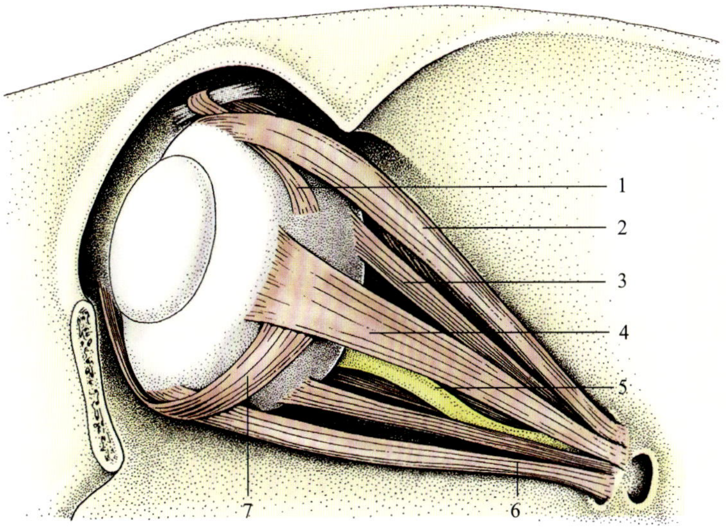

图 2-15 犬眼球肌模式图

1. 眼上斜肌 2. 眼上直肌 3. 眼球缩肌 4. 眼外直肌 5. 视神经 6. 眼下直肌 7. 眼下斜肌
（引自陈耀星和刘为民，2009）

6. 眼球（eyeball） 位于眼眶的前部，呈前后稍压扁的球形体，由眼球壁和内容物等部分构成（图 2-16）。

（1）眼球壁 由外向内顺次分为纤维膜、血管膜和视网膜 3 层。

① 眼球纤维膜（fibrous tunic of eyeball） 分为角膜和巩膜两部分。角膜（cornea）是纤维膜前部无色透明的圆盘形区，约占纤维膜的 1/5，该部的曲度较大，其厚度是中央处较薄，外周部稍厚。在角膜和巩膜交界处，常有色素沉着，并随年龄而增加。角膜无血管分布，但有大量的感觉神经末梢，所以感觉灵敏。巩膜（sclera）占纤维膜的 4/5，为白色不透明的致密纤维膜。巩膜的外面有眼球肌附着，前部有球结膜覆盖。在接近角膜交界处分布有一圈静脉丛，称为巩膜静脉丛（scleral veins plexus），是眼房水回流的经路。

② 眼球血管膜（vascular tunic of eyeball） 富有血色和色素，有营养眼内组织和吸收散射光线的作用。血管膜由前往后可分为虹膜、睫状体和脉络膜 3 部分。

虹膜（iris）是指血管膜最前部的环形薄膜，其中央为瞳孔。虹膜内分布有色素细胞，使它呈现一定颜色（因家畜种属和品种而不同），若完全缺少色素，则因血管的分布而呈红色。虹膜内含有两种走向的平滑肌纤维，一种是环绕瞳孔周围的平滑肌，称瞳孔括约肌，受副交感神经支配，收缩时使瞳孔缩小，以适应在强光环境中减少光线的刺激；另一种是呈放射状伸向虹膜周边的平滑肌，称瞳孔开大肌，受交感神经支配，收缩时使瞳孔开大，以适应在弱光条件下能有更多的光线通过。

睫状体（ciliary body）是血管膜中部的增厚部分，呈环状，与巩膜和角膜交界处的内侧相对。睫状体的内面形成许多呈辐射状排列的皱褶，称睫状突（ciliary processes），以纤维性的睫状小带（ciliary zonule，或称晶状体悬韧带）与晶状体的周缘相连。睫状体的外侧部具有睫状肌，该肌受副交感神经支配，舒缩时经睫状小带来调节晶状体的曲度，以适应观察不同距离的物体。此外，睫状体有产生眼房水的作用。

脉络膜（choroid）占血管膜的大部分，贴附于巩膜的内面，其后壁有一呈青绿色带金属光泽的三角形区（猪无），称为照膜（tapetum lucidum）。由于该区域的视网膜没有色素，所以反光较强，有助于动物在暗光下对外界的光感应。

③ 视网膜（retina） 位于眼球壁的最内层，分为虹膜部、睫状体部和视部 3 部分。前两部分分别贴附在虹膜和睫状体的内面，无感光作用，故合称视网膜盲部。视网膜视部贴附于脉络膜的内面，具有感光作用，活体时为透明而带微红色的薄膜，死后变为浑浊的灰白色。在视网膜后部的稍下方，有一卵圆形的白点，其中央略凹，称视神经盘（optic disc，前称视神经乳头），是视网膜神经节细胞的轴突在此汇集，并向后穿过脉络膜和巩膜后形成视神经。视神经盘处无感光作用，又称生理盲点。视网膜中央动、静脉也从视神经盘处进出，再呈放射状分布于视网膜。临床上通过眼底镜检查可察见。

（2）内容物 包括眼房水、晶状体和玻璃体。

① 眼房（eye-chamber）和眼房水（ocular humor） 眼球角膜和晶状体之间的空隙称眼房，它被虹膜分隔为眼前房和眼后房，两房经瞳孔相通。在眼房内充满眼房水，除有折光作用外，还有营养角膜和晶状体以及维持眼内压的作用。眼房水由睫状体产生，由眼后房经瞳孔流入眼前房，最后渗入巩膜静脉窦而回流。若眼房水回流受阻，则眼内压增高，影响视力，俗称青光眼。

② 晶状体（lens） 位于虹膜的后方，呈双凸镜状，无色透明，具有弹性，周围以细的睫状小带连于睫状突。晶状体浑浊时，光线不能通过，称白内障。

③ 玻璃体（vitreous body） 为无色透明的胶冻状物质，外包有一层薄膜，充填于晶状体与视网膜之间。玻璃体除折光作用外，还有支撑视网膜的作用。

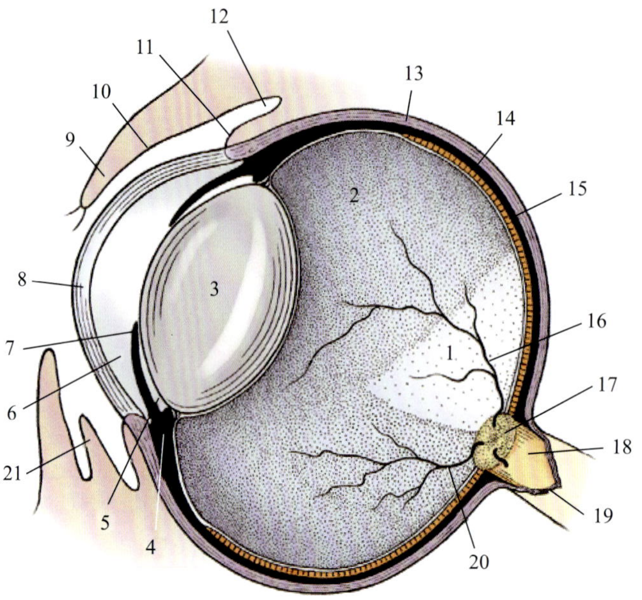

图 2-16 犬眼球纵切面模式图

1. 明毯 2. 黑毯 3. 晶状体 4. 睫状体 5. 眼后房 6. 眼前房 7. 虹膜 8. 角膜 9 上眼睑 10. 睑结膜 11. 球结膜 12. 穹窿 13. 巩膜 14. 脉络膜 15. 视网膜 16. 视网膜上静脉 17. 视盘 18. 视神经 19. 硬脑膜 20. 视网膜内侧下静脉 21. 第 3 眼睑

（引自 Evans 和 de Lahunta，2017）

7. 三叉神经（trigeminal nerve） 为脑神经中最粗大的神经，位于脑桥两端，分为感觉根和运动根。感觉根出脑后接半月状神经节；运动根较小，在半月状神经节腹侧加入下颌神经。在半月状神经节的外侧，三叉神经分为 3 支，即眼神经、上颌神经和下颌神经。下颌神经已如前述，眼神经与上颌神经一并经眶圆孔（牛、羊、猪）或眶孔和圆孔（马）出颅腔。

（1）眼神经（ophthalmic nerve） 为三叉神经最细小的一支，全部为感觉神经，出颅腔后分为 3 支，即泪腺神经、额神经和鼻睫神经。泪腺神经沿眼神经外缘分出，在眼上直肌和上眼睑提肌的背面走行，主要分布于泪腺和上眼睑，此外还分布于颞部皮肤和角（角神经）。额神经与眼上斜肌平行走行，先沿眶骨膜内行，后穿通眶骨膜经眶上孔出颅腔，至额部皮下，分布于额部和上眼睑。鼻睫神经沿眼上直肌腹侧行走，分成 2 支，即筛神经和滑车下神经。筛神经（ethmoidal nerve）为本干的延续，与同名动脉伴行，经筛孔入颅腔，再经筛板内侧一个小孔进入鼻腔；滑车下神经（infratrochlear nerve）在眼上斜肌内侧缘走向内眼角，分布于该部的眼睑和结膜等。

（2）上颌神经（maxillary nerve） 牛、羊和猪的上颌神经经眶圆孔出颅腔，马的上颌神经经圆孔出颅腔，并与同名动脉伴行，分出颧神经、眶下神经、翼腭神经。颧神经在出眶圆孔时，由上颌神经背侧缘分出，向前穿通眶骨膜，在眼外直肌表面走向眼外角，分布于下眼睑和外眼角处。眶下神经粗大，主要经上颌孔进入眶下管内，发出分支至上颌臼齿和前臼齿的齿槽，主干在眶下孔出颅腔至面部，分布于上唇、鼻侧和鼻背。翼腭神经也称蝶腭神经，在眶下神经深面向前延伸，在翼内肌浅层形成神经丛，丛内有数个粟粒大小的神经节，即翼腭神经节。翼腭神经分出鼻后神经、腭大神经、腭小神经，分布于鼻腔、硬腭和软腭等。

（3）下颌神经（mandibular nerve） 牛、羊和猪的下颌神经经由卵圆孔出颅腔，马的下颌神经由破裂孔前缘出颅腔，大部分分支已如前述。

8. 颧腺（glandula zygomatica） 前称眶腺，仅犬和猫有该腺，相当于其他动物的上颊腺。位于眼球的后下方，颧弓的腹侧，眶骨膜的腹侧，呈球形或锥形，周围有脂肪，尖端在最后上臼齿的齿根部。由一个主管和 2～4 个小管开口于口腔前庭的颊黏膜；大管开口于腮腺乳头后方约 1 cm 处，小管的开口在大管开口的后方。

四、鼻腔和鼻旁窦的解剖

（一）解剖步骤

先从外部观察鼻孔的形态，用手按压鼻翼，感觉鼻软骨的位置和形态，再从外部确定额窦和上颌窦的位置。然后自头的正中矢状面将头锯成两半。先找到鼻中隔，再观察鼻黏膜的分布区域，分清鼻前庭和固有鼻腔，在鼻前庭和固有鼻腔的交界处的外侧壁上，寻找鼻颌管的开口。在鼻腔的外侧壁上找到上鼻甲和下鼻甲，观察它们的位置和相互关系，分出上、中、下鼻道和总鼻道的位置及其关系。找到鼻后口，在其背侧上方找到筛骨，观察筛骨的位置及筛骨迷路与鼻道的关系。在额骨和上颌骨分别用圆锯锯一圆孔，经圆孔观察额窦和上颌窦，找到窦间通口和上颌窦鼻腔的相通位置（如无圆锯，可用锤敲碎外骨板以观察）。

（二）解剖层次和结构

1. 鼻腔（nasal cavity） 以一部分面部骨骼为支架，前端以鼻孔与外界相通，后下方以鼻后孔（口）通咽腔。鼻腔正中有鼻中隔将其分为左、右两半。每侧鼻腔均包括鼻孔、鼻前庭和固有鼻腔 3 部分。

鼻前庭有鼻泪管的开口。在马属动物鼻前庭的背侧有一盲囊，向后伸达鼻颌切迹，称为鼻盲囊（或鼻憩室），囊壁皮肤呈黑色，生有细毛，富有皮脂腺。固有鼻腔被上、下鼻甲（由鼻甲骨和黏膜构成）分为上、中、下 3 个鼻道。下鼻道较宽大。在这 3 个鼻道的内侧与鼻中隔之间，构成互相汇通的空隙，称为总鼻道。临床上投放探管（如胃导管等）常由下鼻道与总鼻道汇合处的最大间隙中插入。固有鼻腔的黏膜因前后部上皮的结构与功能不同，又分为呼吸区和嗅区两部分。呼吸区黏膜上皮为假复层纤毛柱状上皮，呈粉红色，内有浆液和黏液性腺，对吸入的空气有增加温度和湿度以及净化的作用。嗅区黏膜位于鼻腔的后上部，呈黄褐色，内含嗅细胞的神经末梢及管泡状的嗅腺，为嗅觉器官所在。

2. 鼻旁窦（paranasal sinus） 指在鼻腔周围一些头骨的内外骨板之间的含气腔隙，它们都直接或间接与鼻腔相通，其黏膜亦与鼻黏膜相互移行。鼻旁窦主要有上颌窦、额窦、角窦（牛、羊有）、蝶腭窦和筛窦等。这些窦腔对于减轻头骨重量、对脑与眼球起隔热保护作用以及温暖、湿润空气等都具有重要意义。这些窦腔的大小常与家畜的生长发育有关。一般来说，幼畜的鼻旁窦不发达。在这些窦壁的内表面都覆有一层黏膜，它们直接或间接地与鼻黏膜相连续。所以，当鼻黏膜有炎症时就可能蔓延至鼻旁窦的黏膜而引起炎症。在固有鼻腔中部，在下鼻甲掩盖下有一月牙状上颌窦口，为上颌窦向鼻腔的开口。

五、耳的解剖

（一）解剖步骤

首先观察耳廓外形，剥离耳廓皮肤，观察耳廓软骨、软骨性外耳道。去除耳肌、耳廓及软骨性外耳道等结构，观察骨性外耳道。最后用工具打碎骨性外耳道及中耳，尽可能观察中耳和内耳结构。

（二）解剖层次与结构

耳包括外耳、中耳和内耳 3 部分（图 2-17）。

1. 外耳（external ear） 包括耳廓、外耳道和鼓膜 3 部分。

（1）耳廓（auricle） 耳廓的形状和大小因动物种类不同而异。一般呈圆筒状。耳廓背面隆凸称为耳背，与耳背相对应的凹面称为耳舟。前后两缘向上汇合成耳尖，耳基（或耳根）部附着于岩颞骨的外耳道突。耳廓由耳廓软骨、皮肤和肌肉等构成。

（2）外耳道（external auditory meatus） 是从耳廓基部至鼓膜的管道，外侧是软骨管，内侧是骨管，内面衬有皮肤，在软骨管部的皮肤含有皮脂腺和耵聍腺（ceruminous gland）。

（3）鼓膜（tympanic membrane） 是构成外耳道底的一片圆形纤维膜，坚韧而有弹性。鼓膜处外面为皮肤，中层为纤维层，由致密胶原纤维构成，内面衬有黏膜。

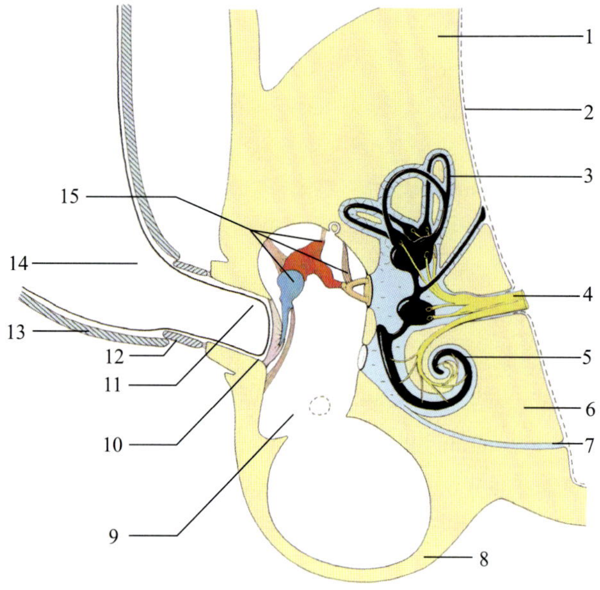

图 2-17 耳的构造模式图

1. 颞骨岩部 2. 脑膜
3. 前庭迷路与半规管
4. 前庭耳蜗神经 5. 耳蜗
6. 颞骨鼓室部
7. 外淋巴管 8. 鼓泡
9. 中耳鼓室 10. 颞骨鼓膜环
11. 鼓膜 12. 环状软骨
13. 耳廓软骨 14. 外耳道
15. 听小骨

（引自陈耀星和刘为民，2009）

2. 中耳（middle ear） 包括鼓室、听小骨和咽鼓管。

（1）鼓室（tympanic cavity） 为位于岩颞骨内部的一个小腔，内面衬有黏膜。外侧壁以鼓膜与外耳道隔开。内侧壁为骨质壁与内耳为界。内侧壁上有前庭窗和蜗窗。前庭窗被镫骨底所封闭，蜗窗被第 2 鼓膜封闭。鼓室的前下方有孔通咽鼓管。

（2）听小骨（auditory ossicle） 位于鼓室内，有 3 块，由外向内顺次为锤骨、砧骨和镫骨。3 块听小骨以关节连成一个骨链，连接于鼓膜至前庭窗之间，可将声波传递至内耳。

（3）咽鼓管（auditory tube） 为连接咽与鼓室之间的管道。外壁由软骨和骨质构成，内面衬有黏膜。鼓室口在鼓室的前部，咽口位于咽的侧壁。

马属动物的咽鼓管在咽背侧膨大形成一对咽鼓管囊。

3. 内耳（internal ear） 又称迷路，位于岩颞骨岩部内。由骨迷路和膜迷路组成。膜迷路内有内淋巴，在膜迷路和骨迷路的间隙内有外淋巴。

（1）骨迷路（osseous labyrinth） 包括前庭、耳蜗和 3 个骨半规管。

① 前庭（vestibule） 是骨迷路的扩大部，呈球形。外侧壁即鼓室的内壁，有前庭窗和蜗窗。

② 骨半规管（bony semicircular canals） 位于前庭的后上方，由3个互相垂直的半环形骨管组成。按其位置分别称前半规管、后半规管和外半规管。每个半规管的一端膨大，称为壶腹，另一端称为脚。

③ 耳蜗（cochlea） 位于前庭的前下方，由耳蜗螺旋管围绕蜗轴盘旋数周形成，管的起端与前庭相通，盲端位于蜗顶。沿蜗轴向螺旋管内发出骨螺旋板，将螺旋管不完全地分隔为前庭阶和鼓室阶两部分。

（2）膜迷路（membranous labyrinth） 为套于骨迷路内互相通连的膜性管和囊。在前庭内有椭圆囊和球囊；在骨半规管内为膜半规管；在耳蜗内为膜质耳蜗管。在椭圆囊、球囊和膜半规管壶腹的壁上，均有一增厚部分，分别形成椭圆囊斑、球囊斑和壶腹嵴。它们都是平衡觉感受器。膜质耳蜗管与前庭阶相接的是前庭膜，与鼓室阶相接的是基膜。基膜上有感觉上皮的隆起，称为螺旋器，是重要的听觉感受器。平衡感受器有前庭神经分布，听觉感受器有耳蜗神经分布。

第四节 脑的解剖

一、解剖步骤

（1）打开颅腔，分别观察脑和脑膜，然后尽可能将脑神经根分离出来，连同脑膜一起将脑取出，留待观察。

（2）将脑自颅腔取出，观察脑的大体解剖结构和各脑神经与脑相连的位置。

（3）沿脑的正中线纵向切开，观察脑的内部结构。

二、脑和脑膜

（一）脑（encephalon，图 2-18 至图 2-20）

1. 大脑（cerebrum） 或称端脑（telencephalon），位于脑干前方，后端以大脑横裂与小脑分开，背侧以大脑纵裂分为左、右大脑半球（cerebral hemisphere），纵裂的底是连接两半球的横行宽纤维板，即胼胝体（corpus callosum）。

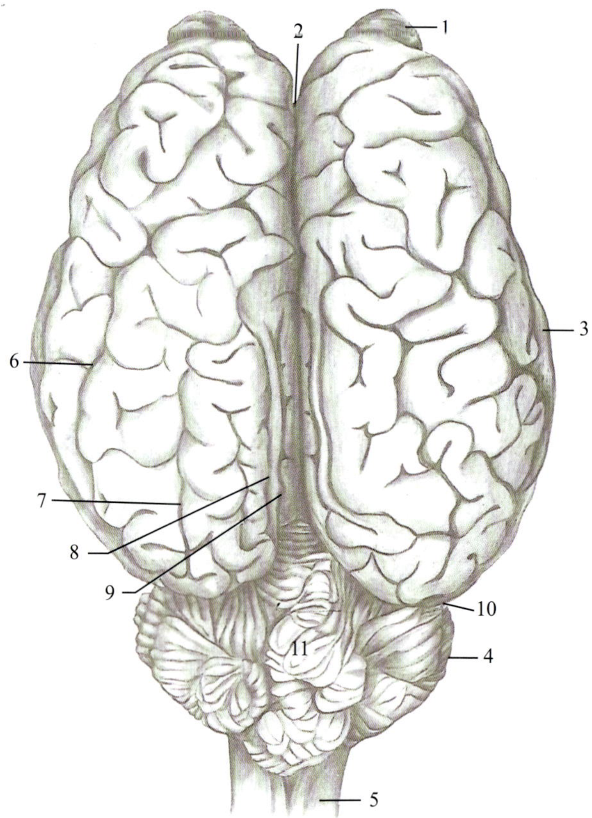

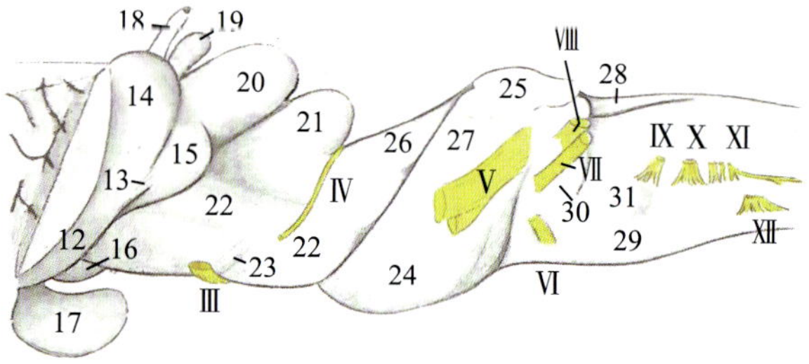

图 2-18　马脑的背侧面和左侧脑干

1. 嗅球　2. 大脑纵裂　3. 大脑半球　4. 小脑半球　5. 脊髓
6. 上薛氏沟　7. 外缘沟　8. 缘沟　9. 内嗅沟　10. 大脑横裂
11. 小脑蚓部　12,13. 视束　13. 视束外侧脚　14. 外侧膝状体
15. 内侧膝状体　16. 乳头体　17. 垂体　18. 松果体隐窝
19. 松果体　20. 前丘　21. 后丘　22. 大脑脚　23. 脚间束
24. 脑桥　25. 小脑脚断面　26. 小脑前脚
27. 小脑中脚　28. 小脑后脚　29. 延髓锥体
30. 斜方体　31. 腹面结节
Ⅲ～Ⅻ. 第Ⅲ～Ⅻ对脑神经

（引自 Popesko，1985）

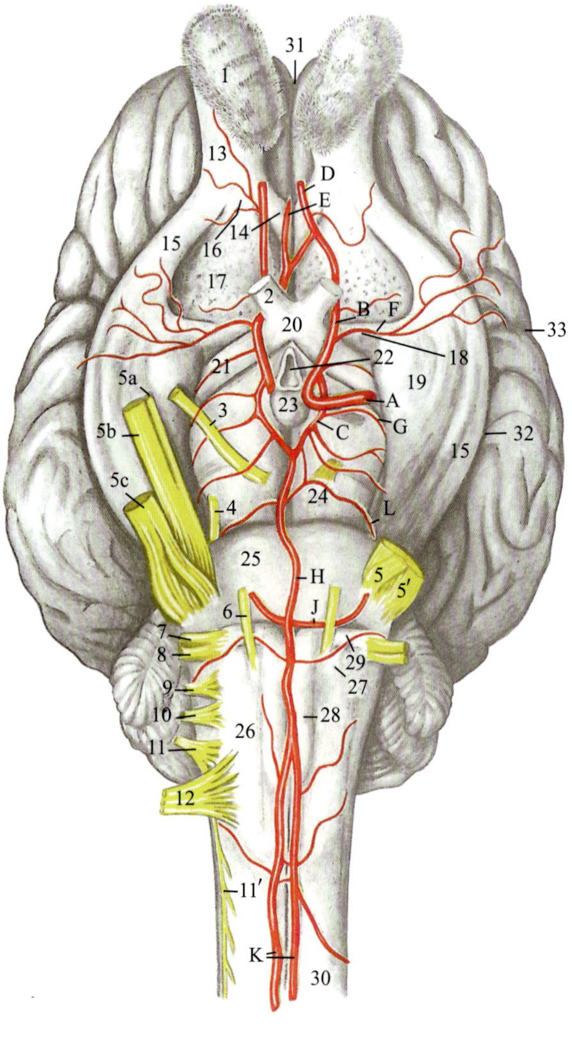

图 2-19　马脑的腹侧面

1. 嗅球　2. 视神经　3. 动眼神经　4. 滑车神经
5. 三叉神经运动根　5′. 三叉神经运动根、三叉神经节
5a. 眼神经　5b. 上颌神经　5c. 下颌神经　6. 外展神经
7. 面神经　8. 前庭耳蜗神经　9. 舌咽神经　10. 迷走神经
11. 副神经前根　11′. 副神经脊髓根　12. 舌下神经
13. 嗅束　14. 内侧嗅束　15. 外侧嗅束　16. 中间嗅束
17. 嗅三角　18. 前穿质　19. 梨状叶　20. 视交叉
21. 视束　22. 漏斗、灰结节　23. 乳头体　24. 大脑脚
25. 脑桥　26. 延髓　27. 面结节　28. 延髓锥体
29. 斜方体　30. 脊髓　31. 大脑纵裂　32. 嗅脑侧沟
33. 大脑外侧裂（薛氏裂）
A. 颈内动脉　B. 大脑前动脉
C. 后交通动脉　D. 脑膜前动脉
E. 大脑前动脉　F. 大脑中动脉
G. 大脑深动脉　H. 大脑基底动脉
J. 小脑后动脉　K. 脊髓腹侧动脉
L. 小脑前动脉

（引自 Popesko，1985）

（1）大脑半球的外形　大脑半球的背外侧面、内侧面表层覆有大脑皮质，其表面凹凸不平，凹陷处为沟，凸起处为回，以增加大脑皮质的面积。大脑半球的腹侧面为构成嗅脑的各组成部分，包括嗅球、嗅束、嗅三角、梨状叶、海马和齿状回等部分（详见相应的系统解剖学教材）。

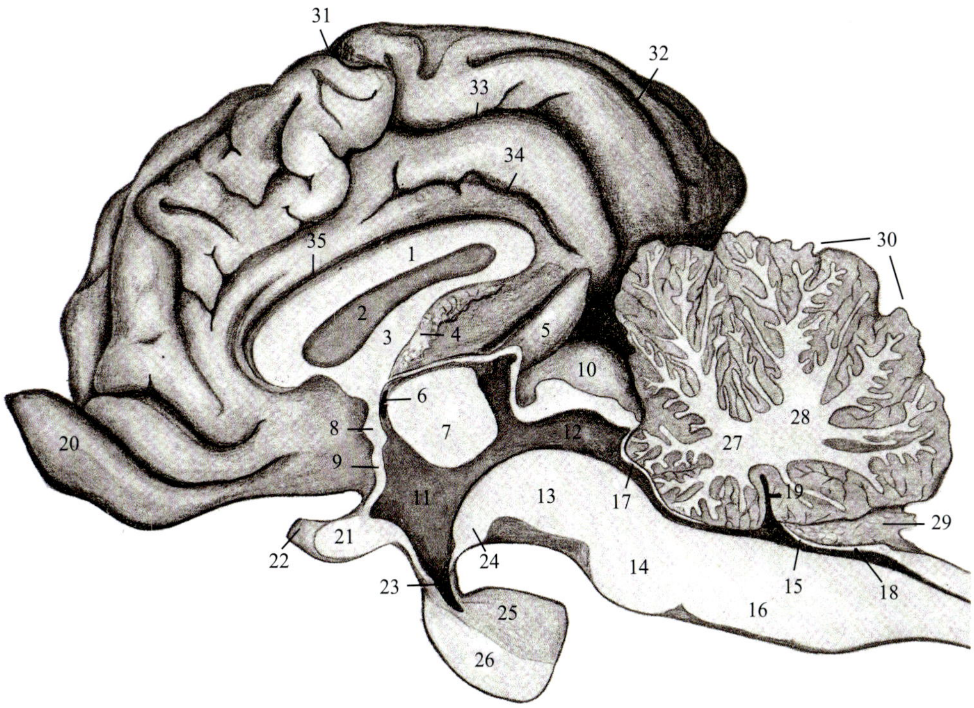

图 2-20　牛脑的正中矢状面

1. 胼胝体　2. 透明隔　3. 穹窿　4. 第 3 脑室脉络组织　5. 松果体　6. 室间孔　7. 丘脑间黏合　8. 前连合　9. 灰质终板　10. 中脑顶盖　11. 第 3 脑室　12. 中脑（导）水管　13. 大脑脚　14. 脑桥　15. 第 4 脑室　16. 延髓　17. 前髓帆　18. 后髓帆　19. 第 4 脑室盖隐窝　20. 嗅球　21. 视交叉　22. 视神经（右侧）　23. 神经垂体隐窝（漏斗隐窝）　24. 乳头体　25. 神经垂体　26. 腺垂体　27. 小脑活树前干　28. 小脑活树后干　29. 第 4 脑室脉络丛　30. 小脑　31. 冠沟　32. 上压部沟　33. 压部沟　34. 内压沟　35. 胼胝体沟

（引自 Popesko，1985）

（2）大脑半球的内部结构　两侧大脑半球的表面覆盖着大脑皮质，皮质深面为白质，由各种神经纤维构成。在大脑基底部有一些灰质团块，称基底核。半球内各有一个内腔称侧脑室。

① 基底核（basal nuclei）　主要由尾状核和豆状核构成。尾状核位于丘脑的前背侧，构成侧脑室前部的底壁，其外侧为内囊。豆状核位于内囊的外侧，可分为两部，外侧部较大，称为壳；内侧部较小，色浅称苍白球。尾状核、豆状核和位于其间的内囊，外观上呈灰、白质相间的条纹状，故合称纹状体（corpus striatum）。

② 侧脑室（lateral ventricle）　为每侧大脑半球中的不规则腔体，经室间孔与第 3 脑室相通，侧脑室的内侧壁是透明隔，位于胼胝体与穹窿之间；顶壁为胼胝体；底壁的前部为尾状核，后部是海马。侧脑室内有脉络丛，在室间孔处与第 3 脑室脉络丛相连，可产生脑脊液。侧脑室很不规则，前部通嗅球腔，后部向腹侧到达梨状叶。

2. 小脑（cerebellum）　略呈球形，位于大脑后方，在延髓和脑桥的背侧。小脑的表面有许多平行的横沟，将小脑分成许多小叶；表面的两条近平行的纵沟，将小脑分为 3 部分，即两侧的小脑半球（cerebellar hemisphere）和中央的蚓部（vermis）。

小脑的表面为灰质，称小脑皮质；深部为白质，称小脑髓质。髓质呈树枝状伸入小脑各叶，形成髓树（arbor medullaris）。小脑借 3 对小脑脚（小脑后脚、小脑中脚及小脑前脚）分别与延髓、脑桥和中脑相连。

3. 脑干 脑干由后向前依次分为延髓、脑桥、中脑和间脑，是脊髓向前的直接延续。

（1）延髓（medulla oblongata） 延髓为脑干的末段，其后端在枕骨大孔处接脊髓，前端连脑桥。延髓呈前宽后窄、背腹侧稍扁的锥行体。在腹侧面的正中有腹正中裂，腹正中裂的两侧各有一条纵行隆起的延髓锥体（pyramids of medulla oblongata），它是由大脑皮质发出的运动纤维束（锥体束）构成。在延髓前端、锥体的两侧有横隆凸，称斜方体（trapezoid body）。延髓后部的形态与脊髓相似，也有中央管，称延髓的闭合部；前部的中央管开放，形成第 4 脑室底的后部，称延髓的开放部。第 4 脑室后部两侧走向小脑的隆起，称绳状体（corpus restiforme）或小脑后脚。延髓的两侧由前向后依次有面神经根、前庭耳蜗神经根、舌咽神经根、迷走神经根和副神经根；锥体前端的两侧有外展神经根，后部两侧有舌下神经根。

（2）脑桥（pons） 脑桥位于延髓的前端，在中脑的后方、小脑的腹侧。背侧面凹，为第 4 脑室底壁的前部；腹侧有横行隆起，横行的纤维自两侧向上伸入小脑，形成小脑中脚和脑桥臂。在脑桥背侧部的前端有联系小脑和中脑的小脑前脚或结合臂。脑桥的两侧有粗大的三叉神经根。

第 4 脑室（fourth ventricle）位于延髓、脑桥和小脑之间，前方通中脑（导）水管，后方通脊髓中央管，内充满脑脊液。第 4 脑室顶壁由前向后依次为前髓帆、小脑、后髓帆和第 4 脑室脉络丛。第 4 脑室底呈菱形，亦称菱形窝（rhomboid fossa），前部属脑桥，后部属延髓的开放部。

（3）中脑（mesencephalon） 位于脑桥和间脑之间，其脑室是中脑（导）水管，前方通第 3 脑室，后方通第 4 脑室。中脑（导）水管（mesencephalic aqueduct）将中脑分为背侧的四叠体和腹侧的大脑脚。

① 四叠体（quadrigeminal bodies） 又称顶盖（tectum），由前、后两对圆丘组成。前丘（rostral colliculi）较大，是光反射的联络站，为灰质和白质相间的分层结构。后丘（caudal colliculi）是声反射的联络站，其表面为白质、深部为灰质的后丘核。

② 大脑脚（cerebral peduncle） 分背侧的被盖和腹侧的大脑脚底。大脑脚底为白质，主要由大脑皮质至脑桥、延髓和脊髓的运动束组成。被盖（tegmentum），内有脑神经核（如动眼神经核和滑车神经核）、中继核（红核、黑质）、网状结构和一些上、下行纤维。

（4）间脑（diencephalon） 位于中脑的前方，前外侧被大脑半球所遮盖，内有第 3 脑室。间脑主要可分为丘脑和下丘脑。

① 丘脑（thalamus） 占间脑的大部分，为一对卵圆形的灰质团块，由白质髓板分隔为许多不同机能的核群组成。左、右两丘脑的内侧部相连，断面呈圆形，称丘脑间黏合，其周围的环状裂隙为第 3 脑室。丘脑是皮质下的主要感觉中枢，接受来自脊髓、脑干和小脑的纤维，由此发出纤维至大脑皮质。在丘脑后部的背外侧，有外侧膝状体和内侧膝状体。外侧膝状体（lateral geniculate body）较大，位于前外侧，接受视束的纤维，发出纤维至大脑皮质，是视觉冲动传向大脑皮质的联络站。内侧膝状体（medial geniculate body）较小，位于外侧膝状体的后下方，接受由耳蜗神经核来的纤维，发出纤维至大脑皮质，是听觉冲动传向大脑的联络站。在左、右丘脑的背侧、中脑四叠体的前方，有松果体，为内分泌腺。

② 下丘脑（hypothalamus） 位于间脑的下部，第 3 脑室的底壁，是植物性神经的重要中枢。从脑腹侧面看，自前向后可将下丘脑分为视前部、视上部、灰结节部和乳头体部 4 部分。视前部在视束的前方；视上部在视束的背侧；灰结节部位于视束与乳头体之间，其正中腹侧有垂体柄与垂体连接（垂体是内分泌腺）；乳头体呈小球状，位于脚间窝、在灰结节的后方。

③ 第 3 脑室（third ventricle） 呈环形，围绕着丘脑间黏合。第 3 脑室后通中脑（导）水管，前方以一对室间孔通两个大脑半球的侧脑室；腹侧形成一漏斗形凹陷，顶壁为第 3 脑室脉络丛，向前经室间孔与侧脑室脉络丛相接。

（二）脑膜与脑脊液

1. 脑膜

脑的外面包有 3 层膜，即脑硬膜、脑蛛网膜和脑软膜。

（1）脑软膜（cerebral pia mater） 薄，富含血管，紧贴于脑的表面并深入脑沟包围在小血管外，形成血管鞘伸入脑内。脑软膜内的血管和室管膜上皮一起进入侧脑室、第3脑室和第4脑室，形成脉络丛，产生脑脊液。

（2）脑蛛网膜（cerebral arachnoid mater） 薄，包于脑软膜外面，以纤维与软膜相连，但不伸入脑沟内。位于蛛网膜与软膜之间的腔隙称蛛网膜下腔，内含脑脊液。通过第 4 脑室脉络丛上的孔使脑室与蛛网膜下腔相通。

（3）脑硬膜（cerebral dura mater） 厚，包围于蛛网膜之外。位于硬膜与蛛网膜之间的腔隙称硬膜下腔，内含淋巴。脑硬膜紧贴于颅腔壁，其间无腔隙存在。脑硬膜在两半球间的大脑纵裂内形成大脑镰，在大脑半球与小脑之间的横沟内形成小脑幕。在大脑镰和小脑幕的根部含有脑硬膜静脉窦，接受来自脑的静脉血。

2. 脑脊液（liquor cerebrospinalis） 无色透明的液体，由侧脑室、第 3 脑室和第 4 脑室的脉络丛产生，充满于脑室和脊髓中央管，通过第 4 脑室脉络丛上的孔（正中孔和外侧孔）进入蛛网膜下腔。蛛网膜下腔内的脑脊液通过硬膜窦而汇入静脉。脑脊液与位于硬膜下腔的淋巴共同保护和营养脑和脊髓。

【思考题】

1. 简述三叉神经的分支与分布。
2. 简述滑车神经、外展神经和动眼神经的位置与分布。
3. 简述眼球肌肉的位置与作用。
4. 简述眼球的结构。
5. 简述舌下神经、舌咽神经、舌神经的分支与分布。
6. 简述咽的构造、喉的构造及舌的构造。

第三章 颈部解剖

【教学目标】

1. 掌握颈侧部的解剖层次及其主要结构的解剖特征。
2. 掌握颈腹侧部的解剖层次及其主要结构的解剖特征。
3. 掌握颈静脉沟和菱形区的构成，了解其临床意义。

颈部的解剖可分为颈侧部解剖和颈腹侧部解剖两部分，两部之间以颈静脉沟为界。

第一节 颈侧部的解剖

一、界限

颈侧部是指包括颈背侧缘在内的颈左、右两侧的大部分。其前界为两耳根后缘的连线，并向下延续至颈静脉沟的前端；上界是颈嵴的背正中线；后界达肩胛部前缘；下界是臂头肌的下缘，并以颈静脉沟与颈腹侧部相接。

二、解剖步骤

1. 剥皮并观察皮下血管、神经及颈皮肌 于耳根后方颈部环状切开皮肤，再沿颈腹侧正中线做一前后方向切口，切开皮肤。然后小心剥离皮肤，并向背侧翻转固定于颈的上方。细心清理皮下组织和浅筋膜，可见有皮下血管和颈神经的皮支分布。猪、犬颈侧部的浅筋膜内除蓄积有脂肪外，还含有浅、深两层颈皮肌。马的颈侧后 1/3 处的浅筋膜中含有颈皮肌的一部分。观察皮肌的分布范围和肌纤维方向。

2. 颈斜方肌和颈菱形肌的解剖观察 在颈后部背外侧，观察颈斜方肌的分布范围和肌纤维方向。将该肌界限分离清，然后从腹侧向背侧翻转，暴露出下面的颈菱形肌，观察颈菱形肌的位置、形态和肌纤维方向，观察后与颈斜方肌一起翻向背侧。如果需要的话，可将该二肌切除。

3. 臂头肌的解剖观察 在颈侧部找到臂头肌，分离该肌肌缝，沿臂头肌追寻其起止点。分离肌肉时，要注意保留分布于该肌的副神经，尽量勿使其断离。

4. 副神经的解剖观察 在臂头肌的背侧缘找到副神经，追寻分离副神经的分支，观察其分布范围，并沿副神经干向前追寻其起始部位。

5. 肩胛横突肌和颈浅淋巴结的解剖观察 将臂头肌自中部切断，向前、后分别拉起，在深部可见到有肩胛横突肌（马无此肌），分离该肌肌缝，追寻其起止点。在肩胛横突肌后部的深面（肩胛前缘处）有颈浅淋巴结。

6. 颈腹侧锯肌和夹肌的解剖观察 在颈背侧后方找到颈腹侧锯肌，观察该肌分布区域及在颈部的起点、肌纤维方向。从腹侧缘将颈腹侧锯肌分离下来。在颈腹侧锯肌的前内侧为大的夹肌，观察夹肌的起止点、分布部位和肌纤维方向。将分布于该肌的神经分离下来，留待后面观察。

7. 头最长肌和寰最长肌的解剖观察 分离夹肌，在夹肌深部前下方有两个部分相重叠的带状肌，它们是头寰最长肌，包括头最长肌和寰最长肌。找到两肌的止点，分辨出头最长肌和寰最长肌，前者较大，位于背侧；后者较窄小，位于腹侧。

8. 观察背腰最长肌颈部和髂肋肌颈部 沿头寰最长肌向后，找到背腰最长肌的颈部，观察其起止点，勿动，留待胸部解剖时再观察。在背腰最长肌的颈部腹侧找到髂肋肌颈部，观察后，保留之。

9. 解剖观察头半棘肌和项韧带 在头寰最长肌的上方内侧，是较发达的头半棘肌，该肌表面有3～5条斜行的腱划，观察头半棘肌的位置、形状，血管分布和神经分布。将所分布的神经自该肌分离下来，把头半棘肌和头寰最长肌取下，暴露出白色的项韧带，观察项韧带的位置、颜色，区分其索状部和板状部。

10. 解剖观察颈神经、膈神经和臂神经丛的神经根来源 将分布于颈椎侧面的小肌肉清除，勿伤及颈神经，充分显露出各个颈椎。找到第1～8颈神经，分别将它们清理干净，观察它们从椎管出来的位置和背侧支、腹侧支的分布。观察膈神经和臂神经丛的神经根来源。

11. 解剖观察椎神经和椎动、静脉 首先找到颈椎横突，将横突间肌清除，可显示出椎动、静脉和椎神经的一部分。用锯、锤打开横突管，将骨块清理干净，可露出椎动脉、椎神经全貌，观察它们的分支及与颈神经的关系。

三、解剖层次与结构

1. 第一层——皮肤 较薄而能够牵动。马和猪的颈背侧缘处都长有较长的毛。

2. 第二层——皮下组织和浅筋膜 较发达，常有皮下血管和神经通行其间，其中皮神经是由颈神经的背侧支和腹侧支所分出的皮支，由深部向浅部延伸而来。猪、犬颈侧部的浅筋膜内除蓄积有脂肪外，还含有颈皮肌（cutaneous muscle of neck）。猪的颈皮肌分浅、深两层，浅层由胸骨柄处起始，伸向前上方，前端达到下颌支后缘下部，背侧消失于浅筋膜内；深层肌纤维前后行，后端起于肩峰的前上部，前端与面皮肌相接，其前下部被颈浅皮肌所覆盖。犬的颈皮肌发达，又称为颈阔肌（platysma muscle），是完全可以分离的宽大的肌肉，它也分浅、深两层：浅层薄，肌纤维由鬐甲走向前下方；深层较厚而宽，由颈背侧部斜向前下方，延续为面皮肌。马的颈皮肌主要位于颈腹侧部。

3. 第三层——深筋膜 起始于颈椎横突，外延包围着颈部各肌肉，并在一些肌间隙中，包裹在相伴行的血管神经外围，构成血管神经束。

4. 第四层——浅层肌和副神经 见图3-1和图3-2。

（1）颈斜方肌（cervical part of trapezius muscle） 位于颈侧部的后上部，为三角形薄肌，与后部的胸斜方肌分界不明显，通常是按起止点及肌纤维方向来区分（详见前肢解剖）。在斜方肌的深面与菱形肌及肩胛软骨之间形成肩胛上间隙，当创伤感染波及此间隙时，它可成为蓄脓场所。

（2）臂头肌（详见前肢解剖）。

（3）肩胛横突肌（详见前肢解剖）。

（4）副神经（accessory nerve） 属第11对脑神经，为分布至颈部和肩带部肌肉的神经之一。它经颈静脉孔（前称破裂孔）出颅腔，与迷走神经相伴下行，至寰椎翼的下方处两者分开，副神经在腮腺的深面与枕动脉交叉通过而后行，至颌下腺后缘的内侧处分为背、腹两支。腹侧支较细，经上颌静脉与舌面静脉汇合处的内侧转向后下行，延伸至胸下颌肌和胸乳突肌之间，沿途除分支分布至胸头肌等；

背侧支较粗，牛、犬的此支开始在臂头肌的深面后行，至颈中部则转向后上方，延伸于颈斜方肌的深面，走向鬐甲部，终止于胸斜方肌，沿途有分支至臂头肌、肩胛横突肌和胸头肌等。

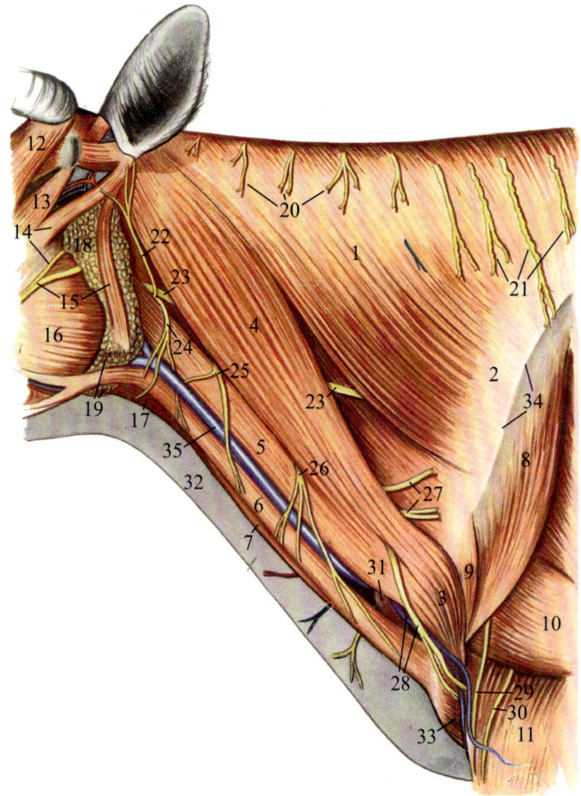

图 3–1　牛左侧颈部及肩带部浅层结构

1. 颈斜方肌　2. 斜方肌腱膜　3～5. 臂头肌　3. 锁臂肌
4. 锁枕肌　5. 锁乳突肌　6,7. 胸头肌　6. 胸下颌肌
7. 胸乳突肌　8. 三角肌　9. 三角肌肩峰部
10. 臂三头肌外侧头　11. 腕桡侧伸肌
12. 额肌　13. 额盾肌颞部
14. 颧耳肌、耳颞神经面横支
15. 腮耳肌、面神经背侧颊支
16. 咬肌　17. 胸骨舌骨肌
18. 腮腺　19. 颌下腺
20. 颈神经背侧皮支
21. 胸神经背侧皮支
22. 第 2 颈神经的耳大神经支
23. 副神经背侧支　24. 颈横神经
25. 第 3 颈神经　26. 第 4 颈神经
27. 锁骨上背侧神经
28. 头静脉、锁骨上腹侧神经
29. 腋神经的前臂前皮神经支
30. 桡神经浅支　31. 锁骨下肌
32. 垂皮　33. 胸浅肌
34. 肩胛冈　35. 颈外静脉

（引自 Popesko，1985）

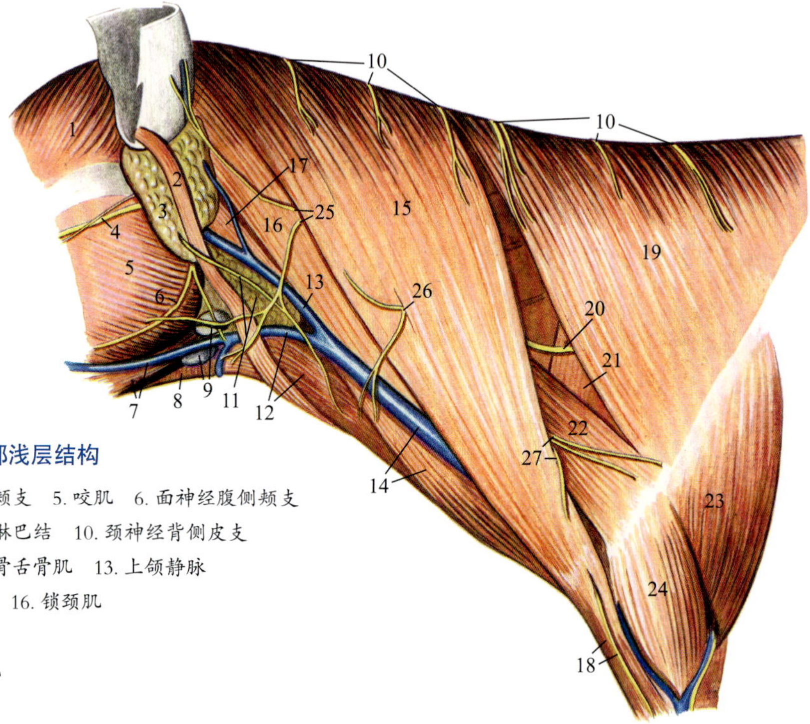

图 3–2　犬左侧颈部浅层结构

1. 颞肌　2. 腮耳肌　3. 腮腺　4. 面神经背侧颊支　5. 咬肌　6. 面神经腹侧颊支
7. 面静脉、二腹肌　8. 下颌舌骨肌　9. 下颌淋巴结　10. 颈神经背侧皮支
11. 颌下腺、面神经颈支　12. 舌面静脉、胸骨舌骨肌　13. 上颌静脉
14. 颈外静脉　15,16,17. 胸头肌　15. 锁颈肌　16. 锁颈肌
17. 胸乳突肌　18. 锁臂肌、锁骨上腹侧神经
19. 颈斜方肌　20. 副神经背侧支　21. 冈上肌
22. 肩胛横突肌　23. 三角肌肩胛部
24. 三角肌肩峰部　25. 第 2 颈神经　26. 第 3 颈神经
27. 第 4 颈神经（锁骨上背侧神经和中间神经）

（引自 Popesko，1985）

5. 第五层——中层肌、肌间隙、血管和淋巴结 见图 3–3 和图 3–4。

(1)菱形肌(详见前肢解剖)。

(2)颈腹侧锯肌(ventral serratus muscle of neck) 又称颈下锯肌，主要位于肩胛部的前方，在颈斜方肌和肩胛横突肌深面(马无肩胛横突肌，故在颈斜方肌和臂头肌之间的间隙处就有颈腹侧锯肌的一部分露于皮下浅层)。本肌以肌齿起于第 3 颈椎至第 3 肋骨(牛、羊)或寰椎翼至第 5 肋骨(猪)或第 3 ～ 7 颈椎横突(犬、马)，肌纤维向后上方集中，均止于肩胛骨前角内侧的锯肌面。

(3)肩胛前间隙(scapula anterior spatium) 为肩臂间隙的前部。位于肩胛部前方，颈斜方肌、臂头肌和肩胛横突肌(牛、羊、猪、犬)或肩胛舌骨肌(马)的深面与颈腹侧锯肌前面之间。此间隙的前界与第 6 颈椎横断面相对，后方以肩胛下肌的前缘为界，向后通延肩胛下间隙。间隙内除有结缔组织和脂肪外，颈浅淋巴结即位于其中。

(4)颈浅淋巴结(superficial cervical lymph node) 又称肩前淋巴结，一般都位于肩关节的前背侧。牛的呈长椭圆形，长 6.0 ～ 9.0 cm，宽 2.5 ～ 4.0 cm，一般每侧 1 个，有的为 2 个。其后缘邻贴冈上肌，浅面被臂头肌和肩胛横突肌所覆盖。输入管来自咽后外侧淋巴结、颈部、肩带部和胸前部外侧的皮肤和肌肉以及前肢背外侧部的皮肤和肌肉的淋巴管。输出管有 3 ～ 5 条，左侧者入胸导管末端；右侧者

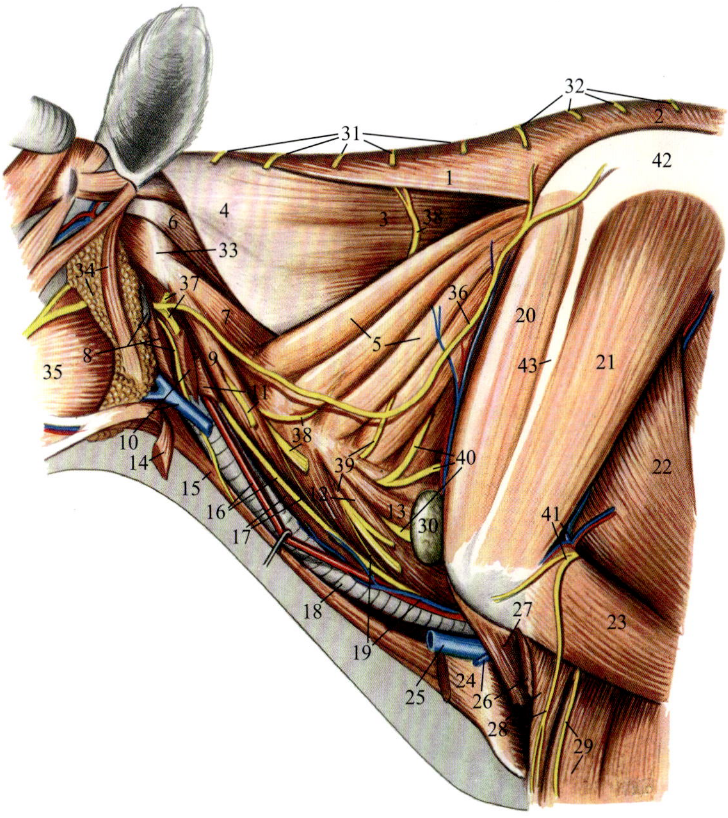

图 3–3 牛左侧颈部和肩部中层结构

1. 颈菱形肌 2. 胸菱形肌 3. 夹肌 4. 夹肌腱膜 5. 腹侧锯肌 6. 头最长肌 7. 寰最长肌 8. 胸乳突肌、副神经腹侧支、咽后外侧淋巴结 9. 寰长肌 10. 胸乳突肌、颈外静脉 11. 肩胛舌骨肌、第 3 颈神经 12. 中斜角肌 13. 背侧斜角肌 14. 胸下颌肌 15. 胸骨舌骨肌 16. 颈总动脉、迷走交感干 17. 食管、膈神经根 18. 气管 19. 膈神经根、颈内静脉 20. 冈上肌 21. 冈下肌 22. 臂三头肌长头 23. 臂三头肌外侧头 24. 胸头肌起点 25. 颈外静脉 26. 头静脉、臂头肌起点 27. 臂二头肌 28. 臂肌、前臂前皮神经 29. 腕桡侧伸肌、前臂后皮神经 30. 颈浅淋巴结(肩前淋巴结) 31. 颈神经背皮支 32. 胸神经背皮支 33. 寰椎横突 34. 腮腺、腮耳肌 35. 咬肌 36. 副神经背侧支 37. 第 2 颈神经 38. 第 4 颈神经 39. 第 5 颈神经 40. 第 6 颈神经 41. 腋神经和旋肱后动、静脉 42. 肩胛软骨 43. 肩胛冈

(引自 Popesko，1985)

与肋颈淋巴结、第 1 肋腋淋巴结等的输出管汇合形成右淋巴导管，入右颈静脉或前腔静脉起始部。

猪的颈浅淋巴结分为背侧和腹侧两组，颈浅背侧淋巴结相当于其他家畜的颈浅淋巴结，呈卵圆形，长有 3.0 ～ 4.0 cm，位置略同于马的，但其浅面被斜方肌和肩胛横突肌所覆盖，深面邻贴颈腹侧锯肌；颈浅腹侧淋巴结位于腮腺后缘至肩关节前方的臂头肌下缘处，输入管来自下颌淋巴中心、前肢、胸侧壁及下壁的浅淋巴管以及母猪的前 2 ～ 3 对乳腺的淋巴管，输出管注入颈浅背侧淋巴结。

犬的颈浅淋巴结呈椭圆形，长约 2.5 cm，一般有 1 ～ 3 个。位于冈上肌前缘，在臂头肌和肩胛横突肌的深面。输入管来自颈侧部、肩臂部、前肢外侧部的肌肉和皮肤，输出管注入气管淋巴干、胸导管或直接注入颈总静脉。

马的颈浅淋巴结呈一长形淋巴结群（长约 10.0 cm，宽 1.5 ～ 4.0 cm），位于肩关节的前背侧、锁骨下肌（前称胸深前肌）的前缘，浅面被臂头肌所覆盖，深面贴邻肩胛舌骨肌的后部。

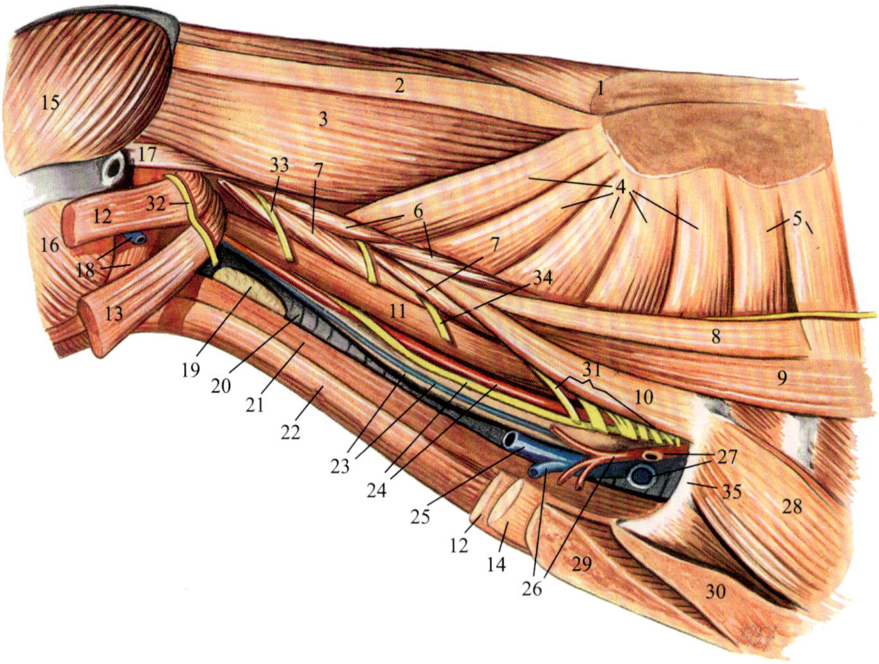

图 3-4　犬颈部中层结构

1. 颈菱形肌　2. 头菱形肌　3. 夹肌　4. 颈腹侧锯肌　5. 胸腹侧锯肌　6. 颈横突间肌　7. 颈横突间腹侧肌　8,9. 背侧斜角肌　10. 中斜角肌　11. 头长肌　12. 胸乳突肌　13. 锁乳突肌　14. 胸枕肌　15. 颞肌　16. 咬肌　17. 头最长肌　18. 二腹肌、上颌静脉　19. 甲状腺　20. 气管　21. 胸骨甲状肌　22. 胸骨舌骨肌　23. 食管、颈内静脉　24. 颈总动脉、迷走交感干　25. 颈外静脉　26. 头静脉、颈浅动脉　27. 腋动、静脉　28. 胸直肌　29. 胸浅肌　30. 胸深肌　31. 臂丛　32. 第 1 颈神经　33. 第 2 颈神经　34. 第 4 颈神经　35. 第 1 肋骨

（引自 Popesko，1985）

（5）颈浅动脉（superficial cervical artery）　前称肩颈动脉，在胸前口处起于锁骨下动脉，初向前下方延伸，沿斜角肌腹侧缘至外侧，主干沿臂头肌和肩胛横突肌深面上升至颈浅淋巴结处，分支供应斜角肌、胸肌、胸骨甲状舌骨肌、臂头肌、肩胛横突肌、颈浅淋巴结、颈斜方肌和颈菱形肌等。

6. 第六层——深层肌、血管和神经（图 3-5）。

（1）夹肌（splenius muscle）　肌腹发达，深部位于颈椎背侧、项韧带索状部和鬐甲前部之间的三角形间隙内，并被颈斜方肌、菱形肌及颈腹侧锯肌所覆盖。本肌在牛、马起自与第 4、5 胸椎相对的棘横筋膜和帽状韧带，止于枕骨、颞骨及前 4 个（牛）或 5 个（马）颈椎横突；在犬起自腰背筋膜的前缘、前 3 个胸椎棘突和整个颈正中缝，止于枕骨项嵴和颞骨乳突部。猪的夹肌也很发达，肌腹中部向前分为 3 支，分别止于枕骨、颞骨和寰椎翼。

（2）头半棘肌（semispinal muscle of head） 为三角形的板状肌，表面有 3～5 条斜行的腱划，位于夹肌的深面和项韧带板状部之间。该肌起自前 8～9 个（牛）或 5～7 个（猪和马）或 3～4 个（犬）胸椎的横突以及后 5 个（在犬是后 4 个）颈椎的关节突，止于枕骨的项面及枕嵴下方。

（3）头寰最长肌（longest muscle of caput-atlas） 包括头最长肌和寰最长肌两条平行的扁平带状肌。头最长肌较大，在背侧，起于前 2、3 个胸椎横突，止于颞骨乳突；寰最长肌较窄小，在腹侧，起于第 3～7 颈椎关节突，止于寰椎翼。两者的深面贴邻头后斜肌和头半棘肌，浅面大部分被夹肌所覆盖。

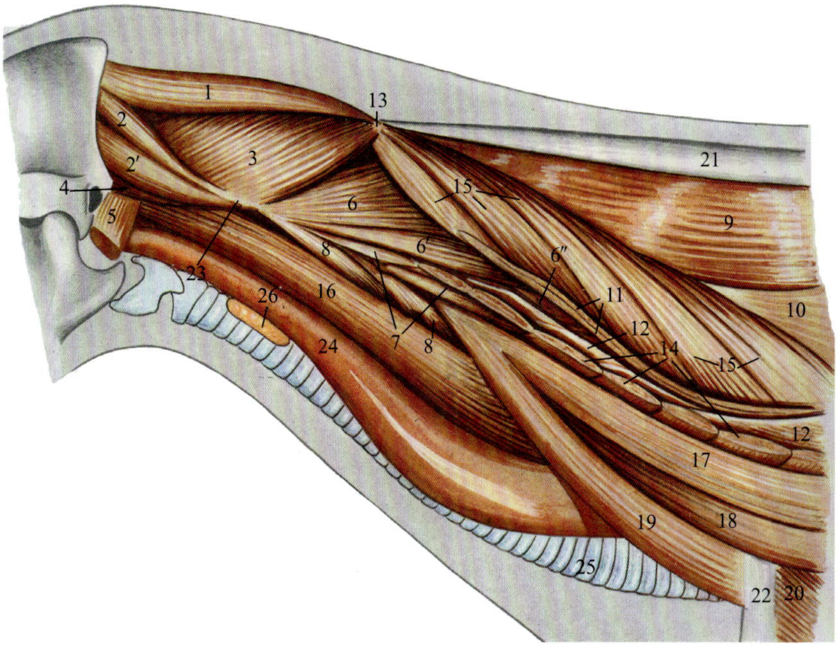

图 3-5　犬颈部深层结构

1. 头背侧大直肌　2,2′. 头前斜肌　3. 头后斜肌　4. 头外侧直肌　5. 二腹肌　6,6′,6″. 颈横突腹侧间肌　7. 颈横突间内侧肌　8. 颈横突间腹侧肌　9. 颈棘肌　10. 棘肌和胸半棘肌　11. 头最长肌、复肌　12. 颈最长肌　13. 枢椎棘突　14. 颈腹侧锯肌　15. 颈多裂肌　16. 头长肌　17,18. 背侧斜角肌　19. 中斜角肌　20. 肋间外肌　21. 项韧带　22. 第 1 肋骨　23. 寰椎横突　24. 食管　25. 气管　26. 甲状腺

（引自 Popesko，1985）

（4）颈最长肌（longest muscle of neck） 呈三角形，位于后几个颈椎与前几个胸椎之间的夹角内，可视为背腰最长肌的延续，被颈腹侧锯肌所覆盖。牛、马的颈最长肌起于前 6（7）个胸椎横突，止于后 4 个颈椎横突。猪的颈最长肌起于前 4 个胸椎横突，止于后 5 个颈椎横突。犬的颈最长肌与猪的基本相似。

（5）斜角肌（scalene muscle） 位于颈后部与前部肋骨之间的深层肌肉，其浅面被颈腹侧锯肌所覆盖。牛的斜角肌分上、下两部。上部为背侧斜角肌（dorsal scalene muscle），起于第 5～7 颈椎横突，肌腹斜向后下方，止于第 3、4 肋骨的外面；下部为腹侧斜角肌（ventral scalene muscle），起于第 3～7 颈椎横突，止于第 1 肋骨上半部的前缘和外侧，臂神经丛根即由该肌束穿出，且膈神经的根支也在该肌腹内汇集，再沿肌腹下缘内侧向后伸延，经第 1 肋骨内侧入胸腔。犬的斜角肌也分上、下两部，上部为背侧斜角肌，起于第 2（3）～7 颈椎横突，向后分为两个肌腹，上肌腹止于第 3、4 肋骨，下肌腹以长而薄的腱止于第 7、8 肋骨；下部为腹侧斜角肌，起于第 4～7 颈椎横突，止于第 1 肋骨。马的斜角肌起于第 3～7 颈椎横突，止于第 1 肋骨前缘和外侧，并以臂神经丛穿出缝分该肌为上、下两部。猪的斜角肌与牛的基本相似。

（6）颈深动脉（deep cervical artery） 牛的起自肋颈动脉干，出胸腔后除分支至鬐甲部外，主干先于第 7 颈椎的外侧伸向前上方，并在寰最长肌腹侧缘分为外侧支和内侧支，外侧支较粗，沿颈腹侧锯肌深面和夹肌浅面之间前行，分支分布至头寰最长肌、颈腹侧锯肌、夹肌、颈菱形肌、颈斜方肌和头半棘肌；内侧支较细小，伸延于头半棘肌的深面，分布至头半棘肌、背颈棘肌、半棘肌和项韧带。另在牛的颈腹侧锯肌的深面，可见有 3～4 支较粗的椎动脉的背侧支（也有同名静脉伴行），伸延于夹肌和头半棘肌的浅面，分别与颈深动脉外侧支吻合，分布至背侧的肌肉和皮肤。犬的颈深动脉也起自肋颈动脉干，在第 1 肋骨前缘向背侧伸延，分布至斜方肌。马的颈深动脉较发达，起自锁骨下动脉（左侧者）或臂头动脉（右侧者），有同名静脉伴行，于第 1 肋间隙的背侧部自胸腔内穿出，并即分支至鬐甲部（菱形肌的深面），主干沿夹肌和头半棘肌的深面前行，分布至颈背侧的肌肉和皮肤。猪的颈深动脉行径与分布基本与马相同。

（7）颈椎固有肌　头前斜肌（在寰枕关节背中线两侧）、头后斜肌（在寰枢关节背中线两侧）、颈多裂肌（在相邻颈椎的关节前突与棘突之间）、横突间肌（连接于相邻颈椎的横突间、关节突与横突间以及横突与腹嵴之间的肌肉，牛的较发达，由第 7 颈椎向前至寰椎翼）、头长肌（位于枕骨基底部与颈椎椎体腹侧之间）和颈长肌（位于颈椎与前部胸椎椎体腹侧）等，都是由连接在颈椎周围的一些小肌束所构成的肌肉。

（8）第 1 颈神经　背侧支称枕下神经（suboccipital nerve），自寰椎的椎外侧孔穿出，在头后斜肌和头背侧直肌之间伸延，分布于颈前部背侧和耳后部的肌肉及皮肤。腹侧支自寰椎的翼孔穿出，横过头腹侧直肌和颈总动脉的表面，在腮腺深面分成前、后两支。前支分布于肩胛舌骨肌；后支较长，向后行至胸骨甲状舌骨肌中下部，分布于此肌（此外，腹侧支还分出一些小支，与舌咽神经、舌下神经连接形成神经丛）。

（9）第 2 颈神经　自枢椎椎外侧孔穿出。背侧支称枕大神经（occipital major nerve），在头后斜肌覆盖下向后伸延，分出侧支分布于该肌后，分为一内侧支和一外侧支，外侧支分布于夹肌和头寰最长肌；内侧支在头半棘肌内侧向上伸延，分支分布于该肌和颈上部皮肤。腹侧支有肌支到头长肌和臂头肌，同时与副神经和第 1、第 3 颈神经的腹侧支之间有吻合支。腹侧支分出以上分支后，经臂头肌两部之间穿出，分为耳大神经和颈横神经，分别分布于耳廓背外侧面的皮肤、腮腺部和下颌间隙处的皮肤等（详见头部解剖）。

（10）第 3 颈神经　自第 2 颈椎与第 3 颈椎之间的椎间孔穿出椎管。背侧支较粗，分布于颈背侧深层肌和颈部皮肤。腹侧支分支分布于头寰最长肌、头长肌、颈长肌、夹肌和臂头肌等。此外有一大的皮支，经臂头肌两部之间穿出，分布于附近皮肤。

（11）第 4、第 5 颈神经　一般分布情况与第 3 颈神经相似，第 5 颈神经腹侧支有一部分纤维参加形成膈神经（前根）。

（12）膈神经（phrenic nerve）　由第 5、第 6、第 7（猪主要由第 4、5）颈神经的腹侧支构成（牛、犬、马起自第 5 颈神经的根很小，有时不存在）。膈神经向后向下伸延，沿腹侧斜角肌表面（猪）或下缘内侧（牛、犬）或下部斜角肌下缘内侧（马）进入胸腔，横过心基部，向后分布于膈（详见胸腔解剖）。

（13）第 6 颈神经　背侧支较小。腹侧支较大，有一部分纤维参加构成臂神经丛（详见前肢解剖）；另一部分纤维，有一支分布于颈横突间肌、颈长肌、臂头肌、颈腹侧锯肌和颈菱形肌；还分出一支构成膈神经的一个根；并分出皮支到颈皮肌（在猪、犬、马）及附近的皮肤；另一支较大为锁骨上神经（Supraclavicula nerve），穿出臂头肌分布于该肌及胸前部的皮肤。

（14）第 7、第 8 颈神经　背侧支较小，位于背腰最长肌与多裂肌之间，除分出小支到该肌外，还分布于颈棘肌和半棘肌、菱形肌以及附近的皮肤。腹侧支均较大，几乎全部纤维参与构成臂神经丛（详见前肢解剖）。其中第 7 颈神经的腹侧支分出膈神经后根。

7. 第七层——项韧带、颈椎及横突管内的血管和神经（图 3-6）。

（1）项韧带（nuchal ligament）　是由弹性组织构成的黄色强韧带，位于枕骨后方、颈椎背侧及前 3～4 个胸椎棘突之间的正中矢状面处，可分为索状部和板状部。索状部由左右紧邻的两条索状韧带构成，自枕骨的项结节（前称枕外结节）起始，沿颈部背侧缘向后，附着于第3（牛）或第4（马）胸椎的棘突，向后延接棘上韧带（在鬐甲部由两侧项韧带索状部的后部和棘上韧带的前部向两侧扩展，形成一梭形部分，称为帽状韧带）。项韧带索状部沿其全长从体表（颈背侧缘）均可摸到。板状部位于索状部和颈椎棘突之间，也呈两层紧贴的致密弹性纤维板，起于后上方的项韧带索状部和第2、3胸椎棘突，由此伸向前下方，连接于第2～7颈椎的棘突。牛的板状部后半部分，即由第1胸椎至后3个颈椎棘突之间是单层的。犬的项韧带起于枢椎棘突后端，止于第1胸椎棘突顶端。猪的项韧带不发达，仅由薄层弹性组织构成的棘间韧带连接于椎骨的棘突之间。

（2）颈椎（cervical vertebra） 共有7个。第1颈椎由背、腹侧的弓形骨板构成一大骨环，故称寰椎，前接枕髁，并与其构成寰枕关节；在此连接处的背侧面为寰枕间隙，由黄韧带（膜）连接封合。第2颈椎最长，又称枢椎，棘突呈纵向板块，称枢椎嵴；椎体前端以齿状突与寰椎后下缘的鞍状关节面相接，构成寰枢关节。以后的颈椎椎体长度顺次渐短，相邻椎骨的头窝间以椎间盘相接，构成微动连接。颈椎横突发达，除第7颈椎外，其他颈椎横突基部都有横突孔，由这些横突孔串连，构成横突管。其中有椎动脉、椎静脉和椎神经通过。寰椎翼、枢椎嵴和第3～6颈椎的横突，均可在体表触摸到。猪的颈椎结构如同上所述，但长度很短，且因肌肉丰厚，皮下脂肪发达，故其所有突起体表都不易触及。

（3）椎动脉（vertebral artery） 起于锁骨下动脉（牛的比马的发达，为由锁骨下动脉的分支——肋颈动脉干的直接延续），经第1肋骨前缘由胸腔内穿出时，先位于第7颈椎横突的下方、斜角肌的内侧面，由此伸向前上方，进入第6颈椎横突孔，向前行于横突管内，直至第2颈椎止（猪、犬和马还向前伸延至寰椎翼窝与枕动脉吻合），沿途在各椎间孔附近发出背侧支、腹侧支和脊髓支，背、腹侧支分别分布于颈背、腹侧的肌肉和皮肤；脊髓支经椎间孔入椎管，分布于脊膜和脊髓等。

（4）椎静脉（vertebral vein） 起自第2、3颈椎间的椎管内静脉丛汇集成的小静脉支，经椎间孔出椎管，往后伸延于横突管内，相伴于椎动脉的腹侧，沿途汇集背、腹侧属支和脊髓支的静脉血，本干入胸腔后先汇入肋颈静脉，再由肋颈静脉汇入前腔静脉（马的椎静脉是入胸腔后直接汇入前腔静脉）。

（5）椎神经（vertebral nerve） 是由颈胸神经节（前称星状神经节）发出的一大壁支，从第1肋骨上端伸出，与椎动脉、椎静脉一起伴行于横突管内，沿途发出分支分别并入第2～7颈神经，随后者分布至颈部和前肢的小血管、皮肤的平滑肌以及腺体。

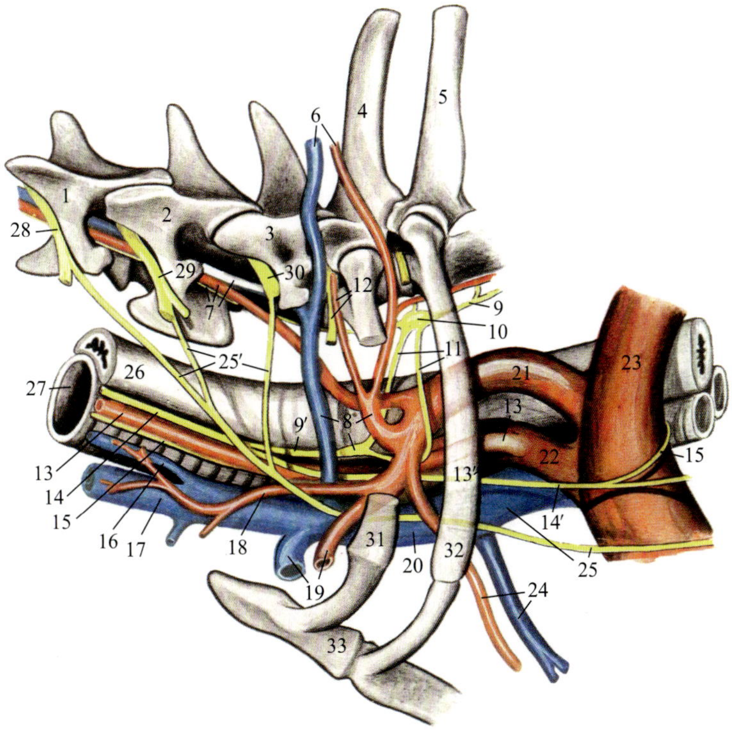

图3-6 犬左侧颈后部和胸部血管和神经

1. 第5颈椎 2. 第6颈椎 3. 第7颈椎 4. 第1胸椎 5. 第2胸椎 6. 颈深动、静脉 7. 椎动脉、椎静脉、椎神经 8. 肋颈静脉、肋颈动脉干 9. 胸部交感干 9′. 交感神经 10. 颈胸神经节 11. 锁骨下袢 12. 肩胛背侧动脉、第8颈神经 13. 左颈总动脉 13′. 右颈总动脉 14. 迷走交感干 14′. 迷走神经 15. 喉返神经 16. 颈内静脉 17. 颈外静脉 18. 颈浅动脉 19. 腋动、静脉 20. 左臂头静脉 21. 左锁骨下动脉 22. 臂头动脉干 23. 主动脉 24. 胸廓内动、静脉 25. 前腔静脉、膈神经 25′. 膈神经根 26. 食管 27. 气管 28. 第5颈神经 29. 第6颈神经 30. 第7颈神经 31. 第1肋骨 32. 第2肋骨 33. 胸骨

（引自 Popesko，1985）

第二节　颈腹侧部的解剖

一、界限

前界是左、右颈静脉沟的前端向下经左、右下颌角再向内的连线；后界是胸外侧沟；上界是颈静脉沟；下界左、右两侧颈腹侧部与腹正中线相连。

二、解剖步骤

1. 观察胸头肌　在臂头肌腹侧找到胸头肌，分离该肌，观察胸头肌的位置、分布及起止点。

2. 解剖观察颈静脉沟及其颈静脉　在臂头肌和胸头肌之间分离出颈静脉沟，清除沟内的结缔组织，找到颈静脉，并将其分离出来，观察该静脉的位置，并对比观察在哪个部位颈静脉为最浅位。

3. 观察肩胛舌骨肌　在颈后部肩胛横突肌深面（马的是在臂头肌的深面），可见一薄的肩胛舌骨肌，自肩胛部起始，经颈静脉和臂头肌的深面伸向前下方，止于舌骨。观察该肌的位置、起止部位和肌纤维方向。

4. 解剖观察颈静脉沟深部结构及其与气管、食管的位置关系　将颈静脉自两端切断取下，充分暴露出颈静脉沟的深部结构。如胸头肌妨碍颈静脉沟深部结构的观察，也可将其胸骨端切断，将该肌向前翻转，留下头端。

清除颈静脉沟深部的结缔组织和脂肪，先分离出迷走交感干、颈总动脉、喉返神经，再分离出气管和食管，注意分离时要尽量保持上述各结构的位置。观察迷走交感干、喉返神经、颈总动脉和气管、食管的位置关系。观察食管的位置变化情况。在牛、羊、猪和犬有颈外静脉和颈内静脉之分。颈外静脉相当于马的颈静脉，伸延于颈静脉沟中；颈内静脉是由枕静脉、喉静脉和甲状腺静脉等汇合而成，它与迷走交感干、颈总动脉及喉返神经共由一结缔组织鞘所包裹，形成血管神经束，位于颈静脉沟深部。

5. 观察胸骨甲状舌骨肌、气管和甲状腺　在颈的腹侧，沿肩胛舌骨肌追寻其在舌骨上的止点，观察后将该肌复位。再在胸骨柄上胸头肌起点的内侧找到胸骨甲状舌骨肌的起点，沿胸骨甲状舌骨肌向前分离该肌，直至止点，观察该肌的位置及与气管的位置关系，分析一下，在哪个部位气管被胸骨甲状舌骨肌覆盖最少，位置最浅表。在喉的后部，前 3 ～ 4 个气管环两侧，找到甲状腺的两侧叶（猪的甲状腺是在第 6 ～ 8 气管环腹侧），观察两侧叶（猪的是观察整个甲状腺）的形状、位置、大小、颜色和质地。

6. 观察菱形区及其气管插管手术部位　将胸头肌复位，然后在颈腹侧前部观察，可见胸头肌与肩胛舌骨肌的头侧相互交叉，两侧一起在气管的腹侧、喉的后方构成一菱形的区域，称为菱形区。该部胸骨甲状舌骨肌较薄，气管最浅表，将胸骨甲状舌骨肌分别向两侧分离，即可露出气管。兽医临床上气管插管手术常选择该部位。

三、解剖层次与结构

1. 第一层——薄而易拉起形成皱襞的皮肤　在某些品种的黄牛，该部腹缘由皮肤皱褶形成肉垂。

2. 第二层——皮下组织和浅筋膜　较发达，有皮下血管和神经通行其中；马、猪和犬的浅筋膜内有颈皮肌。

3. 第三层——深筋膜 如上节所述。

4. 第四层——颈腹侧部浅层肌、肌间隙和血管（图 3–7 和图 3–8）。

（1）胸头肌（sternocephalicus muscle） 长而窄，呈带状，位于颈腹侧部的外侧，该肌的上缘构成颈静脉沟的下界。起于胸骨柄，开始左右二肌靠拢，至颈中部逐渐分开，分别斜向前上方伸达止点；马的该肌以扁腱经腮腺的深面止于下颌缘；猪和犬的止于颞骨乳突。牛和羊的胸头肌又可分为浅、深两部，浅部为胸下颌肌（sternomandibular muscle），止于下颌骨下缘和咬肌前缘；深部为胸乳突肌（sternomastoid muscle），肌腹斜向前上外侧，经颈静脉和腮腺的深面，止于颞骨乳突，也有部分纤维止于下颌骨和枕骨的基底部，它是构成牛、羊颈静脉沟（前半部）沟底的肌肉层，将颈外静脉与颈总动脉鞘隔开。

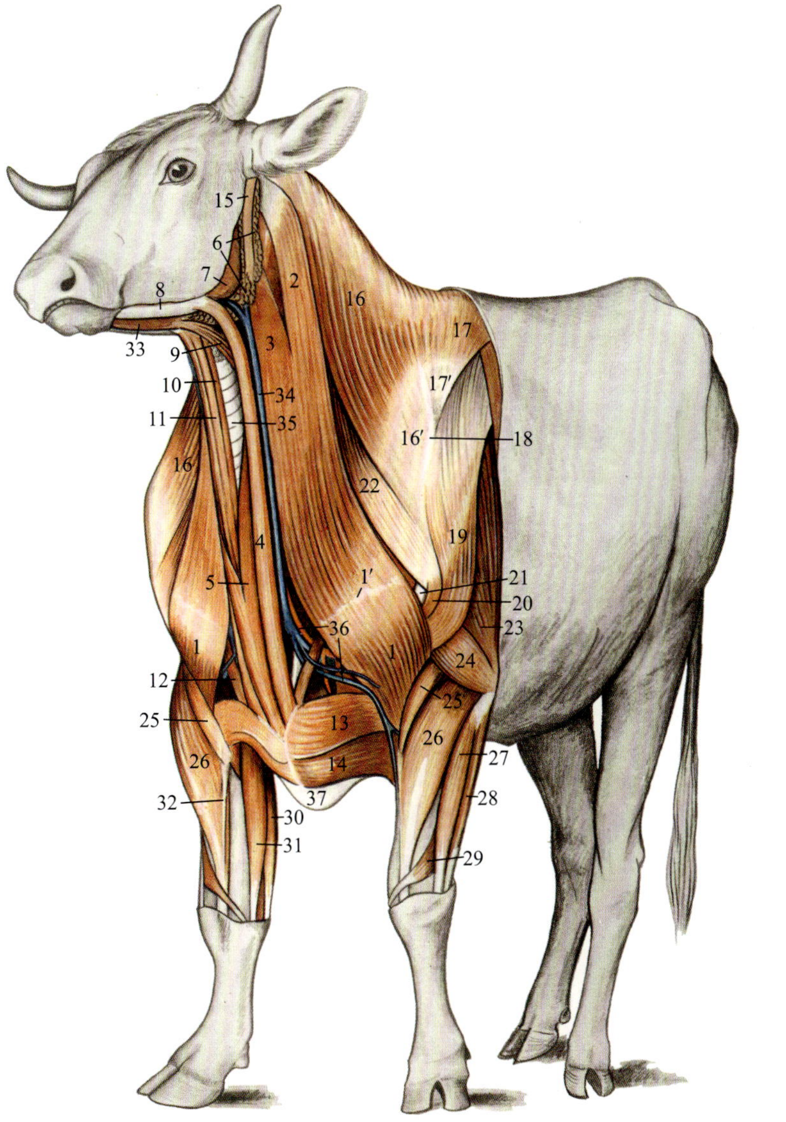

图 3–7 牛颈部前外侧肌肉和血管

1,2,3. 臂头肌 1. 锁臂肌 1′. 锁骨腱划
2. 锁枕肌 3. 锁乳突肌 4,5. 胸头肌
4. 胸下颌肌 5. 胸乳突肌 6. 腮腺、颌下腺
7. 咬肌 8. 下颌骨 9. 肩胛舌骨肌
10. 胸骨甲状肌 11. 胸骨舌骨肌
12. 锁骨下肌 13. 胸降肌 14. 胸横肌
15. 腮耳肌 16. 颈斜方肌
16′,17′. 斜方肌腱膜 17. 胸斜方肌
18. 肩胛冈结节 19. 三角肌肩胛部
20. 三角肌肩峰部 21. 冈下肌肌腱
22. 肩胛横突肌 23. 臂三头肌长头
24. 臂三头肌外侧头 25. 臂肌
26. 腕桡侧伸肌 27. 指总伸肌
28. 第 4 指固有伸肌
29. 第 1 指长展肌 30. 腕尺侧屈肌
31. 腕桡侧屈肌 32. 纤维带
33. 下颌舌骨肌 34. 颈外静脉
35. 气管 36. 颈总动脉、头静脉
37. 脂肪体

（引自 Popesko，1985）

（2）肩胛舌骨肌（omohyoid muscle） 牛的呈薄带状，较短，在颈后部位于臂头肌的深面，起于第 3、4 颈椎横突和筋膜，斜向前下方，经喉的外侧而止于舌骨体。猪和马的肩胛舌骨肌，起于肩关节前内侧的肩胛下筋膜，扁薄的肌腹沿臂头肌的深部前行，并斜过颈静脉沟（前半部）的深面，转向前下方，经喉的外侧而止于舌骨体，它是构成马、猪颈静脉沟底的肌肉层。

（3）颈静脉沟（jugular Sulcus） 颈静脉沟位于颈部腹外侧，由臂头肌的下缘和胸头肌的上缘所构成。沟内有颈静脉（牛、羊、猪和犬为颈外静脉）通过，并有颈皮神经穿出。此沟前半部沟底有肩胛舌骨肌（猪和马）或胸乳突肌（牛和羊），在沟的外表面（即颈静脉的外侧浅面）则被覆浅筋膜（猪、犬和马有薄层皮肌）和皮肤。颈静脉沟的后端与胸外侧沟相延接。

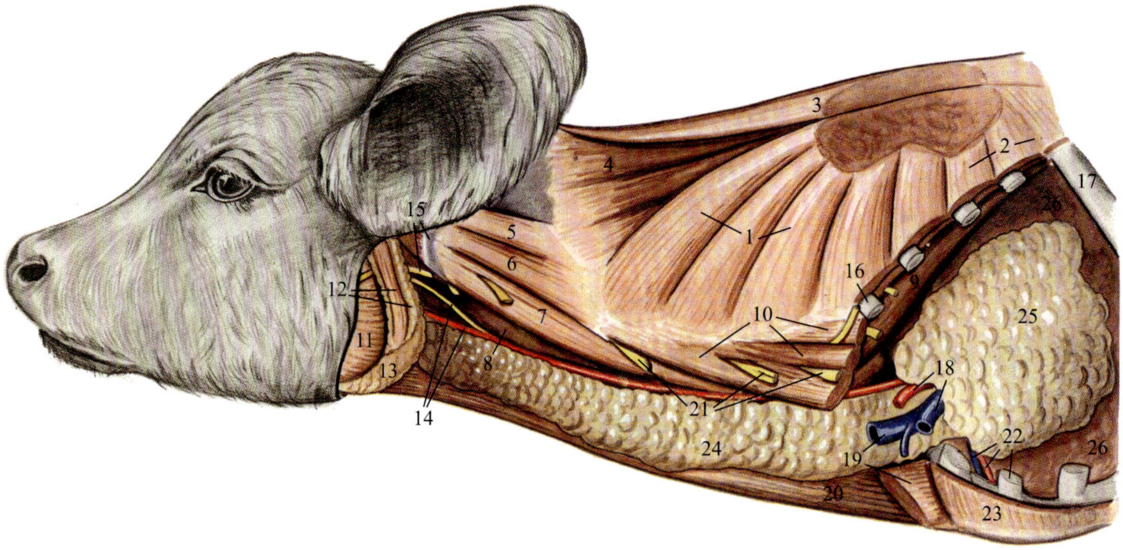

图 3-8 续牛颈部结构

1. 颈腹侧锯肌 2. 胸腹侧锯肌 3. 颈菱形肌 4. 棘肌 5. 头最长肌 6. 寰最长肌 7. 颈横突间腹侧肌 8. 头长肌 9. 颈长肌 10. 背侧斜角肌、中斜角肌 11. 咬肌 12. 腮耳肌、腮腺 13. 颌下腺 14. 颈总动脉、迷走交感干 15. 副神经背侧支、寰椎横突 16. 第 1 肋骨 17. 第 5 肋骨 18. 左锁骨下动脉、静脉 19. 颈外静脉、胸头肌 20. 胸骨舌骨肌 21. 颈神经 22. 第 2 肋软骨、胸内动脉、胸内静脉 23. 胸肌 24. 胸腺颈叶 25. 胸腺胸叶 26. 肺

（引自 Popesko，1985）

（4）胸外侧沟（pectoralis lateral sulcus） 为位于胸骨柄前外侧、胸降肌（前称胸浅前肌）和臂头肌后部下缘之间的间隙，沟内有头静脉（前称臂皮下静脉）通过，后者上行汇入颈静脉（马）或颈外静脉（牛、羊、猪和犬）。

（5）颈（外）静脉（jugular vein） 主要由上颌静脉和舌面静脉于腮腺后下角处汇合而成，沿颈静脉沟向后下方伸延，沿途接受甲状腺静脉、颈部肌支、气管支和食管支等静脉汇流支，在胸前口处又接受头静脉和颈浅静脉的汇入，然后与腋静脉汇合入前腔静脉。牛、羊、猪和犬有颈外静脉和颈内静脉之分。牛、羊、猪和犬的颈外静脉相当于马的颈静脉，其汇流的血液区域也基本相同，它伸延于颈静脉沟中，在胸前口处与腋静脉汇合入前腔静脉（犬的颈外静脉是入臂头静脉，然后由左右臂头静脉在胸前口处汇合入前腔静脉）。牛的颈内静脉系由枕静脉、喉静脉和甲状腺静脉等在咽后位处相汇合而成，它与迷走交感干、颈总动脉及喉返神经共由一结缔组织鞘所包裹，形成血管神经束（颈内静脉处于该血管神经束的腹外侧缘），位于颈静脉沟的深部，最后注入颈外静脉。猪和犬的颈内静脉与牛的基本相似。

（6）胸骨甲状舌骨肌（sternothyrohyoid muscle） 呈扁平窄带状，位于气管腹侧。左、右二肌同起于胸骨柄（猪和犬还起于第 1 肋骨下部或第 1 肋软骨），沿气管腹侧向头部伸延（该部完全被胸头肌所覆盖），至颈中部两侧的同名肌相互分离，并逐渐转至气管的腹外侧，至颈前部每侧的肌肉分为内、外两支，外侧支止于喉的甲状软骨，称胸骨甲状肌（sternothyroid muscle）；内侧支沿喉的腹正中线两侧前行，止于舌骨体，称胸骨舌骨肌（sternohyoid muscle）。

（7）菱形区 是指颈前部腹侧面、由左、右两侧的胸头肌和肩胛舌骨肌所形成的一个菱形小区，此处气管浅在，适宜进行气管手术。在兽医临床上，一般于第 4 ～ 6 气管环处沿腹正中线切开皮肤，分离皮下一薄层结缔组织和皮肌（犬和马），即可看到在中线两旁的胸骨舌骨肌，沿正中线拨开该肌就是气管（牛的甲状腺峡部也位于前二气管环的腹侧，羊、犬和马的甲状腺峡部仅为一窄的结缔组织带）。

5. 第五层——深部器官 包括气管、食管、甲状腺和甲状旁腺、血管神经束、淋巴管和淋巴结（图 3–9 和图 3–10）。

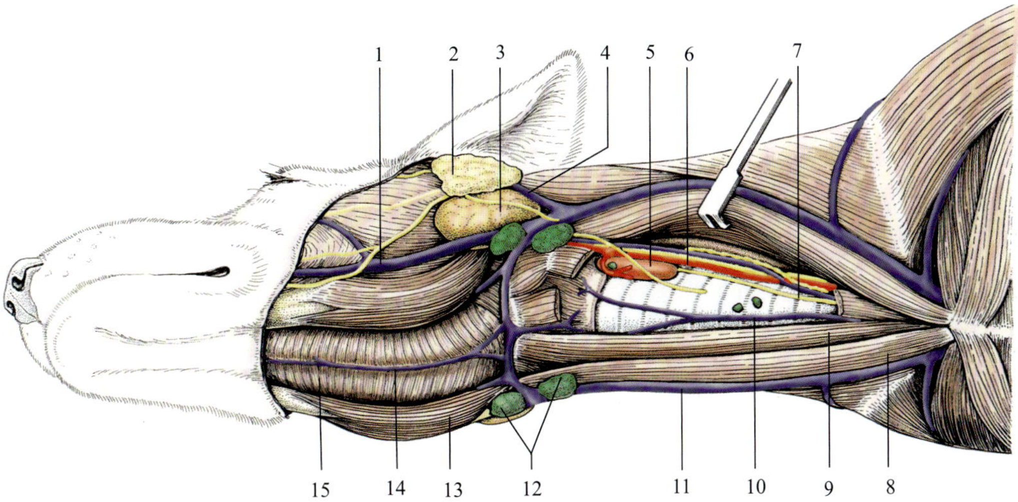

图 3–9 犬颈腹侧部浅层结构

1. 舌面静脉 2. 腮腺 3. 颌下腺 4. 上颌静脉 5. 甲状腺 6. 颈总动脉 7. 喉返神经 8. 胸头肌 9. 胸骨甲状舌骨肌 10. 甲状腺后静脉 11. 颈外静脉 12. 下颌淋巴结 13. 二腹肌 14. 颏下静脉 15. 下颌舌骨肌

（引自陈耀星和刘为民，2009）

（1）气管（trachea） 起自喉的环状软骨，沿颈椎腹侧的头长肌和颈长肌下面向后伸延，经胸前口而入胸腔（此后见胸部解剖）。在颈的前半部，气管腹侧的被覆层较薄，容易从体表摸到；在颈的后半部则被胸头肌和胸骨甲状舌骨肌等所覆盖而不易触及。

（2）颈段食管（cervix oesophagei） 食管起于咽的后上方处，在颈前部位于喉和气管的背侧，至颈中部（第 4 颈椎处）逐渐偏至气管的左侧（牛、羊、犬和马），此后又渐向气管的背侧伸延，至胸前口处即位于气管的左上缘、颈长肌的下方，并由此入胸腔在纵隔内后行。食管的颈段外表包以疏松结缔组织，它随食管一起伸延至纵隔内。因此，后者常易引起食管周围蜂窝织炎。猪的食管短而直，其颈段一直沿气管的背侧向后行，经胸前口入胸腔纵隔内。

食管上分布有迷走神经、舌咽神经和交感神经的分支，而由咽升动脉（甲状腺前动脉的分支）和颈总动脉的食管支供应血液，静脉血回流入颈静脉等。

（3）甲状腺（thyroid gland） 是一个富含血管的实质性器官，可分为左、右侧叶（lateral lobe）和连接两个侧叶的腺峡（isthmus of thyroid gland）。左、右侧叶呈卵圆形（马）、长卵圆形（犬）或不规则的三角形（牛、羊），紧贴于喉后部和前 3 ～ 4 个气管环的两侧；腺峡呈一窄带状，牛的由腺组织组成，羊、犬和马的则不明显，仅由一结缔组织带连接在两侧叶之间。猪的甲状腺是腺峡与左右两侧叶结合成一个整体，形似贝壳状，位于胸前口稍前方、第 6 ～ 8 气管环腹侧，在颈外静脉和胸骨甲状肌的深面。幼龄猪的甲状腺和颈外静脉之间还有胸腺。

自颈总动脉分出的甲状腺前动脉和甲状腺后动脉（后者不固定）分别从左、右侧叶的前、后端进入到腺体实质内以供给血液，静脉血则由同名静脉汇流至颈（外）静脉。

（4）甲状旁腺（parathyroid gland） 为圆形或卵圆形小腺体，近似麦粒大（犬的如粟粒大），牛、羊、犬和马一般有两对甲状旁腺（牛、羊、犬的称内、外甲状旁腺；马的称前、后甲状旁腺），位置不固定。牛、犬的外甲状旁腺（牛的直径为 5 ～ 12 mm）常位于甲状腺侧叶前方、靠近颈总动脉分叉处的腹侧；内甲状旁腺较小，一般在甲状腺背后缘的内侧，或包埋于甲状腺内。马的前甲状旁腺呈圆形，直径约为 10 mm，多数位于甲状腺前半部与气管之间，少数位于甲状腺的背侧缘或甲状腺内；后甲状旁腺稍大，呈扁椭圆形，常位于颈后部气管的腹外侧，与颈后淋巴结混在一起，应仔细分辨。猪只有一对外甲状旁腺，呈椭圆形，红褐色，直径为 2 ～ 4 mm，位于胸头肌前部、肩胛舌骨肌前部和颈突形成的三角形区内，恰在颈突下端的后下方，颈总动脉分叉处稍下方或前方。幼龄猪的甲状旁腺常被埋藏于颈部胸腺前端的胸腺组织内，色较胸腺深，质较坚硬。

（5）颈总动脉（common carotid artery） 起于双颈动脉干。后者短而粗，位于气管腹侧，在胸前口处分为左、右颈总动脉。左、右颈总动脉在颈静脉沟的深部，分别沿食管（左侧的）和气管（右侧的）外侧缘向前向上伸延，至颈前 1/3 部，两侧的颈总动脉均位于气管的背外侧，至寰枕关节腹侧分为枕动脉、颈内动脉（在牛仅犊牛有，成年牛退化）和颈外动脉 3 支。颈总动脉在枕动脉起始处的管腔稍膨大，称为颈动脉窦（carotid sinus），窦壁内有感受血压变化的压力感受器。颈总动脉在伸延途中分出很多分支，分布于胸头肌、胸骨甲状舌骨肌、臂头肌、斜角肌、颈长肌、头长肌、颈皮肌（牛除外）、颈部皮肤、气管、食管、颈中淋巴结、腮腺、甲状腺、咽和喉等。

（6）迷走神经和颈部交感神经干 在颈部由同一结缔组织鞘所包裹，故常称迷走交感干。该干沿气管两侧、颈总动脉的背侧向后伸延，至胸前口处（在斜角肌深面）迷走神经与颈部交感神经干分离，经锁骨下动脉腹侧入胸腔；颈部交感神经干斜向后上方，于第 1 肋骨椎骨端内侧接颈胸神经节（前称星状神经节）。迷走神经在伸延途中分出咽支、喉前神经、喉返神经等分支，分布于咽、喉、气管和食管等。

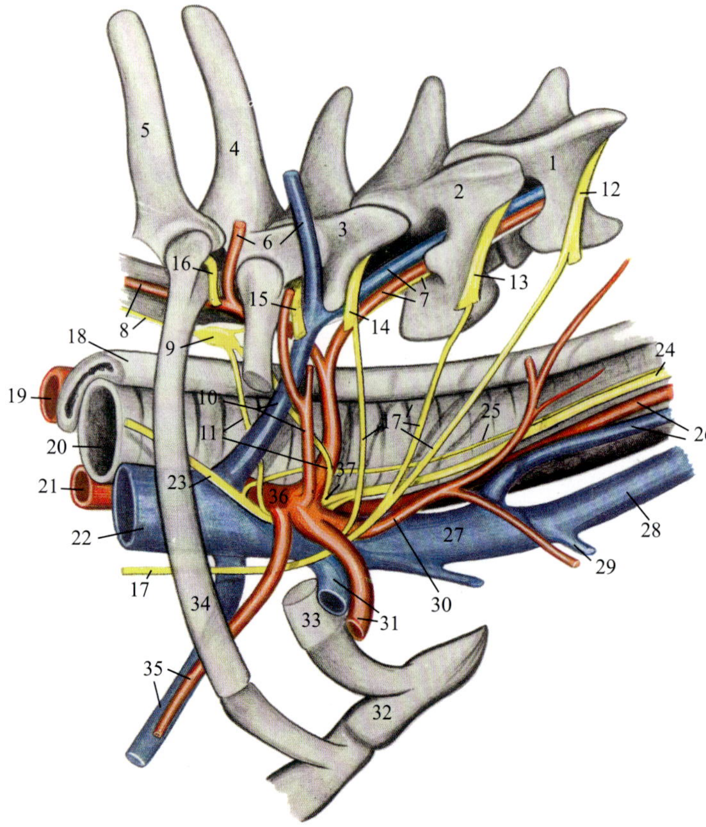

图 3-10 犬右侧颈后部、胸部的血管和神经

1. 第 5 颈椎 2. 第 6 颈椎 3. 第 7 颈椎 4. 第 1 胸椎 5. 第 2 胸椎 6. 颈深动、静脉 7. 椎动脉、椎静脉、椎神经 8. 最上肋间动脉、交感干 9. 颈胸神经节 10. 肋颈静脉、肩胛背侧动脉 11. 锁骨下袢 12. 第 5 颈神经 13. 第 6 颈神经 14. 第 7 颈神经 15. 第 8 颈神经 16. 第 1 胸神经 17. 膈神经、膈神经根 18. 食管 19. 左锁骨下动脉 20. 气管 21. 臂头动脉干 22. 前腔静脉 23. 迷走神经 24. 迷走交感干 25. 喉返神经 26. 颈总动脉、颈内静脉 27. 右臂头静脉 28. 颈外静脉 29. 头静脉 30. 颈浅动脉 31. 腋动、静脉 32. 胸骨 33. 第 1 肋 34. 第 2 肋 35. 胸廓内动、静脉 36. 左锁骨下动脉 37. 颈中神经节

（引自 Popesko，1985）

（7）喉返神经（laryngeus recurrens nerve） 又名喉后神经，是迷走神经在胸腔内的分支。左喉返神经绕过主动脉弓，右喉返神经绕过右锁骨下动脉，然后沿气管两侧前行，出胸前口后继续沿气管的外侧、在颈总动脉的腹侧向前延伸，沿途分出气管支和食管支，分布于气管和食管，最后本干终止于喉肌。

（8）颈深淋巴结（deep cervical lymph node） 位于气管径路上，包括颈深前、中、后 3 群淋巴结和肋颈淋巴结（牛、绵羊）。颈深淋巴结在牛、羊、马经常有前、后两群；在猪常有后群，前、中群较小或不存在；在犬数目较少，常不存在。

①颈深前淋巴结（cranial deep cervical lymph node） 位于甲状腺附近的气管侧面。输入淋巴管来自颈部肌肉、颈椎、气管、食管、甲状腺、胸腺以及下颌淋巴结和咽淋巴结等。牛、马的输出淋巴管注入气管淋巴干；在猪，经颈深中、后淋巴结入气管淋巴干或直接注入颈静脉。

②颈深中淋巴结（middle deep cervical lymph node） 位于颈中部气管的侧面（有的个体没有），有时也分散在颈总动脉的径路上。输入淋巴管同颈深前淋巴结，输出淋巴管注入颈深后淋巴结。

③颈深后淋巴结（caudal deep cervival lymph node） 是一组较大的淋巴结群，位于第 1 肋骨前方、气管的腹侧，与腋淋巴结相接（猪），有时与颈浅淋巴结相接（马），或在肋颈淋巴结附近（牛、羊）。输入淋巴管来自颈深前中淋巴结、腋淋巴结以及肩臂部的皮肤和皮肌，输出淋巴管注入气管淋巴干、胸导管或直接注入颈静脉。

④肋颈淋巴结（costocervical lymph node） 只有牛和绵羊有，位于第 1 肋骨前内侧、肋颈动脉干起始处。输入淋巴管来自颈后部和肩带部肌肉、肋胸膜、气管和纵隔前淋巴结，输出淋巴管注入胸导管（左侧）或右淋巴导管。

（9）气管淋巴干（tracheal lymphatic trunk） 左、右各一条，分别伴随颈总动脉，沿气管的腹内侧后行，各自收集左、右侧头部、颈部、肩带部和前肢的淋巴。左气管淋巴干注入胸导管，右气管淋巴干注入右淋巴导管或前腔静脉或颈静脉。颈部手术时应注意保护气管淋巴干。

【思考题】

1. 简述臂头肌和胸头肌的形态、位置。二者分别起止于何处？
2. 颈静脉沟是怎样构成的？临床上牛、羊、马等动物常在颈前部的此沟内进行静脉注射，为什么？
3. 牛的颈外静脉是由什么静脉汇合而成的？其行程怎样？途中接受哪些静脉汇流支，最后在胸前口处怎样注入前腔静脉？
4. 简述副神经的位置、行程及其分支分布。
5. 颈部菱形区是怎样形成的？其临床意义是什么？
6. 颈部食管的行程及其与气管的位置关系是怎样的？
7. 第 1 ～ 3 颈神经各是怎样从椎管出来的？其背侧支及腹侧支的分布怎样？
8. 简述椎动脉、椎神经的位置与分布。
9. 简述颈总动脉的位置、行程及在颈部的分支分布。
10. 简述迷走交感干的位置、行程，迷走神经在颈部的分支及分布。

第四章
前肢解剖

【教学目标】

1. 了解鬐甲部及胸背外侧部的解剖，应注意观察肩胛骨及肩胛软骨；肩带部各肌肉及皮肌、筋膜；胸外静脉、臂皮下静脉和肩前淋巴结等结构的形态、位置、构造及相互关系。

2. 了解肩部和臂部的解剖，应掌握腋窝四周肌肉的组成，臂神经丛的组成及其分支，腋动脉、静脉和腋淋巴结的位置，臂部肌肉的组成和分布，臂动、静脉及其分支，桡侧副动、静脉，尺侧副动、静脉和肘淋巴结的位置与分布特点。

3. 掌握前臂部及前脚部的肌肉的组成和分布，血管和神经的分支、走向与分布。

4. 了解前肢骨骼的形态特点。比较犬、牛和猪前肢的解剖特征。

前肢可分为鬐甲部及胸背外侧部、肩部、臂部、前臂部和前脚部。其中，前脚部包括腕部、掌部和指部。

第一节　鬐甲部及胸背外侧部的解剖

一、界限

在临床上，鬐甲部与胸背外侧部是家畜躯干的最高部位，其骨质基础为前几个较长棘突的胸椎（牛为第 2 ～ 6 胸椎、猪为第 1 ～ 10 胸椎）和相应肋骨的椎骨端以及肩胛骨上部与肩胛软骨等。该部由以下界限围成。

前界：通过肱骨大结节外侧向上所做的垂直线（至颈背侧缘）；

后界：胸背缘的低点处（牛约为第 9 胸椎、猪为第 10 胸椎棘突的顶点处）向腹白线所做的垂直线；

下界：髂肋肌沟向前延伸的水平线。

本节主要叙述与前肢解剖有关的肩带结构。

二、解剖步骤

（1）定切口方位，按以下各线切开皮肤，自腹侧向背侧翻起皮瓣：①自颈后部沿中线至剑状软骨；②自第一切线中点至前臂内侧；③自第一切线的前端至颈外侧；④自第一切线的后端至胸外侧。

（2）观察浅筋膜后，分离肩臂皮肌和胸腹皮肌，注意它们的位置、形态和肌纤维走向。观察后，切开它们之间的相连部位，掀起皮肌，清理皮神经（图 4–1）。

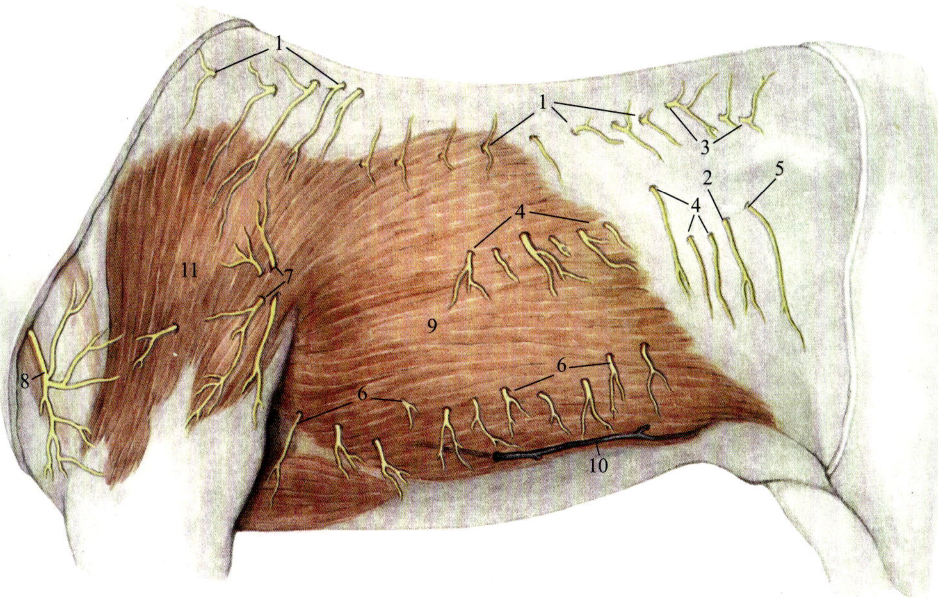

图 4-1 马左侧躯干皮肌和皮神经

1. 胸神经背内侧和背外侧皮支 2. 髂腹下神经背外侧皮支（第 1 腰神经背外侧皮支） 3. 腰神经背内侧和背外侧皮支 4,6. 胸神经腹侧支 4. 胸神经腹侧支 5. 髂腹股沟神经外侧皮支（第 2 腰外侧皮支） 6. 肋间神经腹侧支 7. 胸外侧神经支 8. 锁骨上神经（颈丛神经） 9. 躯干皮肌 10. 腹壁前浅静脉 11. 肩臂皮肌

（引自 Popesko，1985）

（3）观察皮肌后，清理肩带部的结缔组织，分离肩带肌各个肌缝，先观察背阔肌、斜方肌、胸腹侧锯肌和胸深后肌等，同时注意胸腹皮肌与胸深后肌的关系，并观察胸深后肌背侧缘的胸外静脉和胸腹侧神经的位置和走向（图 4-2 至图 4-4）。

（4）切断并翻起背阔肌，观察分布于该肌深面的神经和血管（图 4-3），并注意前背侧锯肌及其所附着的筋膜。向前在肩胛骨与胸椎棘上韧带之间剥出位于肩颈上半部皮下的胸斜方肌（起于项韧带索状部，止于肩胛冈）和颈斜方肌（起于前 10 个胸椎棘突，止于肩胛冈）。观察后，靠近肩胛冈将其切断并翻起以暴露其深层的肌肉。

（5）观察胸肌（胸浅肌和胸深肌）、臂头肌、背阔肌、斜方肌、菱形肌和腹侧锯肌的形态、层次和肌纤维方向（图 4-4）。

（6）在鬐甲的内侧部分，观察其附着部的筋膜（腰背筋膜）逐渐变为强厚，称背肩胛韧带，靠近肩胛软骨分别切断颈菱形肌和胸菱形肌，注意背肩胛韧带的位置及所附着的肌肉。

（7）在肩胛骨前部剥出臂头肌与颈斜方肌，切断并翻起臂头肌，观察位于臂头肌深面的肩胛横突肌（马无此肌）。在紧贴冈上肌的前缘，臂头肌与肩胛横突肌的深面，可找到被大量脂肪包围的淋巴结群，称肩前淋巴结，注意它的形态位置。

（8）翻起斜方肌，可找到分布于该肌深面的副神经背侧支。

（9）在肩关节的前方内侧认识胸浅前肌，并找出胸浅前肌与臂头肌之间的沟，在沟内的静脉为臂皮下静脉，靠近胸骨分别切断胸浅前肌和胸浅后肌，并翻起，可见有神经数支出现于胸深前肌与胸深后肌之间，此等神经为胸前神经的分支。

（10）靠近胸骨分别切断胸深前肌和胸深后肌，拉开肩部，在腹侧锯肌与肩胛下肌之间的间隙为肩胛下间隙，或称腋窝。清除腋窝中的结缔组织，观察其中的血管神经，并分别切断臂神经丛，腋动、静脉及腹侧锯肌后，即卸下前肢。切断时，刀与肋骨相贴，尽可能保留臂神经丛。

（11）将前肢恢复原位，把肩带部各肌的断端对好，并复习各肌。

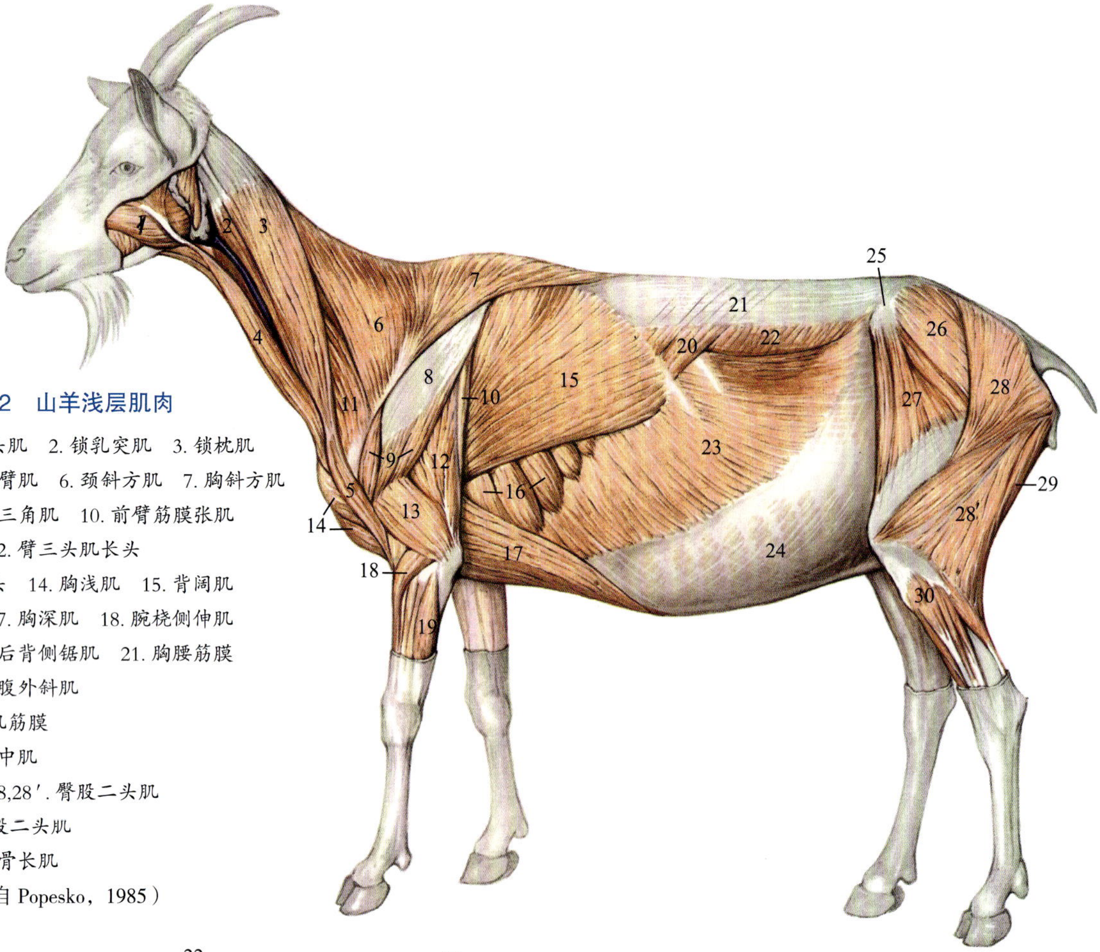

图 4–2　山羊浅层肌肉

1. 咬肌　2,3,5. 臂头肌　2. 锁乳突肌　3. 锁枕肌
4. 胸下颌肌　5. 锁臂肌　6. 颈斜方肌　7. 胸斜方肌
8. 三角肌腱膜　9. 三角肌　10. 前臂筋膜张肌
11. 肩胛横突肌　12. 臂三头肌长头
13. 臂三头肌外侧头　14. 胸浅肌　15. 背阔肌
16. 胸腹侧锯肌　17. 胸深肌　18. 腕桡侧伸肌
19. 尺外侧肌　20. 后背侧锯肌　21. 胸腰筋膜
22. 腹内斜肌　23. 腹外斜肌
24. 腹内和腹外斜肌筋膜
25. 髋结节　26. 臀中肌
27. 阔筋膜张肌　28,28′. 臀股二头肌
28. 臀浅肌　28′. 股二头肌
29. 半腱肌　30. 腓骨长肌

（引自 Popesko，1985）

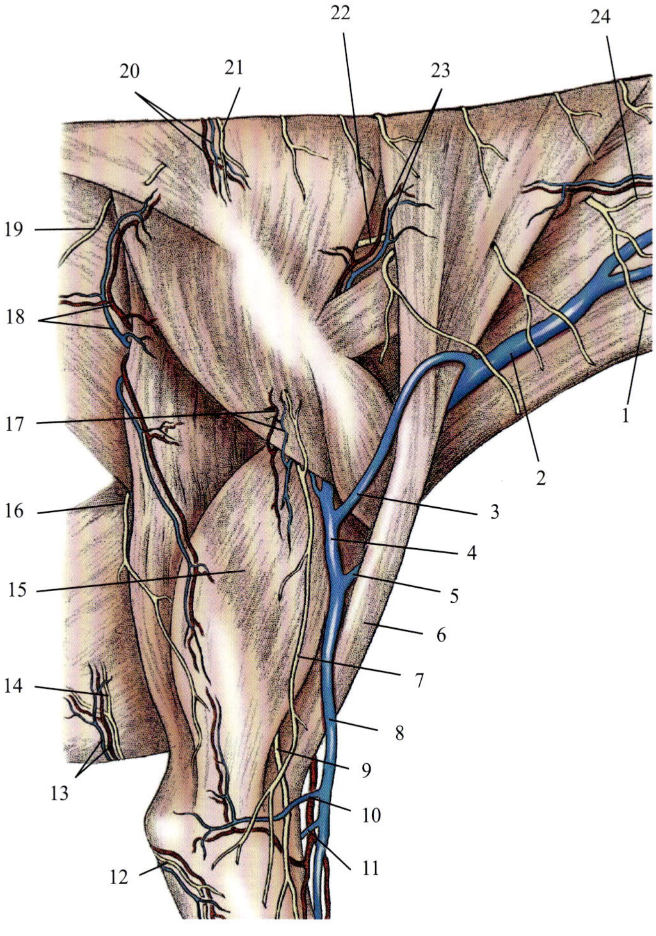

图 4–3　犬右侧肩带部的浅层血管和神经

1. 颈横神经　2. 颈外静脉　3. 肩臂静脉
4. 腋臂静脉　5. 头静脉　6. 锁臂肌
7. 臂外侧前皮神经（腋神经分支）
8. 头静脉　9. 桡神经浅支
10. 前臂前浅动、静脉
11. 肘正中静脉
12. 前臂后皮神经
13. 胸廓内动、静脉
14. 第 3 肋间神经腹侧皮支
15. 臂三头肌外侧头
16. 第 2 肋间神经外侧皮支
17. 旋肱后动、静脉
18. 肩胛下动、静脉皮支
19. 第 2 胸神经外侧皮支
20. 颈深动、静脉皮支
21. 颈神经内侧皮支
22. 颈浅动、静脉
23. 副神经
24. 耳大神经（第 2 颈神经分支）

（引自 Evans 和 de Lahunta，2017）

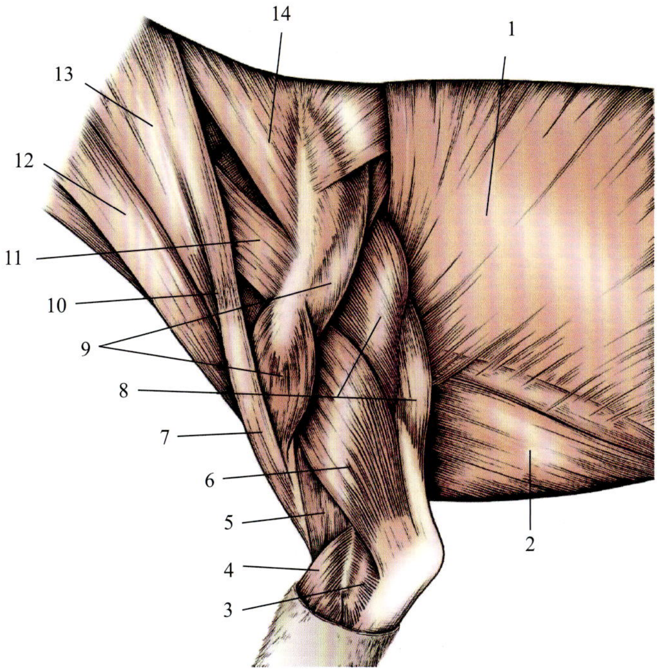

图 4-4　犬左肩带部与臂部的浅层肌肉

1. 躯干皮肌　2. 胸深肌
3. 肘肌　4. 伸肌群　5. 臂肌
6. 臂三头肌外侧头
7. 锁臂肌
8. 臂三头肌长头
9. 三角肌　10. 锁骨腱划
11. 肩胛横突肌
12. 胸头肌
13. 锁颈肌
14. 斜方肌
（引自 Evans 和 de Lahunta，2017）

三、解剖层次与结构

1. 第一层——皮肤　近外侧部的皮肤较薄。

2. 第二层——皮下组织和浅筋膜　在皮下组织层有皮神经、淋巴管等分布（猪此层蓄积以较厚的脂肪，在马此层浅筋膜内常含有肩臂皮肌）。在稍下方的胸侧壁、肩臂部后方，有胸腹皮肌（thoracico-abdominal cutaneous muscle）。该肌纤维呈纵向，背侧部薄而腹侧部较厚。其前部约于肘线后方处分为浅、深两层，浅层向前移行为肩臂皮肌（omobrachial cutaneous muscle）和肩臂筋膜（omobrachial fascia）；深层以薄腱支与胸深肌同止于肱骨内侧小结节。下缘与对侧同名肌在脐部相邻近。肌纤维向后渐向膝前部集中，并与浅筋膜一起共同形成膝褶。

3. 第三层——筋膜下间隙　充填以疏松结缔组织。

4. 第四层——深筋膜和浅层肌肉　该部深筋膜的层次较复杂，浅层包着斜方肌和背阔肌的一部分，并与胸菱形肌的腱膜相连。

（1）斜方肌（trapezius muscle）　包括颈斜方肌和胸斜方肌，其背侧以深筋膜连于棘上韧带的外侧面，肌腹下端止于肩胛冈；胸斜方肌的后下缘借筋膜连接背阔肌的上部（图 4-4）。该肌肉的深面与菱形肌及肩胛软骨之间形成肩胛上间隙。由副神经的背侧支分布，起提肢作用。

（2）背阔肌（broadest muscle of back）　主要位于胸侧壁的后上方。本肌背侧以腱膜连于腰背筋膜和第 11 ～ 12 肋骨、肋间肌以及腹外斜肌表面的筋膜（牛）；犬的背阔肌及腰背筋膜起于后 7 ～ 8 个胸椎和腰椎棘上韧带。肌腹伸向前下方，止于肱骨的内侧结节（牛）或圆肌粗隆（犬）。自鬐甲的最高点至肱骨中点的连线为该肌前缘的投影；由荐结节至肱骨中点的连线为其下缘的投影。可屈肩关节向后牵引前肢。由胸后神经和胸背神经分布。

（3）臂头肌和肩胛横突肌　见肩部解剖。

5. 第五层——肩胛软骨和肩胛骨上端部以及肩胛上间隙　肩胛上间隙（suprascapular space）是指在颈、胸斜方肌深面与菱形肌及肩胛软骨浅面之间的疏松结缔组织间隙。由于该间隙在鬐甲部距体表层次较浅，而且在其前方部（颈斜方肌深面）向下直接通连肩胛前间隙，扩展范围极大，故在动物医学临床上关系很大。

6. 第六层——鬐甲部的中层肌肉。

（1）菱形肌（rhomboid muscle） 在斜方肌的深面，分为颈部和胸部。颈部在颈的背外侧，起自第2、3颈椎部的背中线至前3个胸椎棘突，止于肩胛骨内侧面及肩胛软骨；胸部起自第4～6或7（犬），或第2～8（牛）胸椎棘突，止于肩胛基底的内侧面。在犬和猪，还有头菱形肌，较狭窄，自枕骨项嵴至肩胛骨的背侧前缘。菱形肌有提前肢和固定肩胛骨的作用。由颈神经及胸神经的腹侧支分布。

（2）胸降肌（descending pectoral muscle） 又称胸浅前肌，位于胸正中沟的两侧。起于胸骨的前部，肌纤维向外侧，止于肱骨大结节嵴上。其作用是支持肢体，牵引肢体向内侧及向前。由胸前神经支配。

（3）胸外侧沟 为胸降肌（外缘）和臂头肌（下缘）之间的间隙，内有头静脉通过。

头静脉（cephalic vein） 又称臂皮下静脉，为前肢皮下浅静脉汇集成的主干（由前臂头静脉和副头静脉于前臂近端背内侧皮下汇集成臂皮下静脉，经臂部背侧皮下上行入胸外侧沟），管径较粗，体表可见其轮廓。该血管沿胸外侧沟上行，汇入颈静脉或前腔静脉（图4–3）。

（4）胸横肌（transverse pectoral muscle） 又称胸浅后肌，位于胸骨与前臂上部之间。起于第1～5肋软骨之间的胸骨体腹侧面（牛）或胸骨柄（犬），肌纤维先向外侧，至前臂的内侧面急转向下，止于前臂内侧筋膜。

（5）腹侧锯肌（ventral serrate muscle） 或称下锯肌，位于颈的后半部外侧和胸侧壁的前半部。它是一很强的扇形肌。起于后5个颈椎的横突和前7～8（犬）或9～10（牛）个肋骨，起始部呈锯齿状。止于肩胛骨内侧的锯肌面。其作用是支持躯干，或牵引肩胛骨向前或向后。可分为颈部和胸部，颈部由颈神经的腹侧支分布，胸部由胸长神经分布。

（6）胸深肌（deep prctoral muscle） 又名胸升肌（ascending pectoral muscle），是一宽肌（图4–4），为胸肌中最大的肌肉，位于胸部腹侧，自肩关节前内侧至剑状软骨之间。可分为深部和浅部。起自胸骨，深部在前，位于胸浅肌下方，止于肱骨小结节；浅部向外侧，止于肱骨中部。在运动上随前肢牵引躯干；或向后牵引前肢，还有支持躯干的作用。由胸后神经分布。

（7）肩臂间隙（omobrachial space） 是指在颈、胸外侧和前肢肩臂部之间范围宽阔的疏松结缔组织间隙。与动物医学临床有重要关系，当鬐甲部外伤（尤其是肩胛上间隙感染）引起化脓性坏死过程中，该间隙常成为脓液扩散的通路。肩臂间隙可划分为肩胛前间隙、肩胛下间隙和肩胛后间隙。

①肩胛前间隙 为肩臂间隙的前部。前界达第6颈椎横突相对处的臂头肌深面；背侧于颈斜方肌的深面通连肩胛上间隙；后方直接延为肩胛下间隙。

②肩胛下间隙 位于肩胛下肌、臂三头肌、前臂筋膜张肌的深面与胸腹侧锯肌浅面之间。前接肩胛前间隙，后续肩胛后间隙（后者以肘线为界）。

③肩胛后间隙 位于背阔肌、胸腹皮肌的深面与胸腹侧锯肌浅面之间。

7. 第七层——棘横筋膜、背间隙、背侧锯肌和动、静脉血管 见胸部解剖。

8. 第八层——鬐甲部的深层肌肉和血管神经 见胸部解剖。

9. 第九层——胸椎和肋骨的椎骨端 见胸部解剖。

第二节 肩部和臂部的解剖

一、界限

上界：肩胛软骨的上缘。

下界：肘关节水平线。

前界：肩部为冈上肌（猪、马为锁骨下肌）和大结节前缘；臂部为臂二头肌前缘。

后界：为肘线，即肩胛骨后角至肘突的连线，相当于前臂筋膜张肌后缘。

二、解剖步骤

（1）将卸下的前肢平放在解剖台上，认识各肌的断端，并分辨它们的位置，然后清理肩部各肌缝。先观察肩胛骨外侧面的肌肉，在冈下窝浅表找到三角肌，观察该肌的起止点及肌纤维方向，分析其功能。在三角肌的深面、冈下窝内找到冈下肌，在冈上窝内找到冈上肌，观察冈上肌和冈下肌的起止点并分析其功能。在观察上述肌肉时，注意不要伤及血管和神经。

（2）将前肢翻转过来，使内侧面朝上，观察位于肩胛骨内侧面的肩胛下肌和位于肩胛下肌后面的大圆肌，然后用镊子夹着臂神经丛的断端，顺着神经的走向，清除结缔组织，注意不要伤及血管和淋巴结，观察臂神经丛的分支。自臂神经丛发出的神经，除以前所见的胸前神经和胸腹侧神经外，尚有肩胛上神经、肩胛下神经、胸长神经、胸背神经，胸外侧神经、肌皮神经、正中神经、尺神经、桡神经和腋神经，注意它们的大小、走向、与血管的关系及分布于哪些肌肉。

（3）找到腋动脉的断端，沿动脉剥离脂肪和结缔组织，注意动脉周围的构造，保留并行的静脉和神经。观察腋动脉分出肩胛上动脉和肩胛下动脉，注意它们发出的部位及分布于什么肌肉。

（4）在大圆肌的内侧面，肩胛下动脉与臂动脉的夹角中找出腋淋巴结，注意它们的大小位置。

（5）观察臂部肌肉，在肩胛骨和肱骨之间的夹角内找到臂三头肌，寻找该肌三个肌头的起止点。观察位于臂三头肌长头的后缘和内侧面的前臂筋膜张肌以及位于肱骨前面的臂二头肌和臂肌。

（6）在臂部内侧面清除结缔组织，找到臂动脉，并自上而下观察其分支，注意伴行的静脉。在臂部远端内侧，注意观察肘淋巴结群（马和绵羊有）。

三、解剖层次与结构

肩臂部大体上可分为 6 层，即肩胛骨和肱骨外侧有 4 层，内侧有肌肉、血管、神经作为一层。

1. 第一层——皮肤　牛皮肤厚而致密，犬、猫的较薄，猪皮肤较厚。

2. 第二层——浅筋膜　为胸腹部浅筋膜向前的延续，由疏松结缔组织构成。牛皮下组织均较发达，脂肪较少，故皮肤易牵拉移动。猪的含有大量脂肪，形成一层肥膘。浅筋膜内有肩臂皮肤和皮血管、神经。

（1）肩臂皮肌（omobrachial cutaneous muscle）　位于肩臂部外侧后部，肌纤维上下行。上端附着于皮肤，下端连前臂筋膜，后上方与躯干皮肌连续（图 4–1）。

牛的肩臂皮肌为上宽下窄的肌肉。猪的肩臂皮肌窄小，位于肩部脂肪中。

（2）皮血管　有皮动脉和皮静脉。

皮动脉主要是肩胛上动脉、旋肱后动脉、旋肩胛动脉、尺侧副动脉和桡侧副动脉分支。皮静脉有一主干，称头静脉或臂皮下静脉，是前臂头静脉的延续，位于臂背侧皮下，上行至胸外侧沟中，最后汇入颈静脉或前腔静脉（图 4–3）。

（3）皮神经

①肋间臂神经（intercostobrachial nerves）　为第 2 肋间神经的皮支（犬），分布于臂后外侧皮肤。

②前臂外侧皮神经（lateral cutaneous nerve of forearm）　为腋神经的皮支（犬），分布于臂外侧和前臂部背侧皮肤。在三角肌后缘处可见该神经从深部穿出到皮下。

3. 第三层——深筋膜　覆盖并包围肩部肌肉的表面，上部参与肩胛上间隙的形成；中部与肌纤维紧密相接；下部较致密，止于肘突和肘关节侧副韧带，并下延连接前臂深筋膜；前方续接颈筋膜；后方沿肘线折转到深面。

4. 第四层——肩臂外侧的肌肉层 见图 4–3 至图 4–6。

（1）斜方肌 详见鬐甲部解剖。

（2）肩胛横突肌（omotransverse muscle） 牛、羊、猪和犬有该肌。起于寰椎翼的后端和枢椎横突，后端止于肩胛冈及肩臂筋膜，向前牵引前肢，由副神经支配。该肌的前部被臂头肌所覆盖，后部渐宽，显露于颈斜方肌和臂头肌之间。在肩部前缘，该肌的深面有肩前淋巴结。

（3）臂头肌（brachiocephalic muscle） 呈长而宽的带状肌，肌腹大部分在颈侧部，其下缘形成颈静脉沟的上界，后端以腱膜止于肱骨嵴和臂部、前臂部的筋膜。在肩关节的前外侧，该肌覆盖肱骨大结节和臂二头肌。在牛、羊和猪上该肌的前部较宽，可分为锁枕肌和锁乳突肌两部。锁枕肌（cleidooccipital muscle）起自枕嵴和附近的项韧带；锁乳突肌（cleidomastoid muscle）起自颞骨的乳突，并有薄腱膜连于下颌支（牛、羊），两部向后相重叠（后者被前者部分覆盖），肌腹明显变窄，覆盖于肩关节的前外侧，而后止于肱骨嵴及臂部和前臂部筋膜。犬的臂头肌可分为几个部分，其中锁臂肌（cleidobrachialis muscle）起自肱骨嵴的远端，止于锁骨腱，起固定颈的作用，由腋神经的分支分布；锁颈肌（cleidocervical muscle）自锁骨腱直伸向颈的背侧；锁乳突肌是深部肌，常分为二圆束，以强腱止于颞骨乳突，向前牵引前肢和固定颈，由副神经和颈神经的腹侧支分布。犬的臂头肌在肩关节前方有一横向腱划，称锁骨腱划（tendinous intersection of clavicle），内含已退化锁骨的遗迹。马臂头肌的肌腹后部覆盖于肩关节的前面和外侧以及颈浅淋巴结。

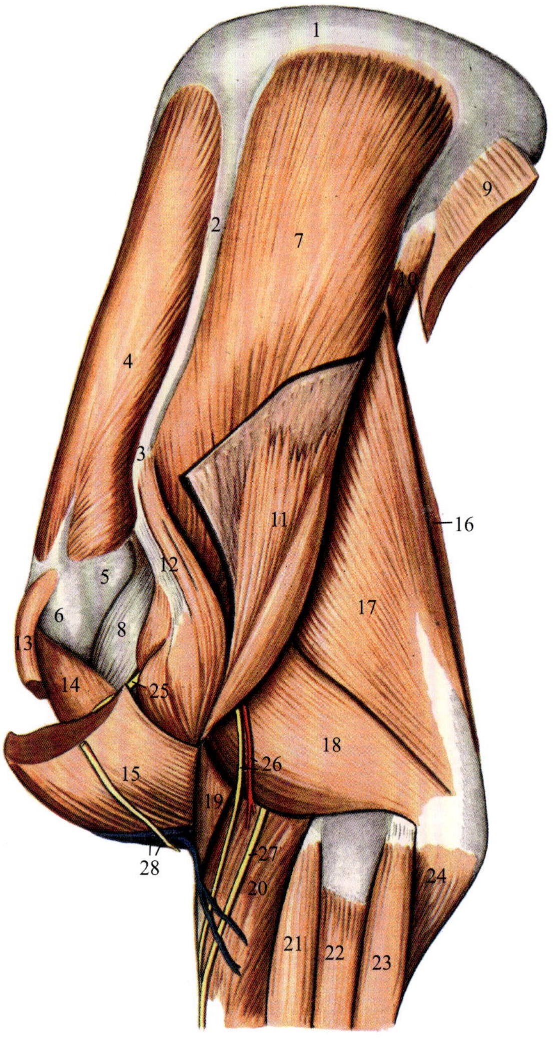

图 4–5 牛肩胛部外侧浅层肌肉、血管和神经

1. 肩胛软骨 2. 肩胛冈 3. 肩峰 4. 冈上肌 5. 大结节后部 6. 大结节前部 7. 冈下肌 8. 冈下肌筋膜 9. 背阔肌 10. 大圆肌 11. 三角肌肩胛部 12. 三角肌肩峰部 13. 胸深肌 14. 臂二头肌 15. 臂头肌 16. 前臂筋膜张肌 17. 臂三头肌长头 18. 臂三头肌外侧头 19. 臂肌 20. 腕桡侧伸肌 21. 指总伸肌 22. 指外侧伸肌 23. 尺外侧肌 24. 指深屈肌的尺骨头 25. 腋神经肌支（至臂头肌） 26. 前臂前皮神经（腋神经分支）、旋肱后动脉支 27. 桡神经浅支 28. 头静脉、锁骨上腹侧神经

（引自 Popesko，1985）

（4）三角肌（deltoid muscle） 略呈三角形薄肌，位于肩胛后下部的浅层，以腱膜起于冈下肌的表面，肌腹越过肱骨大结节和肩关节的后外侧，并覆盖小圆肌、方形孔和臂三头肌长头及外侧头的一部分，末端止于三角肌粗隆。牛和犬的三角肌很发达，分两部分，起于肩胛冈的部分形成腱膜在冈下肌的表面；起于肩峰的部分为一肉质肌腹，位于冈下肌的后下方。有屈肩关节的作用。由腋神经分布。

（5）冈上肌（supraspinous muscle） 呈扁平长方形肌，位于冈上窝内。本肌起自冈上窝和肩关节顶端（此处有滑膜囊），并以两支腱分别止于肱骨的大、小结节；两支腱之间有臂二头肌起点腱通过。该肌浅面从上至下被颈斜方肌、肩胛横突肌（牛、犬）和臂头肌覆盖。牛和猪的冈上肌肌腹突出于肩胛骨前缘。

（6）冈下肌（infraspinous muscle） 位于冈下窝内，由三角肌所覆盖。由肩胛上神经分布。起自肩胛软骨和冈下窝，肌腹下端形成一条短腱和一条长腱，分别止于肱骨大结节的前、后部；腱下有一较大的滑膜囊（牛的直径可为 6 ～ 7 cm）。有屈肩关节的作用。临床进行腱下滑膜囊穿刺时，可在肱骨大结节的外下方（牛）或在肩关节外侧中点处（马）触摸索状的冈下肌腱，在该腱的上缘即为穿刺点。

（7）小圆肌（minor teres muscle） 呈条状小肌（猪的较发达），位于冈下肌后下方，被三角肌覆盖。起于肩胛骨后缘中部（牛）或以腱膜起于肩臼窝稍上方的小结节上（犬），止于肱骨大结节后部和下方（牛）或由腱止于肱骨嵴上的隆起，在三角肌粗隆的上方（犬）。止腱处有腱下滑膜囊，并和冈下肌滑膜囊相通。有屈肩关节的作用。由腋神经的分支分布。

（8）臂三头肌（triceps muscle of forearm） 为肩臂部最强大的肌肉，位于肩胛骨后方和肱骨之间的夹角内。该肌由 3 个头组成，长头起于肩胛骨后缘；外侧头起于肱骨颈外后方和三角肌粗隆之间；内侧头起于肱骨颈和大圆肌粗隆后下方。犬多了一个肌头，即副头，位于外侧头的深部，起于肱骨颈的后面。各肌头均止于肘突。止点处有腱下滑膜囊。它们的作用是伸肘关节。由桡神经分布。

（9）前臂筋膜张肌（tensor muscle of the antebrachial fascia） 为肌纤维垂直向下的长带状肌。起于肩胛骨后角和背阔肌的腱膜，止于肘突和前臂筋膜。肌腹部顺延于臂三头肌长头后内缘，体表可在肘线处触及。协助臂三头肌伸肘及紧张前臂筋膜。由桡神经分布。

（10）臂二头肌（biceps muscle of forearm） 呈纺锤形，位于肱骨前方中线稍偏内侧处，其背外侧部被臂头肌覆盖。本肌起于肩胛骨盂上结节，起腱通过结节间沟（肱骨大、小结节之间的沟）时被滑膜囊（结节间滑膜囊）包被。肌腹向下，末端

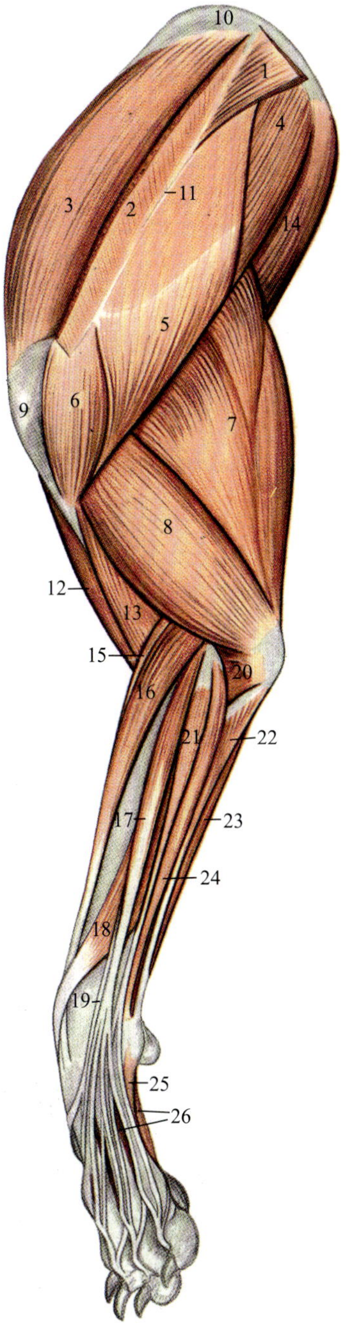

图 4-6　犬左前肢肌肉（外侧面）

1. 胸斜方肌　2. 颈斜方肌　3. 冈上肌
4. 冈下肌　5. 三角肌肩胛部　6. 三角肌肩峰部
7. 臂三头肌长头　8. 臂三头肌外侧头
9. 肱骨大结节　10. 肩胛软骨　11. 肩胛冈
12. 臂二头肌　13. 臂肌　14. 大圆肌
15. 臂桡肌　16. 腕桡侧伸肌　17. 指总伸肌
18. 拇长展肌　19. 第 1 和第 2 指伸肌　20. 肘肌
21. 指外侧伸肌　22. 腕尺侧屈肌尺骨头
23. 腕尺侧屈肌肱骨头　24. 尺外侧肌
25. 第 5 指展肌　26. 骨间肌

（引自 Popesko，1985）

止于桡骨上半部的内侧缘或桡骨粗隆，且在此处又有腱下滑膜囊（牛）；猪的止腱分为3支，分别止于旋前圆肌、桡骨近端内侧和尺骨近端内侧，腱下滑膜囊位于桡骨和尺骨之间；犬的远端腱分为2支：一支较强，止于尺骨粗隆；另一支较弱，止于桡骨粗隆。有屈肘关节的作用。由肌皮神经分布。

（11）臂肌（brachial muscle） 为扁平螺旋状肌，位于肱骨的臂肌沟中，大部分被臂三头肌外侧头覆盖。本肌起于肱骨颈后面，止于桡骨近端内侧缘（牛）或尺骨粗隆（犬），此处有一滑膜囊。有屈肘关节的作用。由肌皮神经分布。

5. 第五层——肩胛骨、肱骨和肩关节

（1）肩胛骨（scapula） 为三角形扁骨，斜位于胸侧壁的前上部，背侧宽扁，分前角和后角，背缘接连肩胛软骨；下端以圆形浅凹状的肩臼与肱骨头成关节。肩胛骨的外侧面有肩胛冈、冈结节和肩峰（牛、猪），内侧面有肩胛下窝和锯肌面。牛的肩胛骨较宽，肩胛骨位置偏前，冈上窝较窄。犬的肩胛骨比较长而窄，肩峰短而钝，肩臼较浅，臼的前缘有大的隆凸称肩胛上结节。猪的肩胛骨宽大，肩胛颈细，肩胛冈中部向后弯曲，冈结节粗大。

（2）肱骨（humerus） 为两端粗大、中间略呈扭曲的管状长骨，斜位于胸侧壁的前下方。近端的肱骨头有半球形关节面与肩胛骨的肩臼成关节。肱骨头的前外侧有大结节，分前、后两部；内侧有小结节。大、小结节之间为结节间沟，供臂二头肌通过。骨体部有一自后上方斜向下外前方、呈螺旋状弯曲的臂肌沟，沟的外侧中部有一小的三角肌粗隆。在肱骨体内侧面的中部偏上处有圆肌粗隆。猪的大、小结节和牛的相似，肱骨颈和三角肌粗隆不明显，缺圆肌粗隆。犬的长，比较细。

（3）肩关节（shoulder joint） 位置平第一肋下端处。由肩臼和肱骨头连接而构成，结构较简单，无侧副韧带（图4-7）。牛的肩关节囊纤维层附着缘离关节面周缘1～2 cm。在大结节后部上缘、冈上肌与三角肌之间可作为肩关节滑膜囊穿刺点。犬的肩关节常有一发达的韧带连于关节囊外侧壁与肩峰之间。

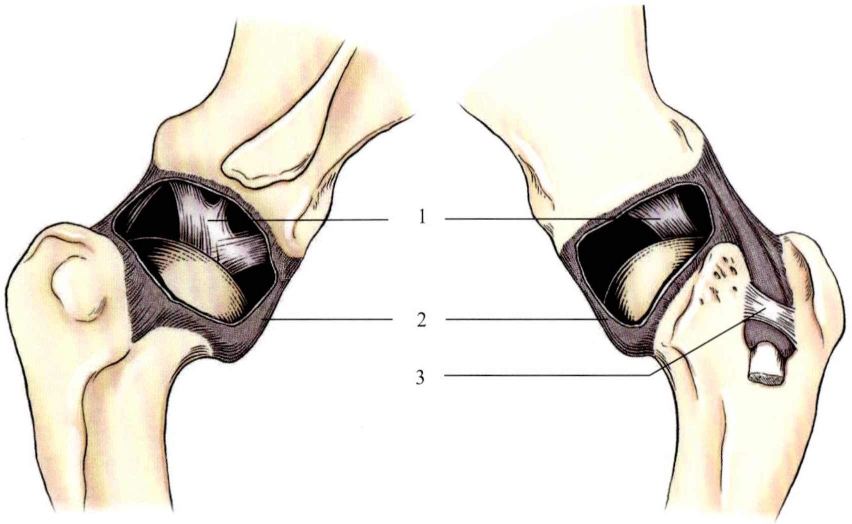

图4-7 犬左侧肩关节囊外侧观与内侧观

1. 内、外侧盂肱韧带 2. 关节囊 3. 横肱支持带

（引自 Evans 和 de Lahunta，2017）

6. 第六层——肩胛骨和肱骨内侧肌肉层 有肩胛下肌、大圆肌、喙臂肌和臂三头肌内侧头（图4-8和图4-9）。

（1）肩胛下肌（subscapular muscle） 略呈扇形，位于肩胛下窝，止于肱骨小结节。止腱紧连肩关节囊，对肩关节兼有内侧副韧带作用。本肌深面有肩胛下筋膜、腹侧锯肌、臂神经丛；前缘邻贴冈上肌，两者之间有肩胛上神经和血管；后缘外侧有大圆肌，其间有肩胛下血管通过。由肩胛下神经分布。

（2）大圆肌（major teres muscle） 呈扁平纺锤形（猪的较发达）。位于肩胛下肌后缘、臂三头肌长头的内侧。起于肩胛骨后缘及后角，以短扁腱经臂肌之间，止于圆肌粗隆（牛、犬）或肱骨内侧嵴（猪）。该肌和皮肤相隔有臂三头肌长头；深面与腹侧锯肌邻贴。

（3）喙臂肌（coracobrachial muscle） 为扁平小带状肌，位于肩关节和肱骨中上部的内侧、臂二头肌深面的后方，起于肩胛骨喙突，止于肱骨体内侧。该肌深面有胸深肌，后缘有臂血管、正中神经和肌皮神经。

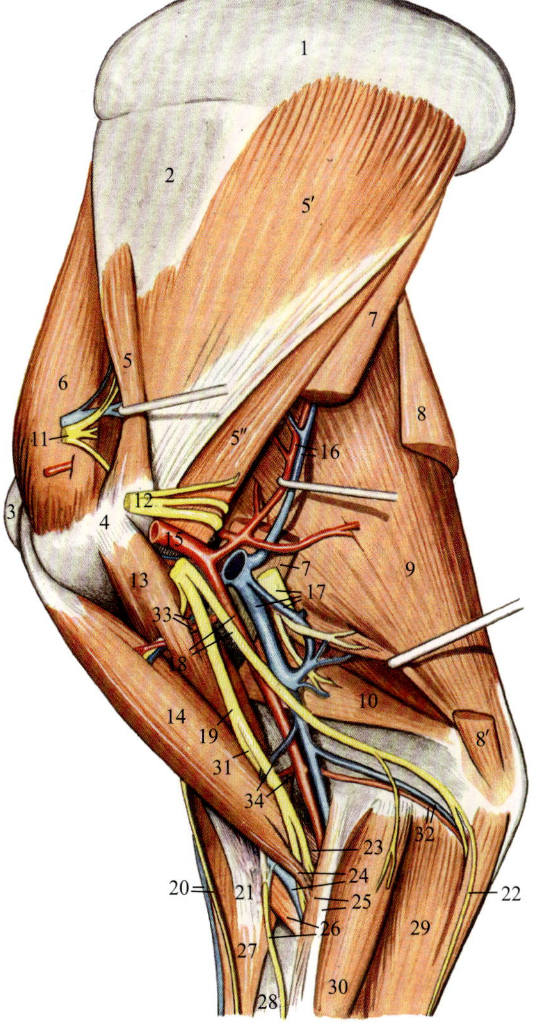

图 4-8 牛右肩臂部内侧面结构

1. 肩胛软骨 2. 肩胛骨 3. 肱骨头大结节
4. 肱骨头小结节 5,5′,5″. 肩胛下肌
6. 冈上肌 7. 大圆肌 8. 前臂筋膜张肌
8′. 前臂筋膜张肌肘部附着点
9. 臂三头肌长头 10. 臂三头肌内侧头
11. 肩胛上神经 12. 腋神经 13. 喙臂肌
14. 臂二头肌 15. 腋动脉
16. 肩胛下动、静脉
17. 臂静脉、桡神经
18. 臂动脉、尺神经
19. 正中神经
20. 副头静脉、前臂前皮神经
21. 纤维带 22. 前臂后皮神经
23. 臂二头肌腱
24. 臂二头肌、头静脉
25. 内侧副韧带、旋前圆肌
26. 臂肌、前臂内侧皮神经
27. 腕桡侧伸肌
28. 桡骨 29. 腕尺侧屈肌
30. 腕桡侧屈肌
31. 肌皮神经
32. 尺侧副动、静脉
33. 旋肱前动、静脉
34. 肘横动、静脉
（引自 Popesko，1985）

（4）臂三头肌内侧头 见第四层。

（5）胸侧部的背阔肌、胸肌和腹侧锯肌等 位于肩臂深部、肘线前，肌肉详见胸侧壁和颈部解剖。

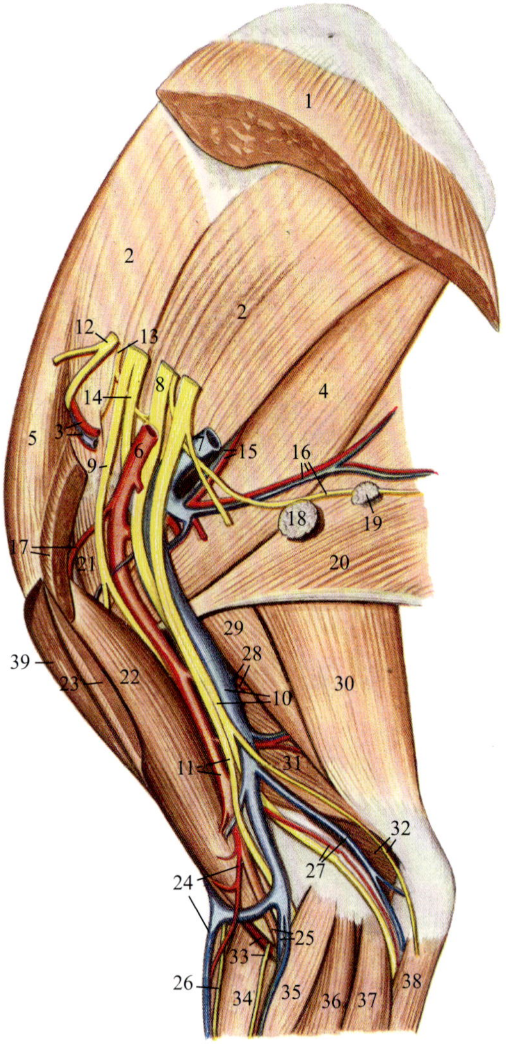

图 4–9　犬右肩臂部内侧面结构

1. 腹侧锯肌　2. 肩胛下肌　3. 肩胛上动、静脉
4. 大圆肌　5. 冈上肌　6. 腋动脉　7. 腋静脉
8. 桡神经　9. 肌皮神经　10. 臂静脉、尺神经
11. 臂动脉、正中神经　12. 肩胛上神经
13. 肩胛下神经　14. 腋神经
15. 肩胛下动、静脉
16. 胸背神经和胸背动、静脉
17. 旋肱前动脉、胸深肌（胸升肌）
18. 腋淋巴结　19. 腋副淋巴结
20. 背阔肌　21. 喙臂肌　22. 臂二头肌
23. 胸浅肌（胸降肌）
24. 头静脉、臂浅动脉
25. 正中动、静脉
26. 桡神经浅支
27. 尺侧副动、静脉
28. 臂深动、静脉
29. 臂三头肌长头
30. 前臂筋膜张肌
31. 臂三头肌内侧头
32. 前臂后皮神经、肘肌
33. 臂肌、前臂内侧皮神经
34. 腕桡侧伸肌　35. 旋前圆肌
36. 腕桡侧屈肌　37. 指浅屈肌
38. 腕尺侧屈肌尺骨头
39. 臂头肌（锁臂肌）

（引自 Popesko，1985）

四、主要血管、神经及淋巴结

（一）血管（图 4-8 和图 4-9）

1. 腋动脉（axillary artery） 为锁骨下动脉的直接延续，位于第 1 肋前缘和肩关节之间，与腋静脉伴行，两者均在正中神经与肌皮神经所形成的腋袢中。由腋动脉的背侧分出肩胛上动脉和肩胛下动脉。在犬还发出胸外动脉（external thoracic artery）和胸外侧动脉（lateral thoracic artery），分布于胸侧壁和胸深肌等处。

（1）肩胛上动脉（suprascapular artery） 较细，于肩关节的内侧前方由腋动脉的起始部向上分出，并与同名静脉、神经伴行，伸延于肩胛下肌前缘和冈上肌之间的肌间隙中。绕过肩胛骨前缘进入冈上肌深面。分支分布肩胛下肌、冈上肌和肩关节囊等。猪的肩胛上动脉较粗，与旋肱前、后动脉共同起于腋动脉，其伸延途径及分布与牛的相似。

（2）肩胛下动脉（subscapular artery） 较粗，于肩关节内侧后方处起自腋动脉，本干在肩胛下肌和大圆肌之间向后上方伸延，除有分支至肩胛下肌、大圆肌、小圆肌、臂三头肌和肩关节等处外，尚有下列主要分支。

①胸背动脉（thoracodorsal artery） 从肩胛下动脉的起始部分出，经大圆肌内侧或后缘（犬）向后，并与同名静脉及神经一起沿大圆肌、背阔肌之间向后上伸延，出分支分布至大圆肌、背阔肌、臂

三头肌长头、前臂筋膜张肌和胸深肌等。

②旋肱后动脉（caudal circumflex humeral artery） 在肩关节后缘处由肩胛下动脉起始部分出，后伴随腋神经和同名静脉进入肩胛下肌和大圆肌之间，穿过方形孔走向外侧，达至三角肌深面，并在冈下肌、臂三头肌长头和外侧头之间分为升、降2支。升支绕向前行，分布至臂三头肌、冈下肌、三角肌和肩关节等；降支沿臂三头肌内侧头和臂肌之间下行到腕桡侧伸肌的深面，并出分支臂肌和臂三头肌，或与肘横动脉的分支吻合。

③旋肩胛动脉（circumflex scapular artery） 在肩胛骨后缘中、下1/3处由肩胛下动脉发出（该处有两条同名静脉伴行）。绕过肩胛骨后缘走向冈下窝，分支分布于肩胛骨、臂三头肌、冈下肌、冈上肌，且和旋肱后动脉升支吻合。

2. 臂动脉（brachial artery） 为腋动脉分出肩胛下动脉（牛）或旋肱前动脉（犬）后的直接延续，沿喙臂肌和臂二头肌的后缘向下伸延，至前臂骨近端内侧转为正中动脉。在臂部该动脉有尺神经、正中神经和臂静脉伴行，且有如下分支。

（1）旋肱前动脉（cranial circumflex humeral artery） 牛的起自臂动脉起始部前缘（圆肌粗隆上方），犬的起自腋动脉，猪的起自肩胛下动脉。该动脉伴随两条同名静脉和肌皮神经近支穿过喙臂肌和臂二头肌之间到肱骨近端前方，与旋肱后动脉升支吻合，沿途有分支分布于肩关节内侧、臂二头肌、喙臂肌和胸深肌等。

（2）臂深动脉（deep brachial artery） 有2条同名静脉伴行。在大圆肌止点处，臂部近1/3处自臂动脉向后发出，并于臂三头肌长头和内侧头之间伴随桡神经分支一起伸延，并分成数支，分布于臂三头肌、肘肌和前臂筋膜张肌。

（3）尺侧副动脉（collateral ulnar artery） 有时有2条同名静脉伴行。在臂部下1/3处自臂动脉向后发出，于肘关节内侧处分出数条肌支，分别分布于臂三头肌长头和内侧头、肘关节内侧、胸降肌、胸横肌及前臂内侧皮肤等，本干经腕尺侧屈肌深面，伴随同名静脉和神经沿尺沟下行（见前臂部解剖）。

（4）臂二头肌动脉（bicipital artery） 较细，在臂部下1/3处或中段（猪）自臂动脉前缘发出，有2条同名静脉伴行，分布于臂二头肌。

（5）臂浅动脉（superficial brachial artery） 犬的明显，自臂二头肌动脉起点下方由臂动脉向前发出，沿桡浅神经向下伸延，延续为前臂前动脉，并继续下行，分布于指部的背侧。

（6）肘横动脉（transverse cubital artery） 又称桡侧副远动脉（distal radial collateral artery），有同名静脉和桡神经深支伴行。在臂二头肌动脉（牛）或臂浅动脉（犬）起点稍下方由臂动脉向前发出。从肱骨远端内侧髁上缘，伸至臂二头肌深面、臂肌与腕桡侧伸肌之间，伴随桡神经深支向下延伸至肘关节和前臂背外侧，于近桡沟处在腕桡侧伸肌的深面与旋肱后动脉的降支或臂深动脉的分支吻合。出分支分布于肘关节屈肌，腕、指关节的伸肌，也有分支到桡骨近端背外侧，并于指总伸肌深面与骨间返动脉吻合。

（二）臂神经丛（brachial plexus）

由第6、7、8颈神经和第1、2胸神经的腹侧支形成，位于肩关节内侧面。由该神经丛发出腋神经、肩胛上神经、肩胛下神经、桡神经、尺神经、肌皮神经、正中神经、胸背侧神经、胸外侧神经、胸长神经和胸肌神经，其中正中神经、尺神经和桡神经分布最远，可达指部（图4-8和图4-9）。

1. 腋神经（axillary nerve） 较粗，由臂神经丛的后部分出，位于腋动脉的背侧，向后下方行，至肩关节后方处，与旋肱后动、静脉伴行进行肩胛下肌与大圆肌之间的间隙内，以后穿过方形孔到三角肌深面分支，分出若干分支，主要分布于肩胛下肌、大圆肌、小圆肌、三角肌、臂三头肌等，其中有一皮支，由方形孔向外，穿过三角肌至皮下称为臂外侧前皮神经，分布于臂和肩胛后方外侧面的皮肤，并延续成前臂前皮神经，分布于前臂背侧面的筋膜和皮肤。

2. 肩胛上神经（suprascapular nerve） 由臂神经丛的前部分出，和同名血管伴行分布到冈上肌和冈下肌。

3. 肩胛下神经（subscapular nerves） 不和同名血管伴行。开始在肩胛上神经下方相伴行，向后伸延至肩胛下肌的下 1/3 处分为 2 ～ 4 支入该肌内（犬常为 1 支）。

4. 桡神经（radial nerve） 由臂神经丛后部分出，为分支中最粗的 1 支。开始与腋神经（牛）或正中神经和尺神经（犬）包于同一筋膜鞘内，横过肩胛下血管起始部再向后下方伸延，并在臂内侧中部分出数条肌支，分布至臂三头肌、前臂筋膜张肌和肘肌等，本干进入臂三头肌长头与内侧头之间继续向下行，至臂三头肌外侧头深面、臂肌后缘时分为深、浅两支。深支沿肱骨的臂肌沟向下到前臂部（以下见前臂部解剖）。浅支沿臂肌后缘伸向下前方，于臂三头肌外侧头下缘处穿过到前臂近端背外侧皮下，并又分出前臂外侧皮神经（lateral cutaneous nerve of forearm），主干伸延至指部皮下。犬的桡神经浅支在肘关节的屈面分为内侧支和外侧支。较大的外侧支分出前臂外侧皮神经至前臂中部前外侧面，然后沿头静脉下行到达掌部分为指背侧第 2、3、4 总神经；在掌指关节分为指背侧固有神经下行于相邻指的两侧。内侧支沿头静脉内侧下行至腕，到达掌部内侧支变为指背侧第 1 总神经，以后分为指背侧固有神经至内侧两指相邻面。牛的桡神经浅支下行至掌部背侧上 1/3 处分为内、外侧两支。外侧支称指背侧第 3 总神经，该支在掌部近端分出一皮支后，下行至掌背中部或指间隙分为 2 终支入指的轴侧。内侧支称指背侧第 2 总神经，沿掌内侧下行至第 3 指的远轴侧，分出 1 细支到第 2 指。

由于桡神经在臂部的位置相当于肱骨后缘中点到肘关节背面中点的连线，此段下部的位置较浅（其外侧面仅以臂三头肌外侧头和皮肤相隔），其深面又紧贴肱骨外髁上嵴，因此，易受压迫和牵引致使桡神经麻痹。

5. 尺神经（ulnar nerve） 起于臂神经丛的后部，并与正中神经包被于同一筋膜鞘内，同行一段距离后，约在平肩关节处（牛）或臂部远 1/3 处（犬）二者分开，尺神经穿过腋动脉与静脉之间，再沿臂动、静脉的后缘下行，继而循臂三头肌内侧头的下缘或内侧面伸至肘突内侧，此前（在牛约为臂中部，犬约在肱骨内侧上髁处）分出前臂后皮神经，分布至前臂掌侧和内侧的筋膜、皮肤，主干横过尺侧副动脉的起始部向后向下行入前臂部的尺沟中（见前臂部解剖）。

6. 肌皮神经（musculocutaneous nerve） 起自臂神经丛的中部，向后向下至腋动脉的下方处与正中神经相连成腋袢。自腋袢向下与正中神经合成一干，循腋动脉的下端和臂动脉的上端向下延伸，在肩关节处分出粗的近侧肌支，和旋肱前血管一起至喙臂肌和臂二头肌。犬的肌皮神经的起始段不与正中神经合成一干，但在肘关节的上方与正中神经有一吻合支相连。在臂内侧中部附近，肌皮神经与正中神经分开，即成为远侧肌支，向下向前行，于喙臂肌远端处，穿过该肌和臂二头肌之间至外侧面，在臂头肌止点的后缘处呈枝状分支至臂肌，主干延续向下成为前臂内侧皮神经。

7. 正中神经（median nerve） 是臂神经丛的分支中最长的神经之一。它的近段在臂部内侧与肌皮神经（牛）或尺神经（犬）合成同干下行，至臂中部与肌皮神经或尺神经分离后，继续沿臂动脉的前缘向下伸延，至肘关节内侧附近处，分出分支至肱骨、肘关节、腕桡侧屈肌和指深屈肌等，本干向下斜过臂动脉的深面，并在该动脉后缘与其伴行，再进入前臂正中沟内（此后见前臂部解剖）。

（三）淋巴结

1. 腋淋巴结（axillary lymph node） 位于肩关节后内侧、大圆肌远端附近，有 1 或 2 个。

2. 副腋淋巴结（accessory axillary lymph node） 犬的明显，位于腋淋巴结后方。

3. 第一肋腋淋巴结（lymph node of the first rib） 牛有 1 或 2 个，较小。位于肩关节前内侧，腋动脉、静脉的上下方，第一肋骨胸骨端的前外方，被胸深肌终端覆盖。

4. 肩前淋巴结（prescapular lymph node） 又称颈浅淋巴结（superfical cervical lymph node），位于肩关节前缘，被斜方肌和肩胛横突肌覆盖（见鬐甲部解剖）。

第三节　前臂部的解剖

一、界限

上界：通过肘突上缘的水平线。
下界：以桡骨远端外侧韧带结节的横断面与腕部相接。

二、解剖步骤

（1）沿前臂内侧切开皮肤并翻起皮瓣。将皮肤剥离后，仔细清理表面的结缔组织及筋膜。追寻随同臂皮下静脉及其在前臂皮下向下伸延分支分布于前臂、腕和掌部皮肤的前臂外侧皮神经；追寻分布于前臂背外侧皮肤的前臂背侧皮神经；追寻分布于前臂后内和后外侧皮肤的前臂后皮神经。

（2）在前臂前内侧清理臂皮下静脉及其侧支。臂皮下静脉位于前臂皮下的部分，称前臂皮下静脉。向该静脉的远端追寻，在掌部近 1/3 处可见到指掌内侧静脉和指掌深静脉；向近端追寻，可见前臂皮下静脉至前臂部中点处接受副皮下静脉（或称副头静脉）的汇入。副皮下静脉位于腕关节和前臂部的背内侧，由前脚部背侧的浅静脉汇集而成。

（3）识别前臂部各肌，包括位于前臂部背外侧的腕桡侧伸肌、指内侧伸肌（马无）、指总伸肌、指外侧伸肌、尺外侧肌和腕斜伸肌，以及位于前臂部掌内侧的腕桡侧屈肌、腕尺侧屈肌、指浅屈肌和指深屈肌。

（4）在腕关节之上将腕桡侧屈肌在肌腹与止腱相连处切断，并翻起该肌，清理正中沟内的血管和神经，为正中动脉、静脉和正中神经。观察正中神经的走向以及其与相邻结构的位置关系和主要分支分布范围。正中神经是臂神经丛的分支中最长的神经之一。它的近段在臂部内侧与肌皮神经（牛）或尺神经（犬）合成同干下行，至臂中部又与肌皮神经或尺神经分离后，继续沿臂动脉通过前臂正中沟、腕管向下伸延。

观察正中动脉的分支和行走部位，找到前臂骨间隙，可见骨间总动脉、静脉及骨间神经进入前臂骨间隙。正中动脉本干在前臂中下部分出伸向浅表的桡动脉。桡动脉在腕关节掌面内侧向下延为掌内侧动脉。正中动脉沿着前臂骨内侧缘向下向后延伸进入腕桡侧屈肌腱与桡骨之间，经腕管向下延续为指掌侧总动脉。

（5）靠近肱骨内侧上髁将腕尺侧屈肌割断并翻转。观察尺侧副动脉、静脉和尺神经。尺神经在前臂近端分支分布于腕尺侧屈肌、指深屈肌和指浅屈肌之后，在前臂筋膜覆盖之下，沿腕尺侧屈肌后缘和尺外侧肌之间的浅沟（尺沟），随同尺侧副动脉、静脉向下伸延至前臂远端腕尺侧屈肌覆盖之下，分为浅支和深支继续向下延伸。

（6）在前臂外侧将腕桡侧伸肌自其上 1/3 处切断，将指总伸肌自其上端切断。在臂外侧将臂肌自其中部切断。翻起此等肌肉并追寻肌皮神经、桡神经、臂深动脉、静脉，桡侧副动脉、静脉。在臂二头肌与臂肌之间靠近臂头肌腱、肌皮神经分出一肌支分布于臂肌之后，自臂肌与臂二头肌之间伸出，穿过前臂筋膜而成为前臂内侧皮神经。

三、解剖层次与结构

1. 第一层——皮肤 内侧较薄，外侧面较厚。

2. 第二层——浅筋膜 皮下组织不发达，其中有皮血管和神经。

（1）副头静脉（accessory cephalic vein） 又称副皮下静脉，位于腕关节和前臂部的背内侧，由前脚部背侧的浅静脉汇集而成，沿腕桡侧伸肌内侧缘或前面上行（图 4–10 和图 4–11）。牛的在前臂上 1/3（牛）或中部偏下（犬）处与前臂头静脉吻合，有时与前臂头静脉平行向上伸延至臂中部，汇集臂头肌的静脉入头静脉。

（2）前臂头静脉（antebrachial cephalic vein） 又称前臂皮下静脉（subcutaneous vein of the forearm），位于前臂内侧皮下、副头静脉之后方，沿腕桡侧屈肌前缘上行至前臂部背侧，与副头静脉汇合，向上逐渐伸至臂部转为的头静脉。在肘关节前内侧有和臂静脉的吻合支；在前臂部的中 1/3 内侧还接受正中静脉的吻合支。

（3）前臂部的皮神经 较复杂，有前臂前皮神经、前臂外侧皮神经、前臂内侧皮神经、前臂后皮神经以及桡神经浅支和正中神经皮支（图 4–11）。

（4）淋巴管 较细，主要位于前臂内侧面，沿正中神经和血管上行入腋淋巴结和副腋淋巴结。

3. 第三层——深筋膜 非常发达，常形成一些包着肌肉的筋膜鞘，并在前臂内侧与桡骨骨膜结合。

4. 第四层——肌肉层 见图 4–12。

（1）背外侧肌组 主要是腕关节和指关节的伸肌，有腕桡侧伸肌、指总伸肌、指外侧伸肌、指内侧伸肌（马无）、腕尺侧伸肌（尺外侧肌）、拇长伸肌和拇长展肌。在犬，还有一小的臂桡肌、旋后肌等。

①臂桡肌（brachioradial muscle） 在肘关节的屈面，是一长而窄的肌肉；多数犬缺乏此肌。起自肱骨远端外上髁嵴，伸延于腕桡侧伸肌的前面，然后转向内侧。在腕桡侧伸肌与桡骨间止于桡骨远端上 1/4 部的骨膜上。其作用向背外侧旋转桡骨。由桡神经分布。

②腕桡侧伸肌（radial extensor muscle of carpus） 位于桡骨背外侧的筋膜鞘内，起于肱骨外侧上髁嵴和桡骨窝的外侧粗面，起始部呈一长肌腹，至前臂下 1/3 处变成腱质下行，经拇长展肌腱的深面至腕关节正前方，向下止于掌骨近端背内侧的掌骨粗隆。

在犬，腱再分为浅、深 2 支，一支止于第 2 掌骨，另一支止于第 3 掌骨。均通过桡骨远端，腕骨背侧面到达掌骨近端的小粗隆，在通过腕骨时腱外有腱鞘。起伸腕关节和屈肘关节的作用。由桡神经分布。

③指内侧伸肌（medial digital extensor muscle） 马无此肌。牛的位于前臂背外侧、腕桡侧伸肌和指总伸肌之间。起于肱骨外侧上髁及桡骨窝的外侧粗面，肌腹下行至桡骨下 1/3 处转为腱索，并和指总伸肌腱并列横过拇长展肌腱的表面下行至腕关节的背外侧，止于第 3 指的冠骨。猪的第 2 指固有伸肌相当于牛的指内侧伸肌，位于指总伸肌深部。起于尺骨，止于第 2 指骨。

④指总伸肌（common digital extensor muscle） 位于前臂外侧筋膜鞘内，在指内侧伸肌与指外侧伸肌之间。起于肱骨外侧上髁、肘关节外侧副韧带和尺骨体的外侧面，止于第 3、4 指的蹄骨伸腱突（牛）。犬的指总伸肌肌腹分为 4 个小肌腹，它们并列并不分开。腱通过腕的背侧时有一总腱鞘。再向远端则分为 4 支，各腱分别伸向第 2 ～ 5 指的远指节骨的近端。每个腱经过近指节的远端时从两侧接受骨间肌的薄韧带。有伸第 2 ～ 5 指关节的作用。由桡神经分布。猪的指总伸肌有 3 个肌腹，尾腱分 7 支，分别止于第 2、3、4、5 指的蹄骨。

⑤指外侧伸肌（lateral digital extensor muscle） 位于前臂外侧中线处、指总伸肌与尺外侧肌之间。起于肱骨外侧上髁、桡骨近端外侧和尺骨体的外侧面。在牛，肌腹下行至腕关节背外侧的上方转为腱索，并和指总伸肌腱并列下行，止于第 4 指的冠骨。犬的指外侧伸肌腱索分为 2 支。较强的一支腱伸向第 5 指，经掌骨至近指节与相当的指总伸肌腱愈合。较弱的一支，在腕部又分为 2 支，分别伸

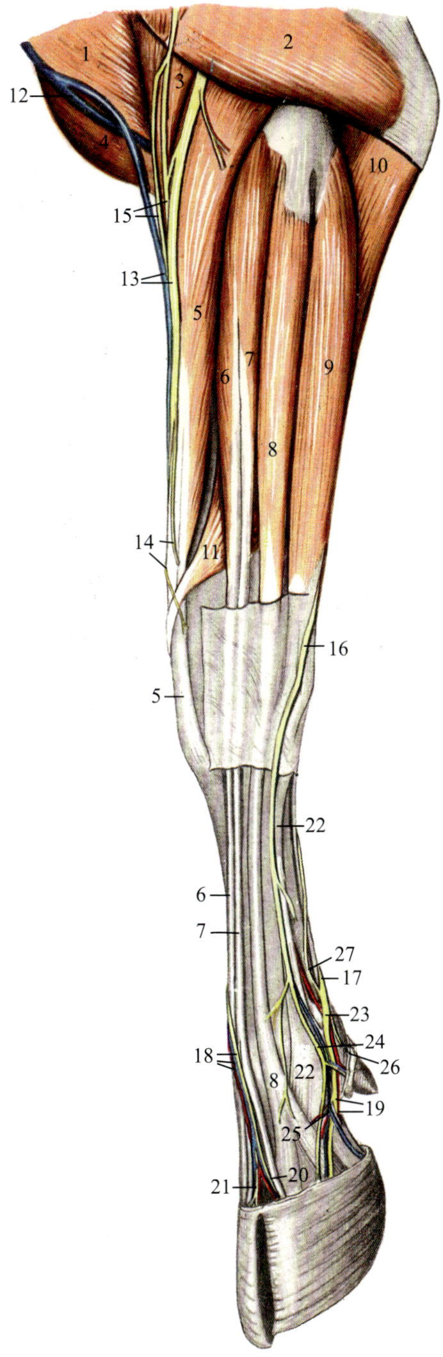

图 4-10　牛左前脚部外侧面肌肉、血管和神经

1. 臂头肌　2. 臂三头肌外侧头　3. 臂肌　4. 胸降肌
5. 腕桡侧伸肌　6,7. 指总伸肌　6. 第 3 指伸肌
7. 指总固有伸肌　8. 指外侧伸肌　9. 尺外侧肌
10. 指深屈肌尺骨头　11. 拇长展肌（腕斜伸肌）
12. 头静脉　13. 副头静脉、桡神经浅支
14. 皮支　15. 前臂前皮支神经
16. 尺神经背侧支　17. 指掌侧第 4 总神经
18. 指背侧第 3 总神经和动、静脉
19. 第 4 指掌外侧固有神经和动脉
20. 第 4 指掌背内侧固有神经
21. 第 3 指掌背外侧固有神经
22. 骨间肌　23. 指掌侧第 4 总神经
24. 指背侧第 4 总神经
25. 第 4 指掌外侧固有静脉
26. 第 5 指掌固有神经　27. 尺神经掌浅支

（引自 Popesko，1985）

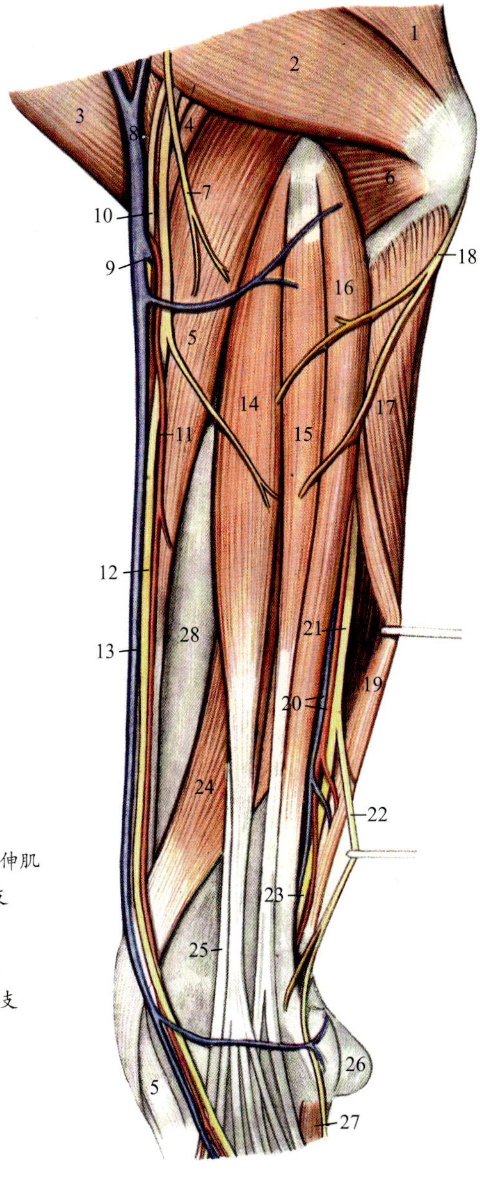

图 4-11　犬左前臂部外侧面肌肉、血管和神经

1. 臂三头肌长头　2. 臂三头肌外侧头　3. 臂二头肌　4. 臂桡肌　5. 腕桡侧伸肌
6. 肘肌　7. 前臂外侧皮肌　8. 头静脉　9. 肘正中静脉　10. 桡神经内侧浅支
11. 前臂浅前动脉　12. 桡神经外侧浅支　13. 头静脉　14. 指总伸肌
15. 指外侧伸肌　16. 尺外侧肌　17. 腕尺侧屈肌尺骨头　18. 前臂后皮神经
19. 腕尺侧屈肌肱骨头　20. 尺侧副动、静脉　21. 尺神经　22. 尺神经背侧支
23. 尺神经掌侧支　24. 拇长展肌（腕斜伸肌）　25. 第 1 和第 2 伸肌
26. 腕枕　27. 第 5 指展肌　28. 桡骨

（引自 Popesko, 1985）

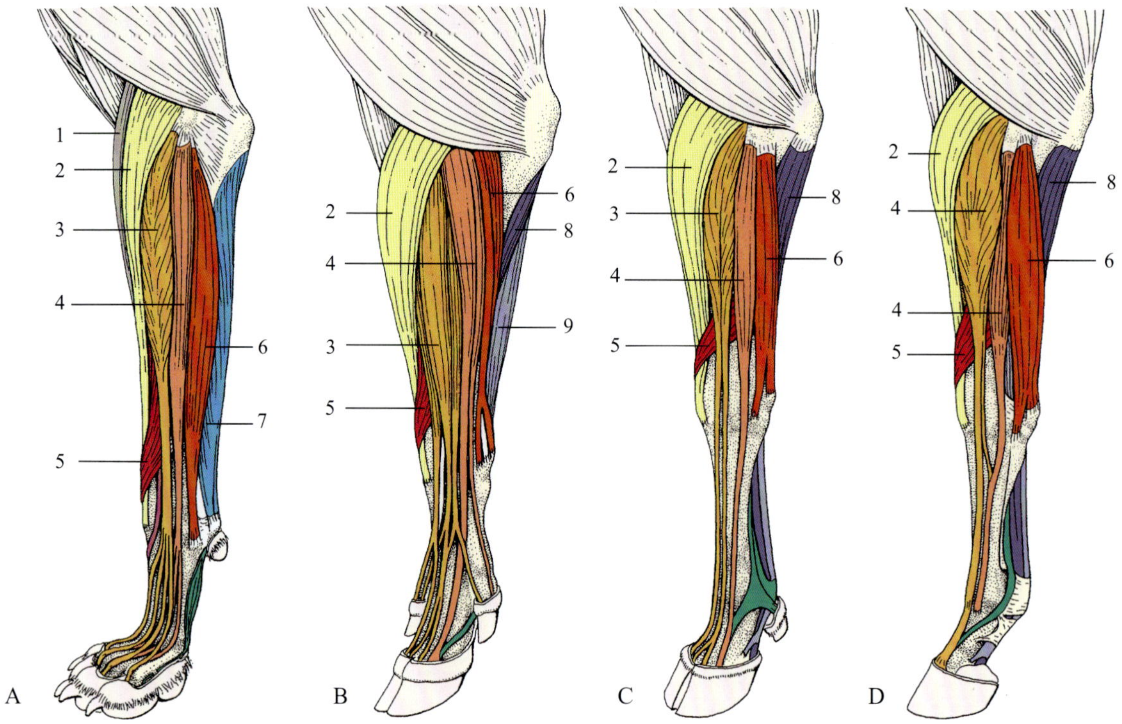

图 4-12 家畜前臂部肌

A. 犬 B. 猪 C. 牛 D. 马

1. 臂桡肌 2. 腕桡侧伸肌 3. 指总伸肌 4. 指外侧伸肌 5. 拇长伸肌（腕斜伸肌）
6. 尺外侧肌 7. 腕尺侧屈肌 8. 指深屈肌 9. 指浅屈肌

（引自陈耀星和刘为民，2009）

至第 3 与第 4 指；在近指节与相应的指总伸肌腱相连。它们的作用是伸第 3、4、5 指关节，由桡神经分布。猪的指外侧伸肌分两部分，即第 4、5 指固有伸肌，分别止于第 4 和第 5 指。

⑥尺外侧肌（lateral ulnar muscle） 又称腕尺侧伸肌（ulnar extensor muscle of carpus）或腕外侧屈肌（lateral carpal flexor muscle），位于前臂部的后外侧、指外侧伸肌的后方。起于肱骨外侧上髁，止于副腕骨和掌骨（犬为第 5 掌骨）近端外侧。有伸腕关节及向外侧旋转的作用。由桡神经分布。猪的尺外侧肌分为两部分，一部分为浅面的腱质部，另一部分为深面的肉质部。

⑦拇长展肌（long abductor muscle of the first digit） 又称腕斜伸肌（oblique carpal extensor muscle），为三角形扁肌，盖在伸肌腱的表面。起自桡骨与尺骨的外侧面及骨间膜，纤维斜向远端内侧，穿经腕桡侧伸肌腱表面到达腕骨内侧缘，止于掌骨近端内侧（犬为第 1 掌骨）。具有展和伸指关节的作用。由桡神经分布。

⑧旋后肌（supinator muscle） 犬有此肌，是一宽的扁肌。起自尺侧副韧带及肱骨外侧上髁，斜向远内侧，达于桡骨内侧缘的近 1/4 部。有旋转爪的作用，使掌侧面向内侧前方旋转。有桡神经分布。

⑨拇长伸肌（long extensor muscle of the fiest digit） 犬的明显，是一小的扁肌，起于尺骨中 1/3 部的背外侧缘。该肌与尺骨平行，肌纤维斜向远端内侧，位于腕尺侧伸肌、指外侧伸肌和指总伸肌下方，到达腕部则位于指总伸肌腱的内侧，以腱伸至第 1 指和第 2 指。起伸第 1 和第 2 指及内收第 1 指的作用。由桡神经分布。

（2）掌内侧肌组 由后往前有腕尺侧屈肌和腕桡侧屈肌。在牛和犬的肘关节内侧处有旋前圆肌（图 4-13 和图 4-14）。

①腕尺侧屈肌（ulnar flexor muscle of carpus） 位于前臂部的后内侧。起于肱骨内侧上髁和肘突

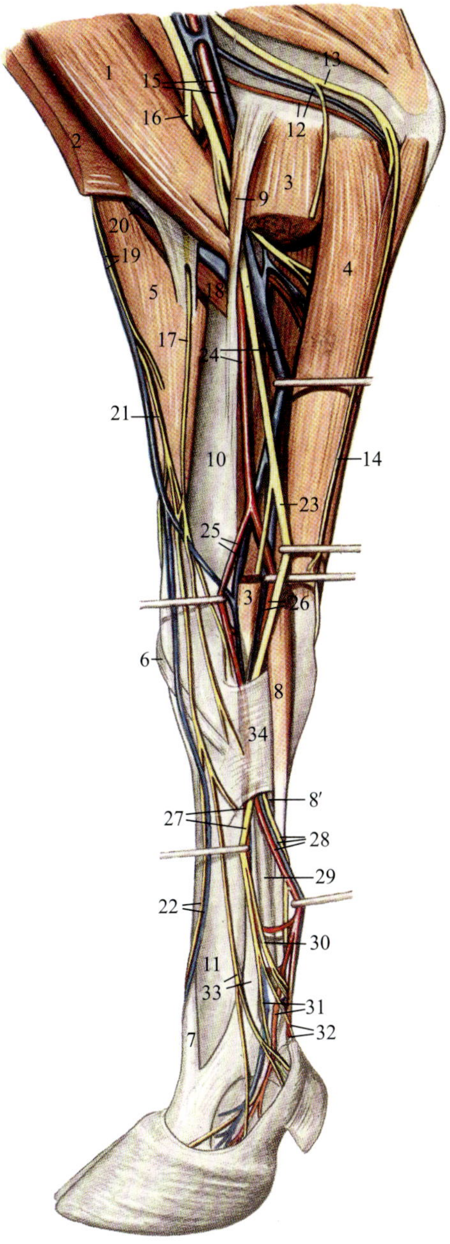

图 4-13　牛右前臂及前脚部内侧面结构

1. 臂二头肌　2. 臂头肌　3. 腕桡侧屈肌　4. 腕尺侧屈肌　5. 腕桡侧伸肌
6. 第 1 指收肌　7. 第 3 指伸肌腱　8. 指浅屈肌浅部　8′. 指浅屈肌深腱
9. 旋前圆肌　10. 桡骨　11. 第 3、4 掌骨　12. 尺侧副动、静脉　13. 尺神经
14. 前臂后皮神经　15. 臂动、静脉　16. 肌皮神经　17. 前臂内侧皮神经
18. 臂肌　19. 前臂前皮神经、副头静脉　20. 头静脉　21. 桡神经浅支
22. 指背侧第 3 总神经、指背侧第 3 总静脉　23. 正中神经
24. 正中动、静脉　25. 桡动、静脉　26. 正中动、静脉
27. 掌内侧神经、桡动脉　28. 掌外侧神经和正中动、静脉
29. 指深屈肌（腱）　30. 第 3 指掌远轴侧固有神经
31. 第 3 指掌轴侧固有神经、指掌侧第 2 总动脉
32. 第 2 指掌侧固有神经、指掌侧第 3 总动脉
33. 指背侧第 2 总神经、骨间肌
34. 屈肌支持带（腕掌浅韧带）

（引自 Popesko，1985）

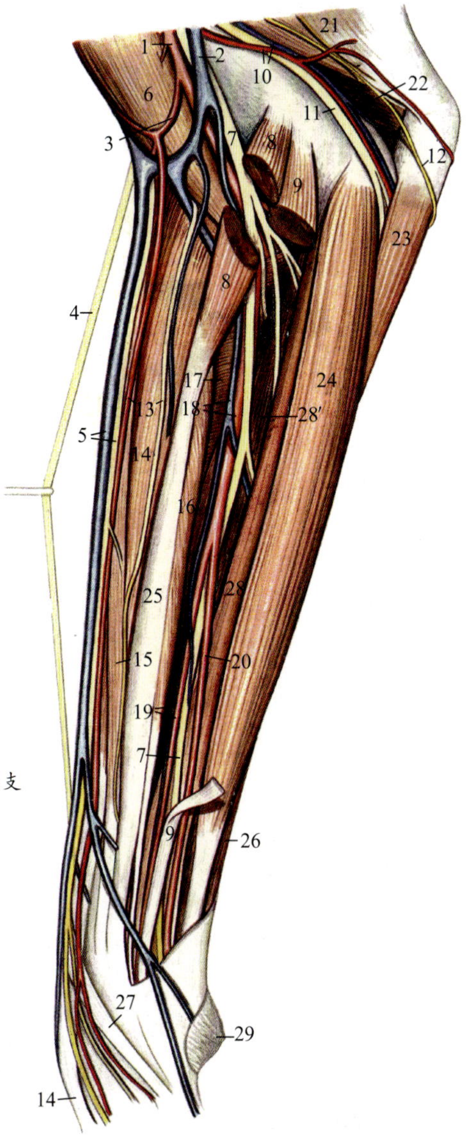

图 4-14　犬右前臂部内侧肌肉、血管和神经

1. 臂动脉　2. 臂静脉　3. 臂浅动脉　4. 桡神经外侧浅支　5. 头静脉、桡神经内侧浅支
6. 臂二头肌　7. 正中神经　8. 旋前圆肌　9. 腕桡侧屈肌　10. 尺侧副动、静脉
11. 尺神经　12. 前臂后皮神经　13. 臂浅动脉内侧支、前臂内侧皮神经
14. 腕桡侧伸肌　15. 臂桡肌　16. 指深屈肌桡骨头　17. 旋前方肌
18. 正中动、静脉　19. 桡动、静脉　20. 正中动脉
21. 前臂筋膜张肌　22. 肘肌　23. 腕尺侧屈肌尺骨头
24. 指浅屈肌　25. 桡骨　26. 腕尺侧屈肌
27. 拇长展肌（腕斜伸肌）
28. 指深屈肌肱骨头　29. 腕枕

（引自 Popesko，1985）

的内侧面，止于副腕骨。犬的发达，有 2 个肌腹，其中一较细的尺骨头在指浅屈肌的浅面和外侧；一较强的肱骨头位于其深部。有屈前爪和展前爪的作用。有尺神经分布。

腕尺侧屈肌和尺外侧肌共同形成前臂掌面的基础，两肌后缘的间隙称尺沟（Ulnar sulcus），沟内有尺神经及尺侧副血管通过。

②腕桡侧屈肌（radial flexor muscle of carpus） 位于前臂部内侧、腕尺侧屈肌前缘与桡骨内侧后方之间。起于肱骨内侧上髁，止于大掌骨近端内侧（牛）或在掌部分为两强腱，分别止于第 2 掌骨和第 3 掌骨的掌侧（犬）。屈腕关节。有正中神经分布。

前臂正中沟（median sulcus of forearm） 位于前臂部内侧、在桡骨内侧后缘和腕桡侧屈肌之间所形成的间隙。其中有正中神经和血管等通过。

③旋前圆肌（round pronator muscle） 牛、猪和犬有。犬的发达，位于肘关节内侧面，起于肱骨内侧上髁，肌纤维斜向前远侧，止于桡骨体的内侧缘。旋转前臂使其背侧转向内侧或屈肘。有正中神经分布。在本肌的深面有正中神经和臂动、静脉通过。

④旋前方肌（Quadrate pronator muscle） 在犬，充填于桡骨与尺骨内侧的间隙内，呈菱形，盖在骨间膜上。起于尺骨，肌纤维斜向远内侧，止于桡骨。可向内侧旋转前爪。有正中神经分布。

（3）前臂部掌侧深层肌组 有指浅屈肌和指深屈肌（图 4–15）。

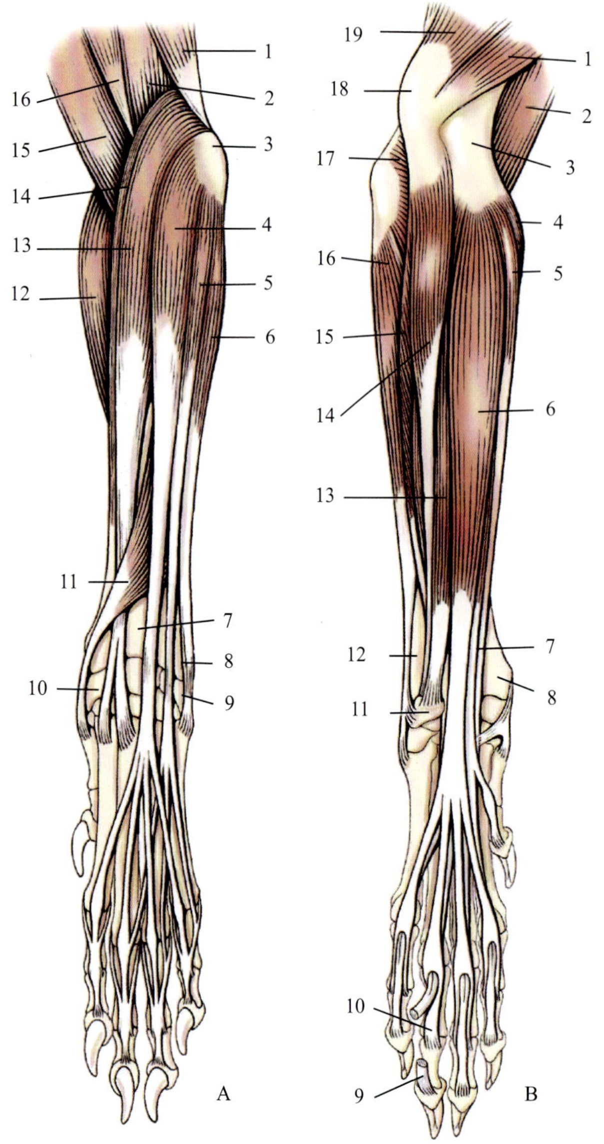

图 4–15 犬左侧前臂部肌肉

A. 前面观：1. 臂三头肌外侧头 2. 臂肌 3. 肱骨外侧上髁 4. 指总伸肌 5. 指外侧伸肌 6. 腕尺侧伸肌 7. 桡骨 8. 尺骨 9. 尺腕骨 10. 中间桡腕骨 11. 拇长外展肌 12. 旋前圆肌 13. 腕桡侧伸肌 14. 臂桡肌 15. 臂二头肌 16. 锁臂肌

B. 后面观：1. 臂三头肌内侧头 2. 臂二头肌 3. 肱骨 4. 旋前圆肌 5. 腕桡侧屈肌 6. 指浅屈肌 7. 指深屈肌 8. 桡骨 9. 被切断的指深屈肌腱 10. 指浅屈肌腱 11. 副腕骨 12. 尺骨 13. 腕尺侧屈肌肱骨头 14. 腕尺侧屈肌尺骨头 15. 指深屈肌尺骨头 16. 腕尺侧伸肌 17. 肘肌 18. 鹰嘴 19. 前臂筋膜张肌

（引自 Evans 和 de Lahunta，2017）

①指浅屈肌（superficial digital flexor muscle） 在牛，位于前臂掌侧深层偏内方，腕尺侧屈肌与指深屈肌之间（前方是指深屈肌肱骨头，外侧是指深屈肌尺骨头，内侧是腕尺侧屈肌）。起于肱骨内侧上髁，肌腹分深、浅两部，并在前臂下部分别转为腱质向下到指部。

犬的指浅屈肌不同于牛，位于前臂筋膜下，在前臂的后内侧。盖在指深屈肌及腕尺侧屈肌的肱骨头上。起自肱骨内侧上髁，肌腹直达腕关节上方；腱很强，经腕关节的屈面，在副腕骨的内侧。腱在腕腱鞘外，于掌部近 1/3 处分为 4 支，分别伸到第 2 ～ 5 掌指节关节。在该处呈一管状有深腱穿过，然后以 2 支止于中指节近端。有屈第 2 ～ 5 指的近指节、中指节关节的作用。

猪的指浅屈肌位于腕桡侧屈肌和腕尺侧屈肌深部之间，两个肌腹下伸至第 3、第 4 指的掌侧。

②指深屈肌（deep digital flexor muscle） 位于前臂后最深部，含有 3 个肌头，即肱骨头、桡骨头和尺骨头。肱骨头起自肱骨内侧上髁，肌腹最强，位于前臂的后内侧。桡骨头在桡骨的后内侧面，起于桡骨近 3/5 处的后面，肌腹最弱，在腕部附近，腱加入肱骨头腱内。尺骨头是一扁肌，在尺骨的后面，起于尺骨后缘。三肌腹向下伸，并被尺外侧肌（在外侧面）、腕桡侧屈肌（在内侧面）和指浅屈肌、腕尺侧屈肌（在后内侧）所包围。在前臂远 1/4 处，腱合成总腱，经腕管下行至掌、指部。在犬，总腱在掌骨的近部自内侧分出 1 支至第 1 指；其余部分再分为 4 支，经掌指关节屈面的浅屈腱管，止于第 2 ～ 5 远指节的粗隆上。猪的指深屈肌有 4 个头，并形成总腱。桡骨头和肱骨头的内侧有正中神经分布。尺骨头和肱骨头的外侧部有尺神经分布。

另外，位于前臂近端的背内侧处，还有臂肌腱和臂二头肌腱的一部分，前者位于腕桡侧伸肌的内侧，肘关节的正中线上；后者位于臂肌腱的内侧。

5. 第五层——前臂骨和肘关节

（1）前臂骨 由前内侧的桡骨和后外侧的尺骨组成，二者之间有前臂间隙。牛的尺骨比桡骨长而细，近端高出肘关节后方水平线约 8 cm，远端也比桡骨长而突出，形成茎突（styloid process）。尺骨和桡骨之间有两个前臂间隙。马的尺骨比桡骨短，远端渐细，到桡骨中部即与之愈合，故只有一个前臂间隙。猪的前臂骨与牛的相似。犬的尺骨很发达，比桡骨长，两端有与桡骨形成的近端桡尺关节和远端桡尺关节。

（2）肘关节（elbow joint） 关节囊掌侧壁薄而松弛，并突出于肘窝的后方，可作为压诊点，囊外有多量脂肪组织。背侧壁厚。外侧副韧带自上向后下斜行，附着于肱骨外侧上髁和桡骨外侧粗隆之间。内侧副韧带弱小。内、外侧副韧带走向并不平行而有交叉，且其交叉点高于关节横轴（在本关节伸展状态时），由此形成了伸屈活动时的省力装置。

四、主要血管、神经及淋巴结

（一）血管和神经（图 4-10、图 4-11、图 4-13 和图 4-14）

1. 正中动脉（median artery） 为臂动脉的延续。与同名神经同位于前臂正中沟内，并在两条伴行的同名静脉之间下行，通过腕管及屈肌腱内侧缘到达掌部。在前臂部的主要分支如下。

（1）骨间总动脉（common interosseous artery） 在前臂部近端内侧，由正中动脉起始部向后发出的短干，有同名静脉伴行。位于前臂骨近侧间隙相对处、腕桡侧屈肌的深面，分为以下 3 支。

①骨间后动脉（caudal interosseous artery） 由骨间总动脉在前臂间隙处分出。沿桡骨掌侧下行，分支至腕、指关节的屈肌。

②骨间前动脉（cranial interosseous artery） 为骨间总动脉穿过前臂间隙后的延续支。牛的沿桡骨与尺骨之间的背侧沟下行，至前臂中部又分出腕背支和骨间支。腕背支沿前臂骨背侧沟的外侧下伸至桡骨背侧、拇长展肌表面，直至腕关节背侧，参与腕背动脉网的形成。骨间支沿前臂骨背侧沟下行，伸至拇长展肌深面，穿过前臂骨远侧间隙至前臂骨远端掌侧，再又分为掌侧浅支和深支。掌侧深支下

伸至腕掌侧，参与腕掌动脉网的形成；掌侧浅支在副腕骨内侧、腕尺侧屈肌深面，与尺侧副动脉的升支吻合，形成腕上动脉弓。

犬的骨间前动脉和骨间后动脉都是骨间总动脉入前臂骨间隙后分出的。猪的骨间前动脉不参与形成腕背动脉网，而由骨间后动脉参与形成。

③骨间返动脉（recurrent interosseous artery） 是骨间总动脉穿过前臂近侧间隙处分出的一支，沿尺骨外侧面向上伸至肘部，加入肘血管网。在指外侧伸肌、指总伸肌深面分支至腕、指关节的伸肌，且在前臂近端背外侧附近、指伸肌的深面与肘横动脉吻合。

骨间神经和骨间总静脉的主干及分支常与同名动脉伴行。

（2）前臂深动脉（deep antebrachial artery） 在骨间总动脉的下方，自正中动脉的后面发出。在腕桡侧屈肌的下方向远侧后方伸延，分布至腕桡侧屈肌、指浅屈肌、指深屈肌及腕尺侧屈肌。

（3）桡动脉（radial artery） 在前臂中部由正中动脉分出，于腕桡侧屈肌的深面伸向远端。犬的桡动脉在腕部分为掌支和背侧支。背侧支分布于腕关节囊的背侧形成腕背动脉网。掌侧支至第1指，经腕横韧带的浅部，在掌的近端骨间肌内与骨间动脉后支吻合形成掌深弓（palmar profound arch），再发出分支分布于前脚部。牛和猪的桡动脉分布见前脚部解剖。

2. 桡神经深支 牛的桡神经深支和肘横动脉伴行，沿肱骨臂肌沟向下进入腕桡侧伸肌起始部的深面，在接近桡沟处分出许多小支至腕、指关节的伸肌，其中有一肌支入腕桡侧伸肌深部肌质内再往下行。犬的桡神经深支分布至腕和指关节的伸肌及旋后肌。

3. 正中神经 由臂部内侧下行至肘关节内侧，横过臂动脉的内侧浅面向下进入正中沟，并在同名血管伴行穿过腕管至掌部。犬的正中神经在肘远侧分支至腕桡侧屈肌、指浅屈肌、指深屈肌、旋前圆肌和旋前方肌。自旋前方肌的肌支出一小的前臂骨间神经分布至前臂骨间韧带和桡骨尺骨的骨膜。以后分出掌支至腕的内侧面和掌侧面。

4. 尺神经 横过尺侧副动脉起始部后，向后向下行至肱骨内侧上髁处进入腕尺侧屈肌两起点之间的深面，以后伸入腕尺侧屈肌与指深屈肌肱骨头之间，至前臂中部稍下方即循尺沟下行，沿途分支分布于腕、指关节的屈肌，并在副腕骨上方分为背侧支和掌侧支下行至掌部。

犬的尺神经在前臂的近1/3部分为背侧支和粗的掌侧支。背侧支经尺外侧肌和腕尺侧屈肌之间出皮支至前臂的远端前外侧部和腕关节附近部，并终止为第5指背远轴侧神经。掌侧支下行伸入腕尺侧屈肌，在该肌腱下斜向内侧分为浅支和深支。浅支沿屈腱的外侧缘下行分出第5指掌外侧神经，并延续为指掌侧第4总神经，下行于第4、5掌骨间，并与相应的掌神经相连。在掌指关节分为第4和5指掌远轴侧和轴侧固有神经。深支在腕管内下行，深入指深屈肌腱分为终末支。较小的终末支分布至蚓状肌、骨间肌、第2指收肌和其他掌部肌。较大的终末支为第1、2、3和4掌心神经。

5. 尺侧副动脉 与同名静脉及尺神经沿尺沟下行（其位置关系是：神经在外，静脉在内，动脉位于二者之间），至腕关节上方、副腕骨的内侧，与骨间前动脉的骨间支吻合成腕上动脉弓，本干延续为掌外侧动脉。

（二）淋巴结

肘淋巴结（cubital lymph node）：犬和绵羊有，呈卵圆盘状，位于肱骨下端内侧、臂二头肌后方、臂血管及正中神经的表面。

第四节　前脚部的解剖

一、界限

前脚部包括腕部、掌部和指部，是指通过桡骨远端外侧韧带结节的横断面以下的部分。

二、解剖步骤

（1）沿前脚内侧切开皮肤并翻起皮瓣。将皮肤剥离后，仔细清理表面的结缔组织及筋膜。追寻随同臂皮下静脉及其在前臂皮下向下伸延分支分布于腕和掌部皮肤的前臂外侧皮神经。在腕关节掌面、副腕骨外侧可找到一皮神经，为尺神经的浅支，追寻该神经可见在副腕骨之上自尺外侧肌腱穿出，向下伸延分布于前臂远端、腕和掌外侧的皮肤。

（2）在前脚前内侧清理臂皮下静脉及其侧支，可见由前脚部背侧的浅静脉汇集而成的副皮下静脉。

（3）在腕关节处，解剖辨认通过或止于腕关节的各肌腱及其附属结构，如腱鞘等。观察分布到腕关节处的血管和神经等。

（4）在前脚的背侧和掌侧，观察各指伸肌腱和指屈肌腱的位置关系及止点，分析其功能的异同。在犬，前脚的掌侧面有一些短肌附着。例如，在屈腱上有屈腱间肌、指短屈肌和蚓状肌；在掌骨掌侧有骨间肌；在第 1 指有拇短展肌、拇短屈肌和拇收肌；在第 5 指有第 5 指收肌、第 5 指屈肌和第 5 指展肌；在第 2 指有第 2 指收肌。

（5）在掌内侧，悬韧带与指肌腱之间的沟（掌内侧沟）中，可找到掌内侧神经、指总动脉和指总静脉。指总动脉位于指总静脉掌侧。掌内侧神经在掌近段位于指总动脉掌侧，在掌的远段位于指总动脉内侧。清理掌内侧神经，在牛，该神经较粗，在掌部深筋膜下沿指深屈肌腱的内侧缘下行，至掌下 1/3 处分为 2 支——指掌侧第 2 总神经和第 3 指掌轴侧固有神经，分布于第 2、3 指部。

（6）在掌外侧，悬韧带与指屈肌腱之间的沟（掌外侧沟）中，可找到掌外侧神经、掌外侧动脉、静脉。牛的掌外侧神经，为尺神经掌侧支，伴同名血管沿指深屈肌腱的外缘下降，在掌部下 1/3 处发出一皮支，且接受正中神经外侧支来的交通支，形成指掌侧第 4 总神经，后者在掌部下 1/4 处分出第 5 指掌侧固有神经至第 5 指，本干延续为第 4 指掌远轴侧固有神经至第 4 指。

（7）在掌的远端指深屈肌腱内侧缘追寻指掌侧总动脉，向下追寻分离，在系关节上方指掌侧总动脉接受掌内侧动脉，同时在此区内，远侧穿掌动脉和第 2、3 指远轴侧指动脉发出。在副指的近端，紧跟着发出第 4、5 指远轴侧指动脉。在指间隙近侧，指掌侧总动脉分成第 3、4 指轴侧指掌侧动脉。分别进入第 3 指节骨指间面近端的骨孔中，在蹄内分支。第 3、4 指轴侧指背侧动脉在近指掌侧总动脉分支处起始，在第 1 指节骨之间走向轴背侧面，终止于第 3 指节骨背侧面蹄冠内。

（8）解剖观察腕关节、指关节及各关节组成骨的形态与结构。注意各关节的关节囊和韧带的分布。解剖蹄（牛）或爪（犬）。

（9）前肢已全部解剖完毕，要求同学们进行一次全面的复习与总结。首先按照前肢的骨骼、关节、肌肉、血管和神经等系统，分别认识前肢的构造。其次，按肩部、臂部、前臂部和前脚部等总结其各段具有哪些构造以及它们的关系位置。经过总结，对那些尚不能认识清楚的结构，再进一步对照标本进行仔细观察。

三、解剖层次与结构

1. 第一层——皮肤 背侧面较厚。在马的腕关节内侧上方处有一长椭圆形瘢痕样结构，是退化了的腕枕，又称附蝉。猪的腕部内侧皮肤表面可见有 3 ～ 7 个小的皮肤憩室，为腕腺的开口。牛的有 1 对主指（第 3、4 指）。指部背面皮肤最厚，末端形成蹄匣（主蹄）；另有 1 对悬蹄，连于球节部的掌侧。犬有 5 指，末端形成爪，其中第 2 ～ 5 指为主指。马只有 1 个主指（第 3 指），在球节的掌面皮肤最厚，被有距毛，末端形成蹄匣。猪的有 1 对主指（第 3、4 指），1 对副指（第 2、5 指），其末端各自形成蹄匣（主蹄和悬蹄）。

2. 第二层——浅筋膜 在掌侧疏松结缔组织发达，其中有来自尺神经、肌皮神经、桡神经浅支、正中神经的皮支和来自附近血管主干的皮下血管。但指部的浅筋膜不发达，在牛和猪的指间隙处充满脂肪组织。

（1）皮下静脉　在腕的背侧面有副头静脉斜行至前臂部背内侧。在背内侧还有掌内侧静脉通行至前臂内侧转为前臂头静脉。

（2）皮神经　在牛的腕关节背内侧有桡神经浅支下行通过，内侧有肌皮神经的皮支，外侧及掌侧有尺神经皮支。

（3）淋巴管　在腕关节内侧有 2 条淋巴管向上伸延。

3. 第三层——深筋膜 在腕的背侧增厚形成伸肌支持带，两侧连于腕关节内、外侧副韧带，以固定腕、指的伸肌腱。在腕部掌侧形成厚的屈肌支持带，自副腕骨伸延至腕内侧副韧带，以构成腕管的后壁。腕管内有指屈肌腱及血管、神经通过。在掌部掌侧的深筋膜很发达，向上与屈肌支持带延接，并且附着于掌骨内，外缘形成指屈肌腱的筋膜鞘。但掌部背侧面和内、外侧面的深筋膜不发达，与骨膜相连。在指部，牛和猪的背侧薄，与骨膜相连；掌侧厚，形成环韧带或支持带，供指屈肌腱通过。

4. 第四层——肌腱、血管、神经和滑膜鞘 见图 4–16 至图 4–19。背侧有腕桡侧伸肌腱、拇长展肌腱、指内侧伸肌腱（马无）、指总伸肌腱等；外侧有指外侧伸肌腱、尺外侧肌腱；内侧有腕尺侧屈肌腱、腕桡侧屈肌腱；掌侧有指屈肌腱。犬和猪的肌腱基本类似于牛，但指伸肌腱较复杂。

（1）腕桡侧伸肌腱（tendon of radial extensor muscle of carpus）　位于腕部背侧中线上，在牛的本腱内侧有桡神经浅支伴行。该腱止于掌骨粗隆或第 3（猪）、第 2、3（犬）掌骨近端的背面。此腱包有滑膜鞘（腱鞘），上端达腕关节上方，下端达腕部中央。腱与滑膜鞘均包在筋膜鞘内。

（2）拇长展肌腱（tendon of long abductor muscle of the first digit）　在腕关节背侧斜向下内侧行，止于大掌骨（牛）或第 1 掌骨（犬）或内侧小掌骨（马、猪）。腱外包有滑膜鞘。

（3）指总伸肌腱和指内侧伸肌腱（common and medial digital extensor tendons）　马无指内侧伸肌腱。位于腕部的背外侧，两腱并列下行，共同包于一个滑膜鞘及穿过伸肌支持带。在腕上部，指总伸肌腱外侧缘分出一腱支（第 4 指固有伸肌腱）下行至腕关节下方加入指外侧伸肌腱，包有单独的滑膜鞘。

牛的沿掌骨背侧纵沟下行至掌骨远端背侧滑车间切迹处分成 2 支，分别止于第 3、4 指的蹄骨伸腱突。犬的指总伸肌腱末端分为 4 支，分别止于第 2、3、4 和 5 指的远指节骨近端。猪的指总伸肌腱有 3 支并列通行于腕部背外侧，至各掌骨的远端时，指总伸肌腱末端分为 6 条腱，分别止于第 2、3、4 和 5 指的蹄骨背侧。

指内侧伸肌腱：牛的厚度约 0.3 cm，可在皮外触到。该腱沿指总伸肌腱内侧缘下行至第 3 指冠骨背侧。猪的第 2 指固有伸肌腱在腕关节下方、第 3 掌骨处分成 2 支，一支止于第 2 指，另一支和指总伸肌腱吻合。

（4）指外侧伸肌腱（lateral digital extensor tendon）　位于腕部外侧面中线处，穿过伸肌支持带，在指总伸肌腱和副腕骨之间下行。在腕部，指外侧伸肌腱外包有滑膜鞘，鞘的上端达腕上，下端至掌骨近端。牛的沿掌骨外侧和指总伸肌腱外侧缘至第 4 指冠骨背侧。犬的指外侧伸肌腱分为 3 支，止于第 3、

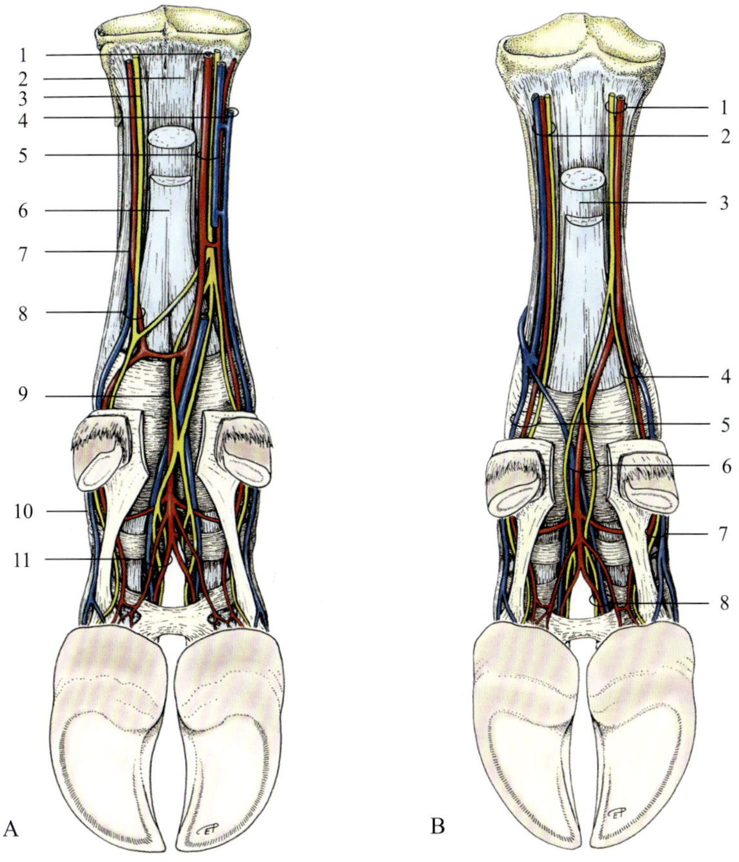

图 4–16　牛前脚部和后脚部结构

A. 前脚掌侧面：1. 正中神经　2. 骨间肌　3. 尺神经（掌侧支）　4. 桡动、静脉（掌侧浅支）　5. 正中动、静脉和正中神经　6. 指浅屈肌腱　7. 尺侧副动脉　8. 掌侧指动、静脉和第 4 指神经　9. 掌侧指动、静脉和第 3 指神经　10. 指掌远轴侧固有动、静脉和第 4 指神经　11. 指掌轴侧固有动、静脉和第 4 指神经

B. 后脚跖侧面：1. 跖内侧动脉、跖内侧神经　2. 跖外侧动、静脉和跖外侧神经　3. 趾深屈肌腱　4. 跖侧趾总动、静脉和第 2 趾神经　5. 跖侧趾总动、静脉和第 4 趾神经　6. 跖侧趾总动、静脉和第 3 趾神经　7. 趾跖远轴侧固有动、静脉和第 3 趾神经　8. 趾跖轴侧固有动、静脉和第 3 趾神经

（引自陈耀星和刘为民，2009）

4 和 5 指。猪的指外侧伸肌分为两部分，称 4、5 指固有伸肌腱，至第 4 指和第 5 指。

（5）尺外侧肌腱（tendon of lateral ulnar muscle）位于指外侧伸肌腱后方，大部分止于副腕骨，小部分止于掌骨近端（牛）或小掌骨头（马）。在副腕骨的内侧面有尺神经掌侧支和尺侧副动脉分支相伴下行，并有分支至尺外侧肌腱。该腱的滑膜鞘上端达尺腕骨上缘，下端达掌骨近端。犬和猪的尺外侧肌腱止于第 5 掌骨和副腕骨。

（6）腕桡侧屈肌腱（tendon of radial flexor muscle of carpus）位于腕关节内侧、指深屈肌腱前方，止于第 2 和 3 掌骨的掌侧（犬）或第 3 掌骨近端内侧（牛、猪）或内侧小掌骨头（马）。其滑膜鞘起自腕上部，向下延长至腱的止点处附近。

（7）腕尺侧屈肌腱（tendon of ulnar flexor muscle of carpus）牛、犬和猪的腕尺侧屈肌腱均位于腕部的掌内侧，止于副腕骨近端。无滑膜鞘。

（8）指浅屈肌腱（superficial digital flexor tendon）牛的浅部腱通过屈肌支持带浅面向下；深部腱和指深屈肌腱一起在屈肌支持带的深面通过腕管下行。马和猪的浅部和深部腱均通过腕管下行。牛的浅部和深部腱至掌中部合成一总腱。总腱向下又分成 2 支腱至指部，止于第 3、4 指冠骨屈肌粗隆。在掌

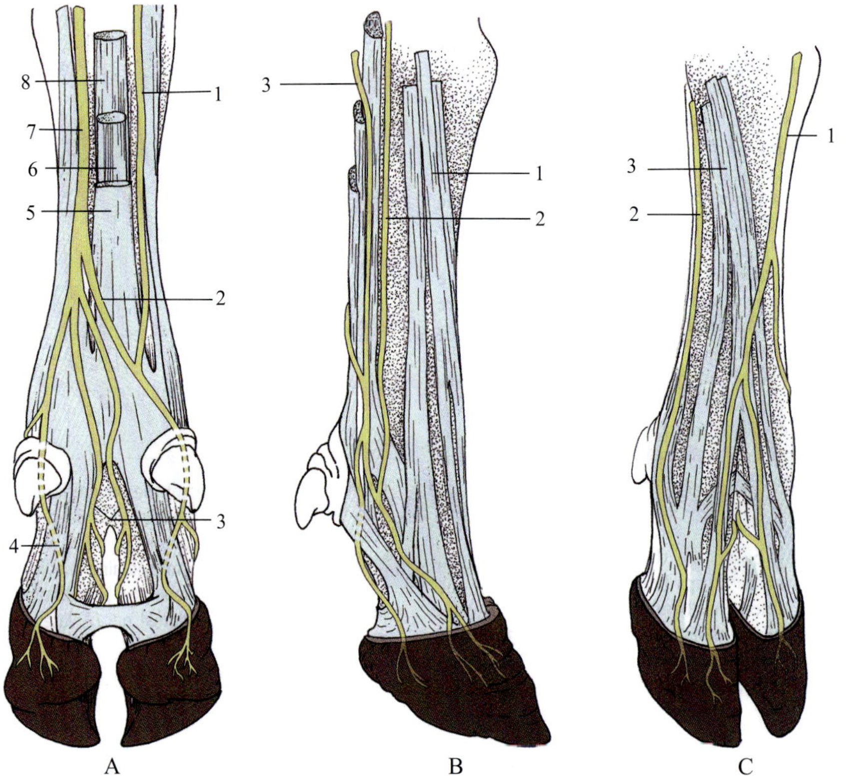

图 4-17　牛右前脚部神经

A. 掌侧观：1. 尺神经掌侧支
2. 交通支
3. 指掌轴侧神经
4. 指掌远轴侧神经
5. 指浅屈肌腱
6. 指深屈肌
7. 正中神经
8. 骨间肌
B. 外侧观：1. 指关节伸肌腱
2. 尺神经背侧支
3. 尺神经掌侧支
C. 背侧观：1. 桡神经浅支
2. 尺神经背侧支
3. 指关节伸肌腱
（引自 Dyce，2010）

部，马的指浅屈肌腱只有一条，顺指深屈肌腱浅面下行至指部。猪的指浅屈肌腱有 2 支，分别至两主指。

犬的指浅屈肌腱在掌部近 1/3 处分为 4 支，分别伸至第 2、3、4 和 5 掌指关节。

（9）指深屈肌腱（deep digital flexor tendon）　位于指浅屈肌腱的深面。犬的分 5 支腱分别止于第 1～5 指骨。牛和马的有 3 支（猪 4 支）腱头均在腕关节上方和后方合成总腱，经腕管下行。至系关节上方处，牛的分成 2 支，马的仍为 1 支，向下穿过指浅屈肌腱所形成的腱环到指部。猪的在掌骨远端分成 4 支至指部。

（10）骨间肌（interosseus muscle）　又称悬韧带。起于掌骨近端，紧贴掌侧面下行。牛的在系关节上方分出腱板，参与腱环形成，终末分成数支至指部。在犬，有 4 个，位于大掌骨的掌侧面，起自第 2、3、4、5 掌骨的近端和关节囊。每个肌的腱又分为 2 支：一支止于第 1 指节的近端；另一支经掌指关节侧部向远端背侧面连于指总伸肌腱。由尺神经分布。

（11）屈肌间肌（interflexor muscle）　牛的分两部，腕上部为一短的腱质索，自指浅屈肌腱的深部腱向前、向下与指深屈肌腱连接；腕下部为肉质，细而长，起于指深屈肌腱，沿指浅屈肌腱的深部腱外侧缘下降至掌中部，变为腱后连于指浅屈肌腱的浅部。犬的起自指深屈肌肱骨头的腱层，肌向远端，在指屈肌间伸延，至掌中部以薄腱混入指浅屈肌，伸至第 3 与第 4 指的腱。由正中神经分布。

（12）腕背动脉网（dorsal carpal arterial rete）　牛和犬的明显，由桡动脉、尺侧副动脉、骨间前动脉腕背支的分支在腕关节上 1/3 处形成，位于腕、指伸肌腱的深面。猪的主要由骨间后动脉背侧支形成。该网有一小的下降支与掌背侧动脉吻合。

（13）尺侧副动脉和尺神经　尺侧副动脉在腕关节上方、副腕骨内侧与骨间前动脉和骨间支吻合形成腕上动脉弓。从弓上发出一支走向掌外侧，为掌外侧动脉（lateral palmar artery），伴行于同名静脉和神经的后方，至指部延续为第 4 指掌远轴侧动脉（abaxial palmar digital artery Ⅳ）。后者分布至第 4 指的掌侧部。

牛尺神经的背侧支在副腕骨稍上方处从尺沟穿出，通过腕的外侧面转向下行，在掌骨背外缘下降成为指背侧第 4 总神经（common dorsal digital nerve Ⅳ），行至系关节处分出一细支至第 5 指（第 5 指背侧固有神经，dorsal proper digital nerve Ⅴ）后，延续为第 4 指背远轴侧固有神经；掌侧支与尺侧副动脉伴行，经屈肌支持带浅面向下成为掌外侧神经，伴同名血管沿指深屈肌腱的外缘下降，在掌下部 1/3 处发出一皮支，且接受正中神经外侧支来的交通支，形成指掌侧第 4 总神经（common palmar digital nerve Ⅳ），至掌部下 1/4 处分出第 5 指掌侧固有神经（palmar proper digital nerve Ⅴ）至第 5 指，本干延续为第 4 指掌远轴侧固有神经，分布于蹄真皮。犬的尺神经主要分布于前脚的掌侧面，详见前臂部解剖中尺神经的描述。

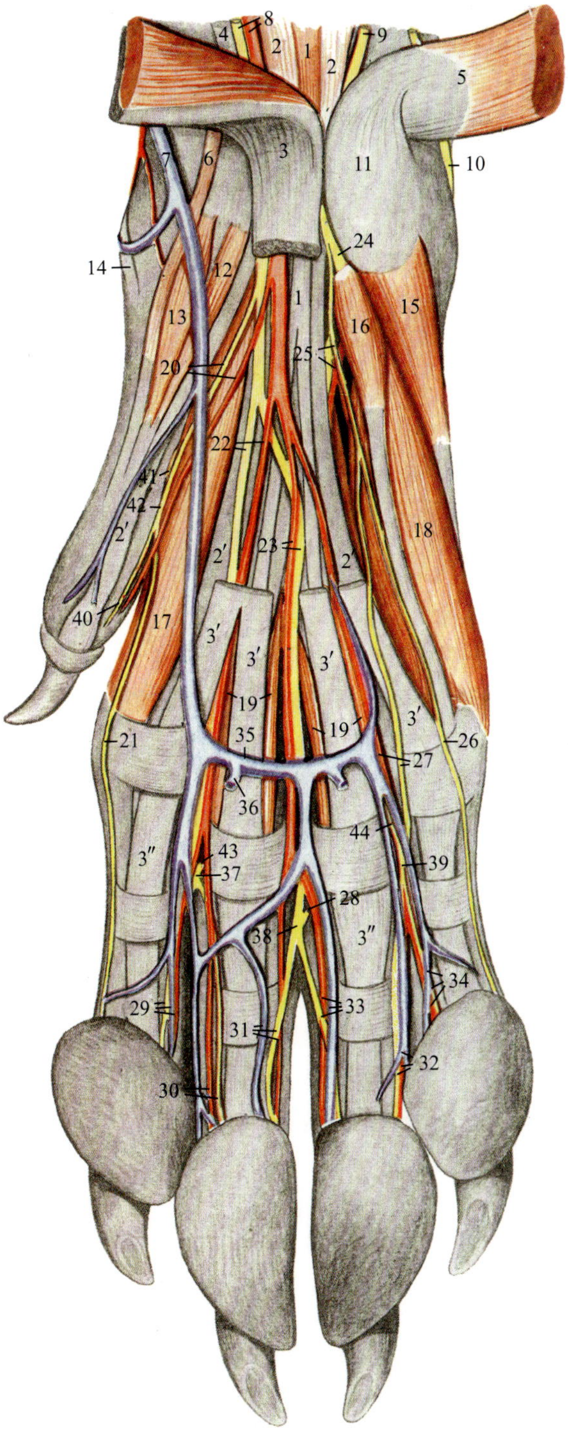

图 4-18　犬右前脚部掌侧面结构

1. 远屈肌间肌　2,2′. 指深屈肌　3,3′,3″. 指浅屈肌
4. 腕桡侧屈肌　5. 腕尺侧屈肌　6. 第 1 指短展肌
7. 头静脉　8. 正中动脉、正中神经　9. 尺神经掌侧支
10. 尺神经背侧支　11. 副腕骨　12. 第 1 指收肌
13. 第 1 指短屈肌　14. 第 1 指长展肌　15. 第 5 指展肌
16. 第 5 指短屈肌　17,18. 骨间肌　19. 蚓状肌
20. 指掌侧第 1 总动脉、指掌侧第 1 总神经
21. 第 2 指掌轴侧固有神经
22. 指掌侧第 2 总动脉、指掌侧第 2 总神经
23. 指掌侧第 3 总动脉、指掌侧第 3 总神经
24. 尺神经掌深支　25. 尺神经掌浅支、骨间后动脉
26. 第 5 指掌远轴侧固有神经
27. 指掌侧第 4 总神经、指掌侧第 4 总动脉
28. 第 3 掌心神经
29. 第 2 指掌远轴侧固有神经、第 2 指掌远轴侧固有动、静脉
30. 第 3 指掌轴侧固有神经和第 3 指掌轴侧固有动、静脉
31. 第 3 指掌远轴侧固有神经、第 3 指掌远轴侧固有动、静脉
32. 第 4 指掌远轴侧固有神经、第 4 指掌远轴侧固有动、静脉
33. 第 4 指掌轴侧固有神经和第 4 指掌轴侧固有动、静脉
34. 第 5 指掌轴侧固有神经和第 5 指掌轴侧固有动、静脉
35. 远掌静脉弓　36. 掌垫支　37. 指掌侧第 2 总神经
38. 指掌侧第 3 总神经　39. 指掌侧第 4 总神经
40. 第 1 指掌远轴侧固有神经　41. 第 1 掌心神经
42. 指掌侧第 1 总神经　43. 第 2 掌心神经
44. 第 4 掌心神经

（引自 Popesko，1985）

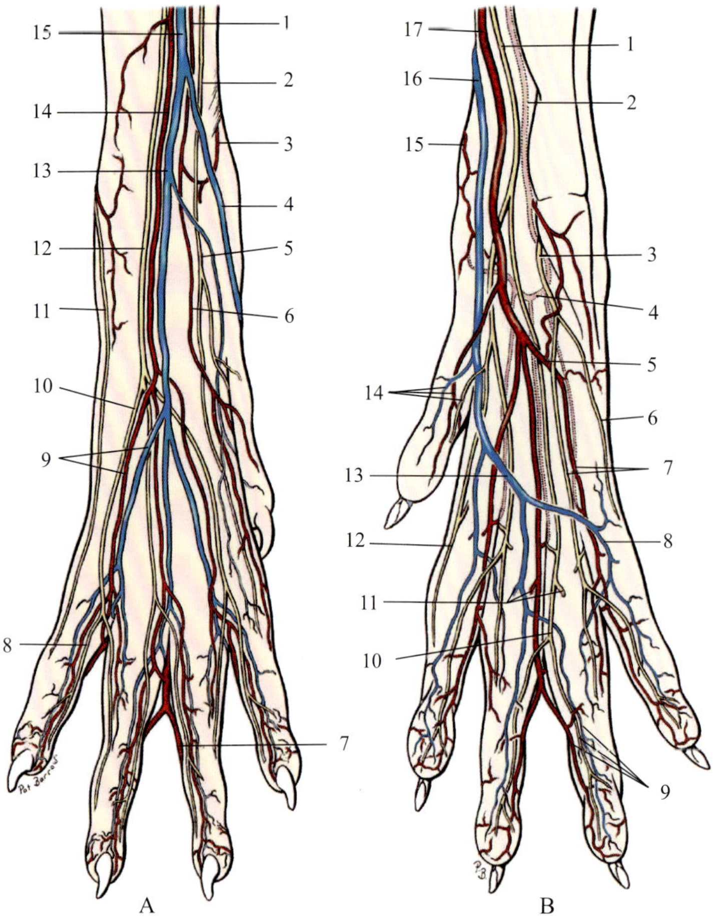

图 4-19　犬右前脚部的血管与神经

A. 背侧观：1. 前臂前浅动脉，内侧支　2. 桡神经浅支，内侧支　3. 桡动脉，腕背侧支　4. 头静脉　5. 指背侧第 1 总神经　6. 指背侧第 1 总动脉　7. 第 3 指掌轴侧固有动脉　8. 第 5 指背轴侧固有动、静脉与神经　9. 指背侧第 4 总静、动脉　10. 指背侧第 4 总神经　11. 尺神经，背侧支　12. 桡神经浅支，外侧支　13. 副头静脉　14. 前臂前浅动脉，外侧支　15. 头静脉

B. 掌侧观：1. 正中神经　2. 骨间后动脉　3. 尺神经浅支　4. 掌深动脉弓　5. 掌浅动脉弓　6. 第 5 指掌远轴侧神经　7. 指掌侧第 4 总动脉与神经　8. 指掌侧第 4 总静脉　9. 第 4 指掌轴侧固有动、静脉与神经　10. 指掌侧第 3 总神经　11. 分布于掌垫的动、静脉与神经　12. 第 2 指掌远轴侧固有神经　13. 掌浅静脉弓　14. 第 1 指掌轴侧动、静脉与神经　15. 桡动脉，腕掌侧支　16. 头静脉　17. 正中动脉

（引自 Evans 和 de Lahunta，2017）

（14）正中动脉、静脉和神经　三者在腕管内沿指屈肌腱内侧缘下行。正中动脉出腕管后延为指总动脉。后者沿指屈肌腱内侧缘继续下行。牛的至系关节上方转为指掌侧第 3 总动脉（common palmar digital artery Ⅲ），经系关节至第 3、4 指的指间隙，在系骨中部分为第 3、4 指掌轴侧固有动脉（axial palmar proper digital arteries Ⅲ and Ⅳ），分别沿第 3、4 指的轴面伸延至蹄骨伸腱突轴侧，分支吻合形成动脉弓，再发出小支分布至指部。马的指总动脉在掌部下 1/4 处转至骨间肌浅面，分成指内、外侧动脉。犬的正中动脉出腕管后在指深屈腱的掌沟内，分一小分支至腕垫；在掌骨的近端、浅深屈腱间，与骨间动脉的后支吻合形成掌浅动脉弓（superficial arterial palmar arch），再发出终末支分布至指部。猪的正中动脉在前臂中段已分成桡动脉和尺动脉。尺动脉为延续支，和正中神经伴行。

牛的正中神经在掌上 1/3 处分为内、外侧支。外侧支即掌外侧神经，向下和指总动、静脉一起位于血管神经鞘内，在掌的下 1/3 处分出一交通支，横过指浅屈肌腱的浅面与尺神经的掌侧支相连，形成指掌侧第 4 总神经，本干延续为第 4 指掌轴侧固有神经（axial palmar proper digital nerve Ⅳ），沿第 4 指轴面下降至蹄。内侧支即掌内侧神经（medial palmar nerve），较粗，在深筋膜下沿指深屈肌腱的内侧缘下行，至掌下 1/3 处、掌浅动脉弓的深面分为 2 支——指掌侧第 2 总神经和第 3 指掌轴侧固有神经。指掌侧第 2 总神经（common palmar digital nerve Ⅱ）至掌部下 1/4 处分出第 2 指掌轴侧固有神经（axial palmar proper digital nerve Ⅱ）后，本干延续为第 3 指掌远轴侧固有神经，分布于蹄真皮。第 3 指掌轴侧固有神经（axial palmar proper digital nerve Ⅲ）沿轴面下降至蹄。犬的正中神经在腕的近端、指深浅屈腱之间，常分为内侧支和外侧支。内侧支分出第 1 掌指远轴侧神经并延续为第 1 指总掌侧神经。在掌部下行至第 1 掌间与尺神经深支的第 1 掌掌侧神经并行，并分为二指固有掌侧神经。外侧支发出第 2 和第 3 指总掌侧神经，下行至相应的掌间并连于尺神经深支第 2、3 掌掌侧神经。以后每指掌侧神经分为二指固有掌侧神经沿相邻指相对面下行，分布于指部。

（15）桡动脉（radial artery） 由正中动脉分出。沿腕关节和掌骨内侧伴随同名静脉下行，有分支至腕背动脉网。犬的桡动脉分布见前臂部的解剖。牛的在掌部近端分出第 3 掌心动脉（该动脉沿骨间肌深面下行）和近穿支（入掌骨近侧孔）后延续为掌内侧动脉（medial palmar artery）。后者位于掌骨掌内侧，伴同名静脉下行，在系关节上方、指屈肌腱表面与指掌侧第 3 总动脉吻合成掌心浅动脉弓（superficial arterial palmar arch）。由弓发出网状分支分布于第 2 和第 3 指背侧部。猪的桡动脉是正中动脉在前臂中段处分出的 2 终末支之一，在腕内侧后部与正中静脉相伴下行，分支至腕关节后，分为浅支和深支至掌部。

（16）桡神经浅支 见前臂部解剖中有关桡神经的描述。

5. 第五层——骨和关节

（1）腕骨及腕关节 腕骨（carpal bone）有 2 列共 6 块（牛），或 7 块（犬、马），或 8 块（猪）。

腕关节（carpal joint）由前臂骨远端、两列腕骨和掌骨近端构成，其关节囊和韧带较复杂。有 3 个关节囊，从上至下分别称前臂腕关节囊、腕骨间关节囊和腕掌关节囊，其中以前臂腕关节囊最大，并形成一些滑膜盲囊。副腕骨上方的滑膜盲囊突出于尺外侧肌腱和指外侧伸肌腱之间的凹陷处，可作为关节囊的压诊点和穿刺点。韧带主要有以下几种。

①腕外侧副韧带（lateral carpal collateral ligaments） 分深、浅两部，彼此交叉，两部之间有指外侧伸肌腱通过。浅层起于桡骨远端外侧面，斜向后下方，止于小掌骨近端；深层起于尺骨茎突，斜向前下行，在浅部的深面与之交叉，止于掌骨近端外侧。

②腕内侧副韧带（medial carpal collateral ligaments） 较宽而发达，也分深、浅两部，浅部表面有拇长展肌腱通过，起于桡骨远端内侧茎突，止于掌骨近端内侧。深部起点同浅部，止于桡腕骨。

③腕背侧韧带（dorsal carpal ligament） 在腕关节背侧面，实际是关节囊纤维层略增厚的部分，表面有供伸肌腱通过的沟。

④腕掌侧韧带（carpometacarpal ligaments） 是关节囊的一部分。紧贴腕骨掌面，构成腕管前壁。

（2）掌骨（metacarpal bones） 牛有 1 枚大掌骨（第 3、4 掌骨愈合而成）和 1 枚小掌骨（第 5 掌骨）。大掌骨背侧面有较深的背侧纵沟，沟中有血管和神经通过。沟的上、下端分别有近侧掌骨管孔和远侧掌骨管孔，通向掌侧。掌侧面有浅的掌侧纵沟，以容纳掌深部血管和神经通过。小掌骨呈短杆状，上端厚，下端尖。犬共有 5 枚掌骨，第 1 掌骨最短，第 3、4 掌骨最长。马有 1 枚大掌骨（第 3 掌骨）和 2 枚小掌骨（第 2 和第 4 掌骨）。在大、小掌骨之间的背侧形成掌背内、外侧沟，以容纳血管和神经通过。猪有 1 对大掌骨（第 3 和第 4 掌骨）和 1 对小掌骨（第 2 和第 5 掌骨）。

（3）指骨（digital skeleton）及指关节 牛有 2 个主指（第 3 和第 4 指），每个主指有 3 节指节骨（系骨、冠骨和蹄骨）和近侧及远侧籽骨；2 个副指（第 2 和第 5 指），每个副指内仅有 2 枚小骨片，为退化了的指节骨遗迹，和掌骨之间无关节结构。马只有 1 个主指（第 3 指），指节骨和籽骨的名称顺序同牛的1个主指。猪的指数同牛，但副指中有完整的3节指节骨和近籽骨。犬共有5指，第3和第4指最长。每个指除第1指有2个指节外，其他均由3个指节骨组成。其中远指节骨的近端形成爪嵴，供指总伸肌腱附着；远端形成爪突，伸入角质爪内。指关节分为以下3部分。

①系关节　又称球关节，由掌骨远端、系骨近端和近籽骨构成。牛有1对，犬有4个，猪有4个，马只有1个。

②冠关节　由系骨远端和冠骨近端构成。牛有1对，每个关节各有1个宽大的关节囊。犬有4个，猪有4个，马只有1个。

③蹄关节　由冠骨远端、蹄骨近端和远籽骨构成。牛有1对，犬有5个，猪有4个，马只有1个。

【思考题】

1. 肩带部肌肉有哪些？分别叙述它们的名称、位置、肌纤维方向及所起的作用。
2. 腋窝的位置，是哪些肌肉的间隙？其内含有哪些血管和神经？
3. 胸侧部可看到哪些肌肉？胸外静脉来自于何处？经过的位置，汇入哪里？
4. 臂神经丛发自何处？有哪些分支？它们各支的走向部位、分布至哪里？
5. 腋动脉的位置，有几个分支？肩胛下动脉走在哪几块肌肉之间？它们的分支是什么？
6. 肩胛上神经分布于哪些肌肉？
7. 臂动脉和臂静脉的位置、分布及分支是什么？
8. 正中神经分布至哪些肌肉？正中动脉有哪些重要分支？它们怎样分布？
9. 尺神经、尺侧副动脉和静脉穿经哪些肌肉之间？在哪里与掌外侧动脉吻合，与掌外侧神经交通？
10. 简述前臂皮下静脉与臂皮下静脉的位置，它们汇入哪里？
11. 通过腕关节的伸肌腱有哪些？它们的位置关系如何？
12. 掌部通过哪些伸肌腱？简述它们的位置和形态特点。
13. 简述掌部的屈肌腱的位置和形态特点。

第五章 胸部解剖

【教学目标】

1. 了解胸廓、胸腔、胸膜和纵隔的含义。
2. 掌握胸壁的结构。
3. 掌握胸腔内主要器官的位置、形态、结构及毗邻关系。

第一节 胸壁解剖

一、界限

胸壁以胸廓为支架，由外覆的肌肉和皮肤、内衬的黏膜构成。胸壁的界限指胸廓所在的范围，其前界为第 1 对肋骨和肋软骨、第 1 胸椎及胸骨柄，后界为最后胸椎、肋弓及剑状软骨的前部。

二、解剖步骤

（1）剥离皮肤。沿胸腹部腹侧正中线做前后方向的切口，至最后肋骨时切口转向背侧直至背正中线，将皮肤向上翻转。注意观察浅筋膜的结构。

（2）清理浅筋膜，显示皮肌，观察其位置及肌纤维方向。

（3）将浅筋膜及皮肌剥离并向背侧翻转，暴露背阔肌、斜方肌、胸浅肌和胸深肌，观察其位置、形态和肌纤维方向。

（4）将斜方肌、背阔肌剥离并向背侧翻起，分别在其深面找到胸菱形肌和胸腹侧锯肌，观察后将其剥离下来，再将胸浅肌和胸深肌剥离翻转向下，观察胸骨、肋软骨和腹直肌。

（5）剥离背阔肌和胸腹侧锯肌，在胸壁前上方找到由几个薄的片状肌束组成的前背侧锯肌，在胸壁后上方找到后背侧锯肌，分别观察其起止点和肌纤维方向。

（6）将前、后背侧锯肌剥离并向背侧翻起，在脊柱两侧找到胸腰最长肌，观察该肌的起止点和肌纤维方向。在胸腰最长肌腹外侧缘，找到肋骨背外侧由斜形小肌束彼此平行排列形成的髂肋肌，观察髂肋肌的位置、肌束伸展方向和髂肋肌沟以及由此肌沟伸出来的神经。

（7）观察肋间隙内肋间外肌的分布、起止点和肌纤维的方向。选择一个肋间外肌，在其前一肋骨后缘做一上下切口后，将其向后剥离翻起，观察深层的肋间内肌，注意其起止点和肌纤维方向，并与肋间外肌进行比较。

（8）将肋间外肌剥离下来，在肋骨后缘的上端，于肋间外肌和肋间内肌间找到肋间动脉、静脉和肋间神经，观察它们的分布。

（9）小心剥离肋间内肌，观察其与胸壁浆膜的关系。剪除部分肋骨，在胸壁浆膜做一横切口，并将浆膜拉开，观察胸壁浆膜在胸椎腹侧如何转为纵隔胸膜，如何转为心包浆膜，在膈的肉质缘如何转为膈胸膜，在肺如何转为浆膜脏层。理解胸膜腔的组成和位置。

（10）在第1肋骨前找到臂神经丛，清理周围结缔组织，找到组成臂神经丛的神经根，观察各神经根的来源。找到腋动脉，观察其与臂神经丛的位置关系。

（11）剪除第1肋骨，找到锁骨下动脉，在该动脉的后缘分离出胸廓内、外动脉，追踪其行径和位置，沿锁骨下动脉追寻其主要分支及其分布。

（12）在心包外侧找到膈神经，观察其在膈上的分支，并向前分离追踪膈神经的起始根。

三、解剖层次与结构

1. 第一层——皮肤 较薄，但与深层结构连接紧密，故不易牵动。

2. 第二层——浅筋膜及皮肌（cutaneous muscle） 剥开胸部皮肤，在浅筋膜中常见到较厚而宽广的躯干皮肌（cutaneous muscle of trunk）分布（图5-1）。躯干皮肌覆盖胸壁和腹壁的大部分，从臀部向前腹侧伸至胸部。牛、马和犬等胸部的皮肌比较发达，猪胸部的皮肌则不明显。在浅筋膜和皮肌的深面为筋膜下间隙，其实质为疏松结缔组织，联系于浅层肌肉（斜方肌和背阔肌等）和深筋膜（腹黄膜）的表面。

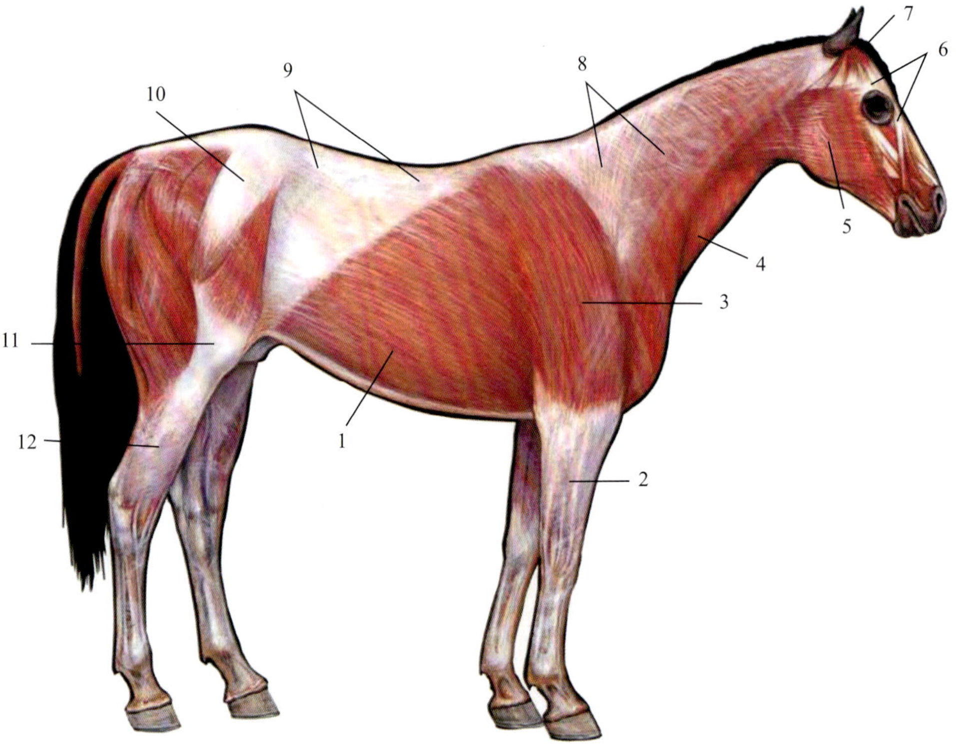

图5-1　马的皮肌

1. 躯干皮肌　2. 前臂筋膜　3. 肩臂皮肌　4. 颈皮肌　5. 面皮肌　6. 头部浅筋膜　7. 额盾肌
8. 颈浅筋膜　9. 胸腰筋膜　10. 臀浅筋膜　11. 阔筋膜　12. 小腿筋膜
（引自 McCracken 和 Kainer，2008）

3. 第三层——深筋膜和浅层肌肉 深筋膜覆盖于浅层肌肉的表面，并深入至肌肉的间隙内。在母猪和母犬的胸下部，由深筋膜层的组织形成乳腺内结缔组织间隙。

（1）斜方肌、背阔肌、胸肌、胸菱形肌、胸腹侧锯肌和腹外斜肌　见前肢肩带肌和腹壁肌肉部分。

（2）背侧锯肌（dorsal serratus muscle）　按肌纤维的方向和部位，可分为前背侧锯肌和后背侧锯肌两部分（图 5-2 和图 5-3）。

①前背侧锯肌（cranial dorsal serrate muscle）　位于胸壁前上部，背阔肌和胸腹侧锯肌的深面，由几片薄肌组成，下缘呈锯齿状。起自胸腰筋膜，肌纤维斜向后下方止于肋骨近端的外侧面。

②后背侧锯肌（caudal dorsal serrate muscle）　位于胸壁后上部，前背侧锯肌之后。起自腰背筋膜，肌纤维斜向前下方止于肋骨后缘。

（3）肩臂间隙（omobrachial space）　为颈胸外侧壁与前肢肩臂部之间范围宽阔的疏松结缔组织间隙。

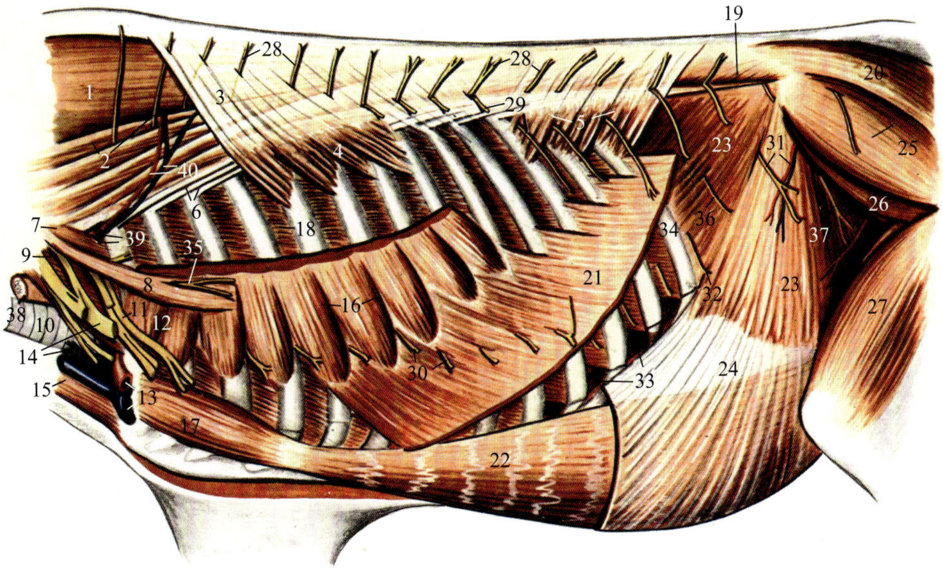

图 5-2　牛胸侧壁结构

1. 头半棘肌　2. 颈最长肌、第 2 胸神经　3. 胸腰筋膜　4. 前背侧锯肌　5. 后背侧锯肌　6. 胸髂肋肌　7. 中斜角肌背侧部　8. 背侧斜角肌　9. 中斜角肌腹侧部　10. 气管　11,12,14,35. 臂神经丛及其神经　11. 胸肌后神经　12. 尺神经、正中神经　13. 腋动、静脉　14. 腋神经、颈内静脉　15. 颈外静脉、胸头肌　16. 胸腹侧锯肌　17. 胸直肌　18. 肋间外肌　19. 腰最长肌　20. 臀股二头肌　21. 腹外斜肌　22. 腹直肌　23. 腹内斜肌　24. 腹内斜肌腱膜　25. 臀中肌　26. 臀副肌　27. 股四头肌　28,29. 胸神经背侧支　28. 胸神经内侧皮支　29. 胸神经外侧皮支　30～32. 第 1 至第 12 胸神经（肋间神经）和第 13 胸神经（肋腹神经）腹侧支　30. 肋间神经外侧皮支　31. 髂腹股沟神经外侧皮支　32. 肋腹神经外侧皮支　33. 肋间内肌　34. 第 13 肋骨　35. 胸背神经　36. 髂腹下神经外侧皮支　37. 股外侧皮神经　38. 食管　39. 肋颈干和肋颈静脉　40. 肩胛上动、静脉

（引自 Popesko，1985）

4. 第四层——深层肌肉　见图 5-2 和图 5-3。

（1）胸腰最长肌（longissimus thoracis and longissimus lumborum muscle）　位于胸椎、腰椎的棘突、横突和肋骨椎骨端形成的三棱形凹陷内，是胸腰部最大的肌肉，由许多肌束综合而成。起自髂骨前缘和荐椎、腰椎及后数个胸椎的棘突，止于前位胸椎横突和肋骨上端外面，伸延至颈部接颈最长肌。

（2）髂肋肌（iliocostal muscle）　位于胸腰最长肌的腹外侧，由一系列斜向前下方的肌束组成。起自髂骨翼（犬）或腰椎横突和后 8（牛）或 15（马）个肋骨的前缘，向前止于所有肋骨后缘（牛）或前 12、13 肋骨后缘和第 7 颈椎横突（马）。

（3）髂肋肌沟（sulcus of iliocostal muscle）　指胸腰最长肌的外下缘与髂肋肌上缘之间的间隙，是兽医临床常用的肌间隙之一。髂肋肌沟的体表投影为肩胛骨后角至髋结节的连线，其前半段浅层被背侧锯肌及深筋膜等覆盖，体表触摸不易分辨。

（4）胸颈棘肌半棘肌（spinalis and semispinalis thoracis muscle） 牛和犬的胸、颈棘肌与胸、颈半棘肌联合成一块，称为胸颈棘肌半棘肌，位于胸椎棘突的外侧、胸腰最长肌的背内侧，与胸腰最长肌起始处相同，约在第1腰椎处与胸腰最长肌分开，向前延伸止于前8个胸椎棘突和后6个颈椎棘突。

（5）胸直肌（straight muscle of thorax） 曾称肋横肌，为扁平的长方形肌，起始于第1肋，走向后腹侧，与斜角肌腹侧部大部分相对，止于第2～4肋的腹侧端。

（6）肋间肌（intercostal muscle） 指连接于相邻两肋之间、所有肋间隙内的两薄层相贴邻的肌肉。

①肋间外肌（external intercostal muscles） 位于相邻肋骨的间隙，起自前一肋骨后缘，肌纤维斜向后下方，止于后一肋骨的前缘。肋间外肌下端不延至肋软骨之间。

②肋间内肌（internal intercostal muscle） 位于肋间外肌深层，起自后一肋骨和肋软骨的前缘，肌纤维斜向前下方止于前一肋骨和肋软骨的后缘。

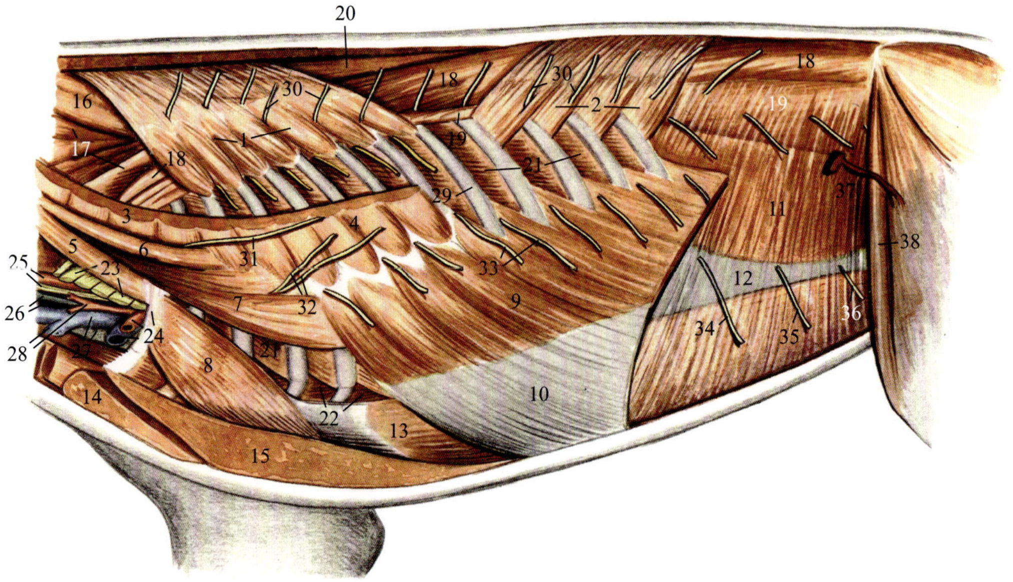

图5-3 犬胸侧壁结构

1. 前背侧锯肌 2. 后背侧锯肌 3. 颈腹侧锯肌 4. 胸腹侧锯肌 5. 中斜角肌 6,7. 背侧斜角肌 8. 胸直肌 9. 腹外斜肌 10. 腹外斜肌腱膜 11. 腹内斜肌 12. 腹内斜肌腱膜 13. 腹直肌 14. 胸浅肌（胸降肌） 15. 胸深肌（胸升肌） 16. 颈二腹肌 17. 颈最长肌 18. 胸最长肌和腰最长肌 19. 胸髂肋肌和腰髂肋肌 20. 胸棘肌、半棘肌 21. 肋间外肌 22. 肋间内肌 23. 臂丛 24. 第1肋骨和腋动脉、静脉 25. 颈总动脉、交感干、迷走神经 26. 食管、颈内静脉 27. 颈外静脉、气管 28. 颈浅动脉、头静脉 29. 第9肋骨 30. 胸神经背侧支（内侧皮支） 31. 胸长神经 32. 胸背神经 33. 胸神经腹侧支（外侧皮支） 34. 肋腹神经（第13胸神经）外侧皮支 35. 髂腹股沟前神经外侧皮支 36. 髂腹股沟后神经外侧皮支 37. 旋髂深动脉、静脉 38. 缝匠肌前部

（引自 Popesko，1985）

5. 第五层——胸椎、胸骨和肋 见第二节胸廓部分。

6. 第六层——膈 见图5-4。膈（diaphragm）又称横膈膜，位于胸腔和腹腔交界处，将胸腹腔分隔开来。膈为一近似圆形拱顶突向胸腔的肌性器官，其周缘由肌纤维组成，称为肉质缘（muscular part）；中央是强韧的腱质，称为中心腱（central tendon）。肉质缘根据附着部位又分为胸骨部、肋部和腰部。胸骨部附着在剑状软骨的腹腔面；肋部指膈的两侧缘部分，附着于胸腔侧壁的内表面；腰部由膈的背缘部肌肉集合成左、右膈脚。右膈脚比左膈脚长而厚，附着于前4个腰椎椎体腹侧；左膈角较短小，附着于前2～3腰椎椎体及腹侧纵韧带上。

膈上有3个孔：主动脉裂孔（供主动脉、奇静脉和胸导管等通过）、食管裂孔（供食管和迷走神经通过）和后腔静脉裂孔（供后腔静脉通过）。

7. 第七层——胸膜 见图 5–5。胸膜（pleura）为衬于胸壁内表面及被覆于肺表面的浆膜，包括壁胸膜（parietal pleura）和肺胸膜（pulmonary pleura）。壁胸膜即胸膜壁层，指位于胸侧壁内表面的部分，按所在部位分为贴于胸壁内表面的肋胸膜（costal pleura），贴于膈面的膈胸膜（diaphragmatic pleura），位于胸腔正中矢状面、参与形成纵隔的纵隔胸膜（mediastinal pleura）。被覆心包的纵隔胸膜又称心包胸膜。肺胸膜即胸膜脏层，指被覆在肺脏外表面的胸膜部分。

胸膜壁层和胸膜脏层在肺根处互相移行，两者之间的腔隙称胸膜腔（pleural cavity）。左、右胸膜腔被纵隔分开，一般都不相通，腔内有少量浆液，起润滑作用，可减少呼吸时两层胸膜间的摩擦。牛、羊的胸膜腔之间无通道，一侧发生气胸，另一侧肺的功能仍正常；马属动物、犬和猫等纵隔腹侧常有生理孔，使左、右胸膜腔相通。

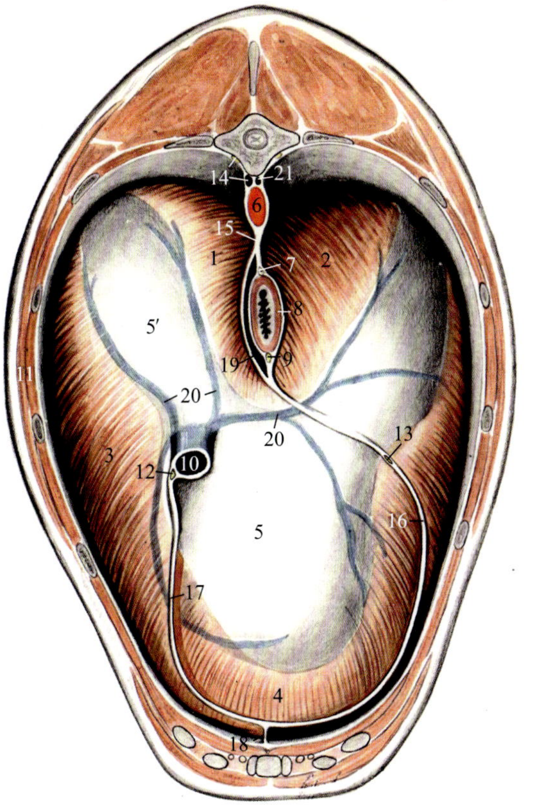

图 5–4 犬膈胸腔面

1. 右膈脚 2. 左膈脚 3. 膈肋部 4. 膈胸骨部
5,5′. 中心腱 6. 主动脉 7. 迷走神经背侧干
8. 食管 9. 迷走神经腹侧干 10. 后腔静脉
11. 胸壁 12. 右膈神经 13. 左膈神经
14. 右奇静脉、交感干 15. 背侧纵隔
16. 腹侧纵隔 17. 后腔静脉褶
18. 胸骨心包韧带 19. 纵隔浆膜腔
20. 膈前静脉 21. 胸导管

（引自 Popesko，1985）

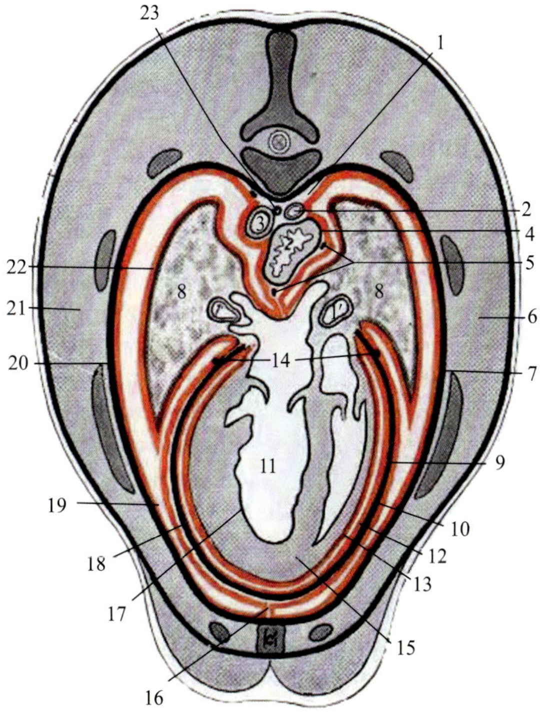

图 5–5 胸腔横断面模式图

1. 交感神经干 1′. 主支气管 2. 右奇静脉 3. 降主动脉
4. 纵隔胸膜 5. 迷走神经 6. 胸壁肌肉 7. 胸内筋膜
8.（左）肺前叶 9. 心包胸膜 10. 纤维状心包
11. 左心室 12. 心包壁层 13. 心包脏层
14. 膈神经 15. 心肌 16. 胸膜腔
17. 心内膜 18. 心包胸膜
19. 肋胸膜 20. 壁胸膜
21. 胸壁肌肉 22. 肺胸膜
23. 胸导管

（引自 Dyce 等，2010）

四、主要血管和神经

（一）血管

1. 肋间血管　指肋间背侧动脉和静脉。肋间背侧动脉（dorsal intercostal artery）是胸壁血液供应的主要来源。牛和犬有 12 对，马 17 对，猪 13～14 对，前几对（牛、犬第 1～3 对，马第 2～5 对，猪第 1 对和第 3～5 对）由锁骨下动脉的肋颈干分出，马的第 1 对由颈深动脉分出，猪的第 2 对由肩胛背侧动脉分出，其余均由胸主动脉分出。肋间背侧动脉在肋间隙上端（椎间孔处）分为背侧支和腹侧支，背侧支分布于脊髓和脊柱背侧的肌肉和皮肤，腹侧支沿肋骨后缘向下伸延，分布于胸侧壁的肌肉和皮肤。肋间背侧静脉收集大部分胸壁的静脉血，汇流入奇静脉。

2. 胸廓内、外动脉及静脉　胸廓内动脉（internal thoracic artery）是锁骨下动脉于第 1 肋内侧面向后的分支，沿胸骨背侧向后延伸，分支到肋间隙、心包、胸腺、纵隔、胸壁肌和乳房（猪、犬）等。胸廓外动脉（external thoracic artery）在第 1 肋前缘由腋动脉分出，沿胸外侧沟分布，分支到胸肌、臂头肌、臂二头肌及三角肌。胸廓内、外静脉与同名动脉伴行，收集部分胸壁的静脉血，汇流入前腔静脉。

（二）神经

1. 胸（脊）神经　牛、羊、犬等有 13 对胸神经，猪 14～15 对，马 18 对，兔 12～13 对。胸神经自胸椎的外侧孔穿出椎管，分成背侧支和腹侧支。背侧支又分内侧支和外侧支，内侧支分布于多裂肌、棘肌等；外侧支分布于脊柱背外侧的肌肉和皮肤。腹侧支较粗大，又称肋间神经，其中第 1～2 胸神经的腹侧支参与形成臂神经丛，其余肋间神经伴随肋间背侧动脉、静脉，沿肋骨后缘下行。自肩关节至髋结节作一连线，此线与每一肋骨后缘交点相对处，肋间神经均有分支伸出，分布于肋间肌、浅筋膜、躯干皮肌和皮肤等。

肋间臂神经（intercostobrachial nerve）：在前肢臂部内侧、胸腹侧锯肌的浅面，由第 2 至第 5（马）或第 6（水牛）肋间神经的外侧支和胸外神经的分支相连接形成神经丛状，其中一支为肋间臂神经，于肘线中、下 1/3 交点处，自深部穿出绕过前臂筋膜张肌后缘折转向前，分布于肩臂皮肤及其邻近皮肤。

2. 臂神经丛的分支　臂神经丛位于肩关节的内侧，由最后 3 个颈神经和前 2 个胸神经的腹侧支组成，穿过腹侧斜角肌，主要分布于前肢（详见前肢解剖），但下列分支主要分布于胸廓肌肉、躯干皮肌和胸部皮肤等。

（1）胸肌前神经（cranial pectoral nerve）　2～4 支，纤维主要来自第 7 和 8 颈神经的腹侧支，分布于胸浅肌、锁骨下肌及肩关节囊。

（2）胸肌后神经（caudal pectoral nerve）　纤维主要来自第 7 和 8 颈神经的腹侧支，分布于胸升肌。

（3）胸长神经（long thoracic nerve）　纤维主要来自第 7 和 8 颈神经的腹侧支，经斜角肌走向外侧，分布于胸腹侧锯肌。

（4）胸背神经（thoracodorsal nerve）　纤维主要来自第 7 和 8 颈神经的腹侧支，越过大圆肌主要分布于背阔肌，在绵羊还分布于大圆肌和胸深肌。

（5）胸外侧神经（lateral pectoral nerve）　纤维主要来自第 8 颈神经和第 1、2 胸神经的腹侧支，伴胸外静脉向后伸延，分布于躯干皮肌和胸、腹壁的皮肤。

3. 植物性神经　除胸神经外，胸壁也受交感神经的支配。交感神经的部分节前纤维（白交通支）在椎旁神经节内交换神经元，其节后神经纤维组成的灰交通支延伸到胸脊神经，随脊神经分布于胸壁的血管平滑肌、皮肤腺体及平滑肌。

第二节　胸廓、胸腔和纵隔

一、胸廓和胸腔

胸廓（thorax）为顶壁胸椎、侧壁肋和底壁胸骨共同构成的呈截顶锥形支架。不同动物胸椎数目有所不同，如牛、羊、犬、猫有 13 枚，猪 14 或 15 枚，马 18 枚，兔 12 或 13 枚。肋包括背侧的肋骨和腹侧的肋软骨，肋的对数与胸椎数一致。肋骨的椎骨端有肋头和肋结节，分别与相邻的胸椎椎体和横突成关节。前几对肋的肋软骨直接与胸骨相连，称真肋或胸骨肋；其余肋的肋软骨由结缔组织顺次连接构成肋弓（costal arch），这些肋称为假肋或非胸骨肋。有的最后一对或几对肋的肋软骨游离，不与前一肋软骨相连，称为浮肋（犬猫常有）。牛的真肋有 8 对，假肋 5 对；猪的真肋有 7 对，假肋 7 对；犬的真肋有 9 对，假肋 4 对；马的真肋有 8 对，假肋 10 对；兔的真肋有 7 对，最后 3 对为浮肋，其余为假肋。胸骨由数个胸骨节借软骨连接而成，其前端为胸骨柄，中部为胸骨体，后端为剑状软骨。胸骨节的个数一般比真肋的对数少 1 个。胸骨体的两侧有凹陷，称为肋窝，与肋软骨成关节。胸廓前口较窄，由第一胸椎、第一对肋和胸骨柄构成；胸廓后口较宽大，由最后一个胸椎、最后一对肋骨、两侧的肋弓及剑状软骨构成。

胸腔（thoracic cavity）为体腔的一部分，以胸廓为支架，由外部的皮肤、筋膜、肌肉及内表面的浆膜（胸膜）等共同围成。前界为胸廓前口，后界为膈（胸腔和腹腔的分界），胸腔内容纳肺、心、食管、气管、血管、淋巴结、胸导管以及神经等器官。

二、纵隔

纵隔（mediastinum）由两侧的纵隔胸膜及分布其内的器官（食管、气管、支气管、心、心包、大血管、淋巴结、胸导管以及神经等）和结缔组织构成。位于胸腔正中矢状面稍偏左处，为左、右胸膜腔之间的中隔，从胸前口向后伸延至膈。纵隔以心和心包分为前纵隔、中纵隔和后纵隔，在心前纵隔内有胸腺（幼畜特别发达）。

第三节　胸腔内器官的解剖

胸腔内的主要器官包括肺、食管、气管、支气管、心脏及心包、主动脉、前腔静脉、后腔静脉、奇静脉、胸导管、淋巴结、胸部交感神经、迷走神经以及胸腺（幼畜特别发达）等。

一、解剖步骤

1. 左、右侧胸腔整体观

先后从左、右侧胸壁进行解剖。分别保留左、右侧胸壁的第2和第7肋，剪除其他肋骨，剥离肌肉、筋膜等。切开肋胸膜，暴露左、右侧胸腔，首先观察胸膜的结构特征、胸膜壁层和脏层的分布及折转，保持器官原位；然后从两侧顺次观察肺、膈、纵隔、食管、气管、支气管、心脏及心包、主动脉弓及其分支、胸主动脉、前腔静脉、后腔静脉、奇静脉、肺动脉、肺静脉、膈神经、胸导管、淋巴结、胸腺、迷走神经及其分支、胸交感干、星状神经节、内脏大和小神经等的位置、形态以及相邻器官的位置关系。

2. 肺的观察

先后从左、右两侧观察肺的形态、位置和分叶。找到肺的肋面、膈面和纵隔面，观察各面的外部特征。从肺根处将肺取下，观察和了解肺根的结构与组成，在其断端观察支气管、肺动脉、肺静脉的结构。从肺门处分离支气管及其分支，显示部分支气管树的形态，观察肺动脉和肺静脉在肺内的分支及其与支气管的相邻关系。

3. 纵隔及其内器官的观察

（1）纵隔　从胸侧壁解剖观察到的胸膜壁层（肋胸膜）开始，分别从背侧和腹侧沿该部胸膜追寻到胸椎椎体腹侧和胸骨背侧的胸膜折转处，观察构成纵隔的纵隔胸膜。纵隔的前界位于胸前口处，后界为膈。观察心前纵隔、中纵隔和后纵隔及心包胸膜，观察纵隔胸膜与膈胸膜的联系。

（2）食管、气管和支气管　观察食管和气管在纵隔内的形态、位置及相邻关系。切开纵隔，分离食管、气管和支气管，观察食管和气管的外部特征和支气管的分支。

（3）心脏、心包和血管　观察心脏及心包在胸腔纵隔内的位置及外形。在心底，观察各大血管与心的联系；在心尖，观察胸骨心包韧带与胸骨背侧的连接。从一侧切开心包胸膜和心包，观察心包的结构、心包腔及心包液，观察心包浆膜壁层在心底和大血管根部折转移行为浆膜脏层，构成心外膜。

取下心脏，观察心的外部特征。观察位于心底部的冠状沟和心左前方的左纵沟、右后方的右纵沟。观察和区分左、右心房，左、右心室以及主动脉、前腔静脉、后腔静脉、奇静脉和肺动脉、肺静脉等。

在冠状沟内分离并观察冠状动脉、心静脉及其较大的分支和属支。将肺动脉在左、右心耳间的部分切割下来，分离出冠状动脉在主动脉根部的起始位置。在心底上方找到迷走神经和星状神经节发出的交感神经。

进一步观察右心房、右心室、左心房和左心室的结构。

①右心房和左心房　右心房由后腔静脉口向前至前腔静脉口做一切口，切开右心房壁，再沿冠状沟上缘切开心房侧壁，观察右心耳、静脉窦以及静脉间结节、房中隔、卵圆窝等。左心房沿冠状沟上缘做水平切口，沿此切口向肺静脉切开，翻转心房壁，观察左心耳、肺静脉口等。

②右心室和左心室　在冠状沟下方约 1 cm 处水平切口，再在切口两端做垂直切口，将心室壁下翻或切去一部分。观察右心室室壁的厚度、右房室口、三尖瓣、腱索、乳头肌、室中隔和心横肌等。切开肺动脉口，观察半月瓣。

左心室做相似于右心室解剖时的切口。先观察左心室室壁的厚度，并与右心室比较；然后观察左心室的心横肌、左房室口、二尖瓣、腱索和主动脉口等。切开主动脉口，观察主动脉口的半月瓣。

主动脉及其分支的观察：在心底部找到主动脉起始部，观察主动脉弓和胸主动脉的分界、走向及其分支。

前腔静脉、后腔静脉和奇静脉的观察：观察前腔静脉、后腔静脉和奇静脉在胸腔内位置、走向以及与右心房的连接。

肺动脉、肺静脉的观察：观察肺动脉的位置、走向及分支从肺门入肺情况；观察肺静脉数目及由肺门至左心房走向。

（4）淋巴导管和淋巴器官　观察在主动脉裂孔处胸导管的起始，在胸腔内的位置和于胸前口处汇入前腔静脉或颈静脉；观察右淋巴导管的位置和走向。观察淋巴结在胸腔内的分布及幼畜胸腺的形态和位置。

（5）神经　在胸前口处分离迷走神经和交感神经干，沿迷走交感干追寻到迷走神经和交感神经干分离处，顺迷走神经向后分离，观察迷走神经的心、肺分支，追寻喉返神经（观察喉返神经的发出和折转部位，追寻喉返神经至颈部），沿迷走神经干向后分离，观察食管背侧干和食管腹侧干的组成及延伸位置。在膈上的食管裂孔处留根，以便后续解剖观察。

在胸前口处沿与迷走神经并行的交感神经干分离到星状神经节，清理外周的结缔组织，观察其位置和形态。由星状神经节分离其发出的椎神经和心神经，观察其分支分布。从星状神经节分离胸部交感干和椎旁神经节，在各椎旁神经节分离出胸脊神经的交通支，尝试区别灰、白交通支。位于肋间动脉之前的为灰交通支，居后的为白交通支。在胸部交感干的后段分离内脏大神经和内脏小神经，观察内脏大神经和内脏小神经的分出和走向。留下内脏大神经和内脏小神经，腹腔解剖时继续观察。

4. 膈的胸腔面 观察膈的位置、形状、肉质缘、中心腱、主动脉裂孔、食管裂孔、后腔静脉裂孔以及膈动脉、静脉和神经等。

二、胸腔内器官的形态结构

（一）肺

肺（lung）位于胸腔内纵隔的两侧，左、右各一个，右肺通常比左肺大。肺的表面由肺胸膜覆盖，光滑、湿润。肺的质地柔软而有弹性。肺近似底面斜切的锥体形，具有3个面和3个缘。外侧面（肋面）凸，与胸腔侧壁相对，其上有肋压迹；底面（膈面）凹，与膈接触；内侧面分为背侧的脊椎部和腹侧的纵隔部，其上有心脏、食管和大血管等的压迹。在内侧面心压迹的后上方有肺门（hilus of lung），是血管、淋巴管、神经及支气管等进出肺的地方。上述结构被结缔组织包裹成束，称为肺根（pedicle of lung）。肺的背侧缘钝而圆，腹侧缘和底缘薄而锐。腹侧缘上有心切迹（cardiac incisure），左肺的心切迹较大，是心听诊的部位。底缘的体表投影在临床诊断中有重要的参考价值。

在家畜中，一般左肺分为前叶和后叶；右肺分为前叶、中叶、后叶和副叶，不同动物肺的分叶有差异（图5-6和图5-7）。

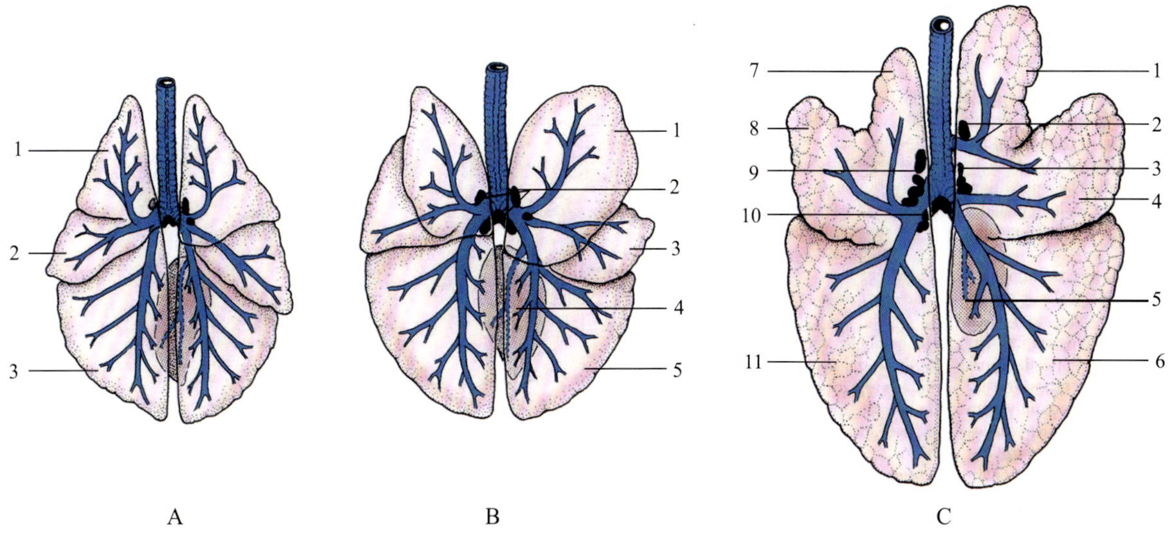

图5-6 肺的分叶模式图

A. 猫：1. 左前叶（前部） 2. 左前叶（后部） 3. 左后叶

B. 犬：1. 右前叶 2. 左、右、中气管支气管淋巴结 3. 中叶 4. 副叶 5. 右后叶

C. 猪：1. 右前叶 2. 前气管支气管淋巴结及气管支气管 3. 右气管支气管淋巴结 4. 中叶 5. 副叶 6. 右后叶 7. 左前叶（前部） 8. 左前叶（后部） 9. 左气管支气管淋巴结 10. 中气管支气管淋巴结 11. 左后叶

（引自陈耀星和刘为民，2009）

牛、羊肺的分叶：牛、羊肺的分叶明显，左肺分为前叶和后叶，右肺分为前叶、中叶、后叶和副叶。两肺的前叶又以腹侧缘的心切迹分为前、后两部分。牛、羊的右肺比左肺大得多，二者之比约为2∶1。

猪、犬肺的分叶：猪和犬的肺分叶也比较明显，左肺分为前叶和后叶，前叶又以心切迹分为前部和后部；右肺分为前叶、中叶、后叶和副叶。犬肺叶间裂深，分叶更明显。

马肺的分叶：马肺分叶不明显，左肺分两叶，前叶小，位于心切迹之前；后叶大，在心切迹之后。右肺分前叶、后叶和副叶，副叶位于后叶的内侧、胸纵隔和后腔静脉之间。

兔肺的分叶：兔肺不发达，左肺较小，约为右肺的2/3，分为前叶和后叶；右肺较大，分为前叶、中叶、后叶和副叶。

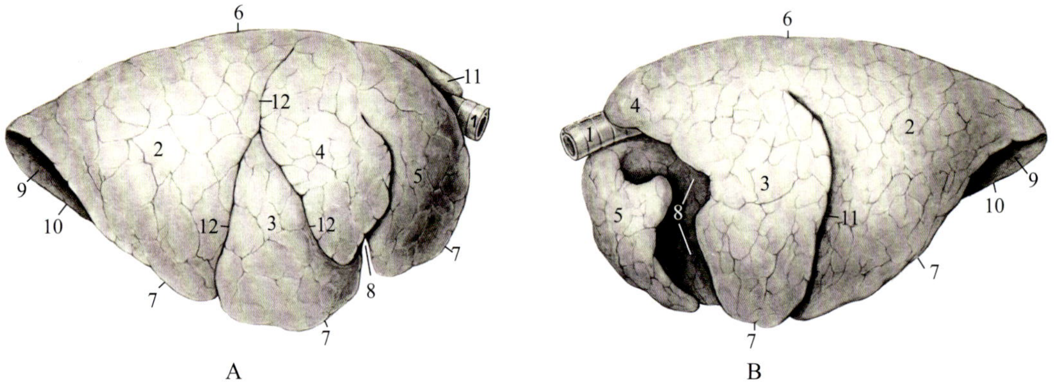

图 5-7　牛肺

A. 右侧观：1. 气管　2～5. 肺的肋面　2. 后叶　3. 中叶　4. 前叶后部　5. 前叶前部　6. 背缘　7. 腹缘　8. 心切迹　9. 膈面　10. 底缘　11. 左肺前叶前部　12. 叶间隙

B. 左侧观：1. 气管　2～5. 肺的肋面　2. 后叶　3. 中叶　4. 前叶　5. 右肺前叶前部　6. 背缘　7. 腹缘　8. 心压迹　9. 膈面　10. 底缘　11. 叶间隙

（引自 Popesko，1985）

（二）食管、气管和支气管

食管（esophagus）的胸段在胸前口处由颈段延续而来，在胸腔内位于气管背侧，在纵隔内向后移行，穿过膈上的食管裂孔进入腹腔移行为腹段。

气管（trachea）由胸前口进入胸腔，经心前纵隔达心底背侧分为左、右主支气管（principal bronchus），分别进入左、右肺。反刍动物和猪的气管在分为主支气管之前，在右侧先分出气管支气管（tracheal bronchus），进入右肺前叶。

（三）心包

心包（pericardium）位于纵隔内，为包在心脏周围的锥形囊，具有保护心的作用。心包的表面有纵隔胸膜覆盖，称为心包胸膜。心包由浆膜和纤维膜组成。纤维膜（外层）是坚韧的结缔组织，在心底部与出入心脏的血管外膜相连，在心尖部折转而附着于胸骨背侧，与心包胸膜共同构成胸骨心包韧带，使心脏附着于胸骨背侧。浆膜（内层）可分为脏层和壁层，壁层贴在纤维膜的内面，在心底折转后成为脏层；脏层为覆盖于心肌（心外膜）和大血管表面的浆膜。壁层和脏层之间的腔隙为心包腔，腔内有少量浆液，起润滑作用，减少心脏搏动时产生的摩擦。

（四）心脏

1. 心脏的形态和位置　见图 5-8 和图 5-9。心脏（heart）位于胸腔纵隔内，外有心包包围，在第

3 到第 6 对肋之间，略偏左。心脏呈倒立的圆锥形，上部宽大称心底（cardiac base），有进出心脏的大血管，位置较固定；下部尖细且游离，称为心尖（cardiac apex）。心脏表面有一条环行的冠状沟和左、右两条纵沟。冠状沟（coronary sulcus）靠近心底，将心脏分为上部的心房和下部的心室。左纵沟又称锥旁室间沟（paraconal interventricular groove），位于心脏的左前方，大致与心脏的后缘平行，不达心尖。右纵沟又称窦下室间沟（subsinuosal interventricular groove），位于心脏的右后方，可延伸至心尖。两室间沟是左、右心室的分界，前部为右心室，后部为左心室。在冠状沟和左、右纵沟内有心脏的血管、淋巴管和神经通过，并填充有脂肪。牛心脏的左心室缘稍前方尚有一条纵行的中间沟（intermedial groove）。

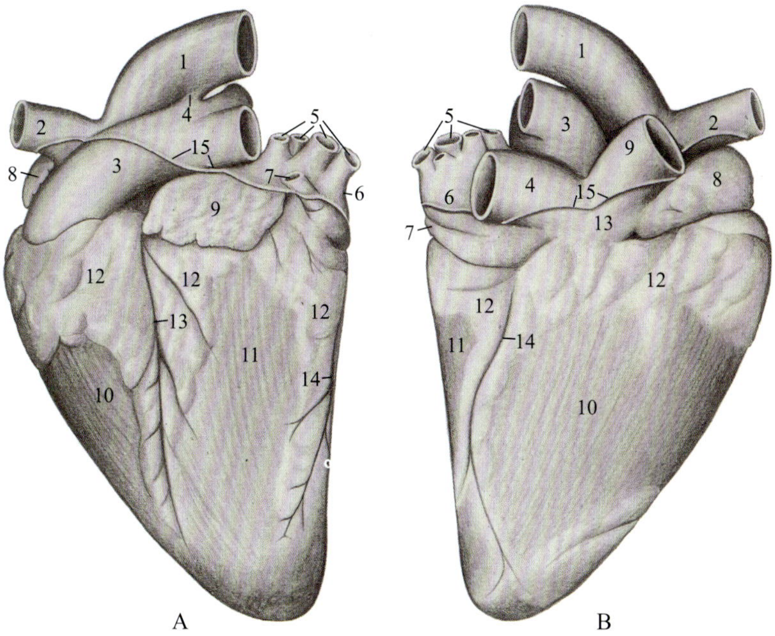

图 5-8　牛的心脏

A. 左侧观：1. 主动脉　2. 臂头动脉干　3. 肺动脉干　4. 动脉韧带　5. 肺静脉　6. 左心房　7. 左奇静脉　8. 右心耳　9. 左心耳　10. 右心室　11. 左心室　12. 心外膜下脂体　13. 锥旁室间沟　14. 窦下室间沟　15. 心包折转线

B. 右侧观：1. 主动脉　2. 臂头动脉干　3. 肺动脉干　4. 后腔静脉　5. 肺静脉　6. 左心房　7. 左奇静脉　8. 右心耳　9. 前腔静脉　10. 右心室　11. 左心室　12. 心外膜下脂体　13. 右心房　14. 窦下室间沟　15. 心包折转线

（引自 Popesko，1985）

图 5-9　猪的心脏

A. 左侧观：1. 主动脉　2. 左锁骨下动脉　3. 臂头动脉干　4. 肺动脉　5. 动脉韧带　6. 肺静脉　7. 左奇静脉　8. 右心耳　9. 左心耳　10. 右心室　11. 左心室　12. 心外膜下脂体　13. 锥旁室间沟　14. 冠状沟　15. 心包折转线

B. 右侧观：1. 主动脉　2. 左锁骨下动脉　3. 臂头动脉干　4. 肺动脉干　5. 动脉韧带　6. 肺静脉　7. 冠状窦　8. 右心房　9. 左心房　10. 右心室　11. 左心室　12. 心外膜下脂体　13. 窦下室间沟　14. 冠状沟　15. 心包折转线　16. 前腔静脉　17. 后腔静脉

（引自 Popesko，1985）

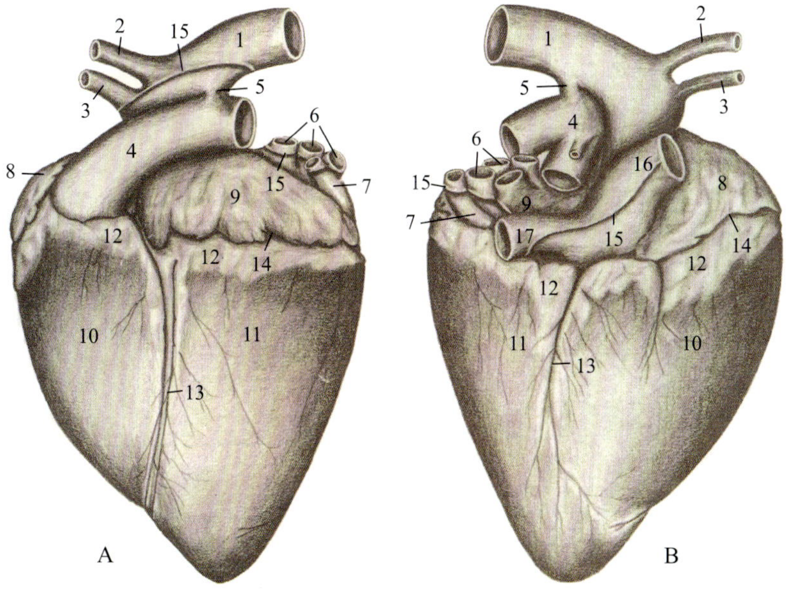

2. 心脏的内部结构（图 5-10 和图 5-11）

（1）心腔的构造　心脏以纵走的房间隔和室间隔分为左、右两部分，每部分又可分为背侧的心房和腹侧的心室，同侧的心房和心室各以房室口相通。因此，心腔分为左、右心房和左、右心室。

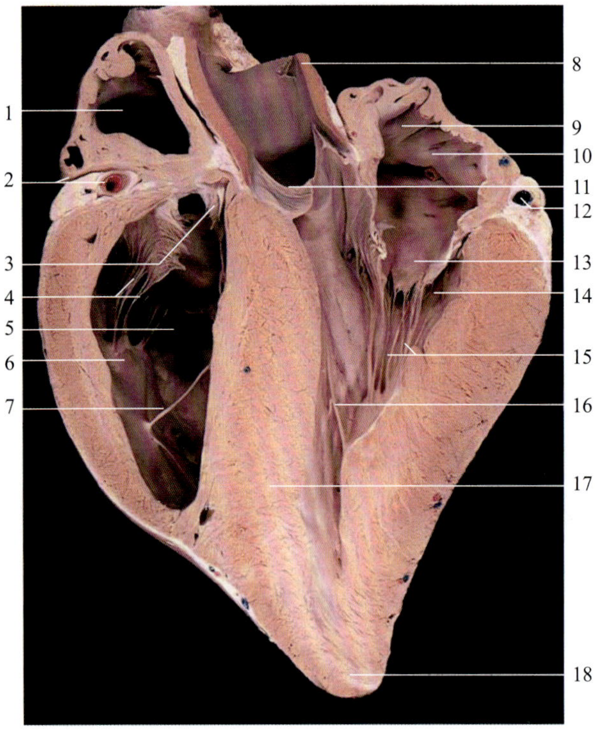

图 5-10　心脏的纵剖面

1. 右心耳　2. 冠状沟与右冠状动脉　3. 三尖瓣　4. 腱索　5. 右心室　6. 乳头肌　7. 心横肌　8. 主动脉　9. 左心耳　10. 梳状肌　11. 主动脉瓣　12. 左冠状动脉旋支和大冠状静脉　13. 二尖瓣　14. 左心室　15. 腱索　16. 心横肌　17. 室间隔　18. 心尖

（引自陈耀星和刘为民，2009）

①右心房（right atrium）构成心底的右前部，包括右心耳和腔静脉窦。右心耳（right auricula）呈圆锥形盲囊，尖端向左向后至肺动脉前方，内壁有许多方向不同的肉嵴，称作梳状肌。腔静脉窦（sinus of the venae cavae）是体循环静脉的入口，接受全身的静脉血。前后腔静脉分别开口于右心房的背侧壁和后壁，两开口间有发达的静脉间结节，起分流前、后腔静脉血的作用，避免其发生冲撞。后腔静脉口的腹侧有冠状窦（coronary sinus），是心大静脉和心中静脉的开口，牛、猪等的左奇静脉血也由此进入右心房。在后腔静脉入口附近的房间隔上有卵圆窝（fovea ovalis），为胎儿时期卵圆孔的遗迹。成年牛、羊和猪大约有 20% 的卵圆孔闭锁不全。

②右心室（right ventricle）位于心的右前部，顶端朝下，但不达心尖。右心室的入口为右房室口，右心房通过其与右心室相通；出口为肺动脉口。右房室口（right atrioventricular orifice）以致密结缔组织构成的纤维环为支架，其上附着有 3 个近似三角形的瓣膜，称为三尖瓣（tricuspid valve）（牛、羊、猪和马等）。犬的右房室口上则附着有两个大的瓣膜，另外还有 3 或 4 个小瓣膜。瓣膜的游离缘向下垂入心室，通过腱索连于乳头肌。瓣膜可以起到防止血液倒流的作用。肺动脉口（pulmonary orifice）为右心室的出口，位于右心室的左上方，同样以致密结缔组织构成纤维环作为支架，环上附着有 3 个半月形的瓣膜，称为半月瓣（semilunar valve）。每片瓣膜均呈袋状，袋口向着肺动脉，可防止肺动脉的血液倒流入右心室。右心室内除了有 3 个突出于心室壁的乳头肌外，在室中隔上还有横过室腔走向室侧壁的隔缘肉柱（心横肌）。当心室舒张时，心横肌可防止心室过度扩张。

③左心房（left auricle）构成心底的左后部，包括左心耳和肺静脉入口部。左心耳（left auricle）也呈圆锥状盲囊，向左向前突出，内壁也有梳状肌。在左心房背侧壁的后部，有 6 ～ 8 个肺静脉入口。

④左心室（left ventricle）构成心室的左后部，室腔伸达心尖。左心室的上方也有两个开口：左房室口和主动脉口。左房室口（left atrioventricular orifice）为左心室的入口，左心房通过其与左心室相通，其纤维环上附着有两片近似半月形的瓣膜，称二尖瓣（bicuspid valve），瓣膜的游离缘也有腱索与乳头肌相连，其功能同右房室瓣。犬的左房室口纤维环上附着有 2 个的瓣膜和 4 或 5 个小瓣膜。主动脉口（aortic orifice）为左心室的出口，其纤维环上附着有 3 个半月瓣，其结构、功能与肺动脉瓣相似。左心室壁除了有 2 个乳突肌，也有隔缘肉柱，防止心室过度扩张。

（2）心壁　心壁由心内膜、心肌和心外膜构成。心内膜（endocardium）为被覆于心腔内面的一层光滑薄膜，与血管的内膜相延续。心肌（myocardium）由心肌纤维构成，被房室口的纤维环分隔为心房肌和心室肌两部分，心房肌薄，心室肌厚，左心室壁最厚，约为右心室壁的 3 倍。心外膜（epicardium）为覆盖心外表面的浆膜，即浆膜心包的脏层。

（3）心的血管及神经支配　心脏的血液循环称为冠状循环，由冠状动脉、心静脉和毛细血管组成。冠状动脉（coronary artery）有左、右两支，由主动脉弓的根部发出，沿冠状沟和左、右纵沟延伸，分支分布于心房和心室，在心壁内形成毛细血管网。心静脉包括心大静脉、心中静脉和心小静脉。心大静脉和心中静脉分别伴随左、右冠状动脉伸延，最后开口于右心房的静脉窦。心小静脉收集右心壁的血液，直接开口于右心房的梳状肌之间。

心的神经起于心丛，它由迷走神经心支和交感神经的颈心神经和胸心神经组成。交感神经可兴奋窦房结，使心肌活动加强，称为心兴奋神经；副交感神经则抑制心肌活动，使其活动减弱，称为心抑制神经。此外，心脏的感觉神经分布于心壁各层，其纤维随交感神经和迷走神经进入脊髓和脑。

(4) 心传导系统　心脏的传导系统由特殊的心肌纤维组成，包括窦房结、房室结、房室束和蒲肯野纤维，其主要功能是产生并传导心搏动的冲动至整个心脏，保持心脏活动的正常节律。窦房结（sinoatrial node）位于前腔静脉和右心耳界沟内的心外膜下，分出分支到心房肌和结间支到房室结。房室结（atrioventricular node）位于房中隔右心房侧的心内膜下、冠状窦的前面。房室束（atrioventricular bundle）为房室结的直接延续，在室中隔上部分为系的右束支（右脚）和粗的左束支（左脚）分别在室中隔的左心室侧和右心室侧的心内膜下延伸，分出小分支到室中隔和通过心横肌到心室侧壁。上述小分支在心内膜下分散成蒲肯野纤维，与普通心肌纤维相连接。

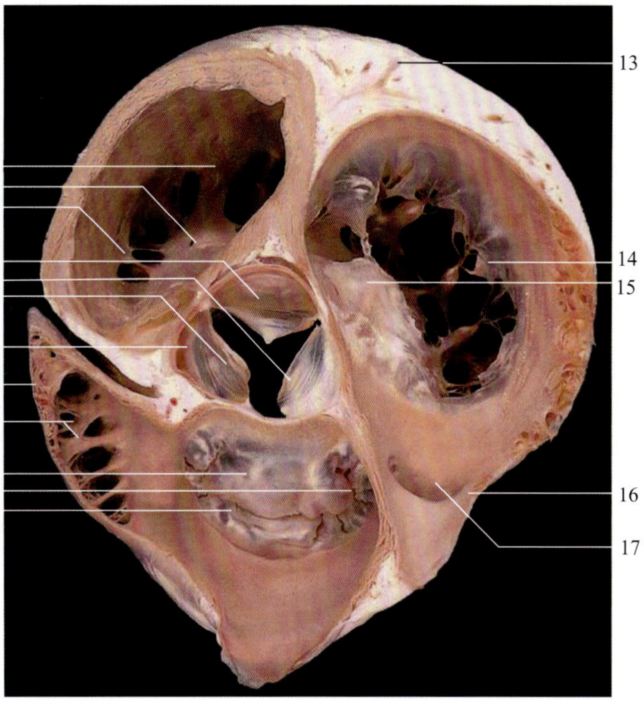

图 5-11　心脏瓣膜

1. 三尖瓣的壁尖瓣　2. 三尖瓣的隔尖瓣　3. 三尖瓣的角尖瓣　4. 主动脉瓣的隔半月瓣　5. 主动脉瓣的左半月瓣　6. 主动脉瓣的右半月瓣　7. 右冠状动脉　8. 右心房　9. 梳状肌　10. 肺动脉瓣的左半月瓣　11. 肺动脉瓣的右半月瓣　12. 肺动脉瓣的中间半月瓣　13. 右室间沟　14. 二尖瓣的壁尖瓣　15. 二尖瓣的隔尖瓣　16. 左室间沟　17. 大冠状静脉

（引自陈耀星和刘为民，2009）

（五）胸腔内的大血管

1. 主动脉（aorta）　主动脉起自于左心室的主动脉口，为体循环的动脉主干。主动脉位于胸腔的部分包括升主动脉、主动脉弓和胸主动脉。胸主动脉穿过膈上的主动脉裂孔进入腹腔，延续为腹主动脉。

(1) 升主动脉（ascending aorta）　短，在肺动脉干和左、右心房间上升，出心包延伸为主动脉弓。升主动脉的分支有左、右冠状动脉，分别自主动脉弓的根部发出，大部分分布到心脏（见心脏的血管），另外有少量分支分布到大血管的起始部。

(2) 主动脉弓（aortic arch）　为升主动脉的延续，出心包后向后上方弯曲，至第 5 或 6 胸椎腹侧，延续为胸主动脉。不同动物的主动脉弓在胸腔内的分支有差异：

①牛主动脉弓的分支　见图 5-12 和图 5-13。

臂头动脉干（brachiocephalic trunk）：为主动脉弓从凸面向前分出的粗大血管，是供应头、颈、前肢和胸壁前部血液的动脉总干。沿气管腹侧前行，于第 1 肋骨处分出左锁骨下动脉，于胸前口处分出双颈干后，延续为右锁骨下动脉。双颈干（bicarotid trunk）短而粗，起于臂头干，向前延伸于胸前口处、气管腹侧分为左、右颈总动脉，为供应颈部和头部血液的动脉总干。锁骨下动脉（subclavian artery）包括左、右锁骨下动脉，自臂头干分出后向前、向下和向外侧呈弓状延伸，绕过第 1 肋骨前缘、斜角

图 5-12　牛左侧胸腔器官

1. 斜方肌　2. 菱形肌　3. 胸最长肌　4. 颈腹侧锯肌
5. 肩胛上动、静脉　6. 背侧斜角肌、副神经
7. 最上肋间动、静脉和交感干
8. 第 8 颈神经和颈深动、静脉
9. 第 7 颈神经和椎动、静脉
10. 第 1 肋骨　11. 星状神经节（颈胸神经节）
12. 肋颈动脉干、肋颈静脉、颈中神经节
13. 迷走交感干、颈总动脉、颈内静脉
14. 锁骨下袢、胸导管
15. 前腔静脉、臂头动脉干、胸心神经　16. 胸主动脉
17. 颈长肌　18. 食管　19. 左喉返神经、左奇静脉
20. 迷走神经、气管　21. 肺静脉　22. 肺动脉干、膈神经
23. 左心耳　24. 左心室　25. 心包　26. 左锁骨下动、静脉
27. 颈外静脉　28. 头静脉　29. 胸廓外动、静脉
30. 胸廓内动、静脉　31. 右肺前叶　32. 肺副叶
33. 第 7 肋骨　34. 膈左内侧脚　35. 膈中心腱
36. 膈肋部　37. 第 10 肋骨　38. 胸骨
39. 纵隔后淋巴结　40. 颈浅动、静脉
41. 颈深动、静脉　42. 胸深肌　43. 腹外斜肌
（引自 Popesko，1985）

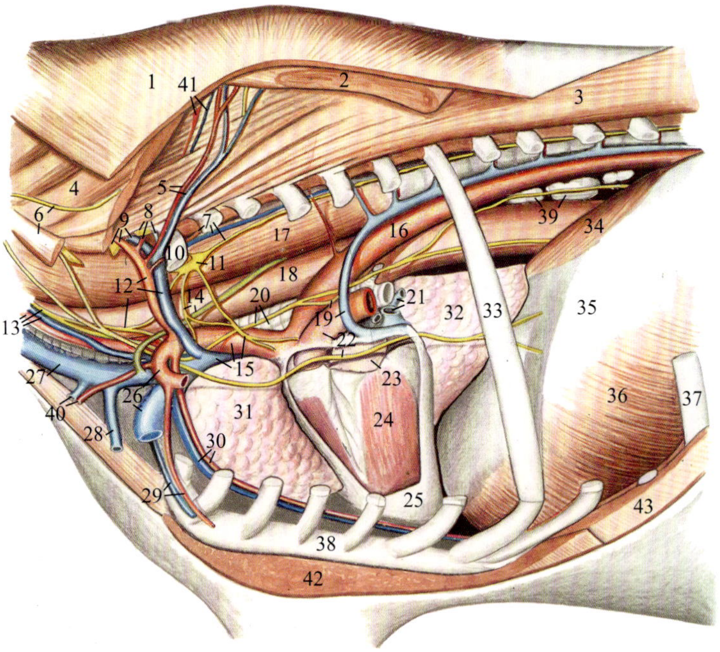

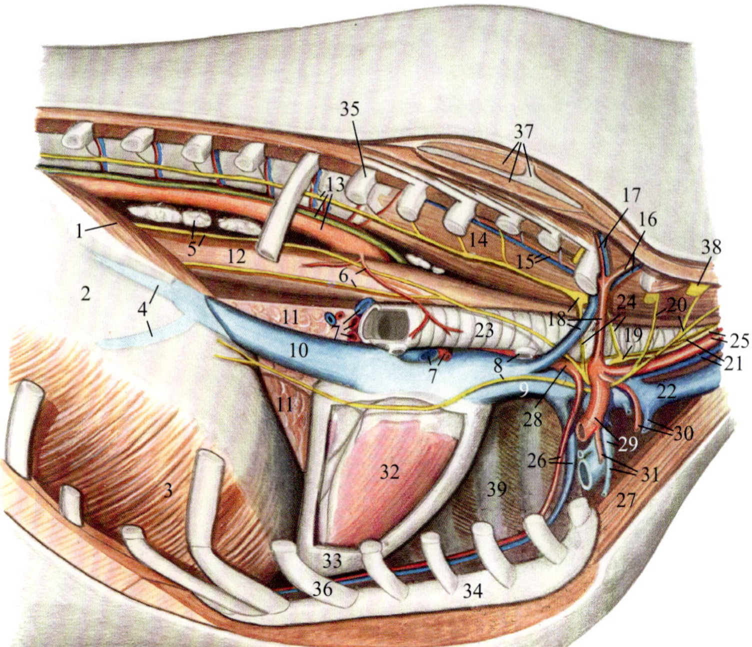

图 5-13　牛右侧胸腔器官

1. 膈右内侧脚　2. 膈中心腱　3. 膈肋部　4. 膈前静脉
5. 纵隔后淋巴结、迷走神经背侧干
6. 支气管动脉、迷走神经腹侧干　7. 肺动、静脉
8. 右膈神经、支气管　9. 前腔静脉
10. 后腔静脉　11. 肺副叶　12. 食管
13. 主动脉、胸导管、胸部交感干
14. 颈长肌　15. 最上肋间动、静脉
16. 椎动、静脉　17. 颈深动、静脉
18. 星状神经节（颈胸神经节）、肋颈动脉干、肋颈静脉
19. 颈中神经节　20. 膈神经根
21. 喉返神经、颈内静脉　22. 颈外静脉
23. 气管　24. 锁骨下袢
25. 迷走交感干、颈总动脉
26. 胸廓内动、静脉　27. 胸头肌　28. 臂头动脉干
29. 右锁骨下动、静脉　30. 颈浅动、静脉
31. 胸廓外动、静脉　32. 右心室　33. 心包
34. 胸骨　35. 第 6 肋骨　36. 第 6 肋软骨
37. 肩胛骨、肩部肌　38. 第 7 颈神经　39. 左侧胸壁
（引自 Popesko，1985）

肌间穿出胸腔，延续为腋动脉（前肢动脉的主干）。左、右锁骨下动脉在胸腔内的分支如下：

肋颈动脉干（costocervical trunk）：自锁骨下动脉起始部的背侧发出，在第 1 肋骨前缘向前、向上延伸，由后向前依次发出肋间最上动脉、肩胛背侧动脉和颈深动脉后，主干延续为椎动脉。肋间最上动脉分出前 3 支肋间背侧动脉。肋颈动脉干主要分布于鬐甲和颈背外侧的肌肉和皮肤。

颈浅动脉（superficial cervical artery）：为锁骨下动脉在正对第 1 肋骨（胸前口）处的分支，分布于胸前和肩前的肌肉和皮肤。

胸内动脉（thoracic internal artery）：较粗，在第 1 对肋骨处由锁骨下动脉向内、向后发出的分支，沿胸骨背侧向后延伸，沿途有分支分布到胸腺、纵隔、心包、胸壁肌肉和膈等，向后到剑状软骨与肋软骨交界处穿出胸腔，延续为腹壁前动脉。

②猪主动脉弓的分支　见图 5-14 和图 5-15。

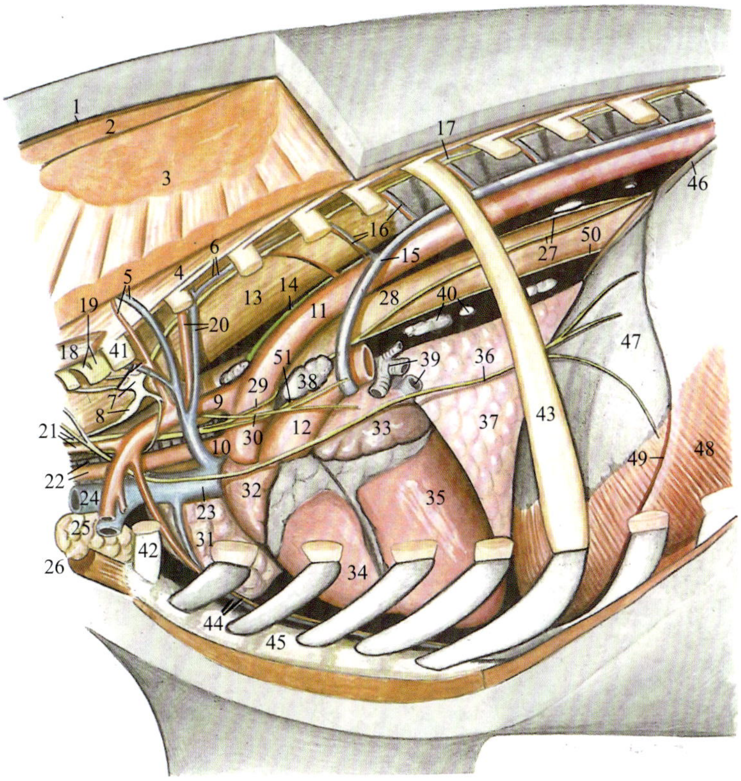

图 5-14　猪左侧胸腔血管及神经

1. 斜方肌　2. 菱形肌　3. 腹侧锯肌　4. 胸髂肋肌
5. 颈深动、静脉　6. 最上肋间动、静脉
7. 颈胸神经节和椎动、静脉　8. 颈中神经节
9. 左锁骨下动脉　10. 臂头动脉干　11. 主动脉
12. 肺动脉干　13. 颈长肌　14. 胸导管　15. 左奇静脉
16. 肋间背侧动、静脉　17. 交感神经干　18. 背侧斜角肌
19. 臂神经丛　20. 肋颈动脉干、肋颈静脉
21. 颈浅动脉、左侧迷走交感神经干
22. 气管、右颈总动脉　23. 前腔静脉　24. 颈外静脉
25. 腋动、静脉　26. 胸腺　27. 迷走神经背侧干
28. 食管　29. 左侧喉返神经　30. 心神经　31. 右肺前叶
32. 右心耳　33. 左心耳　34. 右心室　35. 左心室
36. 左侧膈神经　37. 肺副叶　38. 左侧支气管淋巴结
39. 肺静脉、左主支气管　40. 纵隔后淋巴结
41. 第 1 肋骨　42. 第 1 肋软骨　43. 第 6 肋骨
44. 胸廓内动、静脉　45. 胸骨　46. 左膈脚
47. 中心腱　48. 肋膈部　49. 纵隔胸膜切迹
50. 迷走神经腹侧干　51. 左侧迷走神经

（引自 Popesko，1985）

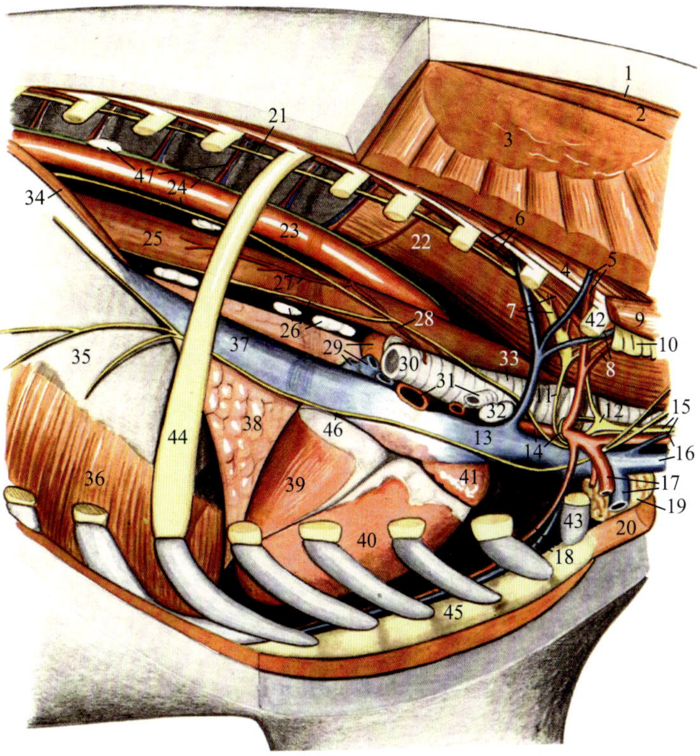

图 5-15　猪右侧胸腔血管及神经

1. 斜方肌　2. 菱形肌　3. 腹侧锯肌　4. 胸髂肋肌
5. 颈深动、静脉　6. 最上肋间动、静脉
7. 肋颈动脉干、肋颈静脉、颈胸神经节
8. 椎动、静脉　9. 背侧斜角肌　10. 臂神经丛
11. 锁骨下袢　12. 颈中神经节　13. 前腔静脉
14. 臂头动脉干、喉返神经　15. 迷走交感干、颈内静脉
16. 颈外静脉、颈总动脉　17. 腋动、静脉
18. 胸廓内动、静脉　19. 胸腺颈叶
20. 胸头肌和胸骨舌骨肌　21. 交感神经干　22. 颈长肌
23. 主动脉　24. 胸导管、迷走神经背侧干　25. 食管
26. 纵隔后淋巴结、迷走神经腹侧干　27. 食管动脉
28 支气管动脉　29. 肺静脉、左肺动脉
30. 右主支气管　31. 右肺动脉、支气管
32. 支气管前淋巴结　33. 气管　34. 右膈脚　35. 中心腱
36. 肋膈部　37. 后腔静脉　38. 肺副叶　39. 左心室
40. 右心室　41. 右心耳　42. 第 1 肋骨　43. 第 1 肋软骨
44. 第 6 肋骨　45. 胸骨　46. 右侧膈神经
47. 胸主动脉淋巴结和肋间背侧动、静脉

（引自 Popesko，1985）

臂头动脉干：由第 2 肋骨相对的主动脉弓凸缘发出，沿气管腹侧向前伸延，自 1、2 肋间隙分出双颈干后，延续为右锁骨下动脉。右锁骨下动脉绕过第 1 肋骨前缘后移行为右腋动脉。

左锁骨下动脉：起自 2、3 肋间隙相对的主动脉弓凸缘，沿臂头动脉干背侧向前延伸，绕过第 1 肋骨前缘移行为左腋动脉。

双颈干，左、右锁骨下动脉在胸腔内的主要分支和分布同牛。

③马主动脉弓的分支

臂头动脉干：与牛相似。从主动脉弓凸缘发出，沿气管腹侧向前伸延，于第1肋骨处分出左锁骨下动脉，于胸前口处分出双颈干后，延续为右锁骨下动脉。

锁骨下动脉：左锁骨下动脉在胸腔内的分支有肋颈干、颈深动脉、椎动脉、胸廓内动脉和颈浅动脉，但右侧的肋颈干、颈深动脉和椎动脉由臂头动脉干分出。

④犬主动脉弓的分支　见图 5-16 和图 5-17。

臂头动脉干：在第 2 或 3 肋间隙处，由主动脉弓的凸缘分出，向前延伸先分出左颈总动脉，再分出右颈总动脉，然后移行为右锁骨下动脉。犬（猫）的颈总动脉分别起源于臂头动脉干，且右颈总动脉的起点位置更靠前，因此犬、猫没有双颈干。

左、右锁骨下动脉：左锁骨下动脉约自第 3 肋骨相对处的主动脉弓凸缘发出，在臂头动脉干背侧前行。右锁骨下动脉由臂头动脉移行而来。左、右锁骨下动脉于第 1 或 2 肋骨间隙处先分出椎动脉，再分出肋颈干、胸廓内动脉和颈浅动脉后，主干绕过第 1 肋骨前缘成为腋动脉。

⑤兔主动脉弓的分支　与猪、犬相似。主动脉弓发出两条分支，臂头动脉干和左锁骨下动脉。臂头动脉很短，立即分为左颈总动脉、右颈总动脉和右锁骨下动脉 3 支。左、右锁骨下动脉分别走向左、右前肢。

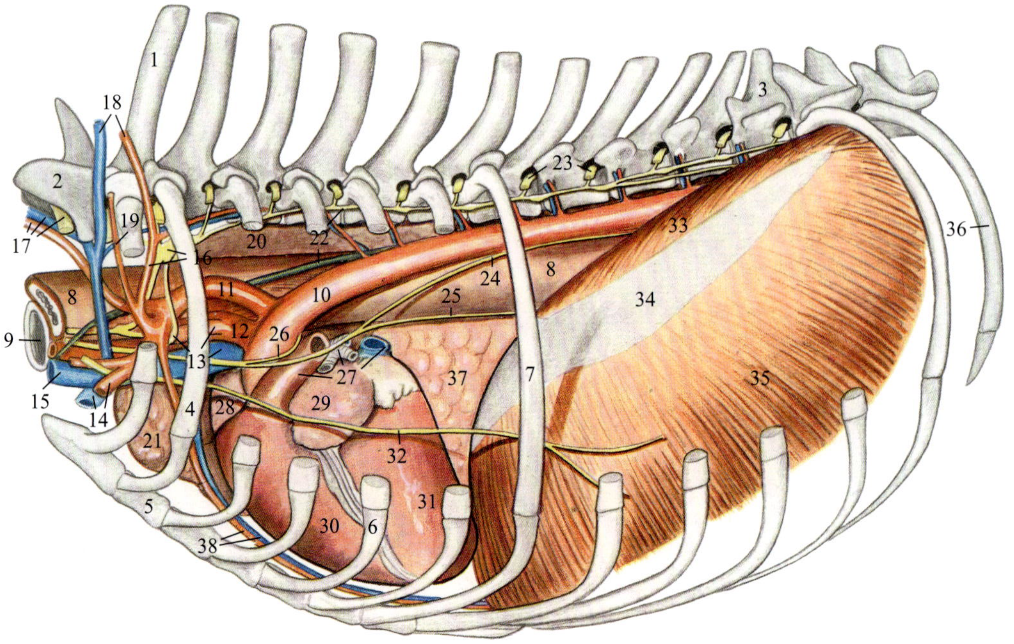

图 5-16　犬左侧胸腔器官

1. 第 1 胸椎　2. 第 7 颈椎　3. 第 11 颈椎　4. 第 2 肋骨　5. 胸骨　6. 第 5 肋软骨　7. 第 7 肋骨　8. 食管　9. 气管　10. 主动脉　11. 左锁骨下动脉　12. 臂头动脉干　13. 锁骨下袢、左颈总动脉、前腔静脉　14. 腋动、静脉　15. 左颈静脉　16. 肋颈动脉干、颈胸神经节（星状神经节）　17. 第 7 颈神经和椎动、静脉　18. 颈深动、静脉　19. 肩胛背侧动脉　20. 右肺　21. 右肺前叶　22. 交感干、胸导管　23. 胸神经　24. 迷走神经背侧干　25. 迷走神经腹侧干　26. 左喉返神经　27. 左主支气管、肺动脉干、肺静脉　28. 右心耳　29. 左心耳　30. 右心室　31. 左心室　32. 膈神经　33. 膈左内侧脚　34. 膈中心腱　35. 膈肋部　36. 第 13 肋骨　37. 肺副叶　38. 胸廓内动、静脉

（引自 Popesko，1985）

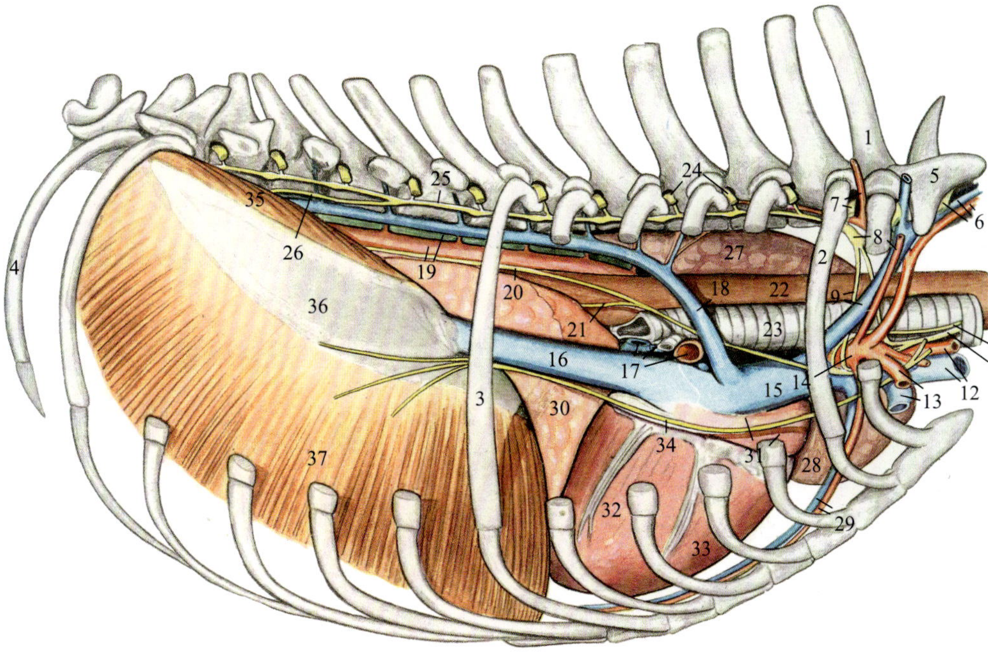

图 5-17　犬右侧胸腔器官

1. 第 1 胸椎　2. 第 2 肋骨　3. 第 7 肋骨　4. 第 13 肋骨　5. 第 7 颈椎　6. 第 7 颈神经和椎动、静脉
7. 颈深动脉、第 1 胸神经　8. 颈胸神经节（星状神经节）、肩胛背侧动脉　9. 右肋颈静脉　10. 右喉返神经
11. 迷走交感神经干　12. 右臂头静脉、右颈总动脉　13. 腋动、静脉　14. 右锁骨下动脉　15. 前腔静脉
16. 后腔静脉　17. 肺静脉、右肺动脉　18. 右奇静脉　19. 主动脉、胸导管　20. 迷走神经背侧干
21. 迷走神经腹侧干　22. 食管　23. 气管　24. 胸神经　25. 交感干　26. 内脏大神经
27,28. 左肺　29. 胸廓内动、静脉　30. 肺副叶　31. 右心房　32. 左心室
33. 右心室　34. 膈神经　35. 膈右内侧脚　36. 膈中心腱　37. 膈肋部
（引自 Popesko，1985）

（3）胸主动脉（thoracic aorta）是主动脉弓向后延续至膈的部分，位于胸椎腹侧稍微偏左，穿过膈的主动脉裂孔延续为腹主动脉。其主要分支如下。

支气管食管动脉（bronchoesophageal artery）：牛和猪等的支气管动脉和食管动脉通常在气管分叉相对处起于胸主动脉的起始部，有时也以一主干起于胸主动脉，称为支气管食管动脉干，然后再分成两支。犬的支气管食管动脉干常起始于第 5 肋间背侧动脉相对应的胸主动脉（马约第 6 胸椎腹侧），然后分为支气管支和食管支，分布于气管、支气管和食管。

肋间背侧动脉：见第一节。

2. 肺动脉（lung artery） 肺动脉干起自右心室的肺动脉口，在升主动脉的左侧向后向上伸延，并通过动脉导管索或动脉韧带相连，至心底后上方分为左、右肺动脉，分别与同侧支气管一起经肺门入肺。肺动脉在肺内随支气管的分支而分支，最后在肺泡周围形成毛细血管网，在此完成气体交换。

3. 静脉

（1）前腔静脉（cranial vena cava）为收集头颈、前肢和部分胸壁、腹壁静脉血的短粗静脉干。由左、右颈内静脉和左、右颈外静脉（牛）或颈静脉（马），以及左、右锁骨下静脉于胸前口处汇合而成。猪、犬的左、右颈外静脉和左、右锁骨下静脉先汇集成左、右臂头静脉，然后合并形成前腔静脉。在犬和马，前腔静脉的根部还有右奇静脉注入。

（2）后腔静脉（caudal vena cava）后腔静脉穿过膈上的腔静脉裂孔进入胸腔，在心后纵隔内向前伸延，于气管的腹外侧注入右心房的腔静脉窦。

（3）奇静脉（azygous vein）奇静脉由肋间背侧静脉等汇集而成，是胸壁静脉的主干。牛、猪为左奇静脉，位于胸椎腹侧，沿胸主动脉前行，在大约第 5 肋骨处偏向主动脉弓左侧，向前向下向后再向右注入右心房的冠状窦；犬、马为右奇静脉，位于胸椎腹侧，胸主动脉的右侧，在第4肋间隙处呈弓状向前向下横过食管、气管右侧，注入前腔静脉根部，再进入右心房。

（4）肺静脉（pulmonary vein） 由肺内毛细血管汇合而成，与肺动脉、支气管伴行，最后汇集成6～8条肺静脉（牛约7支，马5～8支，猪约5支，犬约6支），由肺门出肺后注入左心房。

（六）胸腔内的淋巴器官

1. 胸腺 胸腺（thymus）分为颈、胸两部分，呈粉红色或红色，质地柔软，位于心前纵隔内及颈部气管的两侧。奇蹄类和肉食类动物的胸腺主要位于胸腔内，反刍类动物和猪的胸腺在颈部也很发达，可向前延伸到喉部。

胸腺的大小和结构因年龄会有很大变化。家畜出生后，胸腺仍继续发育，到性成熟期体积最大，而后则逐渐退化。胸腺开始退化的时间在不同的家畜分别是：牛4～5岁，马2～3岁，羊1～2岁，猪、犬1岁。胸腺退化后至老年期几乎全部被结缔组织或脂肪组织所代替。

2. 淋巴结（图5-18）

（1）胸背侧淋巴中心（dorsal thoracic lymph center） 包括肋间淋巴结和胸主动脉淋巴结，分别位于肋间隙上端、肋骨小头前方的脂肪和胸主动脉与胸椎椎体之间的纵隔中的脂肪内。犬无胸主动脉淋巴结，仅有1个肋间淋巴结，位于第5或第6肋间隙肋头关节处。猪缺肋间淋巴结。

（2）胸腹侧淋巴中心（ventral thoracic lymph center） 包括胸骨淋巴结和膈淋巴结。胸骨淋巴结位于胸骨背侧胸廓内动、静脉沿途，牛、马的分为胸骨前淋巴结和胸骨后淋巴结。猪、犬只有胸骨前淋巴结。膈淋巴结位于膈的胸腔面、后腔静脉裂孔附近。

（3）纵隔淋巴中心（mediastinal lymph center） 位于纵隔中，有纵隔前、中、后3群淋巴结。羊和猪缺纵隔中淋巴结，犬缺纵隔中、后淋巴结。

（4）支气管淋巴中心（bronchial lymph center） 位于气管分叉的周围，有5个淋巴结群，即气管支气管前、左、右、中淋巴结和肺淋巴结。犬、马无气管支气管前淋巴结。

3. 淋巴导管

（1）胸导管（thoracic duct） 是全身最大的淋巴管道，收集除右淋巴导管以外的全身淋巴。起始部呈长梭形膨大，称为乳糜池（chyle cistern），位于最后胸椎和第1～3腰椎腹侧，在主动脉和右膈脚之间。由膈上的主动脉裂孔进入胸腔，沿胸椎腹侧、胸主动脉的右上方前行，然后由食管和气管的左

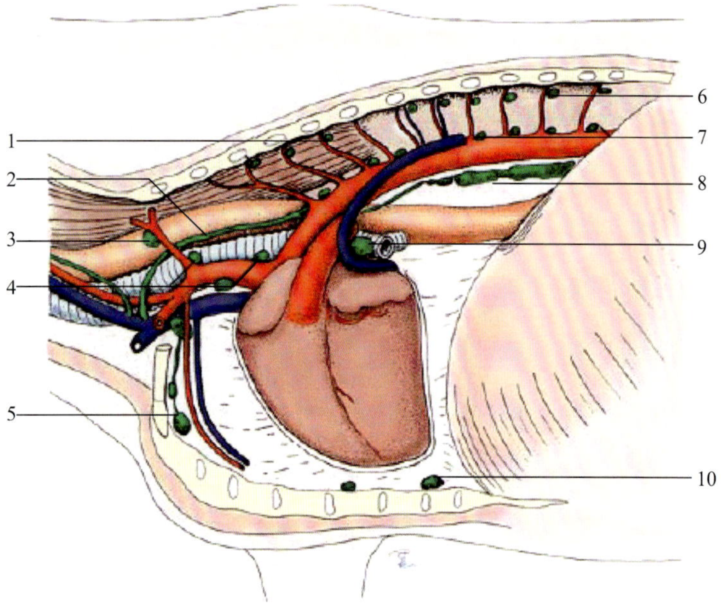

图5-18 牛胸腔淋巴结

1. 肋间淋巴结
2. 胸导管
3. 肋颈淋巴结
4. 纵隔前淋巴结
5. 胸骨前淋巴结
6 肋间淋巴结
7. 胸主动脉淋巴结
8. 纵隔后淋巴结
9. 气管支气管淋巴结
10. 胸骨后淋巴结

（引自陈耀星和刘为民，2009）

侧下行，在胸腔前口处注入前腔静脉或左颈静脉，汇入血液循环。

（2）右淋巴导管（right lymphatic duct） 位于胸腔前口附近，为右侧气管干的延续，短而粗，收集右侧头颈部、右前肢及胸壁和胸腔器官右侧半的淋巴，末端注入前腔静脉或右颈外静脉。

（七）胸腔内的神经（图 5-12 至图 5-17）

1. 脊神经

（1）胸神经 见第一节。

（2）膈神经（diaphragmatic nerve） 由第 5 ～ 7 颈神经的腹侧支汇合而成，左、右各一条。膈神经在腋动脉的内侧由胸前口进入胸腔，沿纵隔向后伸延，分支分布于膈。兔膈神经由第 4 ～ 6 颈神经的腹侧支汇合而成。

2. 胸部交感神经

（1）星状神经节（stellate ganglion） 即颈胸神经节（cervicothoracic ganglion），体积较大。由颈后神经节和第 1、2 胸神经节合并而成，位于第 1 肋椎关节腹侧、颈长肌表面，向后接胸部交感干。该神经节向四周发出节后神经纤维：向前上方发出椎神经；向背侧到臂神经丛；向后下方发出心支，参与构成心神经丛，分布于心和肺。

（2）胸部交感干 紧贴在胸椎椎体的腹外侧，左、右各一条，向后接腰部交感干。

胸神经节（thoracic ganglion）：属于椎旁神经节，位于胸部交感干上，除第 1、2 胸神经节参与形成颈胸神经节外，在每个椎骨间都有一胸神经节。胸神经节发出的节后神经纤维，一部分形成灰交通支返回胸神经，分布于胸部血管、皮肤的立毛肌和汗腺等。此外，胸神经节发出神经纤维走向心，参与构成心丛及肺丛，分布于心、支气管和肺等。

内脏大神经（greater splanchnic nerve）：自胸部交感干中后段发出，与胸交感干并列向后延伸，在最后胸椎后方离开胸交感干，经腰小肌与膈脚之间进入腹腔，连接腹腔肠系膜前神经节和丛。

内脏小神经（lesser splanchnic nerve）：由胸部交感干的后段发出，在内脏大神经的后方，连接肾上腺丛和腹腔肠系膜前神经节和丛，且有分支参与构成肾神经丛。

兔颈后神经节常与第 1 胸神经节合成颈胸神经节，内脏大神经来自第 8 ～ 10 节段的胸部脊髓，走向腹腔肠系膜前神经节，内脏小神经常并入内脏大神经内，不独立存在。

（3）迷走神经（vagus nerve） 自颈部移行的迷走交感干在胸前口处分为交感干和迷走神经，交感干走向背侧至颈中神经节，迷走神经在食管左侧或气管右侧面入胸腔，在心前方分出心支和喉返神经。心支（cardiac branches）与交感神经的心支和喉返神经的心支共同组成丛，分布于心和大血管。喉返神经（recurrent laryngeal nerve）转向内侧，左侧的绕过主动脉弓后方向前延伸，初行于气管与食管之间，到颈部则位于食管腹侧；右侧的绕过右锁骨下动脉后沿气管腹外侧向前延伸。双侧喉返神经前行途中发出分支至气管、食管和心丛，其末部为喉后神经，分布于除环甲肌以外的所有喉肌。

迷走神经分出上述 2 支后，继续向后延伸经过心底上方，分出支气管支和食管支，分布于肺和食管，然后分为背侧支和腹侧支。两侧背侧支联合形成迷走神经背侧干（dorsal vagal trunk），腹侧支联合形成迷走神经腹侧干（ventral vagal trunk），分别沿食管背侧面和腹侧面向后延伸，经膈的食管裂孔入腹腔。

【思考题】

1. 什么是胸廓、胸腔、胸膜、胸膜腔及纵隔？
2. 胸壁包括哪些肌肉？其分布如何？
3. 胸腔内的主要器官有哪些？位置如何？
4. 迷走神经在胸腔内有哪些分支？
5. 不同动物主动脉在胸腔内的分支有何差别？

第六章

腹部解剖

【教学目标】

1. 掌握牛、羊等动物腹壁的层次结构及其特点。
2. 掌握牛、羊腹腔内脏器官的形态、结构、位置及其相互关系。
3. 掌握猪、犬、马和兔腹腔内脏器官的形态结构特征。
4. 掌握腹腔内血管、神经和内脏淋巴结的名称及分布规律。

第一节　腹壁解剖

一、界限

上界：腰椎横突末端的连线。

前界：第一腰椎、肋弓和胸骨的剑状软骨。

下界：腹中线（为两侧软腹壁的连接线）。

后界：髋关节至最后腰椎横突末端的连线，并向下续接腹股沟韧带。

软腹壁可分为侧部和底部，二者之间系以从膝褶向前至肋弓的水平线为界。腹壁侧部又可分为背侧的肷窝和腹侧的髂部，其分界是一条从髋结节至最后肋骨末端的连线。腹底部又可分为脐前部和脐后部，脐后部在左右膝关节连线以后的部分，称为腹股沟部。

二、解剖步骤

1. 剥皮及观察皮下结构　先沿最后肋骨后缘做垂直切线，再沿腹中线做纵切，前从胸骨的剑状软骨与上切线相交，后至骨盆前口，最后沿最后腰椎横突末端和髋结节的连线，并向下续接腹股沟韧带至骨盆前口，与前线相交。将腹部皮肤沿腹正中线剥离，并向背侧（上界）翻掀。剥离时勿伤及皮肌，观察皮肤神经的分布；在浅筋膜中观察皮肌的走向，皮肤神经和血管在皮肌中的分布。除去躯干皮肌，在牛、羊等的软腹壁上明显可见一层浅黄色有弹性的致密结缔组织，称为腹黄筋膜，该膜可增强腹壁的弹性和韧性，保护腹肌和内脏器官，为草食动物所特有。

2. 观察腹壁肌肉　由外向内依次为腹外斜肌、腹内斜肌、腹直肌和腹横肌，注意各肌肉的起止点、肌纤维方向及相互之间的层次关系。

3. 观察腹壁血管　供应腹壁的动脉主要有旋髂深动脉、腹壁前动脉和腹壁后动脉、部分肋间动脉和腰动脉的分支，观察这些动脉的来源、走向和分支与分布。仔细观察腹壁的静脉分支特点、数量和走向。这些静脉常与相应的动脉并行。

4. 观察腹壁的神经支配 在腰椎横突末端，腹内斜肌和腹横肌之间，可找到最后肋间神经、髂腹下神经、髂腹股沟神经和生殖股神经，追踪其走向、分支与分布及其与相邻结构的层次关系。注意这些神经离开腰椎时的位置。

三、解剖层次与结构

1. 第一层——皮肤 腹壁侧壁部的皮肤较厚于腹底部的皮肤。

2. 第二层——皮下组织和浅筋膜 腹底壁部皮下组织较发达，浅筋膜内有胸腹皮肌。浅筋膜在背侧肷窝及腰部与背腰背筋膜相结合，腹侧壁则与腹黄筋膜相结合。

3. 第三层——筋膜下间隙 以疏松结缔组织填充，营养好的畜体，此层蓄积有脂肪，并有腹皮下动静脉、神经、淋巴结以及母畜的乳房或公畜的外生殖器官等（图 6–1）。

（1）乳房（udder） 见第八章。

（2）腹壁皮下动脉（subcutaneous artery of abdominal wall） 又称腹壁后浅动脉（superficial caudal epigastric vein），为阴部外动脉分出的前支，沿阴囊和包皮（母畜的乳房）外侧前行至脐部，在此分出终支与胸廓内动脉的终支吻合，本干沿途分出细支分布于皮肌、包皮和阴囊（或乳房）。

（3）腹皮下静脉（subcutaneous abdominal vein） 母畜的较粗，尤其是泌乳期更粗，故又称乳房静脉（mammary vein），在同名动脉外侧相伴前行，在牛伸至第 11 肋骨相对处的剑状软骨两侧各有一孔，

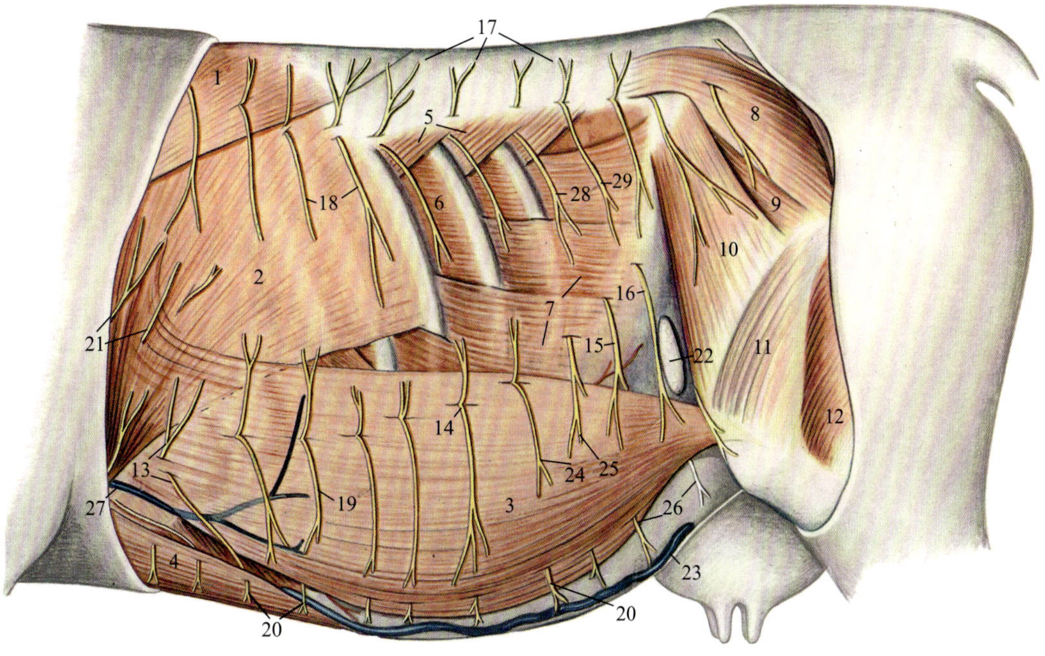

图 6–1 牛腹壁浅层结构

1. 胸斜方肌 2. 背阔肌 3. 躯干皮肌 4. 胸深肌（胸升肌） 5. 后背侧锯肌 6. 肋间外肌 7. 腹外斜肌 8. 臀中肌 9. 臀深肌 10. 阔筋膜张肌 11. 股阔筋膜（和股外侧肌） 12. 股二头肌 13. 第 6 肋间神经外侧皮支 14. 第 11 肋间神经外侧皮支 15. 髂腹下神经外侧皮支 16. 髂腹股沟神经外侧皮支 17. 胸神经背侧支 18. 胸神经背外侧皮支 19. 肋间神经腹外侧皮支 20. 肋间神经腹侧皮支 21. 肋间臂神经分支 22. 髂下淋巴结 23. 腹壁前浅静脉（腹皮下静脉） 24. 第 12 肋间神经外侧皮支 25. 肋腹神经外侧皮支 26. 腰神经腹侧皮支 27. 胸廓外静脉 28. 第 13 胸神经背外侧皮支 29. 第 1 腰神经背侧支

（引自 Popesko，1985）

称为乳井，经此孔伸入至胸腔内与胸廓内静脉吻合。

（4）腹股沟浅淋巴结（superficial inguinal lymph nodes） 有 2～4 个，位于阴茎背外侧，在精索的后方。母牛称乳房上淋巴结，位于乳房基部后上方皮下。

（5）股前淋巴结（prefemoral lymph nodes） 又名膝上淋巴结（superior genus lymph node）或髂下淋巴结（subiliac lymph node），位于阔筋膜张肌前缘，膝盖骨上方的筋膜下间隙。它的输入淋巴管收集腰荐部、腹侧部、胸后侧壁和股部外侧等皮肤和皮下的淋巴；输出淋巴管注入髂内淋巴结。

4. 第四层——深筋膜 草食动物的发达，称为腹黄筋膜。

5. 第五层——腹外斜肌（external oblique abdomenal muscle） 位于腹肌的最外层（图 6-2）。肌纤维方向除腹胁部呈水平方向外，其余均由前上方斜向后下方，肌层逐渐变薄，并在肋弓的后下方转为宽大的腱膜。腱膜的浅面与腹黄筋膜相密接，深面又和腹内斜肌的腱膜相结合。由此在腹底壁部形成腹直肌鞘的外壁，并于腹白线处与对侧同名肌的腱膜相连，此部称为腹外斜肌腱膜的腹板（abdominal plate）。位于腹股沟部的腱膜又分为两部，一部伸向后上方止于髋结节和耻前腱，此部称为髂板（ilium plate），并在其后缘（髋结节至耻骨前缘之间的部分）加厚，称为腹股沟韧带，后者形成腹股沟管的后壁；另一部称为股板（femoral plate），位于股部内侧，由此腱膜连于股内侧筋膜。

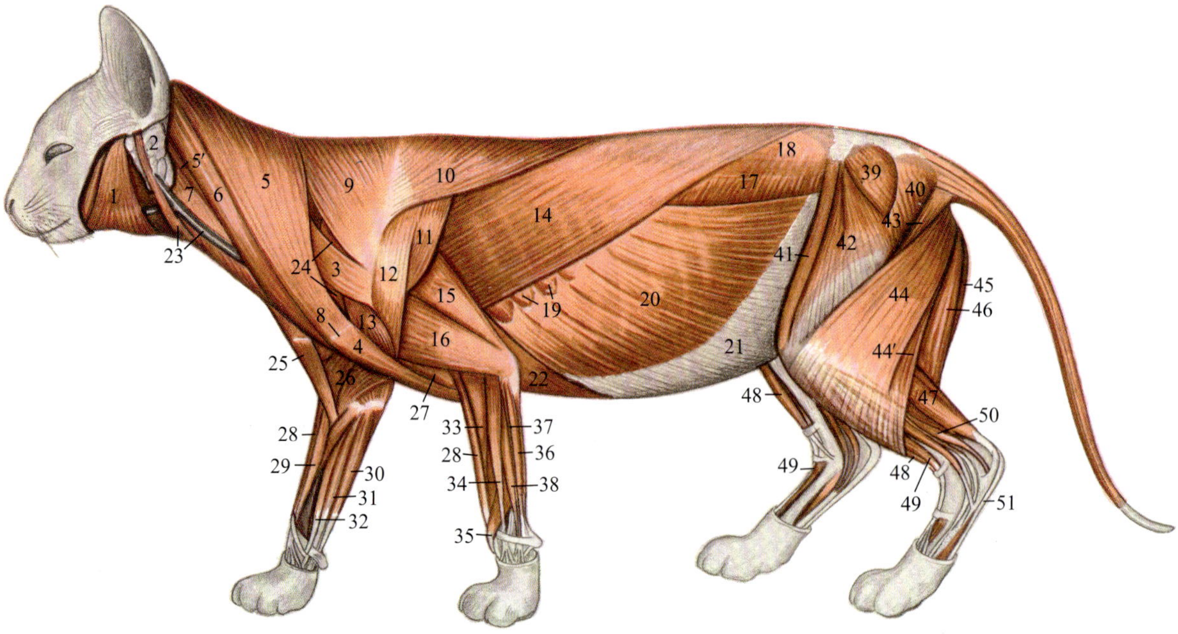

图 6-2 猫全身浅层结构

1. 颈深括约肌 2. 腮腺 3. 肩胛横突肌 4,5,5'. 臂头肌 4. 左锁臂肌 5. 锁颈肌 5'. 锁乳突肌 6. 胸枕肌 7. 胸乳突肌 8. 锁骨腱划 9. 颈斜方肌 10. 胸斜方肌 11. 冈下肌 12. 三角肌肩胛部 13. 三角肌肩峰部 14. 背阔肌 15. 臂三头肌长头 16. 臂三头肌外侧头 17. 腹内斜肌 18. 胸腰筋膜 19. 胸腹侧锯肌 20. 腹外斜肌 21. 腹外斜肌腱膜 22. 胸深肌（胸升肌） 23. 腮耳肌、颈外静脉 24. 冈上肌 25. 右锁臂肌 26. 胸浅肌（胸降肌） 27. 臂肌 28. 臂桡肌 29. 右腕桡侧伸肌 30. 指浅屈肌 31. 指深屈肌桡骨头 32. 腕桡侧屈肌 33. 左腕桡侧伸肌 34. 指总伸肌 35. 拇长展肌 36. 尺外侧肌 37,38. 指外侧伸肌 37. 第 5 指固有伸肌 38. 第 3 和 4 指固有伸肌 39. 臀中肌 40. 臀浅肌 41. 缝匠肌 42. 阔筋膜张肌 43. 小腿前展肌（尾股肌） 44. 股二头肌前部 44'. 股二头肌后部 45. 半膜肌 46. 半腱肌 47. 腓肠肌 48. 胫骨前肌 49. 趾长伸肌 50. 第 1 趾长屈肌 51. 趾浅屈肌

（引自 Popesko，1985）

犬的腹外斜肌肌质部较宽，起于后 8～9 个肋骨及背腰筋膜，肌纤维走向后下方，止于髂骨和腹白线（图 6-3）。

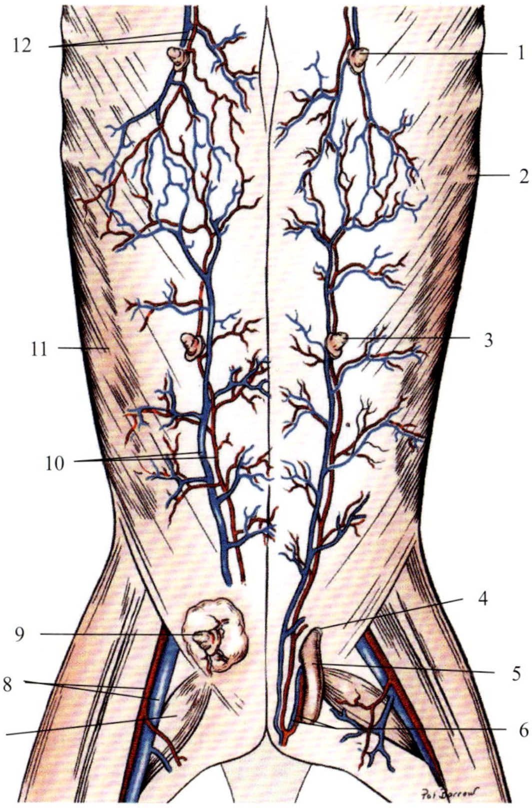

图 6–3　犬腹壁腹侧浅层结构

1. 腹壁前乳头　2. 第 13 肋骨
3. 腹后部乳头　4. 腹股沟浅环
5. 鞘突　6. 阴部外动、静脉
7. 耻骨肌　8. 股动、静脉
9. 腹股沟乳腺和乳头
10. 腹壁后浅动、静脉
11. 腹外斜肌
12. 腹壁前浅动、静脉
（引自 Evans 和 de Lahunta，2017）

6. 第六层——腹内斜肌（internal oblique abdomenal muscle） 位于腹外斜肌深层，起于髋结节，牛和犬的还通过腰背筋膜起自腰椎横突。肌纤维走向前下方，止于最后肋骨后缘、腹白线和耻前腱。该肌于膝褶的水平线转为腱膜。此腱膜浅层与腹外斜肌腱膜相结合，向下止于腹白线和耻前腱，并形成腹直肌鞘的外壁。另又于脐前部分出一腱膜深层，后者与腹横肌腱膜相结合，形成腹直肌鞘的内壁。腹内斜肌的上缘较厚，自髋结节至最后肋骨下端，此部又称髋肋脚，其体表轮廓明显，是为肷窝的下界在腹内斜肌的起始部，切断部分肌纤维并向下分离，观察其深层的旋髂深动、静脉的分支，以及最后肋间神经与第 1、2 腰神经的腹侧支（图 6–4）。

（1）旋髂深动脉（deep iliac circumflex artery） 自髂外动脉的起始部分出，位于腹内斜肌髋肋脚的背内侧面，分为前、后两支。前支有小分支到髂肌和腰肌，主干分布到腹内斜肌、腹外斜肌、腹横肌和腹部皮肤；后支分布到股阔筋膜张肌、皮肌、髂下淋巴结和皮肤。与其伴行的同名静脉，收集静脉血汇入髂外静脉。

（2）最后肋间神经（last intercostal nerve） 又称肋腹神经，为最后胸神经的腹侧支，自椎间孔穿出后，沿最后肋骨上端的后缘向外后下方延伸，经第 1 腰椎横突末端的前缘，下行于腹内斜肌和腹横肌之间，并分出浅支穿过腹内、外斜肌形成皮神经，分布至皮肤，还发出肌支支配腹横肌、腹外斜肌和腹内斜肌。深支沿平行于最后肋骨的后缘下行，进入腹直肌。

（3）髂腹下神经（iliohypogastric nerve） 来自第 1 腰神经的腹侧支，经腰大肌背侧向外后下方延伸，斜过第 2 腰椎横突腹侧至第 3 腰椎横突末端的前缘下方处，再分为浅、深两支。浅支为皮支，沿腹横肌的外侧面向后下方延伸，并穿过腹内、外斜肌和胸腹皮肌，分布于腹侧壁和膝关节外侧的肌肉和皮肤；深支沿腹横肌内侧面后下方延伸，到达腹股沟部，分支至腹横肌、腹直肌和腹内斜肌，或与髂腹股沟神经内侧支相连，或直接分布到包皮、阴囊或乳房。

（4）髂腹股沟神经（ilioinguinal nerve） 来自第 2 腰神经的腹侧支。经腰大肌的背侧向外后下方延伸，斜至第 4 腰椎横突末端的外侧缘，至此分为浅、深两支。浅支走向膝外侧部和髋结节下方的皮肤；

深支走向后下方并越过旋髂深动脉，分出分支至腹横肌和腹内斜肌，其中有一分支在腹股沟管内口附近处与髂下腹神经及精索外神经的分支结合，分布于股部内侧和公畜外生殖器官或母畜乳房的皮肤。

（5）生殖股神经（genitofemoral nerve） 又称精索外神经。纤维主要来自第3腰椎神经的腹侧支，经腰方肌和腰大肌之间穿出，并接受第2和第4腰神经腹侧支的部分纤维。横过旋髂深动脉的外侧下行。通过腹股沟管，分布于腹内斜肌、包皮、阴囊和睾提肌。在母牛，分布于乳房。

（6）腹股沟管（inguinal canal） 位于腹底壁后部，为腹外斜肌和腹内斜肌之间的裂隙。该管有内、外两个口，内口通腹腔称深环，外口通皮下称浅环。公畜腹股沟管内有精索、总鞘膜、提睾肌、血管、淋巴管和神经通过。母畜仅有血管、淋巴管和神经通过。

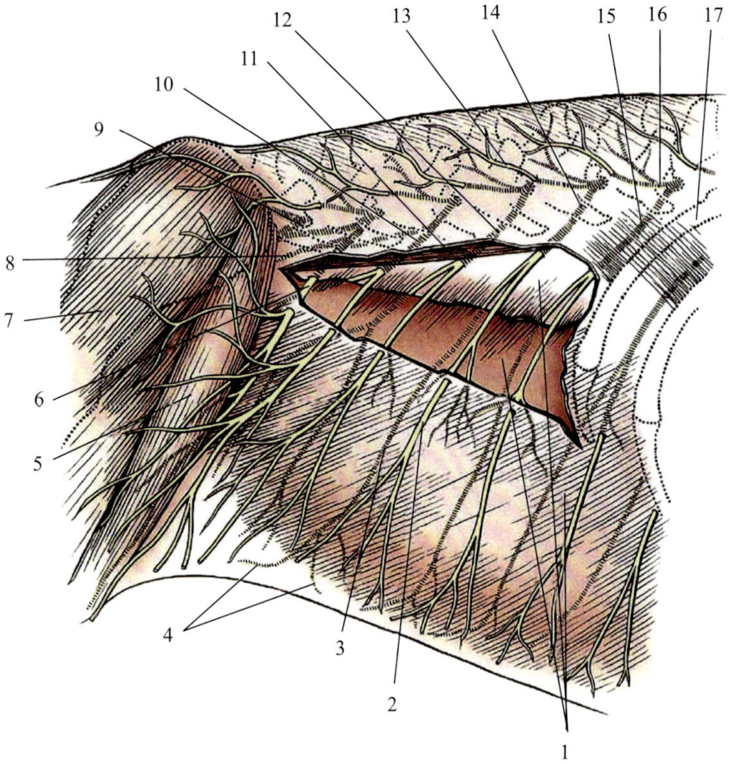

图 6-4 犬的腹壁神经

1. 腹外斜、腹内斜、腹横肌
2. 第1腰神经外侧皮支
3. 第1腰神经内侧支 4. 至腹直肌的分支
5. 缝匠肌 6. 股外侧皮神经（第4腰神经）
7. 臀中肌 8. 生殖股神经 9. 第5腰神经
10. 髂腹股沟神经（第3腰神经）
11. 腰髂肋肌
12. 髂腹下后神经（第2腰神经）
13. 背侧皮支
14. 髂腹下前神经（第1腰神经）
15. 第13胸神经腹侧支
16. 第13胸神经背侧支
17. 第13肋

（引自 Evans 和 de Lahunta，2017）

7. 第七层——腹直肌（straight abdominal muscle） 腹直肌是腹底壁的肌质基础。肌纤维前后纵走，呈宽带状，肌腹上有3～5条腱划，肌腹的内、外侧面与腱膜相密接。该肌前端起自第4胸骨肋以后的肋软骨及胸骨的腹外侧面，后端止于耻骨前缘，其抵止腱强厚，称为耻前腱，供腹内、外斜肌及股薄肌附着。左右腹直肌，于腹底壁正中线处，与腹白线相连。待腹腔内脏观察完后，再分离腹直肌的肌腹，并观察后7对肋间神经以及腹壁前、后动脉与静脉，后者延伸于腹直肌的背侧缘。腹壁前动脉来自胸廓内动脉，后者是由左（右）锁骨下动脉发出。腹壁后动脉来自阴部腹壁动脉干，为股动脉的第一个分支。

8. 第八层——腹横肌（transverse abdominal muscle） 是软腹壁的最内层肌肉，较薄，起自腰椎横突及弓肋下端的内侧面，肌纤维横向内下方，以腱膜止于腹白线，并参与组成腹直肌鞘的内壁。

9. 第九层——腹横筋膜（endoabdominal fascia） 腹横筋膜是一层薄的结缔组织纤维板，紧密地附着于腹横肌的内面。它向上转为腰内筋膜，向前转为膈筋膜，向下则与腹白线连合。

腹白线（linea alba abdominis）：由左右腹壁的腹黄筋膜、腹肌腱膜和腹横筋膜纤维交织形成的一条致密结缔组织纤维线，如一个狭窄的长三角形，此三角形的底连于剑状软骨，尖端朝向后方，沿着两侧腹直肌之间向后延伸到耻前腱（图 6-3）。在腹白线的中点（约与最后肋骨平对）处有一疤痕，即为胚胎时期脐孔的位置。

10. 第十层——腹膜（peritoneum）壁层 腹膜壁层为一层浆膜，紧贴于软腹壁的内表面。营养良好的畜体，在腹膜外（与腹横筋膜之间）往往蓄积有大量脂肪。

第二节 腹腔和腹膜

腹腔（abdominal cavity）是动物体内最大的体腔。呈前后伸长、左右稍扁的卵圆形，其长轴由后上方斜向前下方。腹腔的前壁以横膈膜与胸腔分界，膈向前隆凸，而且两侧被后部的一些肋骨及肋软骨所掩盖，所以腹腔的实际范围，要比体表所见的界限范围大得多。后端顶点在骨盆前口的中央；前端顶点位于膈的腱质部向前最突出之处，相当于第 6（牛）或第 7（马）肋骨中下部的横断面上。

腹腔的背侧是腰椎、腰肌和膈的腰部（膈脚）；两侧壁为软腹壁、肋弓的肋软骨和膈的肋骨部；底壁是剑状软骨和软腹壁的底部；前壁为膈；后方连通骨盆腔，二者常以骨盆前口为界。

在腹腔（包括骨盆腔的前半部）的内表面和内脏器官的外表面均贴附有一层浆膜，统称为腹膜（peritoneum）。其中贴附于腹腔和骨盆前半部周壁内表面的部分为腹膜壁层；部分或完全地包裹在内脏器官外表面者为腹膜脏层；两侧的腹膜壁层于背侧正中线处向下折转并移行连接腹膜脏层，此移行连接部称为系膜、网膜或韧带（图 6–5），以此固定器官的位置，并且分布于器官中的血管、神经及淋巴管等常都通行于其中。腹膜壁层与脏层之间狭窄的腔隙即为腹膜腔（peritoneal cavity）。

由此可见，腹腔器官与腹腔及腹腔膜之间的关系是：所有器官均位于腹腔之内、腹膜腔之外。腹膜腔内仅有少量浆液，起润滑作用，腹膜壁层对疼痛的感觉很敏锐，而腹膜脏层对痛感则较迟钝。另外，腹膜还具有一定的吸收能力，这在临床上具有特定的实用意义。

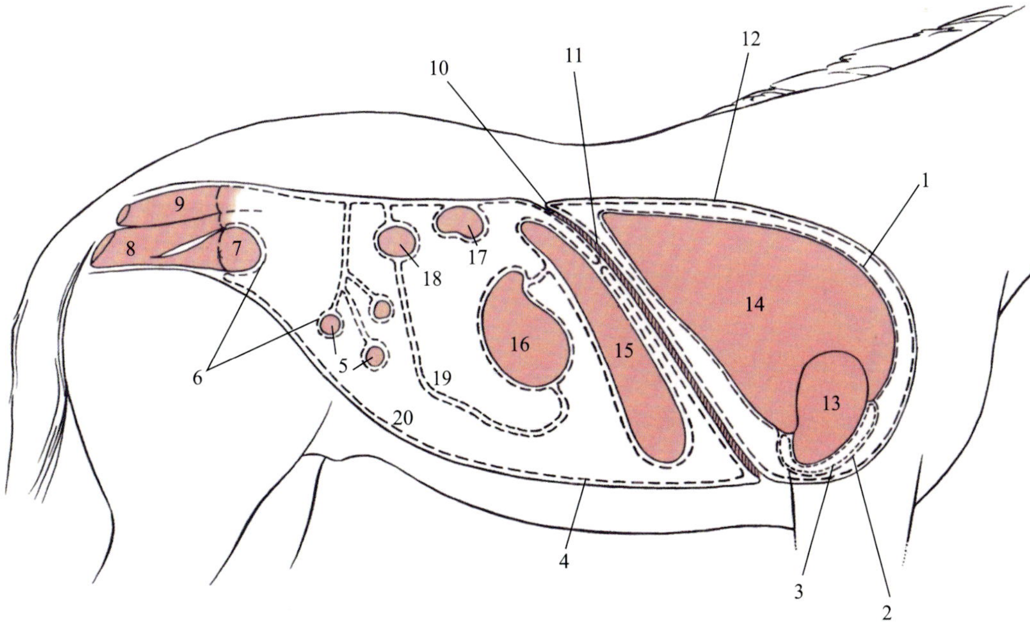

图 6–5 腹腔和骨盆腔腹膜示意图

1. 胸膜脏层 2. 心包胸膜 3. 心包 4. 腹膜壁层 5. 小肠 6. 腹膜脏层 7. 膀胱 8. 阴道 9. 直肠 10. 膈 11. 冠状韧带 12. 胸膜壁层 13. 心脏 14. 右肺 15. 肝 16. 胃 17. 肾 18. 结肠 19. 大网膜 20. 腹腔

（引自 Evans 和 de Lahunta，2013）

第三节　腹腔内器官的解剖

一、解剖步骤

1. 观察腹腔内脏器官　首先要切开腹壁。在切除腹肌和部分肋骨之后，再于肋弓的后方小心地切开腹膜壁层，然后提起肋弓，并沿肋弓的内侧面切断膈的肋骨附着部，这样就可将膈向前推开，并切断它与内脏器官之间的浆膜连接，由此从一侧露出腹腔器官，以便逐一进行解剖观察。另一侧解剖方法相同。

2. 观察腹膜　在完成腹壁的观察之后，用剪刀剪开腹膜，分清壁层和脏层。依次观察下列结构。

①大网膜　牛和羊的大网膜发达，打开右侧腹膜后，可见大网膜包裹了除十二指肠以外的绝大部分肠管。位于表层的是大网膜的浅层，剪开浅层可见大网膜的深层。观察深层和浅层大网膜的起始部和二者的关系及其附着于哪些器官。

②小网膜的位置，以及它与哪些器官的什么位置相连。

3. 观察腹腔器官　切开腹膜壁层，分别从左侧和右侧观察腹腔器官，例如，肝和胆囊与胆管、胃（牛、羊：瘤胃、网胃、瓣胃和皱胃）、脾、十二指肠、胰和胰管、空肠、回肠、盲肠、结肠、肾和肾上腺、输尿管、膀胱等的位置、形态、颜色、质地和相互关系。

4. 观察腹腔器官的血管和神经分布　观察腹主动脉在腹腔的分支，包括腹腔动脉（脾动脉、瘤胃左动脉、胃左动脉和肝动脉），肠系膜前动脉（胰支、胰十二指肠后动脉、结肠中动脉、回结肠动脉、空肠动脉、回肠动脉），肾动脉，睾丸（或子宫卵巢）动脉和肠系膜后动脉（结肠左动脉和直肠前动脉）的分支和供应器官。观察这些动脉伴行的同名静脉，以及后腔静脉和肝门静脉等。观察交感和副交感神经（或迷走神经）在腹腔内的分布。沿腹腔动脉和肠系膜前动脉的起始部附近寻找腹腔神经节和肠系膜前神经节。观察二者之间的联系，小心剥离结缔组织，观察该神经节所形成的神经丛，以及其支配哪些器官。沿肠系膜后动脉根部寻找肠系膜后神经节，观察该神经节向后通入骨盆腔的腹下神经。

5. 取出腹腔内脏器官，观察各器官外形和内部结构特点。

二、牛、羊腹腔器官的解剖特点

（一）右侧观（图 6-6 至图 6-9）

1. 右肾（right kidney）和右肾上腺（right adrenal gland）　右肾呈扁平长椭圆形，位于右侧腹前部的最上部和椎骨之下，约与第 12 肋间隙至第 2、3 腰椎相对。它的背面与腰大肌及右膈脚相邻；前端与肝的肾压迹相接触；腹侧面有胰脏和肠管。右输尿管出肾门后，经肾的内侧缘，沿腹腔顶壁下方的腹膜外向后延伸走向骨盆腔（此后见骨盆腔解剖）。右肾上腺呈扁平的小肾形，位于右肾的前内侧。

2. 后腔静脉（caudal vena cava）　位于腰小肌的腹面前行，然后沿肝的背缘腔静脉沟向前下方延伸，穿过膈的腔静脉裂孔而入胸腔。

3. 十二指肠（duodenum）　按其行程分为 3 段（图 6-7）　第 1 段为十二指肠前部，起自皱胃幽门，向上前方行，并在肝的脏面附近形成一“乙”状弯曲；第 2 段为十二指肠降部，由乙状弯曲起，向后上方延伸至髋结节前缘内侧处，绕过肠系膜根的后缘，自右向左再向前折转形成髂曲（后曲）；第 3 段为升部，从髂曲向前，与结肠末端平行，到达右肾的腹侧行向外下方移行为空肠（二者之间通常以十二指肠结肠韧带的游离缘作为分界线）。其降部与升部的投影约位于自髋结节向前的水平位置。

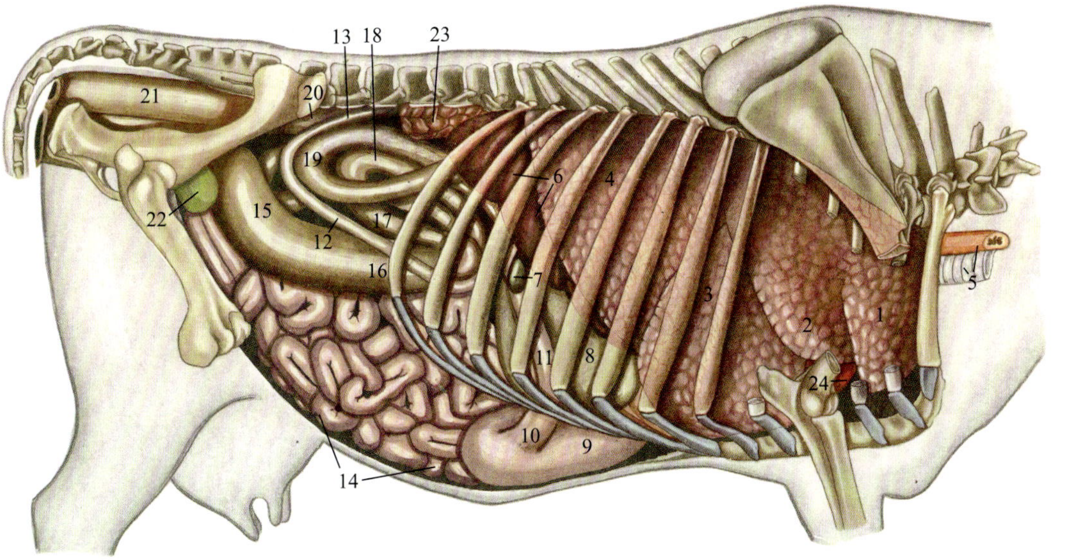

图 6-6　牛内脏器官右侧观（膈肌、大网膜已切除）

1. 肺前叶前部　2. 肺前叶后部　3. 肺中叶　4. 肺后叶　5. 气管、食管　6. 肝　7. 胆囊　8. 瓣胃　9. 皱胃　10. 皱胃幽门部　11. 十二指肠前部　12. 十二指肠降部　13. 十二指肠升部　14. 空肠　15. 结肠　16～19. 升结肠　16,17,18. 结肠近袢　16. 结肠近袢腹侧回　17. 结肠近袢中间回　18. 结肠近袢背侧回　19. 结肠远袢　20. 降结肠　21. 直肠　22. 膀胱　23. 右肾　24. 心脏

（引自 Popesko，1985）

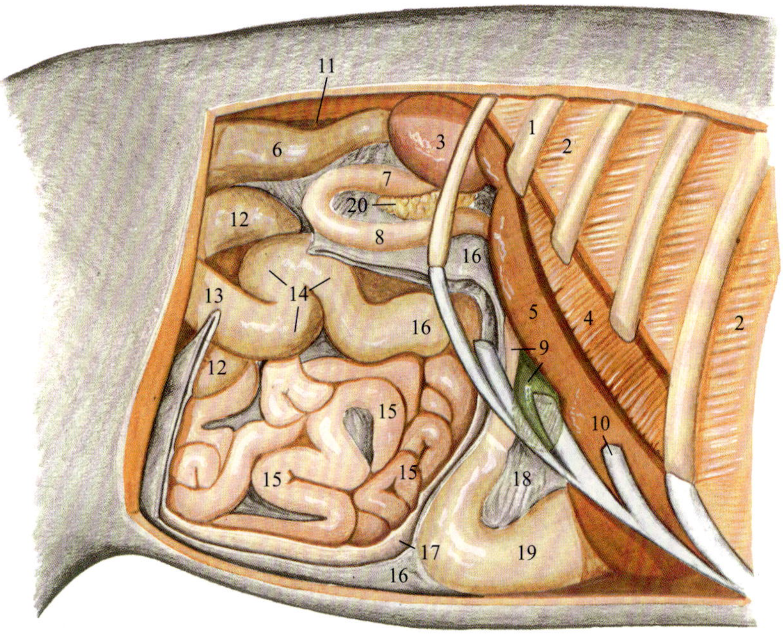

图 6-7　绵羊腹腔内脏器官右侧观

1. 第 12 肋骨　2. 肋间肌　3. 右肾　4. 膈肋部　5. 肝　6. 降结肠　7. 十二指肠升部　8. 十二指肠降部　9. 十二指肠前部、胆囊　10. 第 10 肋软骨　11. 右输尿管　12. 结肠旋袢　13. 盲肠　14. 结肠近袢　15. 空肠　16. 大网膜浅层　17. 大网膜深层　18. 小网膜　19. 皱胃　20. 胰腺

（引自 Popesko，1985）

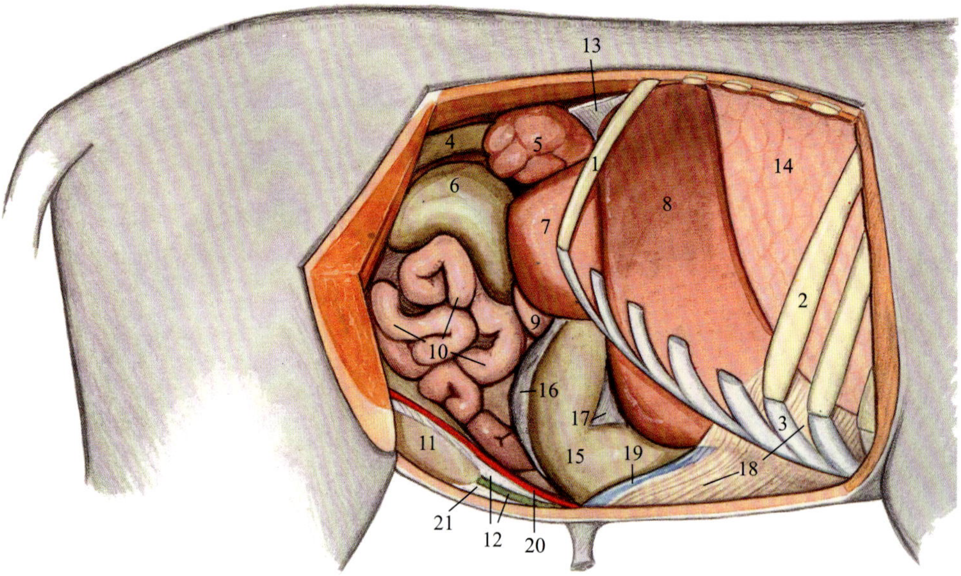

图 6-8　犊牛腹腔内脏器官右侧观

1. 第 13 肋骨　2. 第 8 肋骨　3. 第 8 肋软骨　4. 降结肠　5. 右肾　6. 盲肠　7. 肝尾状突　8. 肝右叶　9. 十二指肠　10. 空肠　11. 膀胱　12. 膀胱侧韧带、输尿管　13. 右三角韧带　14. 右肺（后叶）　15. 皱胃　16. 大网膜　17. 小网膜　18. 肝镰状韧带　19. 脐静脉　20. 右脐动脉　21. 膀胱中韧带

（引自 Popesko，1985）

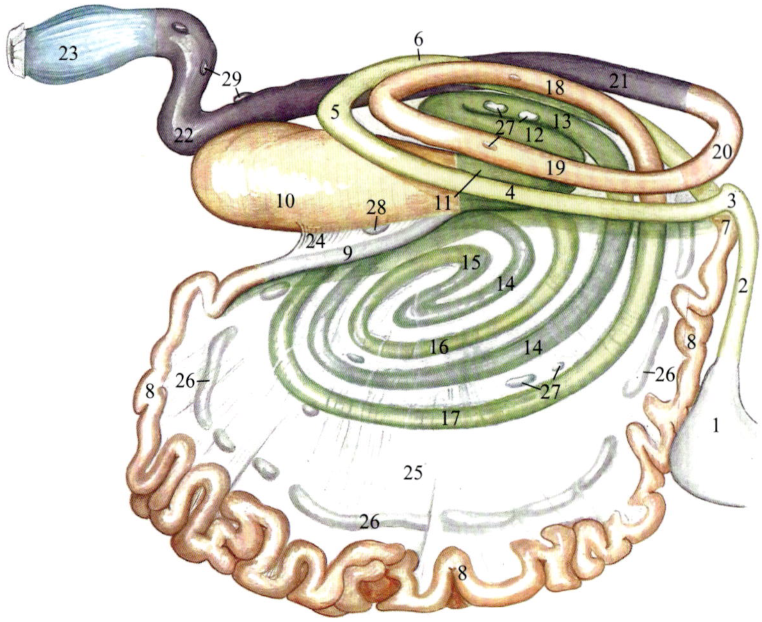

图 6-9　牛右侧肠管模式图

1. 皱胃幽门部　2. 十二指肠前部　3. 十二指肠前曲　4. 十二指肠降部　5. 十二指肠后曲　6. 十二指肠升部　7. 十二指肠空肠曲　8. 空肠　9. 回肠　10. 盲肠　11～19. 升结肠　11～13. 升结肠近袢　11. 近袢腹侧回　12. 近袢中间回　13. 近袢背侧回　14. 向心回　15. 中心曲　16. 离心回　17. 离心回末段　18. 升结肠远袢背侧回　19. 升结肠远袢腹侧回　20. 横结肠　21. 降结肠　22. “乙”状结肠　23. 直肠　24. 回盲韧带　25. 空肠系膜　26. 空肠淋巴结　27. 结肠淋巴结　28. 盲肠淋巴结　29. 肠系膜后淋巴结

（引自 Popesko，1985）

4. 胰（pancreas） 位于腰下部、十二指肠第 2 段背内侧的浆膜外。胰管开口于十二指肠乙状弯曲的降部（牛）或第二弯曲处（羊）。

5. 肝（liver）和胆囊（gall bladder） 肝脏扁厚，略呈长方形，分叶不明显。除左叶的一小区位于正中矢状面左侧的腹前下方部（相当于第 6、7 肋骨下部相对处），其余绝大部分均位于正中矢状面右侧的腹前部。前接膈，且有左右冠状韧带（在后腔静脉的下方）与膈相连。肝的右叶位于右季肋部，其后界在第 2、3 腰椎的平位处。

牛胆囊发达，呈长梨形。其一部分贴附于肝的脏面，其余大部突出，游离于肝腹侧缘外，与第 10 或第 11 肋间隙相对的腹壁接触，体表投影在第 10 或第 11 肋间隙与髋结节中点和肩关节连线交点的上方处。胆总管开口于十二指肠乙状弯曲的第二弯曲处（图 6-10）。

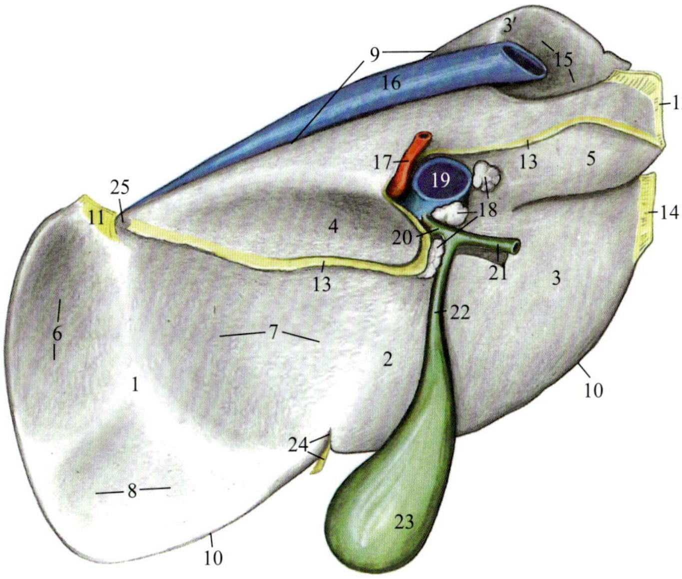

图 6-10 牛肝脏（脏面）

1. 左叶 2. 方叶 3,3'. 右叶
4. 尾叶乳头突 5. 尾叶尾状突
6. 网状突 7. 瓣胃压迹
8. 皱胃压迹 9. 背侧缘
10. 腹侧缘 11. 左三角韧带
12. 肝肾韧带 13. 小网膜
14. 右三角韧带 15. 肾压迹
16. 后腔静脉 17. 肝动脉
18. 肝淋巴结 19. 门静脉
20. 肝管 21. 胆总管
22. 胆囊管 23. 胆囊
24. 肝圆韧带 25. 食管压迹

（引自 Dyce 等，1987）

6. 皱胃（abomasum） 全位于腹腔右前部的底壁上，与第 8 ～ 12 肋骨下部相对。大弯向左下方，直接与腹底壁相接触；小弯朝右上方，邻接瓣胃的下缘和后方。由膝盖骨向前作一水平线于肋弓的交点处，约为幽门和十二指肠的起始处。

7. 瓣胃（omasum） 呈两侧稍压扁的球形。全位于腹腔的右季肋部，与第 7 ～ 12 肋骨相对。其左侧面与瘤、网胃交接部相接触，壁面（前缘和右侧面）隔着小网膜与肝脏及膈的右侧肋骨部相接触。临床上进行瓣胃穿刺，在肩关节水平线与第 9 或第 10 肋间隙交点处或下方 1 cm 处为宜。

8. 小网膜（lesser omentum） 起自肝的脏面，大部分止于皱胃小弯和十二指肠第一段，由此正好覆盖在瓣胃的外侧面。介于其间的潜在腔隙是网膜囊的一部分。在肝脏和十二指肠之间背内侧处，有一裂隙状网膜孔，腹膜腔经此孔与网膜囊相通。皱胃的大弯和小弯分别与大小网膜相连接，所以皱胃的脏面被包在网膜囊内，而壁面则直接与腹壁相接触。

9. 大网膜（greater omentum） 反刍动物的大网膜很发达，可分浅、深两层（每层大网膜都是由瘤胃背、腹囊外表的浆膜于左、右纵沟处向外移行相贴连而成的双层浆膜结构）。大网膜浅层起自瘤胃左纵沟，沿着左腹壁的内侧向下绕过瘤胃腹囊，再循腹腔底壁延伸至腹腔右侧，继续沿右腹壁上行，止于皱胃大弯和十二指肠的前部及降部。起始于瘤胃左纵沟的浅层大网膜经瘤胃后沟折转延续到瘤胃的右纵沟，转为大网膜的深层。起于瘤胃右纵沟的深层大网膜也向下延，并绕过肠管的底面到右侧，再沿浅层大网膜的深面向上延伸，也止于十二指肠。这样在大网膜和瘤胃的右壁之间，形成一个网膜上隐窝（superior omental recess）就像一个向后开口的双层大口袋，将大部分肠管都兜在隐窝内，此后口的游离缘就是大网膜浅、深两层的折转处。介于两层大网膜之间的空隙，称为网膜囊（omental bursa），瘤胃腹囊被包在网膜囊之中。

为了在标本上观察网膜和肠管的结构，需将网膜逐层剪开，其方法是先沿皱胃的大弯和十二指肠的前部和降部剪断浅层大网膜，并向后下方翻开，即见深层大网膜的一部分在浅层和深层大网膜之间的空隙是网膜囊的一部分，其后方止于浅、深大网膜的折转处；前方于十二指肠的内侧通连小网膜内侧的空隙。再向前上方，于肝的脏面与十二指肠之间的背内侧处找到裂隙状的网膜孔（1～2指宽），可用刀柄插入，以观察其通连情况，而后再从十二指肠髂曲的下缘（即右侧浅、深大网膜的折转处）沿降部至前部直到皱胃的幽门附近处，顺次剪断深层大网膜，并向下翻开，至此网膜隐窝的右侧壁被打开，从右侧暴露了肠管的自然位置。再依次进行解剖观察。

10. 结肠（colon） 升结肠、横结肠和降结肠。升结肠又分为初袢、旋袢和终袢3段。初袢和终袢位于腹腔背侧的浆膜腔外。旋袢盘曲成圆盘状，故又称结肠圆盘，位于总系膜内，并由总肠系膜的结肠初、终袢的腹侧下延，悬挂于瘤胃脏面的右侧。此圆盘的投影在最后肋骨至股阔筋膜张肌之间，圆盘的左侧面邻接瘤胃，右侧面与软腹壁之间的空肠肠袢和两层大网膜与右腹壁相隔。

11. 盲肠（cecum） 位于腹腔的右髂部。盲端向后伸达骨盆前口，自盲结口处，盲肠向前直接转为结肠。盲肠投影为髂骨体的中点处向前作水平线，至股阔筋膜张肌前缘与最后肋骨之间的中点处止。

12. 空肠（jejunum）和回肠（ileum） 空肠细长，并卷曲形成许多肠袢，由短的空肠系膜（属总肠系膜的延续部分）连接于结肠圆盘的外圈，但在腹腔内，随空肠系膜向右上折转，使空肠肠袢位于结肠圆盘的右侧，并隔着大网膜和右侧腹壁相邻。有时部分肠袢也绕过瘤胃后方被挤到腹腔的左腹股沟部。

回肠较短，不卷曲成肠袢，位于结肠圆盘后方的肠系膜中，它与空肠之间以回盲韧带的终止处为界。

在总肠系膜上观察肠系膜前动脉及其分支与分布，并与空肠系膜处观察动脉弓、肠系膜淋巴结和淋巴管等。

13. 左肾（right kidney） 因受瘤胃的影响位置不固定，在成年牛多半位于腹腔正中矢状面右侧的上部，与第2～5腰椎平位处相对，由浆膜褶连接在腰肌下方。肾门朝向前背外侧，输尿管由此通出后，弯向后行，在直肠起始部的外侧，延伸至骨盆腔内（见骨盆腔解剖）。羊肾为平滑单乳头肾（图6–7），牛肾为有沟多乳头肾（图6–11）。

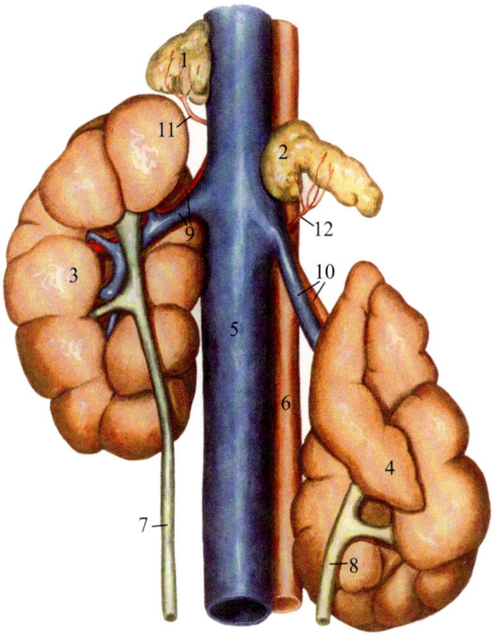

图6–11　牛肾和肾上腺

1. 右肾上腺　2. 左肾上腺
3. 右肾　4. 左肾
5. 后腔静脉
6. 腹主动脉
7. 右输尿管
8. 左输尿管
9. 右肾动、静脉
10. 左肾动、静脉
11. 右肾动脉肾上腺后支
12. 左肾动脉肾上腺后支
（引自 Popesko，1985）

14. 直肠（rectum） 起始部由降结肠沿椎骨下方延续而成，二者之间没有明显分界，该起始部由较短的肠系膜悬挂于腹后部的脊柱下方，紧邻于结肠圆盘和盲肠之上。

在直肠起始部的下面两侧，还有公畜的输精管或母畜的子宫角、输卵管及卵巢等。公牛的输精管（deferent duct）经腹股沟管入腹腔后，在尿生殖褶内弯向后上方，斜至输尿管的内侧后行进入骨盆腔（位于膀胱的背侧，详见骨盆腔解剖）。母牛的卵巢（ovary）呈椭圆形，表面形态随发育程度及生理状况不同而有变化。成年母牛卵巢表面有大小不同的卵泡突出，有时也可见到黄体或红体突出于卵巢的表面（直肠检查时可以触及成熟卵巢或黄体）。左、右卵巢藏于卵巢囊内，并以卵巢系膜悬挂于骨盆前口的两侧、子宫角的前下方。输卵管（oviduct）位于卵巢与子宫角之间呈迂回弯曲的细管，前端扩展成漏斗，其中央有输卵管腹腔口，漏斗的边缘不整齐，形成输卵管伞。牛的输卵管前部较宽，后部较细，后端以输卵管子宫口与子宫角相通。子宫角（uterine horn）呈圆筒状，前端尖细，并以绵羊角状向外侧弯曲；后端逐渐变直变粗，连接子宫体，并且左、右子宫角的后部相靠拢并共同包于浆膜内，形成较长的子宫伪体，其背面中线处有角间沟（详见骨盆腔解剖）。

15. 总肠系膜 牛、羊的小肠和大肠以一总肠系膜悬挂于腹腔背侧壁。总肠系膜的两侧浆膜从脊柱向下左右分开，将结肠以及盲肠的一部分包在中间。在旋袢周围，两侧浆膜合并形成短的空肠系膜，将空肠悬挂于结肠盘周围。

（二）左侧观（图 6-12 至图 6-14）

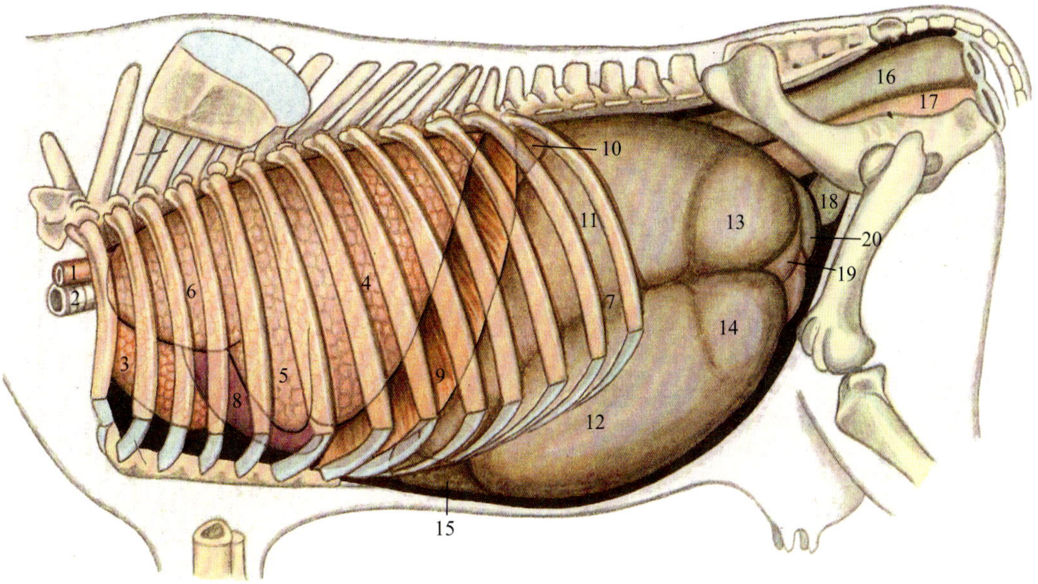

图 6-12　牛内脏器官左侧观（大网膜已切除）

1. 食管　2. 气管　3. 右肺前叶前部　4. 左肺后叶　5. 左肺中叶　6. 左肺前叶
7. 瘤胃左纵沟　8. 心脏　9. 膈肋部　10. 脾　11. 瘤胃背囊　12. 瘤胃腹囊
13. 后背盲囊　14. 后腹盲囊　15. 皱胃　16. 直肠
17. 阴道　18. 膀胱　19. 空肠　20. 盲肠

（引自 Popesko，1985）

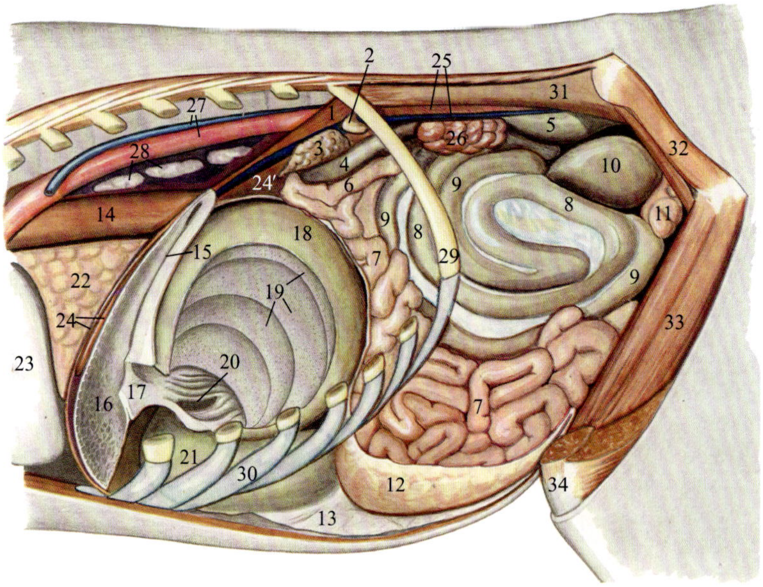

图 6-13　牛腹腔器官（左侧面，瘤胃和部分网胃已切除）

1. 膈脚　2. 左肾上腺　3. 胰　4. 横结肠　5. 降结肠　6. 十二指肠空肠曲　7. 空肠
8. 结肠旋袢离心回　9. 结肠旋袢向心回　10. 盲肠　11. 子宫　12. 大网膜深层
13. 大网膜浅层　14. 食管　15. 网胃沟　16. 网胃　17. 瘤网胃褶　18. 瓣胃
19. 瓣胃叶　20. 瓣皱胃口　21. 皱胃　22. 肺副叶　23. 心包
24. 肝脏、膈中心腱　24′. 肝脏乳突　25. 腹主动脉、后腔静脉
26. 左肾　27. 胸主动脉、左奇静脉　28. 纵隔后淋巴结
29. 第 13 肋骨　30. 第 9 肋软骨　31. 腰大肌
32. 臀中肌　33. 股中间肌　34. 膝盖骨

（引自 Popesko，1985）

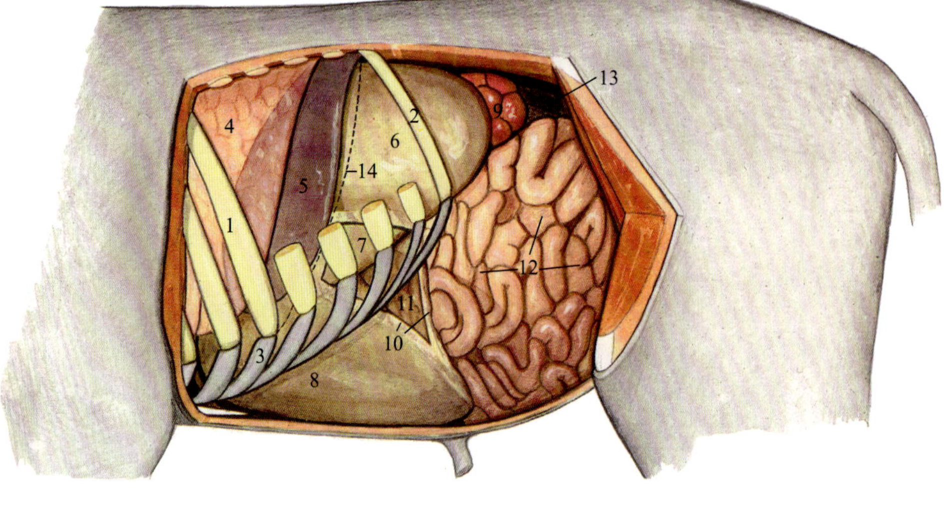

图 6-14　犊牛腹腔内脏器官左侧观

1. 第 8 肋骨　2. 第 13 肋骨　3. 第 8 肋软骨　4. 肺　5. 脾　6. 瘤胃背囊
7. 瘤胃腹囊　8. 皱胃　9. 左肾　10. 大网膜浅层　11. 大网膜深层
12. 空肠　13. 降结肠　14. 膈的附着线

（引自 Popesko，1985）

1. 瘤胃（rumen） 几乎占据了整个腹腔的左半部（其下半部往往还越过正中矢状面甚至腹腔的右半部。瘤胃前端与第7～8肋间隙相对，后端达骨盆前口。左侧面（壁面）与脾、膈及左侧腹壁相接触（图6-15和图6-16）。

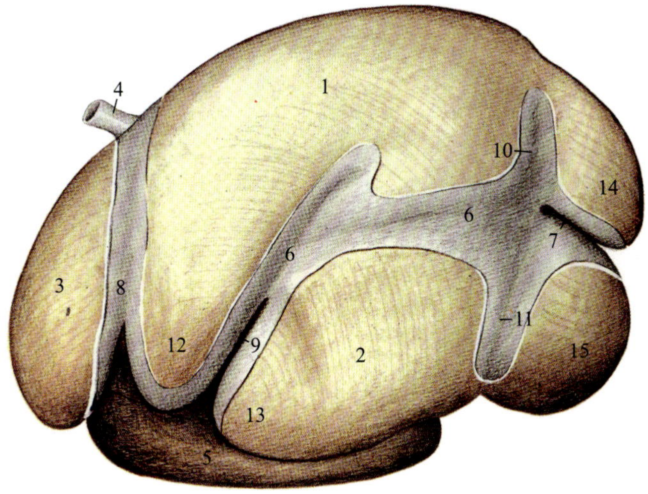

图 6-15 成年牛胃的外形（左侧面）

1. 瘤胃背囊 2. 瘤胃腹囊 3. 网胃
4. 食管 5. 皱胃 6. 左纵沟
7. 瘤胃后沟 8. 瘤网胃沟
9. 瘤胃前沟 10. 背侧冠状沟
11. 腹侧冠状沟 12. 瘤胃房（前囊）
13. 瘤胃前腹隐窝
14. 后背盲囊
15. 后腹盲囊

（引自 Popesko，1985）

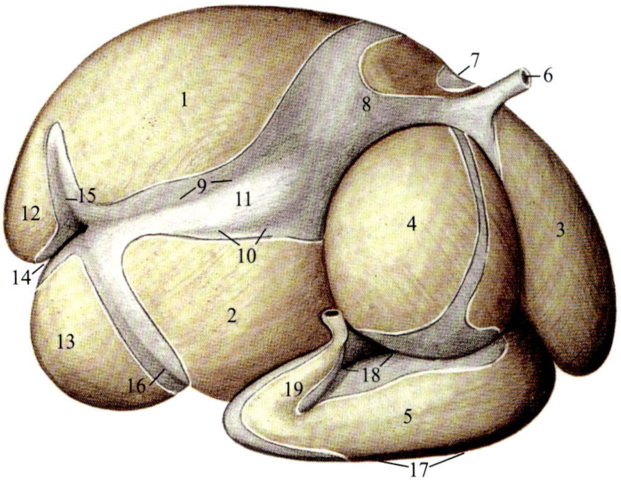

图 6-16 成牛牛胃的外形（右侧面）

1. 瘤胃背囊 2. 瘤胃腹囊 3. 网胃
4. 瓣胃 5. 皱胃 6. 食管
7. 瘤网胃沟 8. 瘤胃房（前囊）
9. 右副沟 10. 右纵沟
11. 瘤胃岛 12. 后背盲囊
13. 后腹盲囊 14. 瘤胃后沟
15. 背侧冠状沟 16. 腹侧冠状沟
17. 皱胃胃大弯 18. 皱胃胃小弯
19. 皱胃幽门部

（引自 Popesko，1985）

2. 脾（spleen） 牛脾呈扁平的长椭圆形，呈紫蓝色，质较软，斜贴于瘤胃背囊的左前方。上端位于最后两肋骨之下；下端约与第9肋骨下1/4稍上处相对。羊脾呈钝三角形，邻贴于瘤胃背囊的左前方，约与第10肋间中点至最后肋骨椎骨端相对。

3. 网胃（reticulum） 呈前后稍扁的梨形囊，位于腹腔季肋部正中矢状面上、在瘤胃背囊的前下方，与第6～8肋骨相对。壁面（前面）与剑状软骨上方膈的腱质部及肝脏（左叶的一小部分）相接触。兽医临床上常在剑状软骨部（稍偏左侧）进行触诊网胃（图6-15和图6-16）。

于瘤胃背囊的左上缘，切断它与腹腔背部之间相连的浆膜褶及结缔组织，并向下按压瘤胃背囊，以暴露其内侧深部结构，观察腹主动脉及其分支、腹腔神经丛以及左肾和左肾上腺。

4. 腹主动脉（abdominal aorta） 为胸主动脉经左右膈脚之间的主动脉裂孔向后的延续干，延伸于腰椎椎体的腹侧，直至第5腰椎下方分出左右髂外动脉处止。沿途分出第1～5对腰动脉（自腹主动脉的背侧分出）、腹腔动脉、肠系膜前动脉、左右肾动脉及公畜的精索内动脉或母畜的子宫卵巢动脉（图6-17）。

5. 腹腔肠系膜前神经节（coeliac ganglion，cranial mesenteric ganglion） 由一对腹腔神经节（celiac ganglion）和一个肠系膜前神经节（cranial mesenteric ganglion）合并而成，位于肾动脉和肠系膜

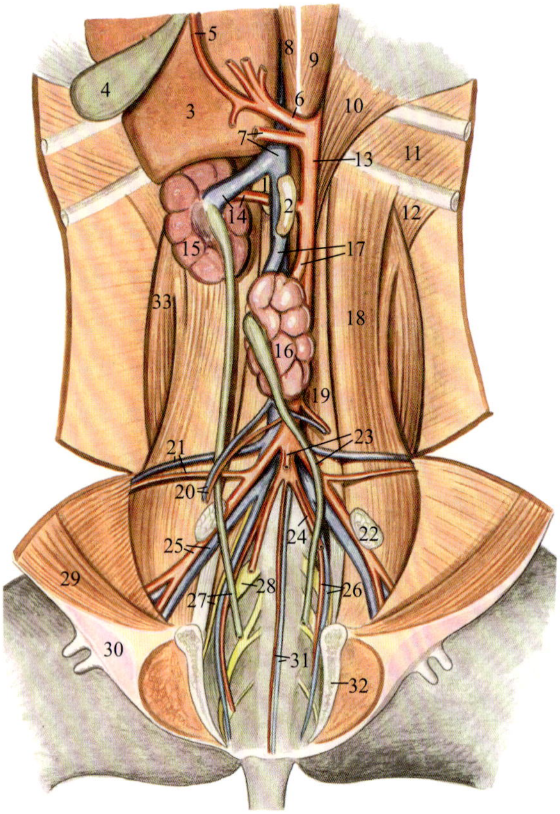

图 6–17　牛腹腔血管（腹侧面）

1. 右肾上腺　2. 左肾上腺　3. 肝
4. 胆囊　5. 肝动脉　6. 腹腔动脉
7. 肠系膜前动脉、后腔静脉
8. 膈右内侧脚　9. 膈左内侧脚
10. 膈左外侧脚　11. 肋间内肌
12. 退肋肌　13. 主动脉
14. 右肾动、静脉　15. 右肾
16. 左肾　17. 左肾动、静脉
18. 腰大肌　19. 腰小肌
20. 卵巢动、静脉　21. 旋髂深动、静脉
22. 髂内淋巴结　23. 肠系膜后动脉、左输尿管
24. 左脐动脉　25. 髂外动、静脉
26. 髂内动、静脉　27. 右输尿管、闭孔神经
28. 坐骨神经　29. 腹直肌
30. 膀胱体　31. 荐正中动、静脉
32. 骨盆联合　33. 腰方肌

（引自 Popesko，1985）

前动脉根的两侧和后缘。该神经节接受内脏大神经和内脏小神经的纤维。由该神经节发出纤维形成腹腔神经丛和肠系膜前神经丛（迷走神经食管背侧干的纤维也经此参与组成腹腔神经丛），这些神经纤维均沿动脉血管的分支而分布到肝、胃、脾、胰、小肠、大肠和肾等器官。腹腔肠系膜前神经节与肠系膜后神经节之间有节间支相连，后者延伸于腹主动脉的腹侧。

6. 肠系膜后神经节（caudal mesenteric ganglion） 为一对小神经节，位于肠系膜后动脉根部两侧，接受来自腰交感的内脏支和来自腹腔肠系膜前神经节的节间支。从该神经节发出的分支，沿动脉分支分布到结肠后段、精索、睾丸、附睾或母畜的卵巢、输卵管及子宫角。另外还有一对腹下神经，向后延伸至盆腔内，参与形成盆神经丛，分布到骨盆腔内器官。

7. 迷走神经（vagus nerve） 分为食管背侧干和腹侧干，分别沿食管的背、腹侧缘后行，经膈的食管裂孔入腹腔。食管背侧干在瘤胃的右面分支，除分布于瘤胃外，并参与腹腔神经丛，分布于瓣胃、皱胃和肠管等器官。食管腹侧干在瘤胃左面分支，分布于瘤胃、皱胃和肝等。

8. 腹腔内脏淋巴中心有 3 个，即腹腔淋巴中心、肠系膜前淋巴中心和肠系膜后淋巴中心，内包含许多淋巴结（图 6–18）。

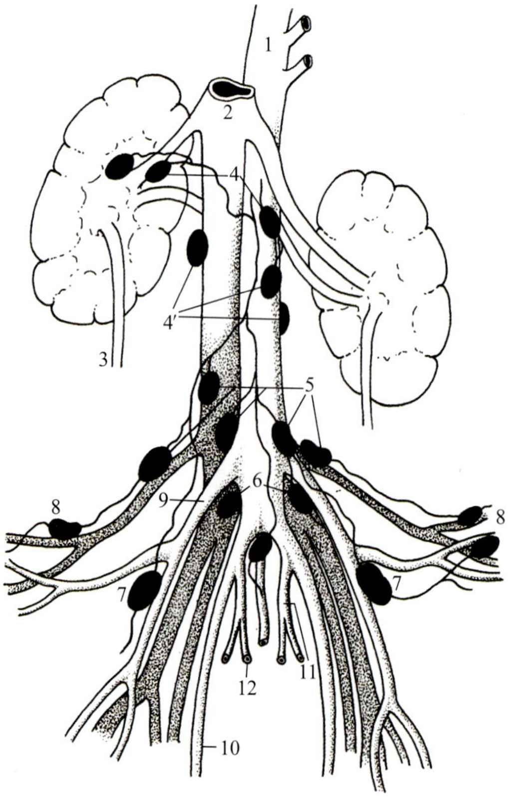

图 6–18　牛腹腔淋巴结

1. 主动脉　2. 后腔静脉　3. 输尿管　4. 肾淋巴结
4′. 腰主动脉淋巴结　5. 髂内淋巴结　6. 荐淋巴结
7. 腹股沟深淋巴结　8. 髂外淋巴结　9. 髂外动脉
10. 髂内动脉　11. 脐动脉　12. 子宫动脉

（引自 Dyce 等，1987）

三、猪腹腔器官的解剖特点

（一）右侧观（图 6-19）

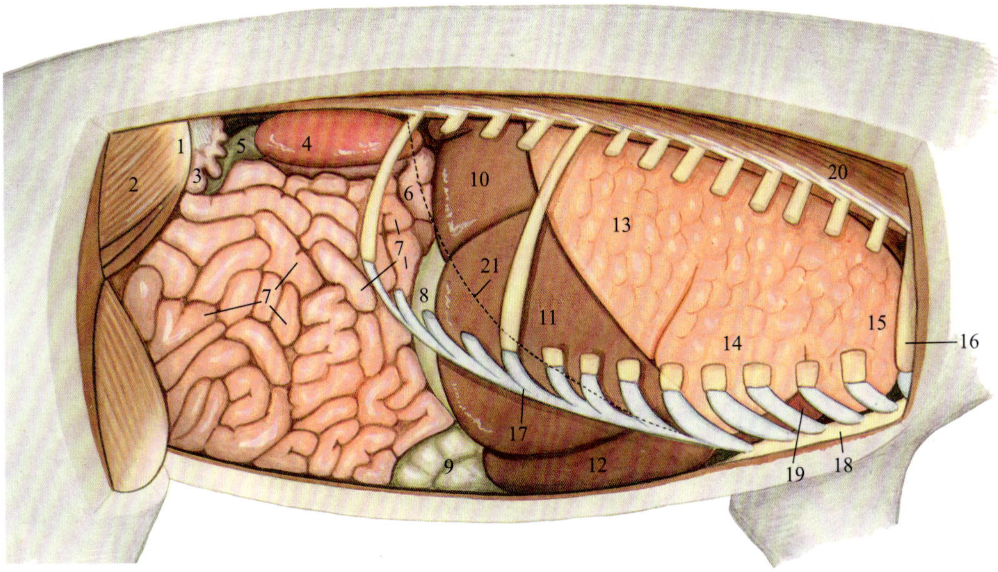

图 6-19　猪内脏器官（右侧观）

1. 髋结节　2. 臀中肌　3. 右子宫角　4. 右肾　5. 降结肠　6. 十二指肠　7. 空肠　8. 胃　9. 结肠旋袢
10,11. 肝右叶　10. 肝右外叶　11. 肝右内叶　12. 肝左叶　13. 右肺后叶　14. 右肺中叶　15. 右肺前叶
16. 第 1 肋骨　17. 肋弓　18. 胸骨　19. 心脏　20. 胸髂肋肌　21. 膈附着线
（引自 Popesko，1985）

1. 肝　位于季肋部和剑状软骨部，大部分在体正中线的右侧。前上方以韧带连于膈，后下方以小网膜与胃相连，后上方与十二指肠及胰相邻。肝的分叶多而明显，胆囊位于右内叶下部的胆囊窝内，胆管开口于十二指肠憩室（图 6-20）。

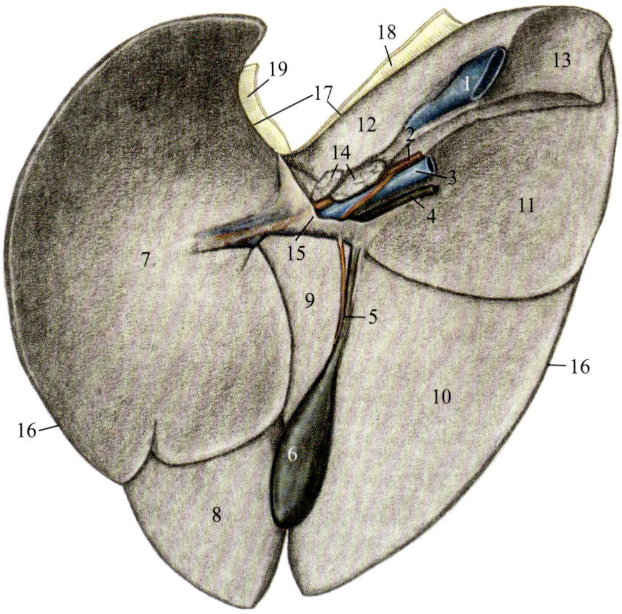

图 6-20　猪肝脏（脏面观）

1. 后腔静脉　2. 肝动脉
3. 门静脉　4. 胆总管
5. 胆囊管　6. 胆囊
7. 左外叶　8. 左内叶
9. 方叶　10. 右内叶
11. 右外叶　12,13. 尾叶
13. 尾状突　14. 肝淋巴结
15. 小网膜（肝胃韧带和肝十二指肠韧带）
16. 右缘和左缘　17. 背缘　18. 右冠状韧带
19. 左冠状韧带
（引自 Popesko，1985）

2. 胰 略呈三角形，在肝的后上方，位于后腔静脉之下，相当于最后两个胸椎和前两个腰椎的腹侧，中间部有门静脉穿过。胰管开口于十二指肠，距幽门约 10 cm。

3. 肾 左、右肾均呈扁长椭圆形，属光滑单乳头肾，位置几乎对称，在腹主动脉和后腔动脉的两侧，位于第 1～4 腰椎横突的腹侧（图 6-21）。周围包以脂肪囊，背侧为腰肌，左肾腹侧为盲肠，右肾腹侧为小肠。

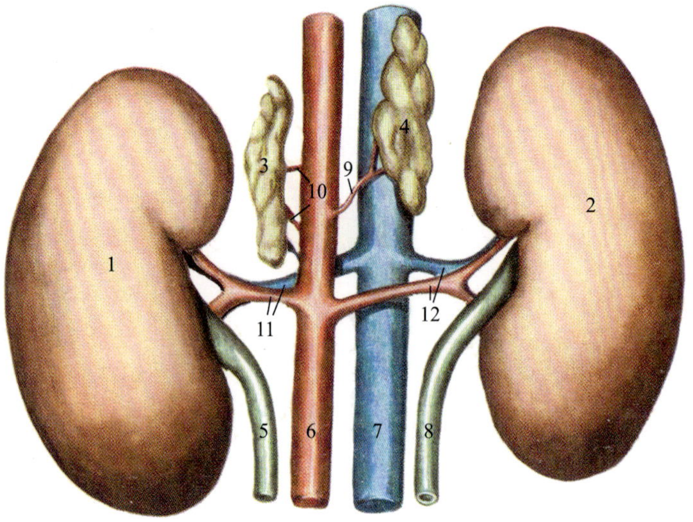

图 6-21 猪肾和肾上腺

1. 左肾 2. 右肾 3. 左肾上腺
4. 右肾上腺 5. 左输尿管
6. 主动脉 7. 后腔静脉
8. 右输尿管
9. 右肾上腺中动脉
10. 左肾上腺中动脉
11. 左肾动、静脉
12. 右肾动、静脉

（引自 Popesko，1985）

4. 十二指肠 在腹腔背侧形成一个袢。位于右季肋部和腰部，由胃的幽门走向后上方，到右肾后端，转向内侧前方，到胃的后部再转向右侧，移行为空肠。

5. 空肠 大部分位于腹腔右半部，在结肠圆锥的右侧，有一小部分游离于腹腔左侧。空肠以较长的空肠系膜与总肠系膜相连。由于肠系膜较长，故位置常有变化。

（二）左侧观（图 6-22）

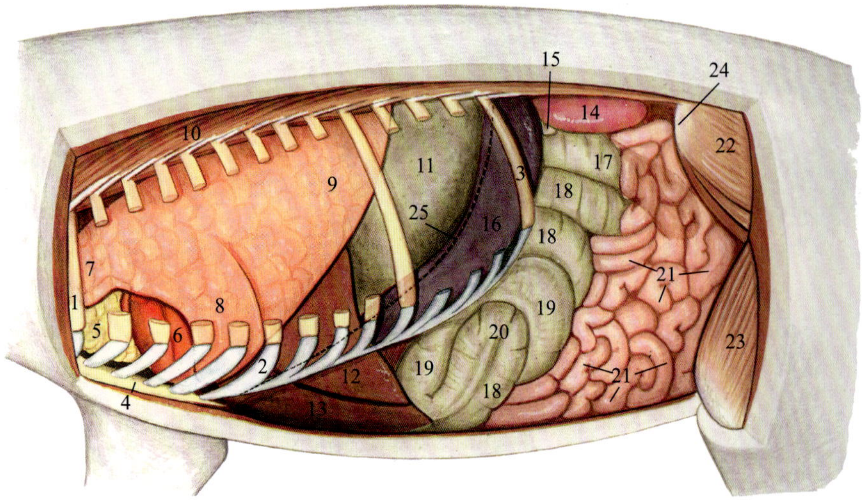

图 6-22 猪内脏器官左侧观

1. 第 1 肋骨 2. 第 6 肋软骨 3. 第 14 肋骨 4. 胸骨 5. 胸腺胸叶 6. 心脏 7. 左肺前叶 8. 左肺中叶 9. 左肺后叶 10. 胸髂肋肌 11. 胃 12. 肝左外叶 13. 肝左内叶 14. 左肾 15. 胰腺 16. 脾 17. 盲端（盲肠尖投影） 18～20. 结肠旋袢 18. 向心回 19. 离心回 20. 结肠中央曲 21. 空肠 22. 臀中肌 23. 股四头肌 24. 髋结节 25. 膈附着线

（引自 Popesko，1985）

1. 胃 大部分位于左季肋部和剑状软骨部，仅幽门部位于右季肋部。胃的前面和右端接肝、膈，并以小网膜与肝门部相连；后面邻胰和肠管；腹侧大弯部连于大网膜，并与腹底壁相接，左端连脾；背侧的胃盲囊与腹腔上壁相接触。胃左端大而圆，并有一明显的隆突，称为胃憩室。

2. 脾 狭而长，横断面呈三角形，位于左季肋部，后缘可稍突出于最后肋骨之后。脾以胃脾韧带连于胃的大弯部，上端连于左肾。

3. 盲肠 位于左髂部，短而粗，有3条纵肌带和3列肠袋，盲端向后，前端于回盲口部移行为结肠。

4. 结肠 旋转成圆锥形，锥底向上，锥尖向下，大部分位于左侧腹前部和腹中部。背侧连盲肠，左侧和下端接腹壁，右侧接空肠。结肠圆锥分向心回和离心回，向心回位于圆锥的外周，起始部连盲肠，其管径和盲肠一样，有2条纵带和2列肠袋，以后管径逐渐变细，从背侧看呈顺时针方向，旋转3周到锥尖，然后转为离心回。离心回位于圆锥的内部，管径较细，无纵肌带和肠袋，呈逆时针方向旋转3周到腰部，转为结肠终袢。

5. 回肠 是小肠的最后一段，短而直，连于盲肠和结肠的交界处。

四、犬腹腔器官的解剖特点

（一）右侧观（图6-23）

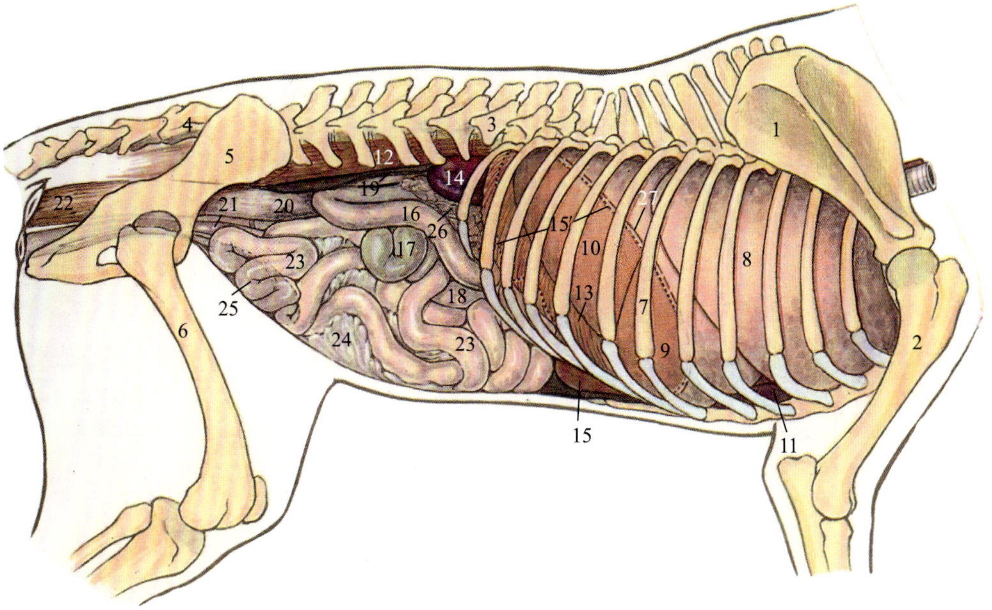

图6-23 犬右侧内脏器官在体表模式图

1. 肩胛骨 2. 肱骨 3. 第1腰椎 4. 荐骨 5. 髂骨 6. 股骨 7. 第7肋骨 8. 右肺前叶 9. 右肺中叶 10. 右肺后叶 11. 心脏 12. 腰大肌 13. 膈肋部 14. 右肾 15. 肝 15′. 肝轮廓（投影） 16. 十二指肠 17. 盲肠 18. 升结肠 19. 右输尿管 20. 降结肠 21. 子宫 22. 直肠 23. 空肠 24. 空肠系膜 25. 膀胱（投影） 26. 胰腺 27. 膈顶（投影）

（引自 Popesko，1985）

1. 肝脏和胆囊 犬的肝发达，约占体重的3%，紫红色，位于膈和胃之间，大部分位于右季肋部。肝脏分为左外叶、左内叶、右外叶、右内叶、尾叶和方叶。胆囊位于方叶和右内叶构成的胆囊窝中。肝管出肝门与胆囊管汇合成胆总管，开口于距幽门5～8 cm处的十二指肠。

2. 十二指肠和胰腺 十二指肠长约30 cm，肠管较粗，从幽门发出，沿肝的脏面向后向上，贴于右腹壁到达右肾的后端至第5～6腰椎腹侧，转向左前方，形成十二指肠后曲。在盲肠和结肠间延伸至左肾的内侧前行，到胃的后方再弯向后方，移行为空肠（图 6–24）。

胰腺长而窄，呈“V”字形，分左、右叶及胰体。右叶沿着十二指肠向后伸至右肾后方；左叶沿大网膜胃的脏面向左伸达左肾前端。胰的排泄管一般为 2 条，有的甚至有 3 条。一条为胰管与胆总管共同开口于十二指肠；另一条为副腺管，开口于距胰管后方 3 ～ 5 cm 处。

3. 盲肠和结肠 盲肠长 6 ～ 12 cm，呈螺旋状，位于体中线和右髂部之间，背侧为十二指肠和胰。盲肠的前端开口于结肠的起始部，盲肠尖向后，以系膜和回肠相连。结肠长约 70 cm，位于腰下部，呈“匚”排列，分 3 部。起于盲结口，沿十二指肠内侧前移，称为升结肠；到胃的幽门部弯向左侧，称为横结肠；再弯向后方，沿左肾腹内侧后行，称为降结肠；至盆腔前口，移行为直肠。

4. 右肾和右肾上腺 右肾位于第 1 ～ 3 腰椎横突腹侧，为红褐色，呈豆形，属光滑单乳头肾。右肾上腺略呈菱形，位于右肾内缘前部与后腔静脉之间。

5. 右侧卵巢、输卵管和子宫 见第 8 章。

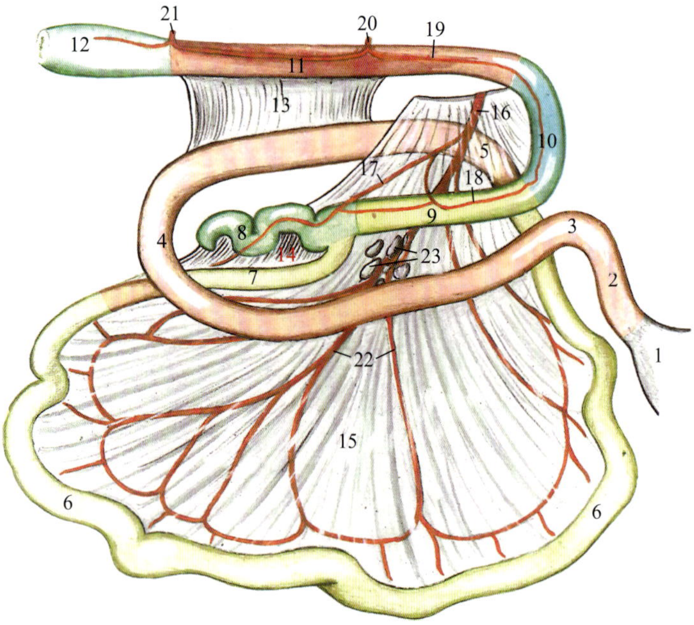

图 6–24 犬肠道模式图

1. 胃 2. 十二指肠前段
3. 十二指肠前曲 4. 十二指肠后曲
5. 十二指肠空肠曲 6. 空肠
7. 回肠 8. 盲肠 9. 升结肠
10. 横结肠 11. 降结肠
12. 直肠壶腹 13. 十二指肠结肠韧带
14. 回盲韧带 15. 空肠系膜
16. 肠系膜前动脉 17. 回结肠动脉
18. 右结肠动脉 19. 左结肠动脉
20. 肠系膜后动脉 21. 后直肠动脉
22. 空肠动脉 23. 空肠淋巴结
（引自 Popesko，1985）

（二）公犬内脏器官左侧观（图 6–25）

1. 胃和脾脏 犬的胃容量较大，呈梨状囊，横卧于腹腔前方，大部分位于左季肋部（仅幽门部位于腹腔右前部）。其壁面的右半部与横膈接触，后半部与肝脏相邻，胃的脏面是肠、胰脏和脾，腹侧接触腹壁（空虚时离开腹壁）。其结构与猪胃相似，但胃黏膜面全部为有腺部。胃黏膜可分为贲门腺区、胃底腺区和幽门腺区。大网膜发达，营养良好的犬，网膜上含有大量脂肪，呈囊状相互交织。大网膜从胃大弯起始，包绕在肠管的腹侧，移至盆腔前口处转折向前，附着于结肠和胰等。胃大弯的左侧有脾脏相邻，脾脏扁平呈不规则的三角形，上端窄，下端则较宽。脾呈红色，稍带蓝色。在其背侧有一较短的腹腔动脉，可分为脾动脉、胃左动脉和肝动脉。

2. 空肠 长约 3 m，大部分位于腹腔的左侧底部和右后部，形成许多空肠袢，以长的肠系膜固定于腰下，腹侧被大网膜所覆盖。

3. 回肠 长约 70 cm，在腰下沿盲肠内侧向右前上方伸延，开口于盲结肠交界处。

4. 左肾和左肾上腺 左肾移动性较大，常位于第 3 ～ 5 腰椎的腹侧，呈豆形，属光滑单乳头肾。左肾上腺较大，为不正的梯形，前宽后窄，背腹扁平，位于左肾前端内侧与腹主动脉之间。

5. 左侧卵巢、输卵管和子宫 见第五章。

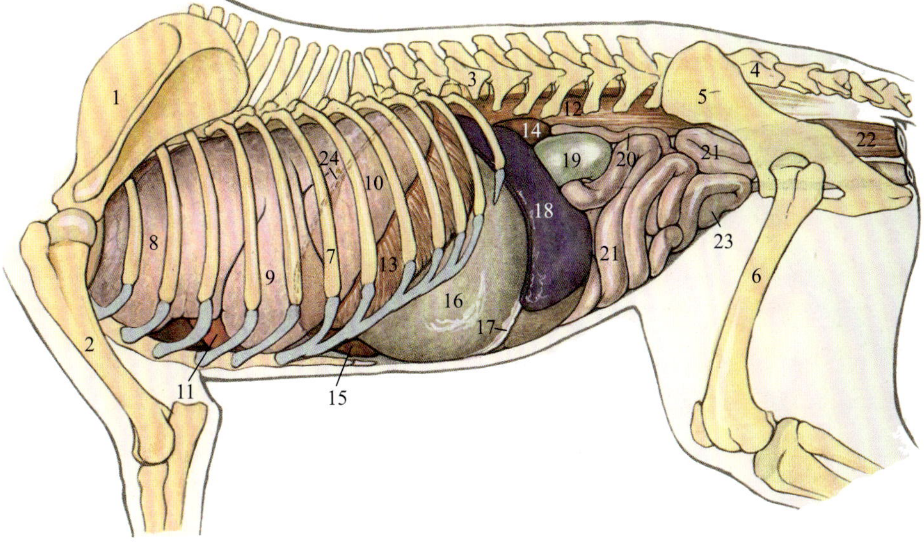

图 6-25 犬内脏器官左侧观

1. 肩胛骨 2. 肱骨 3. 第 1 腰椎 4. 荐骨 5. 髋骨 6. 股骨 7. 第 7 肋骨 8. 左肺前叶 9. 左肺中叶 10. 左肺后叶 11. 心脏 12. 腰大肌 13. 膈肋部 14. 左肾 15. 肝 16. 胃 17. 大网膜 18. 脾 19. 降结肠 20. 左子宫角 21. 空肠 22. 直肠 23. 膀胱（投影） 24. 膈顶（投影）

（引自 Popesko，1985）

（三）主要的血管、淋巴结和神经

1. 血管 腹主动脉位于腰椎椎体腹侧，偏左侧，管壁较厚，弹性较大。其主要分支为腹腔动脉、肠系膜前动脉、膈后动脉、肾动脉、精索外动脉、肠系膜后动脉、旋髂深动脉、髂外动脉、髂内动脉和荐中动脉以及 6 对腰动脉（图 6-26）。在腹主动脉右侧为后腔静脉，接受髂内静脉、髂外静脉、精索外静脉、肾

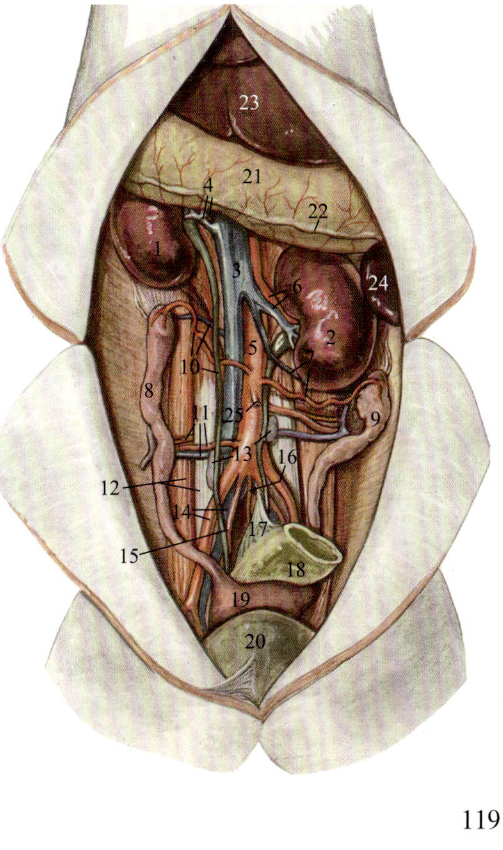

图 6-26 雌犬脊柱腹侧的内脏器官模式图

1. 右肾 2. 左肾 3. 后腔静脉
4. 右肾动、静脉 5. 主动脉
6. 左肾动、静脉 7. 左卵巢动、静脉
8. 右子宫角 9. 左子宫角
10. 右卵巢动、静脉和右输尿管
11. 旋髂深动脉、静脉和髂腹股沟神经
12. 腰大肌和腰方肌 13. 腰主动脉淋巴结
14. 髂外动脉、髂总静脉 15. 髂内动脉
16. 荐正中动脉 17. 降结肠系膜
18. 降结肠 19. 子宫体 20. 膀胱
21. 胃 22. 大网膜折转线 23. 肝
24. 脾 25. 肠系膜后动脉

（引自 Popesko，1985）

静脉、肝静脉和膈静脉等的血液。门静脉较粗，是由肠系膜总静脉、胃静脉和脾静脉汇集而成，进入肝门。

2. 淋巴结（lymph nodes）

（1）肝淋巴结（hepatic lymph node） 位于肝门附近，分左、右两组，较大，位置固定。

（2）脾淋巴结（splenic lymph node） 沿脾动、静脉分布，数目及大小不定。

（3）胃淋巴结（lymphonodi gastrici） 位于胃的小弯附近。

（4）肠系膜淋巴结（mesenteric lymph node） 位于肠系膜内，沿空肠动、静脉分布。

（5）结肠淋巴结（colic lymph node） 沿盲结肠系膜分布。

（6）肾淋巴结（lymphonodi renales） 位于肾动脉起始部。

多数腹腔淋巴结的输出管，集合形成淋巴干，汇入乳糜池。

3. 神经（图 6–27）

（1）腰部交感神经干（sympathetic trunk of lumbar） 很细，位于椎体两侧腰肌深部，含有 7 个腰神经节。部分节前纤维通过腰神经节，到肠系膜后神经节。从腰神经节发出的节后纤维，部分到腹主动脉神经丛。荐尾部交感神经干，各有 3 个神经节。

（2）内脏大神经（major splanchnic nerve） 在第 12 胸神经节处分出，经膈肌脚和腰肌之间进入腹腔，在肾上腺附近分出分支，进入腹腔神经节和肾。

（3）内脏小神经（minor splanchnic nerve） 分 2 或 3 个小支，起自最后胸神经节和第 1 腰神经节，走向腹腔肠系膜前神经节、肾神经节和肾神经丛。

（4）腹腔神经节和肠系膜前神经节 位于腹腔动脉的后方及肠系膜前动脉的左右两侧，两神经节之间以节间支相连，分支形成腹腔神经丛，迷走神经参与形成神经丛。

（5）肠系膜后神经节 位于肠系膜后动脉的前部，与腹腔神经丛相连。由此神经节发出的小支沿肠系膜后动脉、精索外动脉形成神经丛。在直肠系膜内有来自腰荐神经的分支及盆神经节、腹后神经

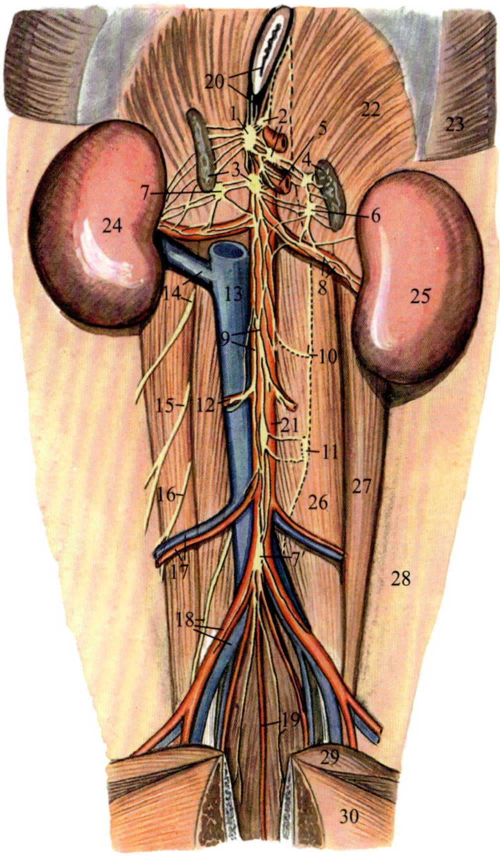

图 6–27 犬腹部交感神经（腹侧面）

1. 右腹腔神经节 2. 左腹腔神经节、腹腔动脉
3. 肠系膜前神经节、右肾上腺 4. 左肾上腺
5. 肠系膜前动脉 6. 左主动脉肾神经节
7. 右主动脉肾神经节 7′. 肠系膜后神经节
8. 肾丛、左肾动脉 9. 肠系膜间丛
10. 第 4 腰神经节 11. 第 5 腰神经节
12. 睾丸丛、右睾丸动脉 13. 后腔静脉
14. 右肾静脉、髂腹下前神经
15. 髂腹下后神经 16. 髂腹股沟神经
17. 旋髂深动、静脉
18. 髂外动脉、髂总静脉、生殖股神经
19. 荐中动脉、腹下神经
20. 食管、迷走神经背侧干
21. 主动脉 22. 左膈脚
23. 膈肋部 24. 右肾
25. 左肾 26. 腰小肌
27. 腰大肌 28. 腹壁
29. 耻骨肌 30. 股薄肌

（引自 Popesko，1985）

等形成腹后神经丛。

（6）迷走神经　经食管背侧干形成胃后神经丛，并通向腹腔神经丛。腹侧干到胃小弯，形成胃前神经丛，分支到肝、胰和十二指肠。

五、马腹腔器官的解剖特点

（一）右侧观（图 6-28）

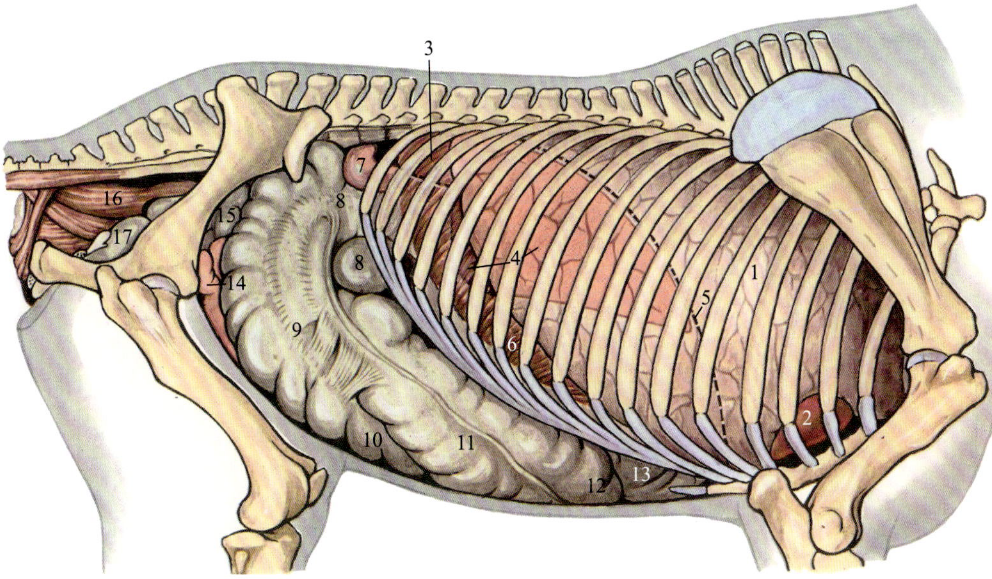

图 6-28　马内脏器官（右侧观）

1. 肺　2. 心脏　3. 右肾（投影）　4. 肝（投影）　5. 膈顶（投影）　6. 膈肋部　7. 十二指肠后曲
8. 盲肠底　9. 盲肠体　10. 盲肠尖　11 ～ 13,15. 大结肠（升结肠）　11. 右下大结肠　12. 胸骨曲
13. 膈曲　14. 空肠　15. 骨盆曲　16. 直肠　17. 膀胱

（引自 Popesko，1985）

1. 右肾和右肾上腺　位于腹腔右侧的最前上部。肾的背面贴邻膈和腰肌，前端达到第 15 肋间隙上部相对的肝脏肾压迹内，后端与第 1 腰椎横突相平位而与十二指肠后曲相邻。右肾上腺位于右肾的前内侧（被肝脏所盖），呈一扁平的不正三角形（图 6-29）。

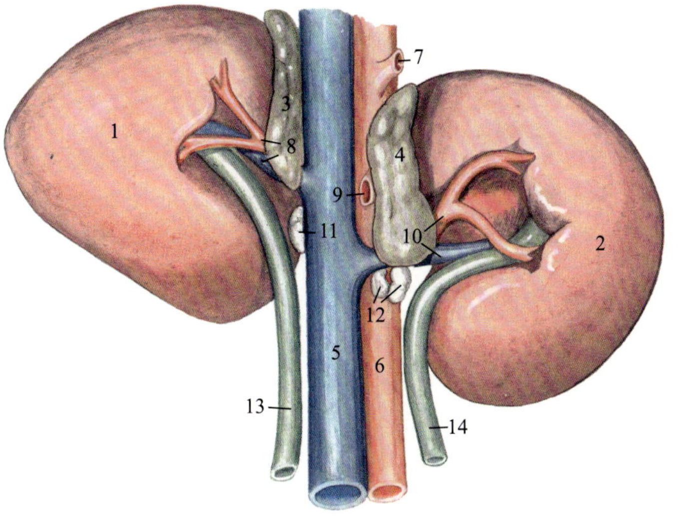

图 6-29　马肾和肾上腺位置关系

1. 右肾　2. 左肾　3. 右肾上腺
4. 左肾上腺　5. 后腔静脉
6. 主动脉　7. 腹腔动脉
8. 右肾动、静脉
9. 肠系膜前动脉
10. 左肾动、静脉
11. 右肾淋巴结
12. 左肾淋巴结
13. 右输尿管
14. 左输尿管

（引自 Popesko，1985）

2. 胰 位于右肾的内下方及腰椎与后腔静脉的下方，于十二指肠背内侧的浆膜下，可见胰脏右叶的一部分。

3. 十二指肠 位于腹腔的右季肋部和腰部。它在肝脏右叶的覆盖下，以一壶腹膨大部起始于胃的幽门，并于肝门邻近处形成一“乙”状弯曲，然后沿右上大结肠的背侧伸向后上方，达至最后肋骨上端相对的右肾腹侧，折转向左，越过中线，至左肾的下方处转为空肠（图 6–30）。

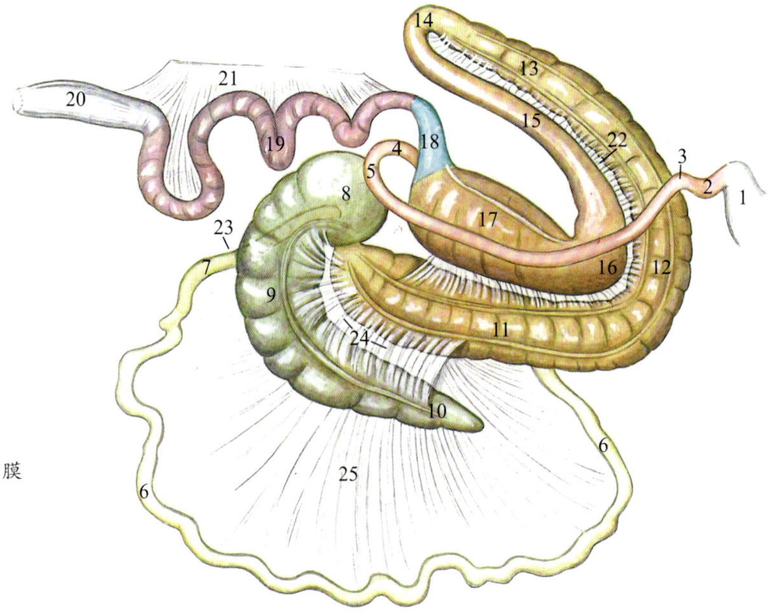

图 6–30　马肠管模式图

1. 胃　2. 十二指肠前段
3. 十二指肠前曲
4. 十二指肠空肠曲
5. 十二指肠后曲
6. 空肠　7. 回肠
8. 盲肠底　9. 盲肠体
10. 盲肠尖　11. 右下大结肠
12. 胸骨曲　13. 左下大结肠
14. 盆曲　15. 左上大结肠
16. 膈曲　17. 右上大结肠
18. 横结肠　19. 降结肠（小结肠）
20. 直肠　21. 降结肠系膜和直肠系膜
22. 结肠间韧带　23. 回盲韧带
24. 盲结韧带　25. 空肠韧带

（引自 Popesko，1985）

4. 盲肠 呈反逗点状的大盲囊，可分为盲肠底、盲肠体和盲肠尖 3 部（图 6–30）。盲肠底位于腹腔的右后上部，前达第 14 ～ 15 肋骨中部，后部在髋结节的内侧附近转为盲肠体。在盲肠底的下内侧——小弯处，有回盲口和盲结口。盲肠体自盲肠底起，沿右侧腹壁向前下方延伸，约与肋弓平行，其背缘凹陷，投影在右侧肋弓下 5 ～ 10 cm 处。盲肠尖为盲肠前下端的游离部，位于腹腔的脐部和剑状软骨部。

5. 大结肠（large colon） 也称升结肠，很发达，占据腹腔的大部分。它始于盲肠底内侧的盲结口，此后由肠管弯曲成两层重叠的马蹄铁形，位于腹腔右侧的大部和左侧的下半部分（图 6–30）。按肠管通连的顺序，可依次分为右下大结肠→胸骨曲→左下大结肠→骨盆曲→左上大结肠→膈曲→右上大结肠等 4 段和 3 个弯曲。右下大结肠位于腹腔的右下部，约在最后肋骨或肋间隙处，起始于盲肠底的小弯，沿右侧肋弓向前下方延伸，达至剑状软骨的背侧，在膈的后方转而向左，成为胸骨曲。左下大结肠位于腹腔左下部，自胸骨曲向右侧转至左侧后，沿盲肠的左侧与腹底壁向后上方延伸，直达骨盆前口，至此肠管渐细，且急转向上向前形成一弯曲，称骨盆曲。骨盆曲肠管最细，弯曲急转，肠壁上无纵肌带，常为结症易发部位之一。有的马骨盆曲较长，末端经骨盆腔口弯向右侧，甚至与右腹股沟部的腹壁相接触。左上大结肠位于腹腔左下部及左下大结肠的背侧，它自骨盆曲起，沿左腹壁内侧向前延伸到达膈和肝后，向右侧折转，形成膈曲。右上大结肠位于右下大结肠的背侧，自膈曲起，沿右腹壁和右下大结肠的背侧向后延伸，到盲肠底的内侧处，肠管膨大，称胃状膨大部，而后肠管又呈漏斗状缩细，于左肾的下方转为小结肠（microcolon）。

6. 肝 位于腹腔的最前部，3/5 位于右季肋部，2/5 位于左季肋部，右端高达第 10 肋骨中上部，与右肾前端相接触；左端较低，与第 7（8）肋骨下端相对，距腹底壁约 10 cm；前面（壁面）以冠状韧带及镰状韧带等与膈相连；后面是胃、十二指肠、盲肠底和大结肠；背缘有后腔静脉和食管通过，并以左右三角韧带与膈相连。马肝右叶后缘，不超过肺后缘的体表投影，但在肝肿大时可能超过，甚至在右侧肋弓的后下部叩诊时会出现肝的浊音区。临床上肝穿刺部位，是在右侧第 15 肋间隙的髂肋肌沟内（图 6–31）。

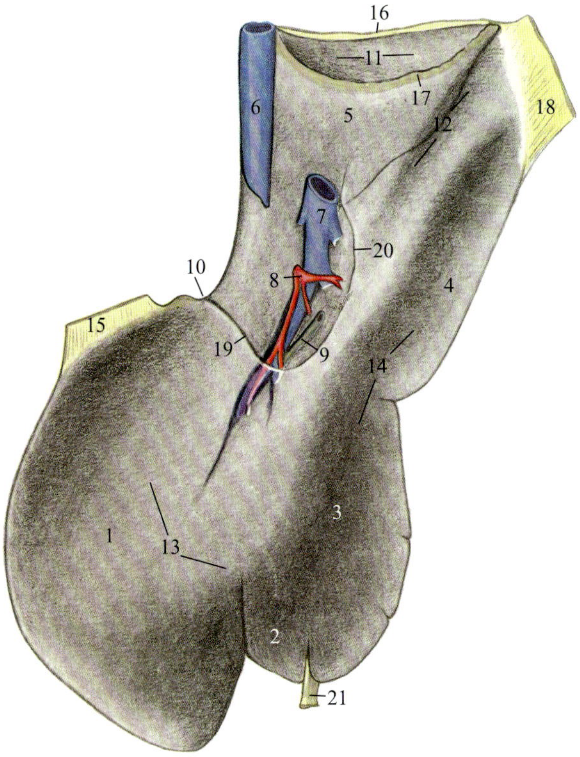

图 6–31　马肝脏（脏面观）

1. 左外叶　2. 左内叶　3. 方叶
4. 右叶　5. 尾叶尾状突
6. 后腔静脉　7. 门静脉
8. 肝动脉　9. 肝管
10. 食管压迹　11. 肾压迹
12. 十二指肠压迹
13. 胃压迹　14. 结肠压迹
15. 左三角韧带
16. 右冠状韧带
17. 肝肾韧带
18. 右三角韧带
19,20. 小网膜
19. 肝胃韧带
20. 肝十二指肠韧带
21. 肝圆韧带和镰状韧带
（引自 Popesko，1985）

（二）左侧观（图 6–32）

1. 左肾　位于最后肋骨及前 3 个腰椎横突下方的腹膜外面，周围被肾脂囊所包围。其背侧接腰肌和左膈脚，前端近邻胰和胃盲囊，外侧以脾肾韧带连于脾，内侧是左肾上腺和腹主动脉。在直肠检查隔着肠壁触摸左肾后部时，手感为圆形实物，如肿大或产生疼痛反应都是病理现象。

2. 脾　呈扁平镰刀形，位于左季肋部。脾头在后 3 个肋骨上端及第 1 腰椎横突之下，借脾肾韧带连于左肾，并以系膜连于大、小结肠移行部。脾尾斜向前下方，可达第 9 ～ 11 肋骨的中下部。脾的内侧面以胃脾韧带连于胃的大弯，并和空肠、小肠相邻接。外侧面与膈及腹壁相接触。在正常情况下脾的后缘不超出肋弓，但胃扩张或脾肿大时，可能超出肋弓，叩诊时在左髂部出现脾的浊音区。

3. 胃　大部分在左季肋部，小部分位于右季肋部，由后上方斜向前下方。胃盲囊与第 14 ～ 17 肋骨的上部相对；胃的下部与第 8 ～ 10 肋骨的下部相对。胃前面以韧带与膈和肝相连；后面与胰、右上大结肠、空肠和小结肠相邻；左面连于脾；右面是肝；上为膈脚；下为大结肠。

临床直肠检查触摸时，沿胃脾韧带向前内侧隔肠可触及光滑的胃壁，呈囊状，较柔软。因内容物充满程度不同，而触感也不一样。食滞性胃扩张的硬度如面团；气胀性胃扩张有弹性感。除躯体较小的马骡外，正常情况下不易摸到胃，但在胃扩张时容易摸到。

4. 空肠　呈许多迂曲回转的肠圈，前肠系膜旋于第 1 ～ 2 腰椎的腹侧。前肠系膜长约 50 cm，是一个扇形的双层浆膜褶，褶内有淋巴结及血管、神经、淋巴管延伸。空肠移动范围较大，大部分与小结肠混在一起，位于左髂部，但在腹前部（胃后）和腹后部也有空肠袢，并能到达腹底壁。

5. 回肠　肠壁较厚，长 40 ～ 60 cm，以回盲韧带连于盲肠体。在直肠检查触摸时，可摸到由左髂部向右向上走向盲肠底内侧的圆柱状肠管，表面光滑而有弹性，左端可动，右端固定，就可判定为回肠。

6. 小结肠　为大结肠的延续，借后肠系膜连于第 3 ～ 6 腰椎下方，弯曲成肠圈，并与空肠混在一起，位于腹腔左髂部的上部、腰部和腹后部。

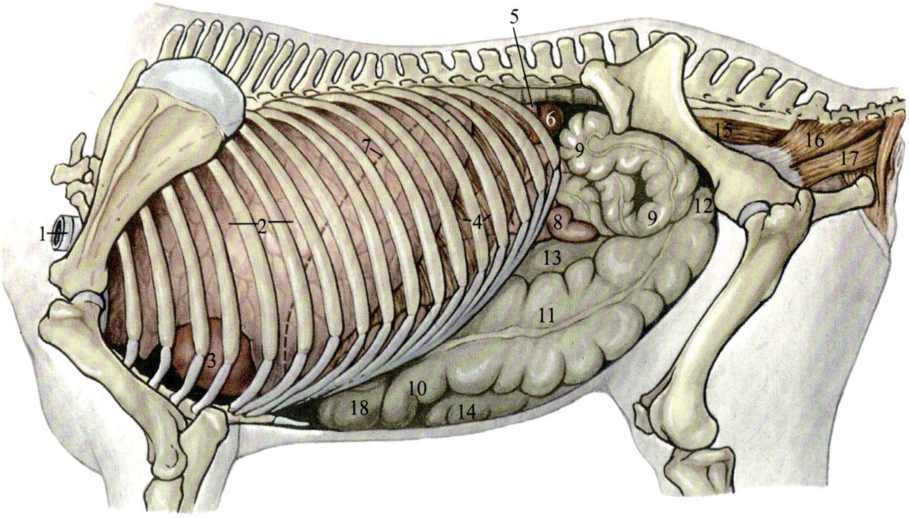

图 6-32　马内脏器官（左侧观）

1. 气管　2. 肺　3. 心脏　4. 膈肋部　5. 脾（投影）　6. 左肾　7. 膈顶（投影）　8. 空肠　9. 小结肠（降结肠）　10 ～ 13,18. 大结肠（升结肠）　10. 胸骨曲　11. 左下大结肠　12. 骨盆曲　13. 左上大结肠　14. 盲肠尖　15. 直肠　16. 尾骨肌　17. 肛提肌　18. 膈曲

（引自 Popesko，1985）

六、兔腹腔器官的解剖特点

（一）右侧观（图 6-33）

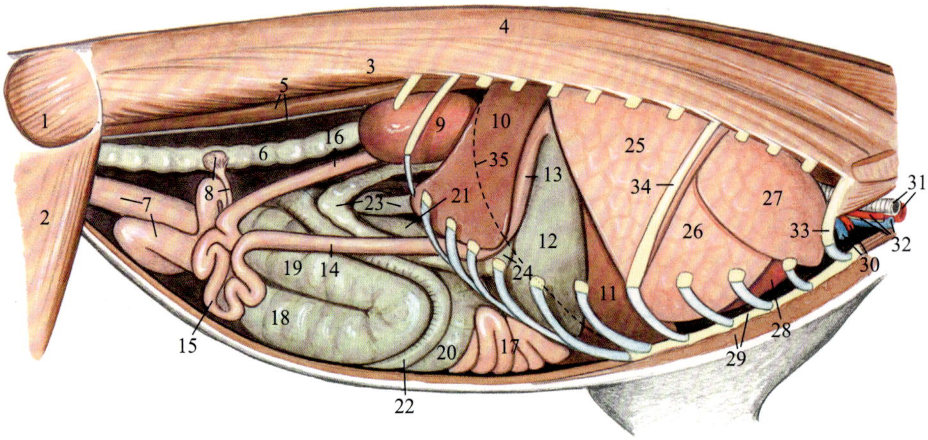

图 6-33　兔内脏器官右侧观

1. 臀中肌　2. 阔筋膜张肌　3. 腰髂肋肌和胸髂肋肌　4. 腰最长肌和胸最长肌　5. 腰大肌、右输尿管　6. 降结肠　7. 右侧子宫　8. 卵巢、输卵管　9. 右肾　10. 肝尾状突　11. 肝右叶　12. 胃　13. 十二指肠前部　14. 十二指肠降部　15. 十二指肠横部　16. 十二指肠升部　17. 空肠　18 ～ 21. 盲肠　18. 盲肠第 1 回转　19. 盲肠第 2 回转　20. 盲肠第 3 回转　21. 盲肠蚓突　22. 结肠近袢　23. 结肠远袢和中央袢　24. 横结肠　25. 右肺后叶　26. 右肺中叶　27. 右肺前叶　28. 心脏　29. 胸骨、胸肌　30. 腋动、静脉　31. 气管、食管　32. 颈总动脉、颈静脉、迷走交感干　33. 第 1 肋骨　34. 第 5 肋骨　35. 膈附着线

（引自 Popesko，1985）

1. 肝脏和胆囊 肝脏位于膈的后方，新鲜时为紫褐色，分叶明显，共有6叶：即左外叶、左内叶、右外叶、右内叶、方叶和尾叶。胆囊位于右内叶的脏面，肝管与胆囊管合并为胆总管，开口于十二指肠起始部。

2. 十二指肠和胰脏 十二指肠连接于胃的幽门，长约50 cm，可分为前部、降部和升部3段，呈“U”字形弯曲。即前部从幽门向后行移至髂部，降部较短，升部由降部折转向前（图6-34）。胰脏分散在十二指肠的“U”字形弯曲内。胰管开口于十二指肠升部的中间处。

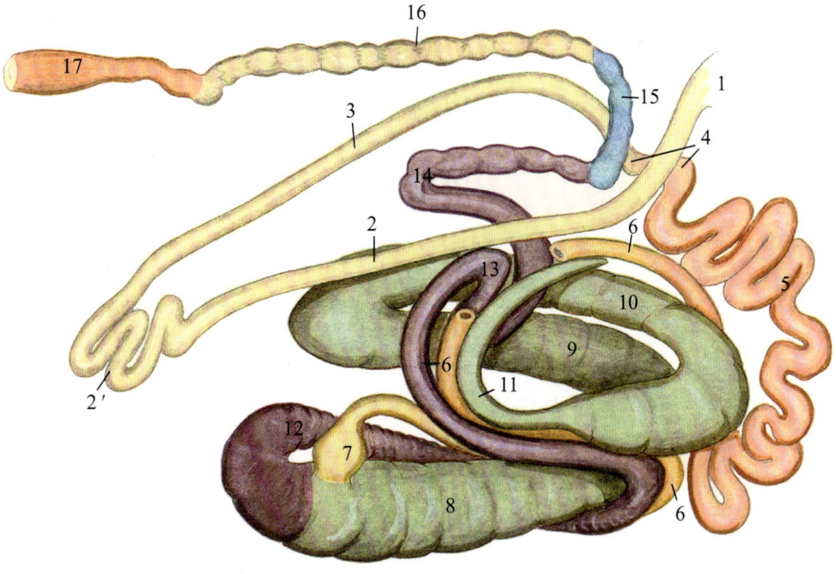

图6-34 兔肠管模式图

1. 幽门 2. 十二指肠降部 2′. 十二指肠横部 3. 十二指肠升部 4. 十二指肠空肠曲 5. 空肠 6. 回肠 7. 圆小囊 8～11. 盲肠 8. 盲肠第1回转 9. 盲肠第2回转 10. 盲肠第3回转 11. 盲肠阑尾 12～14. 升结肠 12. 结肠近袢 13. 结肠中央袢 14. 结肠远袢 15. 横结肠 16. 降结肠 17. 直肠

（引自Popesko，1985）

3. 盲肠和结肠 占据腹腔的大部分。兔的盲肠表面呈暗灰色，易与其他肠管区别，长约50 cm，直径最大的部位约3 cm，盲肠可分为3个部、2个弯曲和1个突。3个部：即中央纵行部，位于腹腔中部；右纵行部，位于腹腔的右后部；左纵行部，位于腹腔的左前中部。2个弯曲：第一个弯曲在前，为中央纵行部与右纵行部的交界处；第二个弯曲在后，为右纵行部与左纵行部间的弯曲。1个突为左纵行部伸延的盲端部称为蚓突（processus vermiformis），长约10 cm，呈淡黄色，黏膜淋巴组织丰富。蚓突壁薄，外表可见一系列沟纹，肠壁内面有螺旋瓣（spiral valve），瓣的间隔为2～3 cm。

结肠：长约1 m，分为升结肠、横结肠和降结肠3部分。升结肠较长，沿腹壁右侧前行，达胃的幽门部的附近，即为横结肠，以后转为向后行，为降结肠。结肠上有3条纵肌带，即2条在背侧，1条在腹侧，肌带之间在肠壁表面有许多深纹和膨起的肠袋。

4. 右肾和右肾上腺 右肾位于最后肋骨与前两个腰椎横突的腹侧，位置较左肾靠前，为光滑单乳头肾，呈卵圆形，长3～4 cm，宽2～2.5 cm，呈褐红色。右肾上腺位于右肾前半部内侧面，靠近后腔静脉的右侧，呈扁平三角形，黄白色。

5. 右侧卵巢、输卵管和子宫 见第八章。

（二）左侧观（图6-35）

1. 胃和脾脏 胃呈椭圆形囊状，位于肝脏的后方，偏左侧。胃黏膜面分为3个区：环绕胃贲门的为贲门腺区，最小；胃底腺区最大；由贲门向后的一部分为幽门腺区。在幽门部肌层变厚，为幽门窦，防止十二指肠食物倒流。

在胃大弯的左侧有褐红色的脾脏，以胃脾韧带与胃相连。兔脾呈舌形，其大小随含血量变化而变化，弯曲度与胃大弯相适应。兔的大网膜不发达，由胃大弯突出的浆膜褶，覆盖一部分肠管，含有脂肪。小网膜是由胃小弯连接肝尾状叶的胃肝韧带，以及肝连接十二指肠起始端的肝十二指肠韧带所组成。

2. 空肠 是小肠最长的一段，长约 2 m，位于腹腔左侧，管壁较厚，呈淡红色，内容物很少。空肠形成不规则的肠袢。

3. 回肠 较短，长约 40 cm，以回盲褶连于盲肠，也是回肠和空肠的分界点。回肠壁较薄，颜色较深。回肠末端膨大形成后壁圆囊，称圆小囊（round crypt），兔特有，大小约为 2 cm × 3 cm，颜色较淡，其内壁上有六角形蜂窝状结构，黏膜上皮下充满淋巴组织。回盲瓣口周缘的盲肠壁上有两块淋巴组织，较大的为盲肠扁桃体，直径为 1.5 ～ 2.5 cm；较小的为小盲肠扁桃体，直径为 0.8 ～ 1.0 cm，结构与圆小囊相似。

4. 左肾和左肾上腺 左肾位于第 2 ～ 4 腰椎横突的腹侧，呈卵圆形，光滑单乳头肾。左肾上腺位于腹主动脉与左肾动脉夹角内的肾前部内侧，呈扁平三角形，黄白色。

5. 左侧卵巢、输卵管和子宫 见第八章。

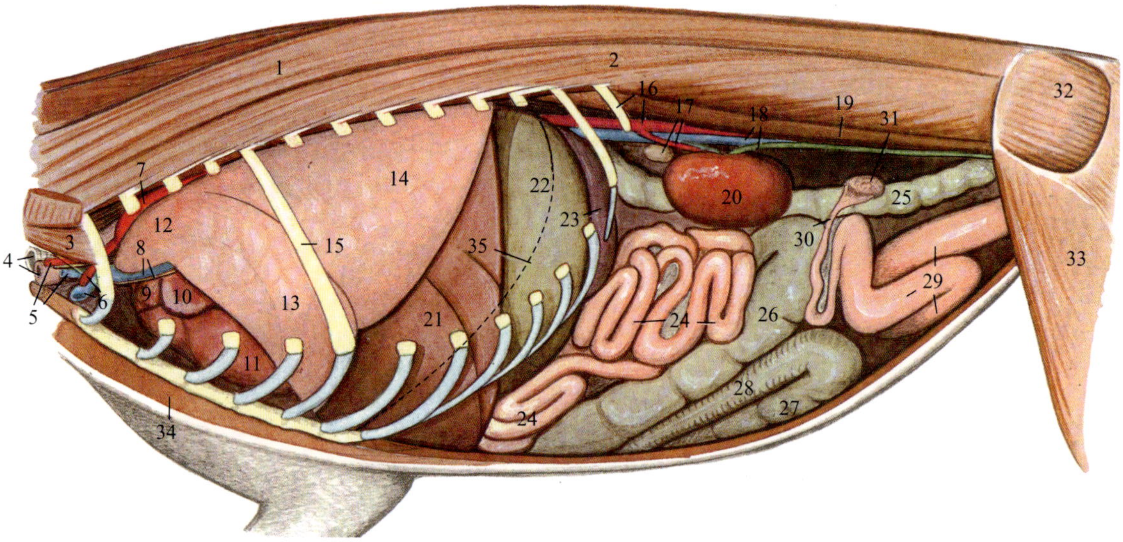

图 6–35 兔的内脏器官左侧观

1. 胸最长肌和腰最长肌 2. 胸髂肋肌和腰髂肋肌 3. 中斜角肌 4. 气管、食管 5. 颈总动脉、颈静脉 6. 腋动、静脉 7. 主动脉弓 8. 膈神经、前腔静脉 9. 肺动脉干 10. 左心耳 11. 左心室 12. 左肺前叶 13. 左肺中叶 14. 左肺后叶 15. 第 5 肋骨 16. 第 13 肋骨、腹主动脉 17. 左肾上腺、左肾动脉 18. 后腔静脉、左输尿管 19. 腰大肌 20. 左肾 21. 肝 22. 胃 23. 脾 24. 空肠 25. 降结肠 26. 盲肠第 3 回转 27. 盲肠第 1 回转 28. 升结肠 29. 左子宫 30. 输卵管 31. 卵巢 32. 臀中肌 33. 阔筋膜张肌 34. 胸肌 35. 膈附着线

（引自 Popesko，1985）

（三）主要的血管、淋巴结与神经

1. 动脉

（1）腹腔动脉 为腹主动脉，在膈的后方发出的第一个分支，又分出脾动脉、胃左动脉和肝动脉。脾动脉分布与脾和胃的大弯部。脾动脉最后进入大网膜，称为网胃膜左动脉，分布于胃大弯的右侧部，与胃网膜右动脉吻合。胃左动脉走向胃的大弯，分布于胃的前、后面。肝动脉是腹腔动脉的延续，向前向右伸延，经肝门进入肝脏，为肝固有动脉。

（2）肠系膜前动脉　是单支，在腹腔动脉后方由腹主动脉发出，分布于小肠和大肠。主要分支为胰十二指肠动脉、空肠动脉和回盲结肠动脉。

（3）肾动脉　分左、右两支，分别由肾门进入肾脏。

（4）肠系膜后动脉　单支，分布于直肠。

（5）精索内动脉　成对，公兔经精索到睾丸和附睾；母兔为子宫前动脉，分布于卵巢、输卵管和子宫角。

2. 后腔静脉　汇入后腔静脉的主要静脉有膈静脉、肝静脉、肾静脉、精索内静脉、腰静脉和门静脉。其中门静脉是一支粗大静脉，进入肝脏，主要汇集胃、肠、脾胰等器官的静脉血。

3. 淋巴结　主要有4群。

（1）十二指肠淋巴结　位于十二指肠系膜内，有1～3个。

（2）胃淋巴结　位于胃小弯，在胃静脉进入门静脉的汇合处附近，一般为2个，收集胃、肝的淋巴。

（3）肠系膜前淋巴结　位于肠系膜前、后静脉汇合处，有2～4个，汇集小肠和大肠的淋巴。

（4）肠系膜后淋巴结　位于肠系膜后动脉发出部附近的肠系膜上，有2～4个，收集结肠和直肠前部的淋巴。

4. 神经　支配腹腔内脏的为植物性神经。

（1）内脏大神经　来自第8～10节胸部脊髓，走向腹腔肠系膜前神经节。

（2）内脏小神经　常不独立存在。

（3）腰部交感神经干　位于腹主动脉背侧，在腰肌背面与腰椎椎体之间。每侧腰交感神经干有7个腰神经节，每一神经节均有交通支与脊神经相连，并有分支与腹腔的神经丛相连。

（4）腹腔神经节　较大，呈三角形，仅位于肠系膜根部肠系膜前动脉起始部的前方，在门静脉的腹侧。内脏大神经终止于此。腹腔神经节发出分支分布于胃、肝、脾、胰和十二指肠，形成神经丛。

（5）肠系膜前神经节　较大，类似长方形，位于肠系膜前动脉起始部左侧，在左侧肾上腺的内侧。发出分支分布于肾、肾上腺、小肠和大肠的大部分及腹主动脉等器官。

（6）肠系膜后神经节　较小，略呈不正四边形，发出神经纤维，参与形成肠系膜后神经丛，分布于结肠。

【思考题】

1. 简述做成年牛或羊的瘤胃切开手术时切开腹壁的位置和具体方案。

2. 简述牛、羊胃肠的形态、位置和构造以及相互关系。

3. 简述牛、羊腹主动脉的主要分支分布。

4. 简述牛、羊腹腔肠系膜前神经节的形态和位置，以及节前神经纤维合成什么神经？腹下神经的性质如何，支配哪些器官？

5. 简述胸、腰交感神经干（链）、内脏大神经、内脏小神经的构成和位置。

6. 简述迷走神经在腹腔内的走向和分布。

7. 简述猪胃肠的形态、位置和构造特点。

8. 简述马胃肠的形态、位置和构造特点。

9. 简述犬胃肠的形态、位置和构造特点。

10. 简述兔胃肠的形态、位置和构造特点。

第七章
后肢解剖

【教学目标】

1. 掌握臀部主要肌肉的位置和层次；髂内、外动脉和静脉在臀部的分支及走向；腰荐神经丛的来源、分支、走向及分布；髂下淋巴结、坐骨淋巴结等主要淋巴结的位置。

2. 掌握股前肌群、股后肌群、股内侧肌群各肌肉的位置、层次和起止点；股前部的股动、静脉和股神经，股后部的股后动、静脉、坐骨神经等主要血管神经的走向、主要分支和分布。以及腘淋巴结的位置。

3. 掌握跗、趾关节的伸、屈肌群各肌肉的位置、起止点及层次关系；股动、静脉在小腿部的主要分支的走向及分布；胫神经和腓总神经的主要分支的走向及分布。

4. 了解控制后脚部各关节的肌肉和肌腱的层次关系，以及后脚部血管神经的分布规律。

5. 了解后肢骨骼的形态特点。比较犬、牛和猪后肢的解剖特征。

第一节　臀部的解剖

一、界限

上界：荐结节及荐骨正中嵴。

下界：髋结节外侧端、大转子稍下方及坐骨结节腹外侧突连成的弓形线。

前界：髋结节与荐结节的连线。

后界：尾根至坐骨结节的连线

二、解剖步骤

（1）依下列各线切开皮肤：①自腰部前端沿脊背正中至尾根切开；②绕尾根做环切，并沿尾根正中向下切开；③环绕肛门做环切并从正中向下切开；④公畜腹部正中向后切开，围绕包皮做环切，母畜腹部正中向后切开，围绕乳腺做环切；⑤由腹后部至小腿内侧切开并围绕趾关节上端做环切。

（2）翻起皮瓣，清理皮下组织。观察皮神经和以臀中肌为代表的臀部浅层肌肉。

（3）臀深部结构的观察：将浅层肌肉从中部切开，向两侧翻起，注意观察深层的肌肉、血管、神经分布和淋巴结的位置及相互关系。

（4）由臀深层肌肉的中部将其切开，并向两侧掀开（充分暴露骨盆侧壁的韧带），观察支配后肢的主要血管神经的来源。

三、解剖层次与结构

1. 第一层——皮肤

2. 第二层——浅筋膜 有发达的疏松结缔组织，猪的浅筋膜形成较厚的脂肪层。皮神经主要包括臀前神经（第 4、5、6 腰神经背侧支）、臀中神经（第 1、2、3 荐神经背侧支）和阴部神经皮支。皮肤的血管为臀前、后动脉和静脉的皮支。

3. 第三层——深筋膜及浅层肌肉 见图 7–1。在臀部深筋膜形成臀筋膜，附着于髂骨荐结节及髋结节，紧贴臀肌，其深面供臀肌附着，并分出肌间隔进入各肌之间，不易剥离。前方连于腰背筋膜，后方连尾筋膜，下方接股筋膜。臀部浅表肌肉从前向后依次为臀中肌、臀浅肌、股二头肌和尾骨肌。牛、羊无臀浅肌；牛、羊、马、猪的半腱肌有荐骨头，位于股二头肌之后。

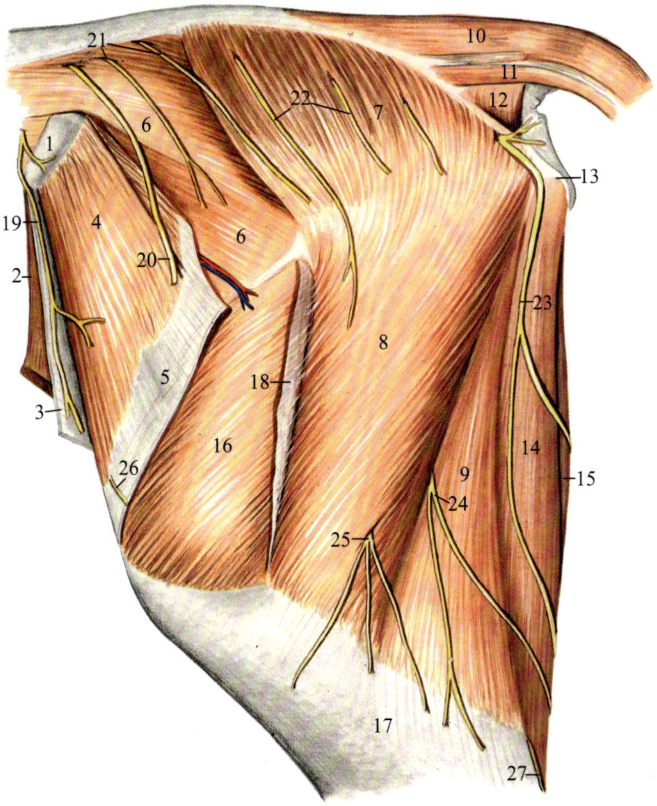

图 7–1　牛臀部浅层结构

1. 髋结节　2. 腹内斜肌
3. 腹外斜肌腱膜　4. 阔筋膜张肌
5. 股阔筋膜　6. 臀中肌
7,8,9. 臀股二头肌　7. 臀浅肌
8. 股二头肌前部　9. 股二头肌后部
10. 荐尾背外侧肌
11. 荐尾腹外侧肌
12. 尾骨肌　13. 坐骨结节
14. 半腱肌　15. 半膜肌
16. 股外侧肌　17. 小腿筋膜
18. 阔筋膜止点
19. 髂腹股沟神经支
20,21,22. 臀中皮神经
23. 阴部神经近皮支
24,25. 坐骨神经股后皮支
26. 股外侧皮神经
27. 小腿后皮神经

（引自 Popesko，1985）

（1）臀中肌（middle gluteal muscle） 起自髂骨翼背侧臀肌面、荐骨、腰背最长肌腱膜及荐结节阔韧带，止于股骨大转子，由深、浅两部分组成，浅部较大，通常称为臀中肌；在牛、羊深部前端有较小的臀副肌（详见深层肌肉描述）。牛、猪的臀中肌向腰部延伸，牛的可达第 4 腰椎，较小；犬的臀中肌不向腰部延伸，无深部的臀副肌，后端深部有较小的梨状肌（图 7–2）。臀中肌有伸髋关节，外展及外旋后肢的作用。

（2）臀浅肌（superficial gluteal muscle） 在臀中肌之后的浅表，分后部和前部，前部与股阔筋膜张肌一齐起自髋结节，后部起于臀筋膜、荐骨外侧、第 1 尾椎和荐结节阔韧带，以短腱止于第 3 转子，一部分连于股筋膜。可伸髋关节和外展后肢。马、犬和兔有此肌。牛、羊的此肌分别与股阔筋膜张肌和股二头肌合并，不明显；猪的单独起自荐骨，并入股二头肌。

（3）股二头肌（biceps muscle of thigh） 为一长而宽大的肌肉，位于臀、股后外侧面。在牛、羊和猪，起始部分为椎骨头和坐骨头，又称臀股二头肌，椎骨头起于荐骨、第 1 尾椎及荐结节阔韧带；坐

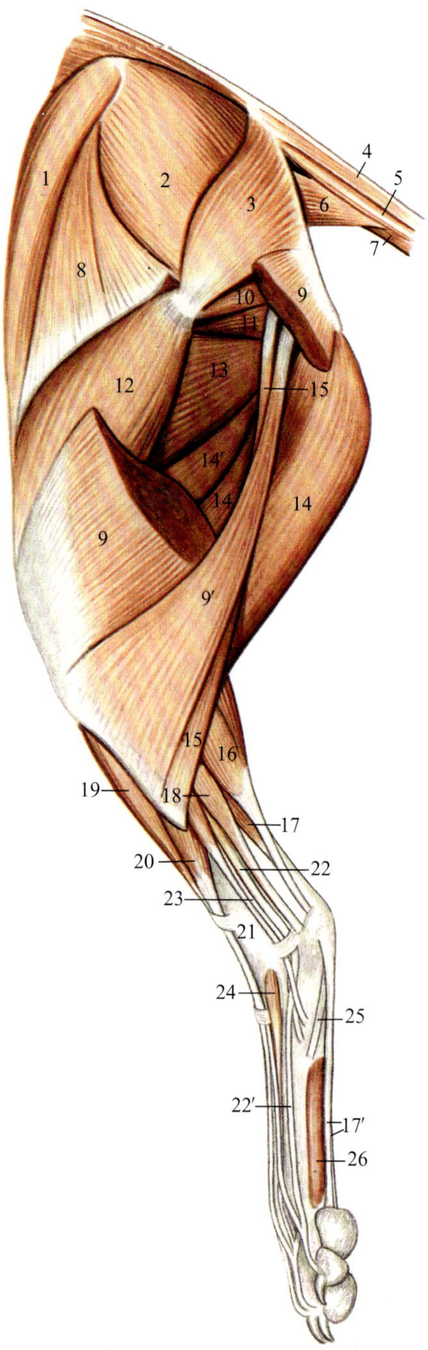

图 7-2　犬后肢外侧结构

1. 缝匠肌前部　2. 臀中肌　3. 臀浅肌
4. 荐尾背外侧肌　5. 尾横突间肌　6. 尾骨肌
7. 荐尾腹外侧肌　8. 阔筋膜张肌　9. 股二头肌浅头
9′. 股二头肌深头　10. 孖肌　11. 股方肌
12. 股外侧肌　13. 内收肌　14. 半膜肌后部
14′. 半膜肌前部　15. 小腿后外展肌　16. 腓肠肌
17. 趾浅屈肌　17′. 趾浅屈肌腱　18. 第 1 趾长屈肌
19. 胫骨前肌　20. 趾长伸肌　21. 腓骨长肌
22. 趾外侧伸肌　22′. 趾外侧伸肌腱　23. 腓骨短肌
24. 趾短伸肌　25. 第 5 趾收肌　26. 骨间肌
（引自 Popesko，1985）

骨头起于坐骨结节。股二头肌向下行分为 3 支：前支最大，以强腱止于膝盖骨；中支止于胫骨粗隆（牛的此支与前支合并）；后支一部分连接胫骨筋膜，一部分止于跟外侧跗骨，参与形成跟总腱。犬的股二头肌的两个头分别起自荐结节阔韧带和坐骨结节，两头相互延续，行于大腿外侧浅表，其后部又由一肌沟分为两部，前宽后窄，其肌腱与股阔筋膜和小腿筋膜合并形成一宽大的腱，此腱到达膝外侧韧带、胫骨嵴和跟总腱；其深部有一薄的肌质带，起于荐结节阔韧带，穿过二头肌与半膜肌之间，止于小腿筋膜，称为小腿后展肌（abductor cruris caudalis muscle），兔也有此肌。股二头肌有伸髋关节的作用，同时前部可伸膝关节，后部肌腱参与形成跟腱，提举后肢时可屈膝关节，伸跗关节（图 7-2）。

（4）半腱肌（semitendinous muscle）　马和猪的半腱肌起点为两个头。上支起于荐骨棘和前几节尾椎，与股二头肌和臀浅肌同起点。下支起于坐骨结节，止于胫骨嵴的内侧面和跟节结，可伸髋关节和跗关节，屈膝关节。牛、羊和犬的半腱肌仅有坐骨头（下支）起自坐骨结节。

（5）半膜肌（semimembranosus muscle）　位于半腱肌和股薄肌之间的三角形肌肉。牛的起自坐骨，下端大支终止于股骨内侧上髁，上端小支止于胫骨结节。猪和肉食动物起自坐骨结节，下端分两支，一支终于股骨下端和耻骨肌部，另一支止于胫骨上关节缘内部。犬的前部终于股骨内上髁的上方和内侧膝盖骨，后部止于膝关节内侧韧带的内下方。马的半膜肌分两个头，长头以腱膜由荐结节阔韧带及前几个尾椎起，短头由坐骨结节腹侧及坐骨弓起，下行至坐骨结节下方合并，分出 2 支：一支附着于股骨内上髁，另一支附着于股胫关节内侧韧带。

（6）尾骨肌（coccygeal muscle）　为一薄的扁平肌，位于直肠和荐结节阔韧带之间，起于坐骨棘内侧面后部，荐结节阔韧带内侧面，止于前几节尾椎横突。

（7）肛提肌（levator ani muscle）　仅肉食动物有此肌，位于尾骨肌内侧，起自髂骨体内侧缘、耻骨背侧和整个骨盆联合的大的三角形肌肉，分为髂尾肌（iliocaudalis muscle）和耻尾肌（pubocaudalis muscle）两部分，止于尾筋膜、猫的第 1 ～ 3 尾椎的血管突或犬的第 4 ～ 7 尾椎的血管突。

4. 第四层——臀前深层肌肉、臀后深层肌肉、坐骨神经、臀前神经、臀前动脉与静脉、臀后神经、臀后动脉与静脉、坐骨神经和坐骨淋巴结　见图 7-3 至图 7-5。该层肌肉从前向后依次为臀副肌（其前面为髂腰肌）、梨状肌、臀深肌、孖肌和股方肌。犬无臀副肌。牛、羊的梨状肌与臀中肌合并，不明显。

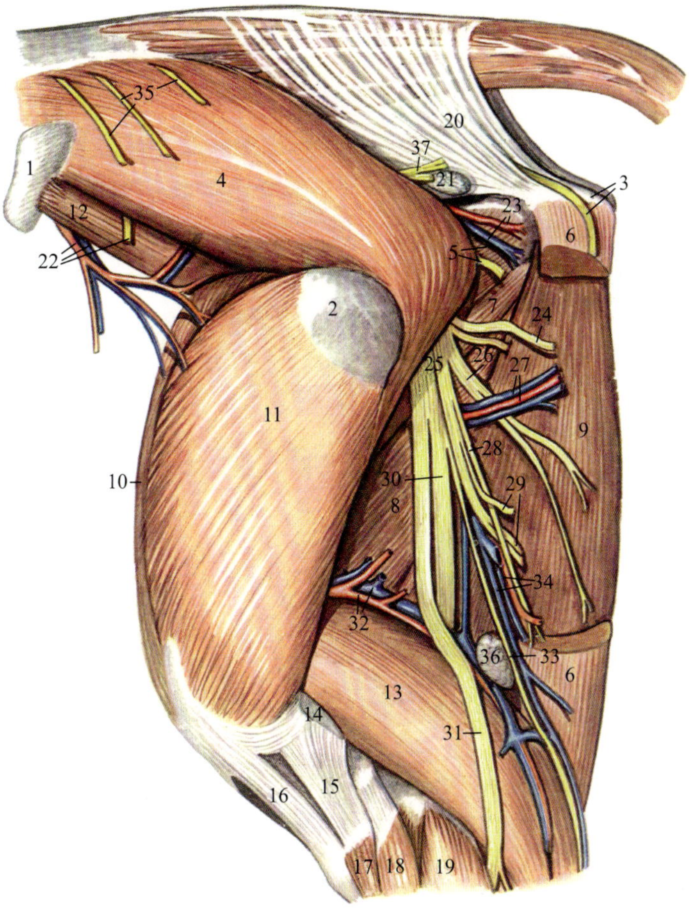

图 7-3　牛左侧臀部结构

1. 髋结节　2. 股骨大转子
3. 坐骨结节和阴部神经的近皮支
4. 臀中肌　5. 孖肌和至股二头肌神经肌支
6. 半腱肌　7. 股方肌　8. 内收肌　9. 半膜肌
10. 股直肌　11. 股外侧肌　12. 髂肌外侧头
13. 腓肠肌外侧头　14. 股二头肌附着点
15. 膝外侧韧带　16. 膝中间韧带　17. 胫骨前肌
18. 第三腓骨肌　19. 腓骨长肌
20. 荐结节阔韧带（荐坐韧带）
21. 坐骨淋巴结
22. 旋髂深动、静脉和股外侧皮神经
23. 臀后动、静脉
24. 坐骨神经支配半腱肌肌支
25. 坐骨神经　26. 坐骨神经支配半膜肌肌支
27. 股深动、静脉肌支
28. 坐骨神经支配半腱肌远肌支
29. 坐骨神经支配股二头肌的肌支和皮支
30. 胫神经　31. 腓总神经
32. 股后动、静脉　33. 小腿后侧皮神经
34. 旋股内侧动脉、外侧隐静脉
35. 臀中皮神经　36. 腘淋巴结
37. 臀后神经

（引自 Popesko，1985）

（1）臀前深层肌肉

①髂肌（iliacus muscle）　始于髂骨翼和髂骨体，穿过肌缝隙（lacuna musculorum），借髂腰肌总腱止于股骨小转子。肌缝隙位于腹壁后方，由外侧髋骨、内侧腹直肌和前方的筋膜围成。马和反刍动物的髂肌有较强的外侧头起于髂骨翼，较小的内侧头起于髂骨体，二者包围腰大肌，并联合形成总腱止于小转子。肉食动物外侧头小，内侧头大，与腰大肌愈合成髂腰肌。

②腰大肌（psoas minor muscle）　位于腰方肌的腹侧，腰小肌的背侧，起于腰椎椎体和横突及最后两个胸椎和肋骨的背部，在腰小肌的外侧与髂肌合并止于股骨小转子。反刍动物的腰大肌起自最后肋骨的后缘，分出一薄腱，附着于第 12 肋骨。猪的腰大肌呈圆形，起自最后肋骨。肉食动物的腰大肌较短小，起自第 3 ～ 4 腰椎。

③腰小肌（psoas major muscle）　起于最后 2、3 个胸椎和前 4 或 5 个腰椎，借一强腱止于髂骨体的腰结节。

④腰方肌（quadratus lumborum muscle）　起自腰椎横突腹侧面和肋骨近侧端，止于荐骨翼和髂骨翼的腹侧面。肉食动物和猪的腰方肌比其他家畜发达，有胸部和腰部，胸部有数个起点，起于最后 3 个胸椎椎体，止于前部腰椎横突；腰部伸至和止于荐骨和髂骨翼。反刍动物和马的腰方肌为薄的腱质肌，反刍动物的腰方肌起于最后肋骨的近侧端和前部腰椎横突，止于后部腰椎横突和荐骨翼。

（2）臀后深层肌肉

①臀副肌（accessory gluteal muscle）　起于髋结节和髂骨翼骨膜上，止于股骨大转子的前方，是臀中肌的深部。具有伸髋关节、外展后肢的作用。

紧贴臀副肌之前内侧有髂肌（iliac muscle）外侧头，该头起于髂骨翼的腹侧面及荐骨翼盆腔面。

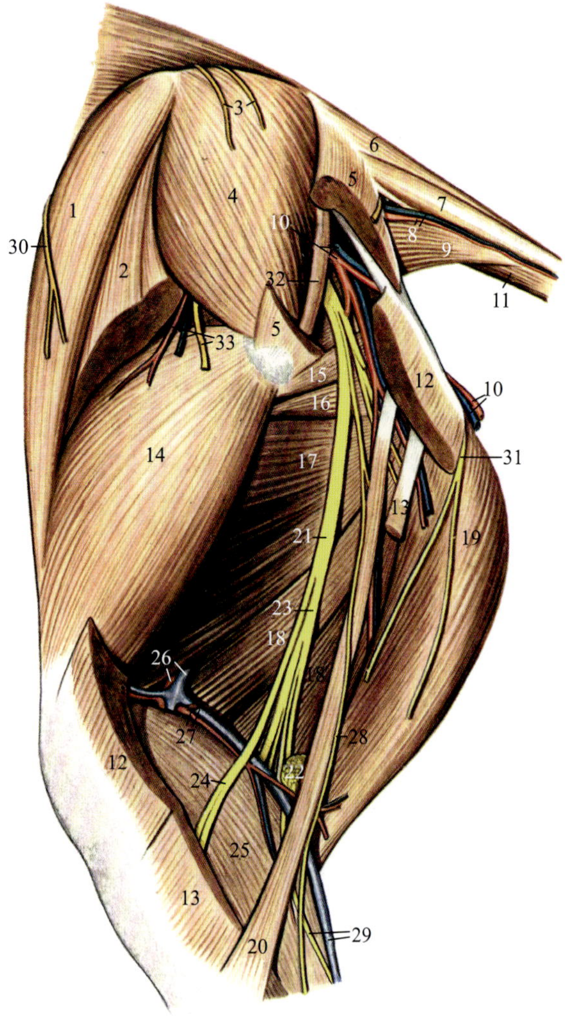

图 7-4　犬左侧臀部及股部外侧结构

1. 缝匠肌前部　2. 阔筋膜张肌
3. 荐神经背侧支（臀中皮神经）
4. 臀中肌　5. 臀浅肌
6. 荐尾背外侧肌　7. 尾横突间肌
8. 尾外侧动、静脉　9. 尾骨肌（外侧）
10. 臀后动、静脉　11. 荐尾腹外侧肌
12. 股二头肌浅头　13. 股二头肌深头
14. 股外侧肌　15. 孖肌
16. 股方肌　17. 内收肌
18. 半膜肌前部　18′. 半膜肌后部
19. 半腱肌　20. 小腿后展肌
21. 坐骨神经　22. 腘淋巴结
23. 胫神经　24. 腓总神经
25. 腓肠肌　26. 股动、静脉
27. 股后动、静脉
28. 小腿后皮神经
29. 外侧隐静脉、胫神经的皮支
30. 股外侧皮神经
31. 股后皮神经
32. 梨状肌
33. 旋髂深动、静脉支和臀前神经支
（引自 Popesko，1985）

与腰大肌共同止于股骨内侧小转子，有屈髋关节和外旋股骨的作用。

②臀深肌（deep gluteal muscle）　牛的臀深肌在臀副肌的深面及后方，是较厚的扇形肌，髂骨髋臼支起于髂骨体外侧面，坐骨髋臼支起于荐结节阔韧带的下缘，大部分止于转子窝，部分止于大转子外下方，另以一个腱索止于大转子下方外侧骨膜上。有伸屈髋关节和外展股骨的作用。犬的臀深肌起于髂骨体和坐骨棘，止于大转子。反刍动物起于髂骨体外侧和荐结节阔韧带，以一短腱止于股骨大转子。猪的起于髂骨外侧，止于髋结节附近。

在臀深肌的后方，牛、羊的臀前动、静脉（cranial gluteal artery & vein）、臀前神经（cranial gluteal nerve）、坐骨神经（sciatic nerve）和臀后神经（caudal gluteal nerve）从臀深肌上方的坐骨大孔伸出，牛、猪在此还可见坐骨淋巴结（ischiallymph node）。

③梨状肌（piriformis muscle）　犬、猪的梨状肌位于臀中肌和臀深肌之间后部，起于荐骨侧缘和荐结节阔韧带，兔的梨状肌起于第 2、3 荐椎；止于股骨外侧面大转子远端，可伸和外展髋关节。猪的梨状肌前端连于背最长肌。其他家畜的梨状肌和臀中肌愈合。伸髋关节，外展后肢。

梨状肌的深层是坐骨大孔（greater sciatic formaen），可见在梨状肌和臀深肌之间有臀前动、静脉、臀前神经、坐骨神经、臀后动、静脉（caudal gluteal artery & vein）和臀后神经从臀深肌上方的坐骨大孔伸出，并且坐骨神经走在臀深肌的表面。

④孖肌（muscle gemellus）　三角形薄肌，被股二头肌覆盖，大多是两个小肌束，有些动物是愈合的。上孖肌起自坐骨棘，下孖肌起自坐骨后部，共同止于坐骨体外侧缘与转子窝间，下方与股方肌

相邻。马的孖肌起点不分开，到止点上方分开；猫的孖肌始终保持分开；马和犬的孖肌表面有闭孔内肌腱行于其上，伸向转子窝。有外展股骨的作用。其上有坐骨神经斜行通过，牛、羊的孖肌附近有臀后动、静脉从坐骨小孔穿出，分布于孖肌、股二头肌等。

⑤股方肌（quadrate muscle of thigh） 起于坐骨腹侧面，止于股骨小转子下方，作用是内收后肢并内旋股骨。股方肌的深面有闭孔外肌，牛、羊的还有闭孔内肌。

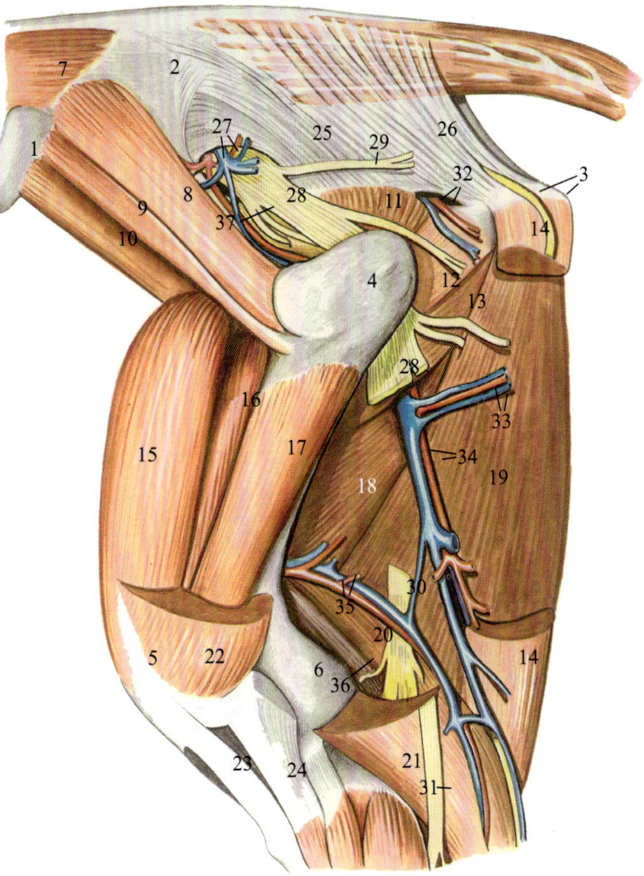

图 7-5　牛左侧臀部深层结构

1. 髋结节　2. 髂骨翼
3. 坐骨结节和阴部神经的近皮支
4. 股骨大转子　5. 膝盖骨
6. 股骨外侧髁　7. 腰最长肌
8. 臀副肌大头　9. 臀副肌小头
10. 髂肌外侧头　11. 臀深肌
12. 孖肌　13. 股方肌　14. 半腱肌
15. 股直肌　16. 股中间肌内侧部
17. 股中间肌外侧部　18. 内收肌
19. 半膜肌　20. 腓肠肌内侧头
21. 腓肠肌外侧头　22. 股外侧肌
23. 膝中间韧带　24. 膝外侧韧带
25,26. 荐结节阔韧带　27. 臀前动、静脉
28. 坐骨神经　29. 臀后神经
30. 胫神经　31. 腓总神经
32. 臀后动、静脉
33. 旋股内侧动、静脉肌支
34. 旋股内侧动、静脉
35. 股后动、静脉
36. 趾浅屈肌
37. 臀前神经

（引自 Popesko，1985）

5. 第五层——骨盆及其韧带、髋关节及其周围小肌肉和血管神经　见图 7-6。

（1）骨盆（pelvis） 由髋骨、荐骨和前几节尾椎及其上的韧带围成，上有穿行的血管神经。

①荐骨（sacrum） 由荐椎愈合形成，位于脊柱的后部；牛的由 5 块荐椎愈合形成；猪的由 4 块荐椎组成，无棘突；犬的由 3 块荐椎合并形成。

②髋骨（hip bone） 由髂骨、耻骨和坐骨构成。

髂骨（ilium）为前宽后窄的三角形扁骨，前部宽叫作髂骨翼（ala of ilium），其最外端叫作髋结节（tuber coxae）；内侧端叫作荐结节（tuber sacrale）；后部三棱柱状的为髂骨体（corpora ossis ilium）；位于髂骨体中部的骨盆口面有腰结节（tuberculum psoadicum），为腰小肌的止点；髂骨翼和髂骨体的后背侧缘有较大凹陷，称为坐骨大切迹（greater sciatic notch）；髂骨通过荐结节与荐骨形成荐髂关节。

耻骨（pubis）位于盆腔底壁的前部，两侧耻骨的前缘构成骨盆前口的下缘，叫作耻骨前缘。两侧耻骨在骨盆底壁前部正中形成耻骨联合（symphysis pubica），耻骨联合与坐骨联合共同形成骨盆联合（pelvic symphysis），同侧耻骨与坐骨在盆腔底壁分别形成一个闭孔，有闭孔动脉和闭孔神经由此穿过。在闭孔的背、腹两侧分别附着闭孔内肌和闭孔外肌。

坐骨（ischium）构成盆腔底壁的后部，两侧坐骨在骨盆底壁中部形成坐骨联合（symphysis ischiadica），坐骨后部的突起称为坐骨结节（tuber ischiadicum），两坐骨结节内侧凹陷合成坐骨弓（arcus ischiadicus）；

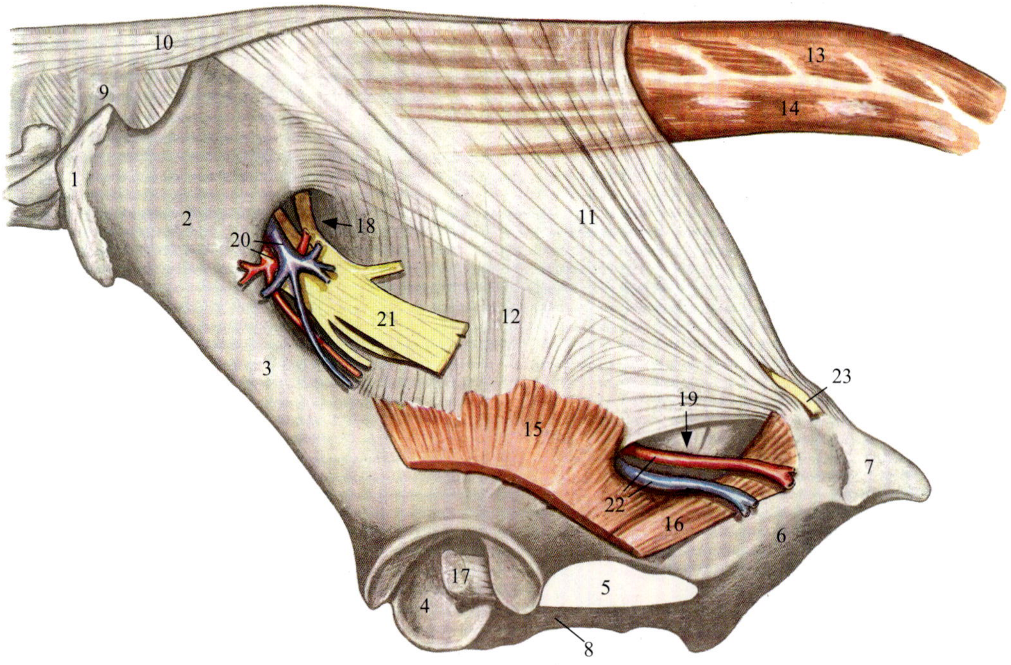

图 7-6　牛臀部深层结构

1. 髋结节　2. 髂骨翼　3. 髂骨体　4. 髋臼　5. 闭孔　6. 坐骨体　7. 坐骨结节　8. 耻骨后支
9. 第 6 腰椎　10. 棘上韧带　11,12. 荐结节阔韧带　13. 荐尾背外侧肌　14. 荐尾腹外侧肌
15. 臀深肌　16. 孖肌　17. 股骨头韧带　18. 坐骨大孔　19. 坐骨小孔　20. 臀前动、静脉
21. 坐骨神经　22. 臀后动、静脉　23. 阴部神经近皮支
（引自 Popesko，1985）

在髋臼上方坐骨大小切迹之间表面粗糙的扁长隆起称坐骨棘（Ischiatic spine）；从坐骨结节到坐骨棘的坐骨背外缘呈凹陷形，称坐骨小切迹（lesser sciatic notch）。

③荐髂关节（sacroiliac joint）　为荐骨与髂骨形成的滑膜连接，关节囊很紧，并有荐髂背侧韧带（dorsal sacroiliac ligament），牛和马的每侧有两条，分别为短支和长支连接髂骨与荐骨，短支伸展于荐结节和荐骨棘突之间；长支由髂骨内侧缘走向荐骨侧缘，且与荐结节阔韧带的背侧相延续。犬仅有长支，呈三角形。荐髂关节不能运动，老年时骨化。

④荐结节韧带（sacrotuberous ligament）　牛为荐结节阔韧带（broad sacrotuberous ligament），为阔板状韧带，背侧起于荐骨外侧缘，腹侧止于坐骨棘和坐骨结节，并与坐骨大、小切迹分别形成坐骨大孔和坐骨小孔；马和猪的荐结节韧带也为板状，起于髂骨翼和第 1 尾椎横突，止点同牛；犬的荐结节韧带又称荐坐韧带，为连于尾椎和坐骨结节上的一条索状韧带，股后肌群起于此韧带；猫无此韧带。

（2）闭孔内肌（internal obturator muscle）　位于盆腔底壁的背侧，呈扇形，牛、羊和猪的此肌称闭孔外肌的盆内部，肌束逐渐集中于闭孔中央，并由此穿过闭孔出盆腔底壁，连于股骨转子窝；马、犬（肉食动物）和兔的闭孔内肌形成一条腱经坐骨小切迹背侧绕到孖肌表面终止于转子窝。

（3）闭孔外肌（external obturator muscle）　在股方肌的深层，骨盆的腹侧面，从外部遮盖闭孔，起点位于耻骨和坐骨腹侧面的前部，止点位于股骨内侧转子窝。有旋后股骨、内收后肢的作用。

（4）臀前动、静脉（cranial gluteal artery & vein）和臀后动、静脉（caudal gluteal artery & vein）　牛、猪的臀前动、静脉、臀前神经和坐骨神经及臀后神经一起从坐骨大孔穿出。臀前动、静脉向前分布到股阔筋膜张肌、臀深肌和臀中肌。臀后动、静脉从臀深肌后方的坐骨小孔钻出，分布于股后肌群。

（5）髋关节（hip joint） 由股骨头和髋臼构成的多轴关节，髋臼由髂骨、坐骨和耻骨共同愈合而成。髋臼腔由外周的新月形关节面和中央的非关节髋臼窝组成，髋臼窝内侧连接较深的髋臼切迹，与耻骨下面的横沟相邻，髋臼切迹边缘与横韧带合成一孔，内有圆韧带通过。髋臼边缘附着有纤维软骨环叫作髋臼唇，与髋臼切迹边缘的横韧带相延续，髋关节囊宽大。牛的关节囊的背外侧有髂股韧带。髋关节周围还有一小肌肉，背侧的髋关节肌（犬有此肌）、臀深肌、孖肌、闭孔内肌（犬和马有此肌），腹侧的股方肌、闭孔外肌、闭孔内肌（反刍动物有此肌）、长收肌（犬有此肌）。

髋关节肌 (articulatio coxae muscle)：犬有此肌，位于髋关节前面，股直肌和臀深肌的深层，是连于股骨颈前部与髋臼附近髂骨腹侧的一条小肌肉。

长收肌（long adductor muscle） 犬有此肌，连于耻骨前缘腹侧与股骨后方，股方肌止点下方的一条小肌肉。位于内收肌的背侧。

（6）腰荐神经丛（lumbosacral plexus） 由来自第 4 ～ 6 腰神经（犬为第 5 ～ 7 腰神经）和第 1、2 荐神经的腹侧支组成，有以下主要分支。

①股神经（femoral nerve） 位于骨盆前口、髂外动脉的前外侧缘，经髂肌内侧头与腰大肌间向后下侧行，有分支到达髂腰肌，在缝匠肌起始处分出隐神经。本干进入股直肌和股内侧肌。

②闭孔神经（obturator nerve） 沿腰小肌后缘下行，穿过闭孔，分支分布于闭孔周围的闭孔外肌以及耻骨肌、内收肌和股薄肌等股内侧肌群的肌肉深层。

③臀前神经（cranial gluteal nerve） 在盆腔内与同名血管和坐骨神经伴行穿过坐骨大孔，至髂骨翼外侧面立即呈辐射状分支，主要支配臀中肌、股阔筋膜张肌等。

④坐骨神经（sciatic nerve） 后肢的主干神经，穿出坐骨大孔后，坐骨神经分出的股后皮神经与臀后神经相伴后行，分布到会阴皮肤。主干沿荐结节阔韧带的外侧面向后方行至股骨大转子之后下行，主要分支有到达股后肌群的肌支、胫神经和腓总神经。

⑤臀后神经（caudal gluteal nerve） 随坐骨神经出坐骨大孔，在牛分为两支，背支分布于臀中肌，腹支向后进入股二头肌的椎股头。在犬则支配臀浅肌。在猪则后行，支配臀后部肌肉。

（7）淋巴结 马、猪和反刍动物在股阔筋膜张肌的前缘有髂下淋巴结（subiliac lymph nodes），又称股前淋巴结或膝上淋巴结，犬无此淋巴结。由旋髂深动、静脉为其供血。荐外侧淋巴结（sacrale lateral lymph nodes）不常见，位于坐骨大孔附近的荐坐韧带外侧上方。坐骨淋巴结（ischial lymph nodes）一般有 1、2 个，位于靠近坐骨小切迹上方。

第二节　股部的解剖

一、界限

上界：髋结节、大转子下方、坐骨结节连成的弓形线。

下界：膝关节。

前界：牛、羊、猪为股阔筋膜张肌前缘；犬为缝匠肌前缘。

后界：牛、羊、犬为半腱肌后缘；猪为半膜肌与半间肌后缘。

二、股外侧部的解剖

（一）解剖步骤

（1）剥离皮肤，清理皮下筋膜，注意皮神经。

（2）分离肌缝，充分暴露并观察股外侧浅层肌肉，包括以股阔筋膜张肌和股外侧肌为代表的股前浅层肌肉，以及以股二头肌和半腱肌为代表的股后浅层肌肉。

（3）从中部将股前、股后的浅层肌肉切断并向两侧分开，剥离、暴露深层的血管神经和肌肉，注意股骨后的坐骨神经的走向、分支及腘淋巴结。

（4）进一步观察以股直肌、股中间肌、内收肌和半膜肌为代表的深层肌肉和血管、神经。

（二）解剖层次与结构

1. 第一层——皮肤与浅筋膜 皮肤较厚，浅筋膜不发达，有旋髂深动、静脉，臀前动、静脉的分支。股外皮神经、腰神经皮支、股后皮神经及阴部神经近皮支等在此分布。猪的浅筋膜内形成厚的脂肪层。

2. 第二层——深筋膜 阔筋膜（fascia lata）或叫作股筋膜。较厚，覆盖大腿背侧和外侧肌肉，前部与股阔筋膜张肌的腱相延续，其深面分出肌间隔深入股二头肌两部间及该肌与半腱肌间隙，上部与臀筋膜相延续，下部与小腿筋膜相延续，后部与股内侧筋膜相延续。

3. 第三层——外侧浅表肌肉 股部外侧浅表肌肉包括股前肌群和股后肌群的浅层肌肉。在牛、羊和猪，从前向后依次是股阔筋膜张肌、股四头肌的股外侧肌、股二头肌、半腱肌和半膜肌。在股阔筋膜张肌前面的浅筋膜中隐藏着髂下淋巴结（subiliac lymph node）。犬的外侧浅表肌肉最前部为缝匠肌，后面的肌肉与牛相同。

（1）股阔筋膜张肌（tensor muscle of fascia lata） 呈三角形，位于髂骨外侧角和膝关节之间的三角区，起自髋结节，借阔筋膜止于膝盖骨和胫骨近端，有紧张阔筋膜、屈髋关节和伸膝关节的作用。犬的股阔筋膜张肌分为两部分，一部分起于髂骨的髋结节，另一部分起于臀中肌的腱膜，呈扇形展开，带状的前部与缝匠肌相邻，羽状的后部不很发达，两部都延续为股阔筋膜，覆盖于股前和股外侧肌群表面，止于股阔筋膜。反刍动物和马的股阔筋膜张肌起于髋结节，在股四头肌的前缘延伸至远侧，与阔筋膜止于膝盖骨膝外侧韧带和胫骨前缘，后背侧分支加入臀浅肌。有紧张阔筋膜、屈髋关节、伸膝关节的作用。

（2）股四头肌（quadriceps muscle of thigh）的股外侧肌（lateral vastus muscle） 股四头肌位于股骨之前及两侧面，分四部分，起始部彼此分开。股直肌（rectus femoris muscle）位于股前部，起自髋臼前方的髂骨体两侧，止于膝盖骨及胫骨粗隆，有伸膝关节和屈髋关节的作用。其他三个肌头起于股骨近端，股中间肌（vastus intermedius muscle）位于股骨的背侧及两侧面，在股直肌的后方，分别起于股骨近端的前面和两侧；股内侧肌（medial vastus muscle）位于股骨内侧面，起自股骨近端前内侧面；股外侧肌（vastus lateralis muscle）起于股骨近端外侧面。它们汇集成一腱，作为籽骨的膝盖骨（髌骨）的伸肌腱股四头肌为膝关节强有力的伸肌。

（3）股二头肌（biceps muscle of thigh） 股部的股二头肌为臀部的延续，走在股部外侧浅表，股骨后方（详述见本章第一节）。

（4）半腱肌（semitendinosus muscle） 位于股后缘，在股二头肌与半膜肌之间。牛、羊和犬的半腱肌起自坐骨结节（猪的半腱肌起于前几节尾椎和坐骨结节），以腱膜内侧止于小腿内侧的胫骨粗隆，牛、羊的半腱肌同时还至于跟腱。

4. 第四层——外侧深层结构 掀开浅表的缝匠肌前部（犬）、股阔筋膜张肌、股外侧肌和股二头肌，在牛可见在股阔筋膜张肌的深面有旋髂深动、静脉的后支进入股阔筋膜张肌、股直肌与股外侧肌以及髂肌与臀中肌的肌缝。同时，从此肌缝还伸出臀外侧皮神经，以及臀前神经的肌支。在犬还可见旋髂深动、静脉进入缝匠肌、股阔筋膜张肌，髂腰动、静脉和旋股外侧动、静脉分别从臀深肌腹侧缘的前后分布于臀中肌与臀深肌。

股外侧肌的深层为股四头肌的股直肌和股中间肌，股中间肌的内部为股骨。在股直肌的起点深层与股中间肌股内侧肌之间可见股神经下行，并进入股四头肌的各肌。犬的股二头肌的深层有小腿后展肌，小腿后展肌的深层为内收肌、半腱肌和半膜肌；牛、羊和猪的股二头肌的深层为内收肌、半膜肌和半腱肌。

（1）股直肌（rectus femoris muscle） 位于股前部，起自髋臼前方的髂骨体两侧，止于膝盖骨及胫骨粗隆。有伸膝关节和屈髋关节的作用。

（2）股中间肌（vastus intermedius muscle） 位于股骨的背侧及两侧面，在股直肌的后方，分别起于起于股骨近端的前面和两侧，共同止于膝盖骨，为膝关节强有力的伸肌。

（3）髋关节肌（articularis coxae muscle） 是一个在髋关节区域的小的梭形肌，起于髂骨后外侧，止于股骨颈。

（4）小腿后展肌（caudal abductor muscle of leg） 犬有此肌，一细长的小肌肉，起自荐坐韧带止于小腿外侧筋膜，其作用为伸髋关节屈膝关节。

（5）坐骨神经（sciatic nerve） 在股后部股二头肌深面，绕过大转子，下行于孖肌、股方肌、内收肌和半膜肌（见股内侧肌肉）表面，分出进入股二头肌、半腱肌、半膜肌和内收肌的肌支，主干分为胫神经和腓总神经。胫神经（tibial nerve）向后分出小腿后侧皮神经（caudal cutaneous sural nerve），在腓肠肌中部进入腓肠肌的两肌腹之间。腓总神经（common peroneal nerve）沿腓肠肌外表面和股二头肌之间下行。犬的臀后动、静脉与坐骨神经伴行，分布到股二头肌、半腱肌等。

（6）牛的旋股内侧动、静脉（medial femoral circumflex artery & vein） 旋股内侧动脉由股深动脉分出，从股骨后方的股方肌与内收肌之间穿到其外侧与坐骨神经同行，并分出肌支到达股后肌群。其静脉的分支则沿小腿后侧浅表下行与股后静脉的分支汇合形成外侧隐静脉（lateral saphenous vein）。

（7）牛的股后动、静脉（caudal femoral artery & vein） 从股骨、内收肌及腓肠肌三者的缝隙中钻出，它来自股动、静脉，沿腓肠肌的后缘下行，分布到小腿后部的肌肉。犬的股动脉在相似位置分出的是股后远动、静脉（distal caudal femoral artery & vein）。

（8）腘淋巴结（popliteal lymph node） 位于半腱肌、股二头肌和腓肠肌的交界处。犬、猫、兔的淋巴结位置相对浅表，可通过皮肤触及。

三、股内侧部的解剖

（一）解剖步骤

（1）将动物尸体仰卧于解剖台上。把两后肢分别向左、右拉开。由腹正中线从腹部向尾部纵切，再由两腿之间处向大腿内侧作垂直的切口，向两侧掀开皮肤，将臀部和股部皮肤剥离到膝关节翻转，清理皮下组织，注意观察皮下浅表的隐动、静脉和隐神经。

（2）分离肌缝，观察以缝匠肌、股薄肌为代表的股内侧浅表肌肉。

（3）将浅表肌肉从中间断开并向两侧掀开，分离并观察股内侧的主要血管神经及其分支的走向与分布。

（4）分离并观察以股内侧肌、耻骨肌和内收肌为代表的股内侧深层肌肉。

（5）将深层各肌肉的中部断开并向两侧掀开，观察它们与深层的血管神经及股外侧肌肉的关系。

（二）解剖层次与结构

1. 第一层——皮肤和浅筋膜 股内侧皮肤相对于外侧皮肤较薄。浅筋膜较发达，皮肤易拉成皱褶。股内侧皮神经主要有隐神经（saphenous nerve），在缝匠肌起始处由股神经分出，随股动脉一起向下延伸，并分支到缝匠肌、耻骨肌等，在股中部缝匠肌和股薄肌间穿过深筋膜到股部内侧皮下，分布于股及小腿内侧皮下。股内侧皮下血管主要有隐动脉（saphenus artery）和内侧隐静脉（medial saphenous vein）。内侧隐静脉在股内侧下部的皮下，与之并行的细长动脉称隐动脉。隐动脉在股管内从股动脉发出后，经缝匠肌和股薄肌之间穿出至股内侧皮下，隐动脉、内侧静脉到达跟骨内侧，与隐神经伴行。

2. 第二层——深筋膜 股内侧筋膜（medial femoral fascia）较薄，覆盖股骨内侧肌肉，上部与骨盆联合韧带的腹侧缘及腹外斜肌腱膜连接；下部与小腿筋膜的浅层相延续；在膝关节处与缝匠肌、股薄肌腱结合；前后缘与阔筋膜相延续；浅面借浅筋膜与腹黄膜相贴，深面紧贴股内肌群且伸入肌间隙中。

3. 第三层——股内浅层肌肉 见图 7–7 和图 7–8。

（1）缝匠肌（sartorius muscle） 牛、羊、猪和兔此肌有两个头（图 7–7），并在两者之间形成一个三角形的间隙，反刍动物的股动、静脉由此通过，猪的髂外动脉也由此通过。缝匠肌的后方可见深层的耻骨肌和浅层的薄而宽的股薄肌。反刍动物有一个头起自腰小肌的肌腱和髂腰筋膜，另一个头起自髂骨体，与小腿筋膜合并，共同止于膝关节内侧面；猪和兔的缝匠肌前部起自髂腰筋膜，后部起于腰小肌肌腱；犬的缝匠肌分前后两部（图 7–8），前部起自髋结节和腰背筋膜，以扁腱止于膝盖骨，有屈髋关节伸膝关节的作用；后部位于股内侧，起自髂骨外侧面，一部分止于胫骨内侧面，一部分以腱与股薄肌合并，为屈髋关节和膝关节的作用。马的缝匠肌为一狭长肌肉，起于髂筋膜和腰小肌腱，止于膝内侧韧带和胫骨隆起，可屈髋关节，内收后肢。

（2）股薄肌（gracilis muscle） 位于缝匠肌之后，起自骨盆联合和耻骨前腱，以腱膜止于膝内侧直韧带、胫骨嵴和小腿筋膜，其作用为内收股骨。

牛、羊和猪的缝匠肌与深层的髂腰肌、股内侧肌及后方的耻骨肌、股薄肌围成股骨内侧的肌缝称为股管（femoral canal），内有股动、静脉和股神经的分支隐神经通过。股动、静脉在股管的下方分出隐动、静脉并与隐神经沿缝匠肌与股薄肌的肌缝一起走向内侧浅表。犬的缝匠肌的后部与股薄肌之间呈三角形的肌缝，为股三角（femoral triangle），其前界为缝匠肌，后界为耻骨肌和内收肌，深层为股直肌和股内侧肌，浅层为股薄肌。股三角内的血管神经分布与牛、羊和猪基本相同。反刍动物股薄肌较大，至膝盖下部变为腱膜。肉食动物前部薄而宽，以扁腱终于胫骨，并与缝匠肌和半腱肌愈合。

4. 第四层——股内侧深层结构

缝匠肌及股薄肌深层的肌肉，从前向后依次为股前肌群的股阔筋膜张肌、股直肌、股内侧肌以及股内侧肌群的耻骨肌、内收肌和股后肌群的半膜肌。在股直肌和股内侧肌的深层为股中间肌；在耻骨肌和内收肌的深层即为髂腰肌、闭孔外肌、闭孔内肌（犬无闭孔内肌）和股方肌。

（1）股直肌（见股外侧深层结构）。

（2）股内侧肌（medial vastus muscle） 位于股骨内侧面，起自股骨近端前内侧面，止点与股直肌相同在膝盖骨、膝内侧直韧带和胫骨粗隆，为膝关节强有力的伸肌。

（3）股动脉和股静脉 在经过股内侧肌的起点附近时，分出旋股外侧动、静脉（lateral femoral circumflex artery & vein）与股神经的主干一起进入股直肌和股内侧肌之间，分布于股四头肌（图 7–9 和图 7–10）。犬的股动、静脉在分出旋股外侧动、静脉的附近还分出向前的旋髂浅动、静脉（superficial femoral circumflex artery & vein），走向股前部分布于股阔筋膜张肌、缝匠肌和股直肌。

（4）耻骨肌（pectineal muscle） 为锥形小肌肉，自髂耻隆起和髋关节副韧带，止于股骨体内侧中下部处的滋养孔附近，肉食动物以一强腱止于股骨下部，有内收后肢及屈髋关节的作用。其后方为内收肌。

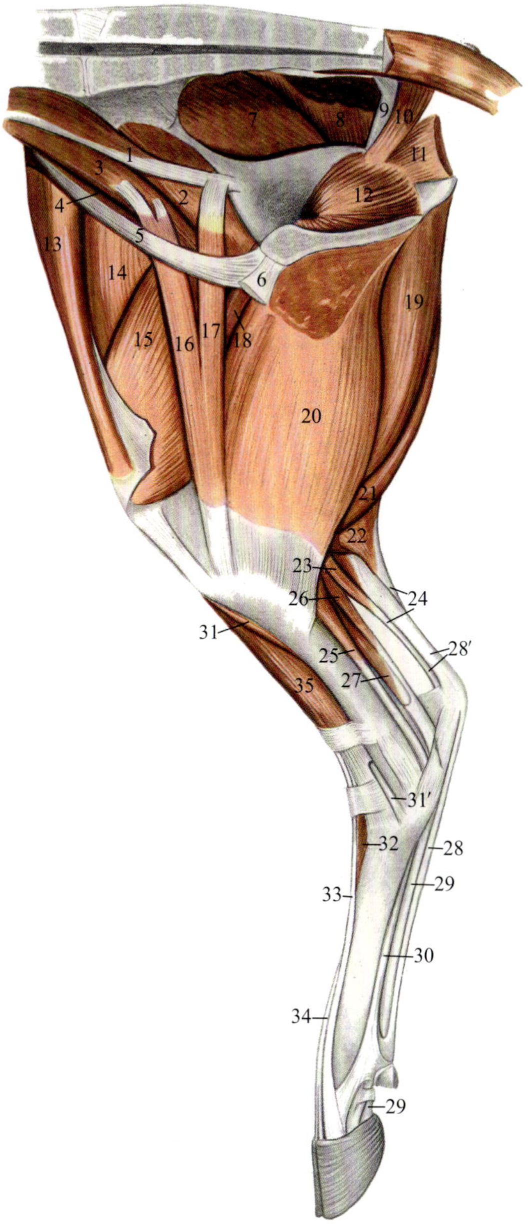

图 7–7 牛右后肢内侧面结构

1. 腰小肌 2. 髂肌内侧部 3. 腰大肌 4. 髂肌外侧部 5. 腹股沟韧带 6. 腹直肌附着点 7. 臀中肌 8. 臀股二头肌 9. 荐结节阔韧带 10. 尾骨肌 11. 肛提肌 12. 闭孔外肌 13. 阔筋膜张肌 14. 股直肌 15. 股内侧肌 16. 缝匠肌前部 17. 缝匠肌后部 18. 耻骨肌 19. 半膜肌 20. 股薄肌 21. 半腱肌 22. 腓肠肌外侧头 23. 腓肠肌内侧头 24. 小腿三头肌腱 25. 趾长屈肌 26. 胫骨后肌 27. 趾长屈肌 28. 指浅屈肌腱 28′. 跟总腱 29. 趾深屈肌腱 30. 骨间肌 31. 胫骨前肌 31′. 胫骨前肌附着点 32. 趾短伸肌 33,34. 趾长伸肌 33. 第 3 趾伸肌 34. 趾长固有伸肌 35. 第三腓骨肌

（引自 Popesko，1985）

图 7–8 犬右后肢内侧面结构

1. 第 7 腰椎 2. 荐骨 3. 荐尾背内侧肌 4. 荐尾腹外侧肌 5. 髂腰肌 6. 腰小肌 7,8. 肛提肌（内侧尾骨肌） 7. 髂尾肌 8. 坐骨耻尾肌 9. 闭孔内肌 10. 骨盆联合面 11. 缝匠肌前部 12. 缝匠肌后部 13. 股直肌 14. 股内侧肌 15. 耻骨肌 16. 内收肌 17. 股薄肌 18. 半膜肌 19. 半腱肌 20. 跟腱 21. 趾长伸肌 22. 趾短伸肌 23. 腓肠肌内侧头 23′. 小腿三头肌腱 24. 趾浅屈肌 24′. 趾浅屈肌腱 25. 腘肌 26. 趾长屈肌 27. 胫骨后肌 28. 趾深屈肌腱 29. 骨间肌 30. 第 1 趾长伸肌 31. 第 1 趾长屈肌 32. 胫骨前肌

（引自 Popesko，1985）

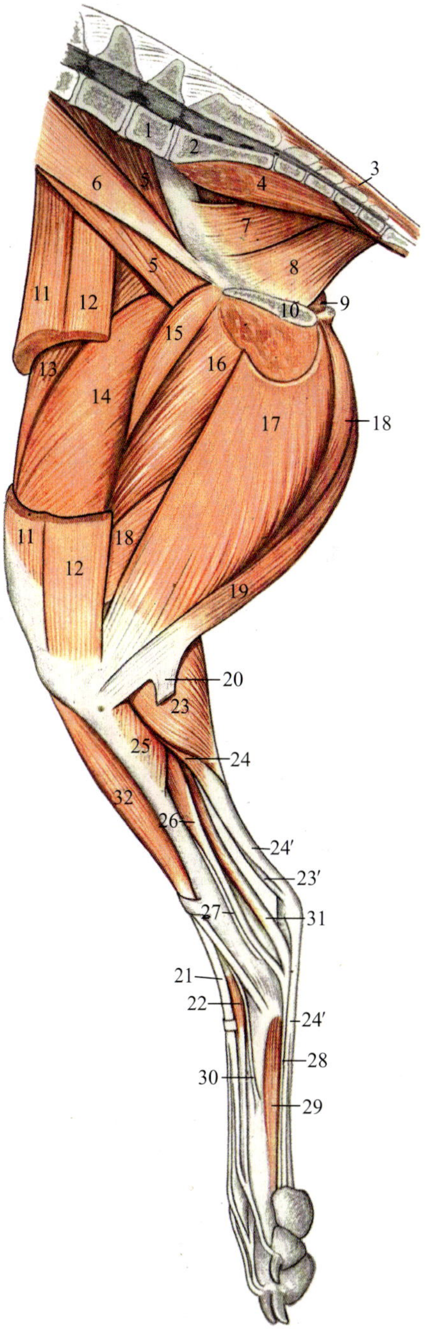

（5）内收肌（adductor muscle） 位于耻骨肌与半膜肌之间，被股薄肌覆盖，分为长收肌（adductor longus muscle）、短收肌（adductor brevis muscle）和大收肌（adductor magnus muscle）三部分。大收肌起于骨盆底壁腹侧面和股薄肌起点腱膜，止于股骨内侧面，从股骨小转子到远端内上髁，连接膝关节内侧面和内侧韧带。可内收后肢，亦可内旋股骨。短收肌较小，延伸在耻骨结节和股骨近端的后面。

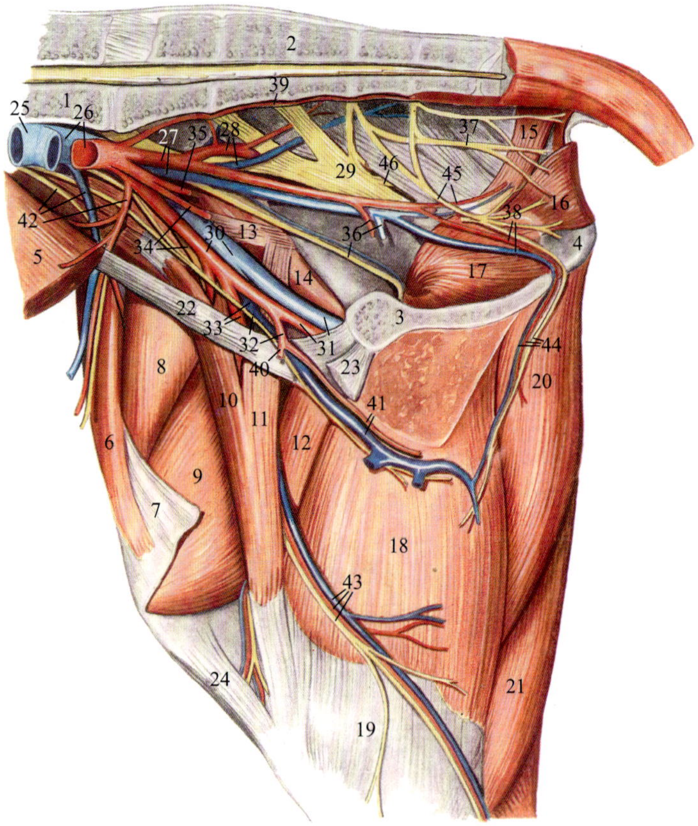

图 7-9 牛右侧臀部及股部浅层结构（内侧面）

1. 第 6 腰椎 2. 荐骨 3. 骨盆联合 4. 坐骨结节
5. 腹内斜肌 6. 阔筋膜张肌 7. 股阔筋膜
8. 股直肌 9. 股内侧肌 10. 缝匠肌前部
11. 缝匠肌后部 12. 耻骨肌 13. 腰小肌
14. 髂肌 15. 尾骨肌 16. 肛提肌
17. 闭孔外肌盆腔部 18. 股薄肌
19. 小腿筋膜 20. 半膜肌 21. 半腱肌
22. 腹股沟韧带 23. 腹直肌止点
24. 膝内侧韧带 25. 后腔静脉
26. 髂总动、静脉 27. 髂内动、静脉
28. 臀前动、静脉 29. 坐骨神经
30. 髂外动、静脉 31. 股深动、静脉
32. 阴部腹壁动脉干、生殖股神经
33. 股动、静脉 34. 子宫动脉、股神经
35. 脐动脉 36. 阴道动、静脉和闭孔神经
37. 直肠后神经 38. 阴部内动、静脉
39. 荐正中动脉 40. 腹壁后动脉
41. 阴部外动、静脉
42. 旋髂深动、静脉和股外侧皮神经
43. 隐动脉、隐神经、内侧隐静脉
44. 会阴腹侧动、静脉和会阴深神经
45. 阴部神经、分支到尾骨肌 46. 臀后神经
（引自 Popesko，1985）

肉食动物有强大的大收肌，起于整个骨盆联合，止于内侧髁上粗隆。马的内收肌前面较小的部分为长收肌，后面大收肌和短收肌合并。猪的大收肌和短收肌合并，形成强大的联合肌，公猪的起点处横截面为三角形，母猪为卵圆形，长收肌不明显；牛、羊为一大的肌腹，称内收肌，羊的内收肌起于耻骨和坐骨结节；犬、猫和兔有长收肌，即内收肌前面一小肌肉，起点位于耻骨前缘，止于股骨小转子的后方。后面较大的部分为大收肌。兔有短收肌、长收肌和大收肌。

牛、羊股深动、静脉（deep femoral artery & vein）沿髂腰肌下行，其分支旋股内侧动、静脉（medial femoral circumflex artery & vein）在耻骨肌的起点附近，进入内收肌并形成若干分支。升支（ascending branch）经闭孔外肌与内收肌之间，向后上方延伸供给股方肌；横支（transverse branch）向后穿过内收肌供给半腱肌、半膜肌的近侧部；闭孔支（obturator branch）进入耻骨肌深面，供给闭孔外肌，并有分支穿闭孔进入骨盆内部和提肛肌，并在闭孔前缘与闭孔动脉吻合。降支（descending branch）为旋股内侧动脉主干的延续，穿过内收肌与半膜肌间的裂隙走向臀股二头肌深面，下行经腘淋巴结后方达皮下，其间发出多个分支进入周围肌肉。在耻骨肌和内收肌上端之间可找到闭孔神经进入二者的肌支。

犬的旋股内侧动脉走过髂腰肌和股内侧肌表面，发出闭孔支、深支、升支、横支和髋臼支。闭孔支在闭孔神经外侧有分支到提肛肌、尾骨肌及闭孔内外肌；升支供给内收肌近端，止于半膜肌；小的髋臼支延伸至髋臼后侧进入粗隆窝、关节囊尾侧和股骨颈；横支距坐骨结节 3cm 处进入半膜肌近端，再与臀后动脉吻合；深支在股骨附近的内收肌远端并与旋股外侧动脉吻合。

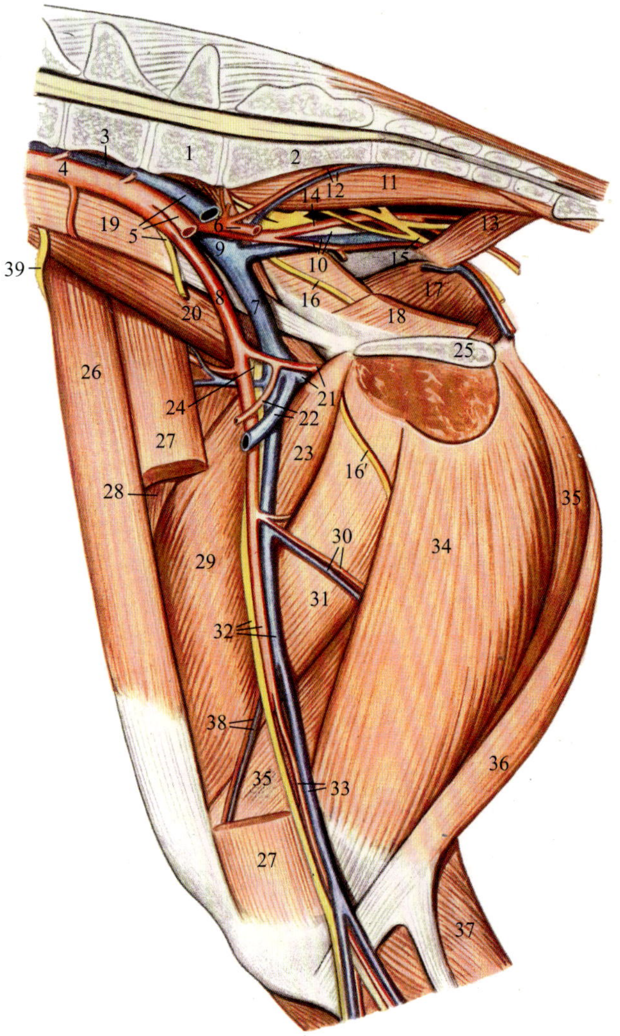

图 7-10　犬右侧臀部及股部结构（内侧面）

1. 第 7 腰椎　2. 荐骨
3. 后腔静脉　4. 腹主动脉
5. 左髂总静脉、左髂外动脉、生殖股神经
6. 左髂内动脉　7. 右髂外静脉
8. 右髂外动脉　9. 右髂总静脉
10. 坐骨神经、阴部内动脉、髂内静脉
11. 荐尾腹内侧肌　12. 荐中动、静脉
13. 尾骨肌（外侧）　14. 右臀后动脉
15. 股后皮神经　16. 闭孔神经
16′. 闭孔神经分支　17. 闭孔内肌
18. 肛提肌（内侧尾骨肌）　19. 腰小肌
20. 髂腰肌　21. 股深动、静脉
22. 阴部腹壁干（动脉和静脉）
23. 耻骨肌　24. 股神经
25. 骨盆联合　26. 缝匠肌前部
27. 缝匠肌后部　28. 股直肌
29. 股内侧肌　30. 肌支
31. 内收肌　32. 股动、静脉和隐神经
33. 隐动脉、内侧隐静脉
34. 股薄肌　35. 半膜肌
36. 半腱肌　37. 腓肠肌
38. 膝降动、静脉
39. 股外侧皮神经

（引自 Popesko，1985）

犬的股动、静脉在耻骨肌的下端分出股后近动、静脉（proximal caudal femoral artery & vein）进入内收肌与股薄肌的肌缝中并分布于其中。

（6）半膜肌（semimembranous muscle）　位于股后内侧，起自坐骨结节和骨盆联合后部，以腱膜止于股骨内侧上髁和胫骨近端的内侧面等处，可伸髋关节和内收后肢。犬、猪的半膜肌在其延续的过程中分为两部分，前部止于股骨，后部终于胫骨内髁。有伸髋关节的作用，并且前部有伸膝关节的作用，后部有屈膝关节的作用。

将覆盖于内收肌上面的半膜肌切开并向两侧翻起，可见股动、静脉向下分出膝降动、静脉（descending genicular artery & vein）；在腓长肌附近分出股后动、静脉（caudal femoral artery & vein）进入腓肠肌内、外头间，主干由半膜肌与内收肌间下行致腘肌深层。

犬的股动、静脉在进入半膜肌深面之前分出隐动、静脉行于股内侧浅表；并在半膜肌的深层分出股后中动、静脉（media caudal femoral artery & vein），其分支进入内收肌和半膜肌；之后又分出膝降动、静脉分部到膝关节囊及附近结构；股动、静脉在腓肠肌的起始处分出股后远动、静脉（distal caudal femoral artery & vein）分布于腓肠肌趾浅屈肌等（相当于牛、羊和猪的股后动、静脉）。主干则进入腘肌深层延续为腘动、静脉（popliteal artery & Vein）。

5. 第五层——股骨及其远端关节

（1）股骨（femoral bone）　其前方及两侧被股中间肌包围，近端宽大，内侧为股骨头，外侧有大转子（trochanter major），股骨头有球形关节面，与髋臼成关节，股骨头上有一切迹称头窝（fovea capitis），供圆韧带附着。大转子下方的股骨外侧缘有第 3 转子（trochanter tertius），位于股骨体近 1/3 外侧面；股骨头下方有细的股骨颈（collum ossis femoris）及股骨内侧缘的小转子（trochanter minor），股骨后侧大转子与股骨颈之间有转子窝（fossa trochanterica）；远端的前面有滑车关节面，与前方的膝盖骨成股膝关节；后方有内、外侧髁，与下方的胫骨成股胫关节，在内、外侧髁之间有深的髁间窝（fossa intercondylaris）；内、外侧髁上方的股骨体下 1/3 处有粗隆，为腓肠肌起点；内、外侧髁上方分别有一个腓肠肌籽骨（ossa sesamoidea musculi gastrocnemii）（又称腓肠豆），埋于腓肠肌起始腱；外侧髁下方有腘肌窝（fossa musculipoplitei）为腘肌起点，在腘肌起始部肌腱中有腘肌籽骨（popliteus sesamoid bone）；股骨远端外侧面有髁上窝（fossa supracondylaris），为趾前屈肌起点，外侧髁与滑车之间有伸肌窝，为趾长伸肌和第 3 腓骨肌的起始部。

（2）膝盖骨（髌骨）（kneecap，patella） 位于股骨远端前方，与滑车关节面成关节，为一大籽骨，接受股四头肌的止腱。膝盖骨与胫骨之间有直韧带连接。

（3）股膝关节（femoro-patellar joint） 由股骨远端前方的滑车关节面与其相对应的膝盖骨关节面所构成。在膝盖骨的内侧缘有一弯曲的纤维软骨，与股骨滑车内侧嵴相合。此关节有连与膝盖骨内、外侧缘软骨和股骨内、外侧髁的内、外侧副韧带（medial & lateral collateral ligament）外，马、牛、羊、猪还有三条膝直韧带连与膝盖骨与胫骨粗隆间，分别称为膝外侧韧带（lateral patellar ligament）、膝中间韧带（intermediate patellar ligament）和膝内侧韧带（medial patellar ligament），犬的直韧带仅有一条。

（4）股胫关节（femoro-tibial joint） 关节囊附于股骨和胫骨的内、外侧髁及半月板（meniscus articularis）外周，有 2 个滑膜囊，每个滑膜囊又被半月板分成上、下两部分，在关节的中线附近互相沟通。该关节除有内外侧副韧带外，还有前交叉韧带（cranial cruciate ligament）和后交叉韧带（caudal cruciate ligament）穿行于两个滑膜囊之间。

第三节　小腿部的解剖

一、界限

自膝关节至跗关节的下方。

二、解剖步骤

（1）自膝部内侧切开皮肤并剥离至后脚部，在剥离小腿筋膜时注意小腿内外侧的皮神经，寻找其来源。

（2）观察在小腿内侧结构：浅表的隐动脉，内侧隐静脉和隐神经，观察其延伸路线、分布范围和主要分支。

（3）清理并观察小腿后部肌肉，清理并观察腓肠肌，掀开腓肠肌内侧头，注意其深层的趾浅屈肌、趾深屈肌、腘肌。找出其主要分支及起止点。

（4）观察股动、静脉及所分出的股后动、静脉及其走向。胫神经的走向及主要分支。将腘肌靠近其起点腱切开并翻起。清理腘动脉和静脉

（5）清理小腿筋膜并观察小腿背侧的浅表肌肉；从中部切开浅表肌肉并向两侧翻开，找到其深层的肌肉以及肌缝间的腓浅神经。

（6）进一步将小腿深层的肌肉切断并向两侧掀开，可见胫骨前面的胫前动、静脉和腓深神经。

（7）清理跟腱，并观察其组成腱的走向和止点。

三、解剖层次与结构

1. 第一层——皮肤 小腿外侧面皮肤相对于内侧面的厚。

2. 第二层——浅筋膜 为躯干筋膜在后肢的延续，分布于骨盆带和后肢的肌组织，浅筋膜在膝关节处较发达，猪的形成厚的脂肪层。浅筋膜的内、外表面有血管和神经分布，主要有浅表的隐动脉、内侧隐静脉和隐神经，以及小腿后侧皮神经、外侧隐静脉和小腿外侧皮神经。

（1）隐动脉（saphenous artery） 在膝关节的内侧，隐动脉与隐静脉均分为前、后 2 支，分别沿小腿内侧沟前、后下行。其后支在跟骨的内侧分为足底内外侧动、静脉（plantar medial digital artery & vein，plantar lateral digital artery & vein）。

（2）内侧隐静脉（medial saphenous vein） 又称隐大静脉或小腿内侧皮下静脉，在跗关节内侧起于足底内侧静脉，与隐动脉和隐神经伴行，注入股静脉。

（3）外侧隐静脉（lateral saphenous vein） 又称隐小静脉或小腿外侧皮下静脉，无动脉伴行，行于腓肠肌外侧面浅表，至股二头肌深面注入旋股内侧静脉。

（4）隐神经（saphenous nerve） 与隐动、静脉伴行，有分支形成小腿内侧皮神经（medial cutaneous sural nerve），分布于小腿内侧皮肤。

（5）小腿后侧皮神经（caudal cutaneous sural nerve） 由胫神经分出，分布到小腿、跗部、趾部后外侧的皮肤。

（6）小腿外侧皮神经（lateral cutaneous sural nerve） 由腓浅神经分出，穿出股二头肌下端，分布于小腿外侧的皮肤。

3. 第三层——深筋膜 小腿的深筋膜在膝关节部与膝韧带相联合，在小腿背外侧浅表包裹的深筋膜称为小腿筋膜（crural fascia）。深筋膜由 3 层构成，浅层为股部深筋膜的延续，中层为股部浅层肌肉的腱膜，此两层融合成一总鞘，又称为小腿总筋膜，包裹着整个小腿肌肉，并参与形成跟腱。其深层分出特有隔板与胫骨的骨膜相连，形成 3 个固着肌肉的筋膜鞘，分别包围小腿背侧、外侧和胫后诸肌。跗筋膜附着于背侧和跖侧骨突及韧带，在跗背侧形成近、远支持带；在跖侧形成屈肌支持带。

4. 第四层——肌肉、血管和神经

（1）小腿外侧浅层结构 见图 7–11 至图 7–13。

①小腿外背侧浅表肌肉、血管和神经 牛、羊、猪的小腿背外侧伸肌从前向后分别为第 3 腓骨肌、腓骨长肌和趾外侧伸肌；犬和兔的分别为胫骨前肌、趾长伸肌和腓骨长肌；马的则分别为胫骨前肌（部分）、趾长伸肌和趾外侧伸肌。

第 3 腓骨肌（third fibular muscle）：位于胫前背侧的浅层，为发达的纺锤形肌肉，几乎完全覆盖趾长伸肌，以一短腱起于股骨远端外侧髁的伸肌窝中，其腱与趾长伸肌及趾内侧伸肌腱共同穿过近侧伸肌支持带，在小腿远端形成一扁腱，止于大跖骨近端的内侧和第 2、3 跗骨。作用为伸膝关节，屈跗关节。猪的第 3 腓骨肌在小腿的远端延续成一强腱，经跗关节的屈面行于趾长伸肌和胫骨前肌两腱之间。犬无此肌或仅有一腱索，在胫骨前肌内侧。马的第 3 腓骨肌无肌质，为一强腱，位于胫骨前肌与趾长伸肌之间。兔的第 3 腓骨肌起于腓骨头及相邻的骨间韧带，后与趾长屈肌融合，伸入第 5 跖骨和趾骨。

第 4 腓骨肌（fourth fibular muscle）：兔的第 4 腓骨肌起自腓骨头及相邻骨间韧带，插入第 4 跖骨。

腓骨长肌（long fibular muscle）：犬的腓骨长肌位于趾长伸肌后方，起于膝关节的外侧副韧带及附近的胫骨和腓骨，肌腹到达胫骨中部，下部为一长腱止于第 4 跗骨和跖骨近端跖侧面。牛、羊和猪的腓骨长肌位于第 3 腓骨肌后方，起自股骨外侧髁，止于大跖骨近端及第 1 跗骨。主要屈跗关节，亦有旋内后脚的作用。马无此肌。

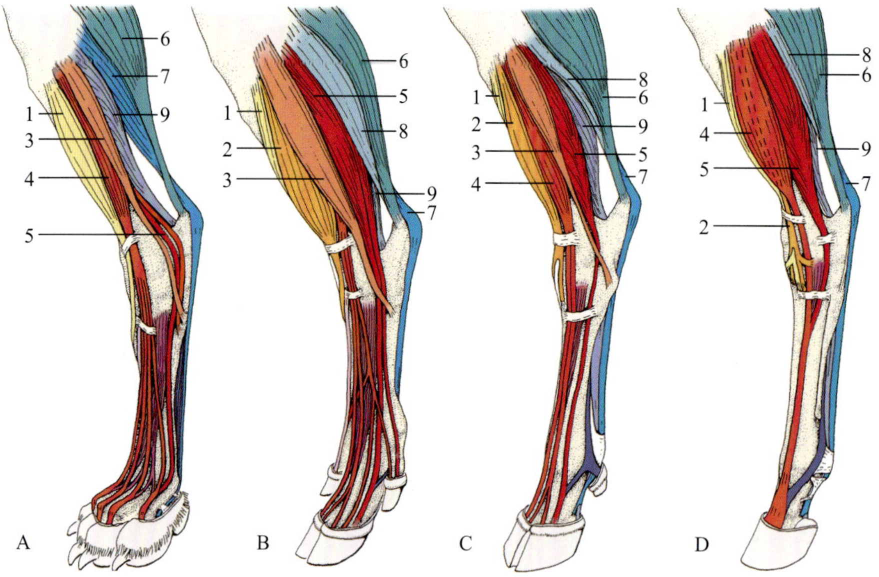

图 7-11 小腿外侧浅层肌肉示意图

A. 犬 B. 猪 C. 牛 D. 马

1. 胫骨前肌 2. 第 3 腓骨肌 3. 腓骨长肌 4. 趾长伸肌 5. 趾外侧伸肌 6. 腓肠肌 7. 趾浅屈肌 8. 比目鱼肌 9. 趾深屈肌

（引自陈耀星和刘为民，2009）

腓骨短肌（peronaeus brevis muscle）：肉食动物和兔有此肌。连于小腿骨的外侧面，起始于腓骨的下半段及胫骨与腓骨相邻的部分，以细小的腱终止于第 5 跖骨的上端。

兔有腓骨肌，位于小腿的前外侧面，在胫骨前肌和趾长伸肌的深层，起于腓骨头和胫骨的外侧髁，可分为腓骨长肌、腓骨短肌、第 3 腓骨肌和第 4 腓骨肌。

趾外侧伸肌（lateral digital extensor muscle）：牛的此肌或称为第 4 趾固有伸肌，猪则是第 4、5 趾伸肌。位于小腿的外侧部，马的趾外侧伸肌在趾长伸肌的后方，牛和猪的趾外侧伸肌在腓骨长肌的后方。起于胫骨近端外侧及腓骨，马的趾外侧伸肌于跖中部并入趾长伸肌腱，牛和猪的趾外侧伸肌沿趾长伸肌腱的外侧缘下行，止于第 4 趾冠骨。有伸趾关节、屈跗关节的作用。

胫骨前肌（cranial tibial muscle）：犬和兔的位于胫骨前外侧，很发达，起自胫骨的伸肌沟和邻近的关节缘及胫骨前缘，止于第 1、2 跖骨近端背侧面。有屈跗关节和外旋趾的作用，另外在肌腹的下端有小腿外展肌的止点。

牛、羊、马和猪的胫骨前肌紧贴于胫骨前外侧，被牛的第 3 腓骨肌或马的趾长伸肌和第 3 腓骨肌腱覆盖。反刍动物有 2 个头，大头起自胫骨粗隆外侧，小头起自胫骨外侧缘上部，穿过第 3 腓骨肌肌腱，走向跗关节内侧面，止于第 2、3 跗骨。马的胫骨前肌起自胫骨近端外侧，肌腹沿胫骨表面下行，在跗关节背侧，其止腱自第 3 腓骨肌肌腱间穿过，分为 2 支，分别止于大跖骨近端和第 1、2 跗骨；猪的胫骨前肌由胫骨粗隆外侧向下，止于第 2 跗骨和第 2 跖骨，有屈跗关节的作用。

趾长伸肌（long digital extensor muscle）：与第 3 腓骨肌一同起于股骨外侧髁的伸肌窝，纺锤形的肌腹沿小腿背外侧下行，跗关节前变成肌腱，向下与趾外（内）侧伸肌腱并行，沿趾背侧延伸，止于蹄骨伸腱突。全程借胫骨下 1/3 近侧支持带（环韧带）、位于跗部的中支持带（环韧带）、靠近跖部上方的远侧支持带（环韧带）与后脚各骨相贴。此肌在马位于浅层；犬的位于胫骨前肌的后下方，它的上部被胫骨前肌覆盖，起点腱从胫骨前肌穿出；猪的趾长伸肌在腓骨长肌的深面，分为 3 支，每支形成一个肌腱共同穿过伸肌近侧支持带和伸肌远侧支持带，内侧支终止于第 3 趾的冠骨和蹄骨，中间支止于第 3、4 趾蹄骨，外侧支走向第 2、5 趾的蹄骨；牛、羊的趾长伸肌被第 3 腓骨肌覆盖，在牛、猪，趾长伸肌的肌腹分内侧肌腹（趾内侧伸肌）和外侧肌腹，分别止于第 2（犬）、3（牛、犬、马）、4（牛、犬）、5（犬）趾的趾节骨。有伸趾关节、屈跗关节的作用。

趾短伸肌（extensor digitorum brevis muscle）：为一小肌，牛的趾短伸肌位于跗部背面、趾长伸肌腱的深面，起于距骨远侧滑车背面的深筋膜和跗关节的囊壁，止于趾长伸肌腱。马的趾短伸肌有 2 个头，起于第 3 腓骨肌的外侧腱、中间的支持带和跗关节的侧韧带，止于趾长伸肌和趾外侧伸肌的肌腱。作用是辅助趾长伸肌。猪的趾短伸肌起于跗部，肌腹富于肉质，走向第 3、4 趾，同时也走向第 2、5 趾，与趾长伸肌腱合并。犬的趾短伸肌起始于第 2、3、4 跖骨上端，三个肌腹走向第 2、3、4 趾，并与来自骨间肌的腱合并。

②小腿外跖侧浅层结构　牛、马、猪和兔的小腿跖侧浅层肌肉为前部的比目鱼肌和后部的腓肠肌的外侧头。犬缺比目鱼肌，其小腿跖侧浅层肌肉为前部的趾浅屈肌和后部的腓肠肌的外侧头。

比目鱼肌（soleus muscle）：犬无此肌，猫和兔的比目鱼肌发达。牛、羊和马的比目鱼肌为一薄的带状小肌，位于腓肠肌的外侧头前缘，起自胫骨近端外侧髁及腓骨，猪的比目鱼肌起自股骨外上髁和膝关节的深筋膜，至腓肠肌的外侧头肌腹远侧部，其肌腱与跟腱合并。兔也有此肌。作用同腓肠肌。小腿三头肌包括腓肠肌和比目鱼肌。

腓肠肌（gastrocnemius muscle）：有 2 个头，外侧头起自股骨外侧髁上粗隆，内侧头起自股骨内上髁粗隆，止于跟结节，有伸跗关节屈膝关节的作用。

跖肌（plantaris）：兔有此肌，起自股骨外侧髁，肌腱绕跟结节到足底面分别到第 4 趾的冠骨。

腓总神经（common peroneal nerve）：沿股二头肌与腓肠肌外侧头之间下行，至胫骨近端分为腓浅神经（superficial peroneal nerve）和腓深神经（deep peroneal nerve）。

腓浅神经较大，牛的腓浅神经沿腓肠肌外侧头表面延伸，在趾外侧伸肌与腓骨长肌之间的沟中下行，在该沟中有肌支进入趾外侧伸肌并分出小腿外侧皮神经（lateral cutaneous

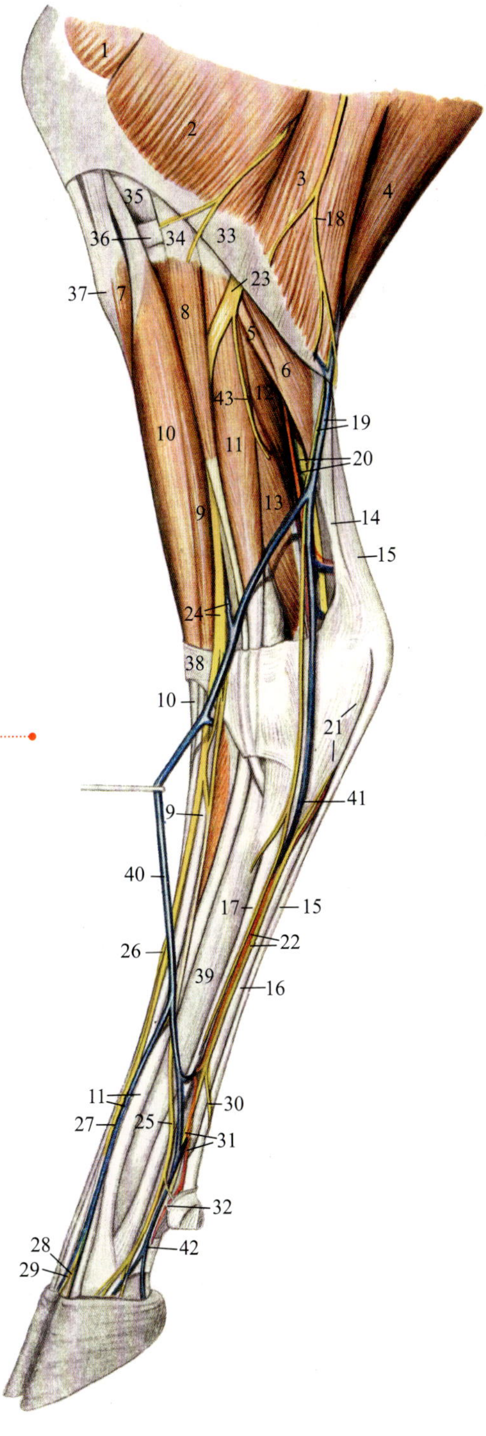

图 7-12　牛左侧小腿和后脚外侧浅层结构

1. 股外侧肌　2. 股二头肌的前部　3. 股二头肌的后部　4. 半腱肌
5. 比目鱼肌　6. 腓肠肌　7. 胫骨前肌　8. 腓骨长肌　9. 趾长伸肌
10. 第 3 腓骨肌　11. 趾外侧伸肌、趾背侧第 3 总静脉　12. 胫骨后肌
13. 第 1 趾长伸肌　14. 小腿三头肌腱　15. 趾浅屈肌腱　16. 趾深屈肌腱
17. 骨间中肌　18. 坐骨神经皮支　19. 小腿后皮神经、外侧隐静脉
20. 胫神经、隐动脉、内侧隐静脉　21. 跗跖侧长韧带
22. 足底外侧神经、足底外侧动脉　23. 腓总神经
24. 腓浅神经、胫前静脉　25. 趾背侧第 4 总神经
26. 趾背侧第 2 总神经　27. 趾背侧第 3 总神经
28. 第 4 趾背侧固有神经　29. 第 3 趾远轴侧固有神经
30. 皮支　31. 趾跖侧第 4 总神经和动脉
32. 第 5 趾跖远轴侧固有神经　33. 小腿筋膜
34. 膝外侧副韧带　35. 股骨外侧髁　36. 外侧半月板
37. 胫骨粗隆　38. 伸肌近支持带　39. 第 3、4 跖骨
40. 外侧隐静脉前支　41. 足底外侧静脉
42. 第 4 趾跖远轴侧静脉　43. 小腿外侧皮神经

（引自 Popesko，1985）

sural nerve）分布于小腿外侧皮肤，然后延趾长伸肌深层走向趾长伸肌与第 3 腓骨肌之间向下延伸，在跗关节下方分布于第 3、4 趾背外侧皮肤，其外侧支向下延伸为分布于趾骨。犬的腓浅神经沿腓骨长肌后缘下行至跗关节前方浅表。

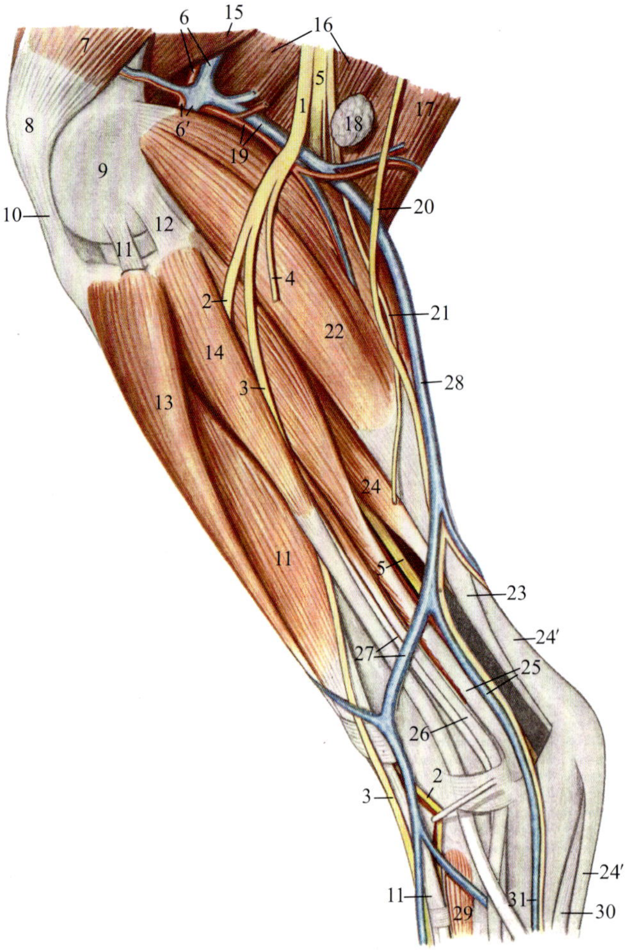

图 7-13　犬左侧小腿外侧结构

1. 腓总神经　2. 腓深神经　3. 腓浅神经
4. 小腿外侧皮神经　5. 胫神经
6. 股动、静脉　6′. 腘动、静脉
7. 股外侧肌　8. 膝盖骨
9. 股骨外侧髁　10. 膝韧带
11. 趾长伸肌、中间副韧带
12. 外侧副韧带　13. 胫骨前肌
14. 腓骨长肌　15. 内收肌
16. 半膜肌　17. 半腱肌
18. 腘淋巴结　19. 股后动、静脉
20. 小腿后皮神经　21. 胫神经皮支
22. 腓肠肌　23. 小腿三头肌腱
24. 趾浅屈肌　24′. 趾浅屈肌腱
25. 第 1 趾长屈肌、外侧隐静脉后支
26. 趾外侧伸肌
27. 腓骨短肌、外侧隐静脉前支
28. 外侧隐静脉
29. 趾短伸肌
30. 第 5 趾内收肌
31. 足底第 5 静脉

（引自 Popesko，1985）

（2）小腿外侧深层结构（图 7-14）

①小腿外背侧深层肌肉、血管和神经

A. 牛、羊：第 3 腓骨肌的深面有趾内侧伸肌、趾长伸肌和胫骨前肌。腓骨长肌的深面有趾外侧伸肌。

趾内侧伸肌（medial digital extensor muscle）：又叫第 3 趾固有伸肌，位于第 3 腓骨肌的深层和趾长伸肌的前内侧，起点同第 3 腓骨肌，止于第 3 趾的冠骨，可伸和外展内侧趾。

在以上肌肉的深层，胫骨正前方，可见紧贴胫骨背侧的胫前动、静脉（cranial tibial artery & vein）和腓深神经（deep peroneal nerve）。胫前静脉有 2 条，分别位于胫前动脉的两侧。胫前动脉在跗关节背侧一段称足背动、静脉（dorsal pedal artery & vein）。在第 2、3 跖骨间分出跗穿动脉（tarsal perforating artery）或叫第 2 近穿支之后，向跖背侧延伸称跖背外侧动脉（dorsolateral metatarsal artery）。

B. 犬：腓骨长肌的深面有趾外侧伸肌和拇长伸肌。

趾外侧伸肌（long digital extensor muscle）：位于腓骨长肌的深层，起于腓骨近端，止于趾节骨近端，有伸和外展第 5 趾的作用。此二肌的腱的下方是腓骨短肌（short fibular muscle），它起于胫骨腓骨外侧面的下 2/3，止于跖骨近端外侧面。作用是屈跗关节。

拇长伸肌（long extensor muscle of first digit）：位于趾外侧伸肌的深层，起于腓骨上 1/4 的外侧，止于前脚背侧，有屈跗关节的作用。

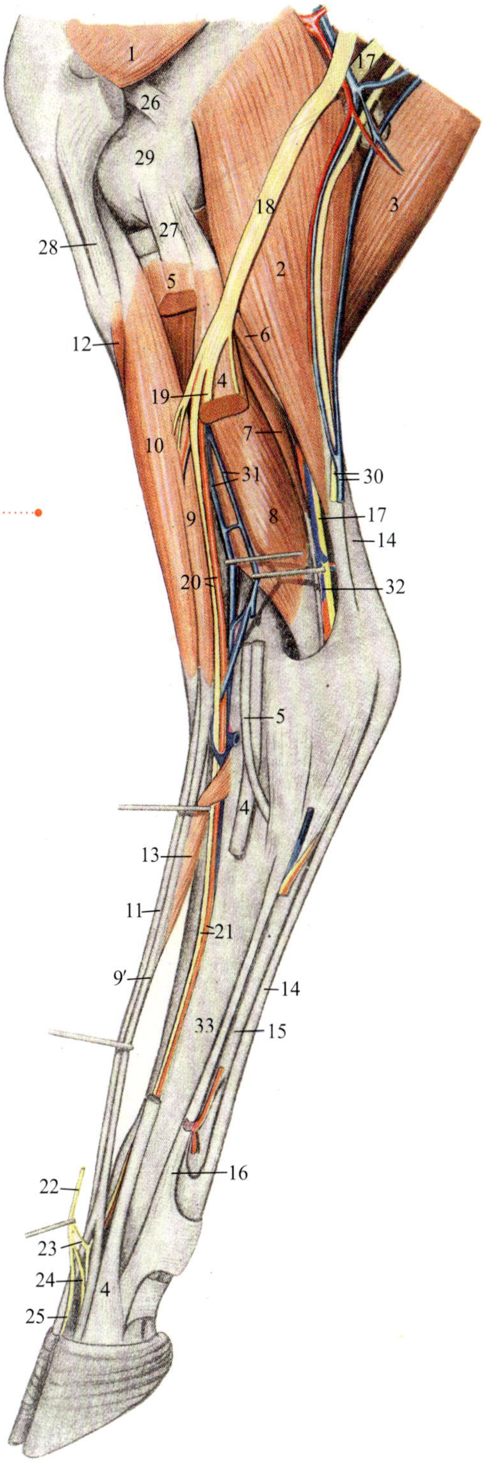

图 7-14　牛左侧小腿和后脚外侧深层结构

1. 股外侧肌　2. 腓肠肌　3. 半腱肌　4. 趾外侧伸肌
5. 腓骨长肌腱　6. 比目鱼肌　7. 胫骨后肌
8. 第 1 趾长屈肌　9,11. 趾长伸肌　9. 趾长伸肌
9′. 趾长伸肌腱　10. 第 3 腓骨肌　11. 第 3 趾伸肌
12. 胫骨前肌　13. 趾短伸肌　14. 趾浅屈肌
15. 趾深屈肌腱　16. 骨中间肌　17. 胫神经
18. 腓总神经　19. 腓浅神经　20. 腓深神经、胫前动脉
21. 第 3 跖背侧动脉、第 3 跖背侧神经
22. 趾背侧第 3 总神经　23. 腓深神经的交通支
24. 第 4 趾背轴侧固有神经　25. 第 3 趾背远轴侧固有神经
26. 股膝外侧韧带　27. 外侧副韧带　28. 膝外侧韧带
29. 股骨外侧髁　30. 小腿后皮神经、外侧隐静脉
31. 胫前静脉　32. 内侧隐静脉　33. 第 3、4 跖骨

（引自 Popesko，1985）

腓深神经：在小腿上端由腓骨长肌的后方进入其深面，沿腓骨长肌与趾外侧伸肌之间的肌缝下行并与胫前动、静脉伴行，同时分出肌支进入趾长伸肌、第 3 腓骨肌和胫骨前肌。其主干在下方延伸为跖背侧第 3 神经（dorsal metatarsal nerve Ⅲ）下行。

C. 猪：第 3 腓骨肌的深面有胫骨前肌、部分趾长伸肌和趾内侧伸肌；趾长伸肌和腓骨长肌的深面有部分趾外侧伸肌和拇长伸肌。拇长伸肌起于腓骨，在趾长伸肌的深面斜向内侧面延伸，止于第 2 趾冠骨。

D. 兔：拇长伸肌起于胫骨前内侧表面，止腱达第 2 趾系骨背侧面。

②小腿外跖侧深层结构

从腓肠肌的外侧头和内侧头会合处切断并翻转，在两头间可见到股动、静脉和股动、静脉到达腓肠肌发出股后动、静脉（犬的称为股后远动、静脉），后者向后行于腓肠肌内外两头之间，分布于腓肠肌和趾浅屈肌。

腓肠肌外侧头深层，牛、猪有趾浅屈肌及其前方的趾深屈肌的外侧浅头的胫骨后肌（caudal tibial muscle）和外侧深头的拇长屈肌（long flexor muscle of fist digit）。犬只有拇长屈肌，其胫骨后肌在小腿内侧。

牛、猪的胫骨后肌起于胫骨近端的后面，拇长屈肌起于胫骨近端外侧缘，二者的腱合成趾深屈肌的主腱，止于远趾节骨的近端。它们有屈趾关节、伸跗关节的作用。

（3）小腿内侧结构　见图 7-15 至图 7-17。小腿内侧的主要肌肉、血管和神经都分布在胫骨的跖侧。

①腓肠肌（gastrocnemius muscle）的内侧头　腓肠肌的肌腹呈纺锤形，大部分位于股二头肌、半膜肌和半腱肌之间，分为内、外两头，起自股骨远端两侧，纺锤形的肌腹在小腿中部合并，并转为一强腱，止于跟结节，是跗关节强有力的伸肌。腓肠肌后方有腘淋巴结（popliteal lymph node）。

②趾浅屈肌（superficial digitial flexor muscle）　被夹于腓肠肌内外头之间，为纺锤形，起于股骨远端髁上窝，它的腱从腓肠肌的前面经内侧转至后面，经跟结节外面向下至趾部。

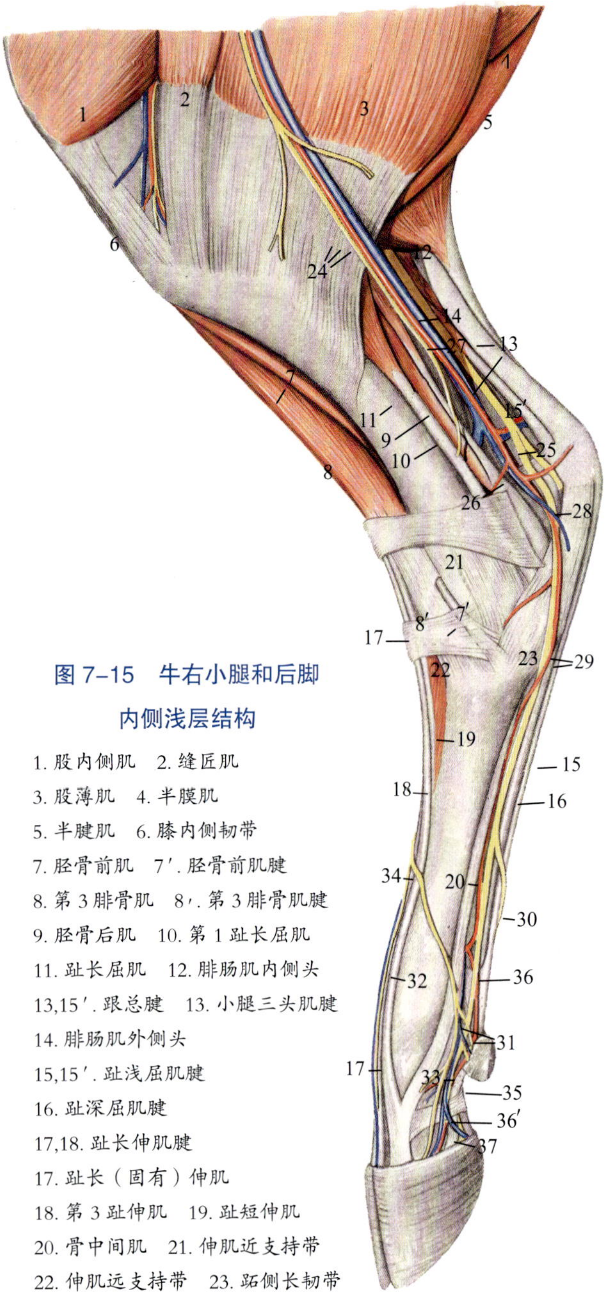

图 7-15　牛右小腿和后脚内侧浅层结构

1. 股内侧肌　2. 缝匠肌
3. 股薄肌　4. 半膜肌
5. 半腱肌　6. 膝内侧韧带
7. 胫骨前肌　7′. 胫骨前肌腱
8. 第 3 腓骨肌　8′. 第 3 腓骨肌腱
9. 胫骨后肌　10. 第 1 趾长屈肌
11. 趾长屈肌　12. 腓肠肌内侧头
13,15′. 跟总腱　13. 小腿三头肌腱
14. 腓肠肌外侧头
15,15′. 趾浅屈肌腱
16. 趾深屈肌腱
17,18. 趾长伸肌腱
17. 趾长（固有）伸肌
18. 第 3 趾伸肌　19. 趾短伸肌
20. 骨中间肌　21. 伸肌近支持带
22. 伸肌远支持带　23. 跖侧长韧带
24. 隐动脉、隐神经、内侧隐静脉
25. 跟骨支　26. 隐动脉
27. 胫神经　28. 足底外侧神经
29. 足底内侧神经、足底内侧动脉
30. 趾跖侧第 3 总神经
31. 趾跖侧第 3 总动、静脉
32. 趾背侧第 3 总静脉
33. 第 3 趾背轴侧固有神经
34. 趾背侧第 3 总神经
35. 第 2 趾跖轴侧固有神经
36. 趾跖侧第 2 总神经
36′. 第 3 趾跖轴侧固有神经
37. 趾环韧带

（引自 Popesko，1985）

③腘肌（popliteal muscle）　紧贴胫骨近端的跖侧，呈三角形，以圆腱起自股骨远端外侧髁的腘肌窝，止于胫骨后上部的三角形区。其作用为股胫关节的屈肌。

④趾深屈肌（deep digitial flexor muscle）　位于小腿骨跖侧面，包在胫骨后面，腘肌的下方，起自胫骨近端，分 3 个头：外侧浅头又叫胫骨后肌（caudal tibial muscle），外侧深头又叫拇长屈肌（long flexor muscle of fist digit）和内侧头又叫趾长屈肌（long digitial flexor muscle）。胫骨后肌起于胫骨外髁和腓骨小头，末端肌腱与外侧深头合并。趾长屈肌的肌腹位于小腿的上半部分，下部延续为一腱沿胫骨后方下行，起于拇长屈肌和腘肌之间的胫骨外髁，与拇长屈肌的腱一起经跗关节后方在趾浅屈肌腱与悬韧带（骨间中肌）之间下行，至趾关节。其作用与趾浅屈肌相同，主要为伸跗关节和屈趾关节。拇长屈肌位于胫骨后方的正中，趾长屈肌的后方，是趾深屈肌最发达的部分，起于胫骨外髁和跖侧面及整个腓骨，它的腱在趾长屈肌的后方下行并在跗关节的内侧与趾长屈肌腱汇合为趾深屈肌腱。拇长屈肌的外侧为腓肠肌外侧头及其包裹的趾浅屈肌。三部分肌腱在跗关节处合成一总腱，沿趾浅屈肌深面下行。猪的趾深屈肌也有 3 个头，以较强的分支终止于第 3、4 趾的蹄骨，以较弱的分支终止于第 2、5 趾；牛的胫骨后肌相对发达，拇长屈肌特别发达，其肌腱末端分两支，止于第 3、4 趾的蹄骨；犬的趾深屈肌有 2 个头，特别发达的外侧头拇长屈肌起始于胫骨和腓骨，填满骨间隙，内头趾长屈肌起始于外侧头旁边，二者的肌腱合并分成四支，终止于第 2、3、4、5 趾末端；马的趾深屈肌止于蹄骨的屈腱面。作用为屈趾关节、伸跗关节。兔只有趾长屈肌，起自胫骨和腓骨的近端后面，止腱绕过跟结节至足底分成 4 支到 4 趾。

⑤胫骨后肌（caudal tibial muscle）　犬有此肌且独立于趾深屈肌外，小而明显，可能会缺失。位于趾深屈肌深面，起于胫骨和腓骨近端交界处，止于跗骨。

⑥胫神经（tibial nerve）　沿腓肠肌内侧头与趾浅屈肌之间下行，主干在小腿内侧沟中沿趾浅屈肌内侧缘延伸至跟结节，分为足底内、外侧神经（medial & lateral plantar nerve）。

⑦腘动、静脉（popliteal artery & vein）　在腓肠肌内侧头的深层，可见股动、静脉下行至趾浅屈肌的起始部分出走向小腿后方的股后动、静脉（犬称为股

后远动、静脉）后，延续为腘动、静脉，紧贴胫骨背侧进入趾浅屈肌及其深层的腘肌深面，在腘肌的深面可见其沿股骨和股胫关节跖面向下分出若干肌支之后，在胫骨近端跖面分成 2 支：一支较小，紧贴胫骨背侧向下延伸进入趾深屈肌，称胫后动、静脉（caudal tibial artery & vein）；另一支较粗，穿过胫腓间隙至胫骨背面，称胫前动脉、静脉（cranial tibial artery & vein）。

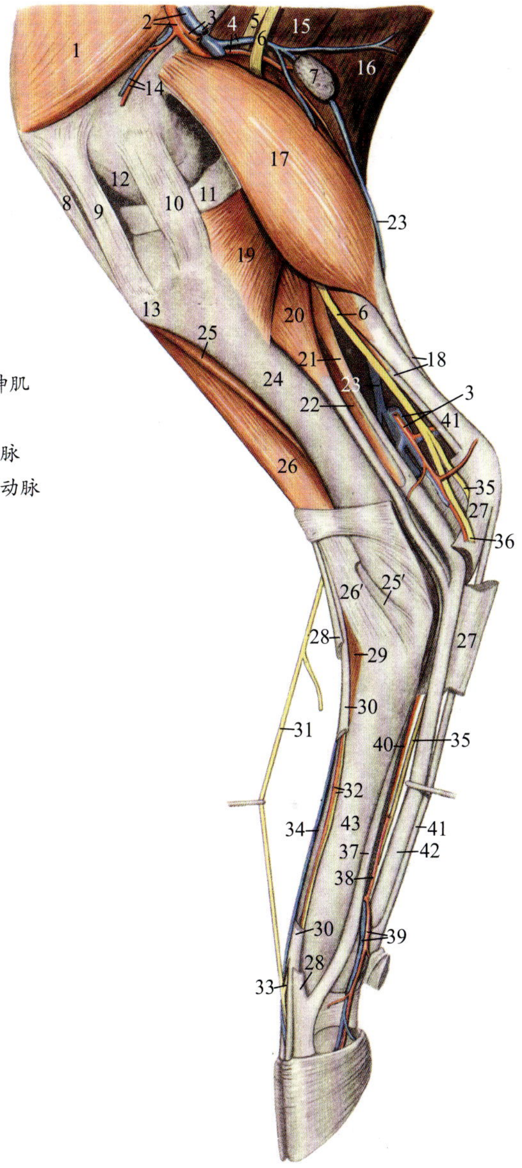

图 7-16　牛右小腿和后脚内侧深层结构

1. 股内侧肌　2. 股动、静脉　3. 隐动脉、内侧隐静脉
4. 股后动、静脉　5. 腓总神经　6. 胫神经　7. 腘淋巴结
8. 膝中间韧带　9. 膝内侧韧带　10. 内侧副韧带
11. 内侧半月板　12. 股骨内侧髁　13. 胫骨粗隆
14. 膝降动、静脉　15,16. 臀股二头肌　17. 腓肠肌内侧头
18. 小腿三头肌腱　19. 腘肌　20. 趾长屈肌　21. 胫骨后肌
22. 第 1 趾长屈肌　23. 外侧隐静脉　24. 胫骨体　25. 胫骨前肌
25′. 胫骨前肌腱　26. 第 3 腓骨肌　26′. 第 3 腓骨肌腱
27. 跖侧长韧带　28. 第 3 趾伸肌（腱）　29. 趾短伸肌　30. 趾长伸肌
31. 趾背侧第 3 总神经　32. 第 3 跖背侧动脉、第 3 跖背侧神经
33. 趾背侧第 3 总神经、腓深神经的交通支　34. 趾背侧第 3 总静脉
35. 足底外侧神经　36. 足底内侧神经　37. 骨间肌　38. 足底内侧动脉
39. 趾跖侧第 2 总动、静脉　40. 足底外侧动脉　41. 趾浅屈肌腱
42. 趾深屈肌腱　43. 第 3、4 跖骨

（引自 Popesko，1985）

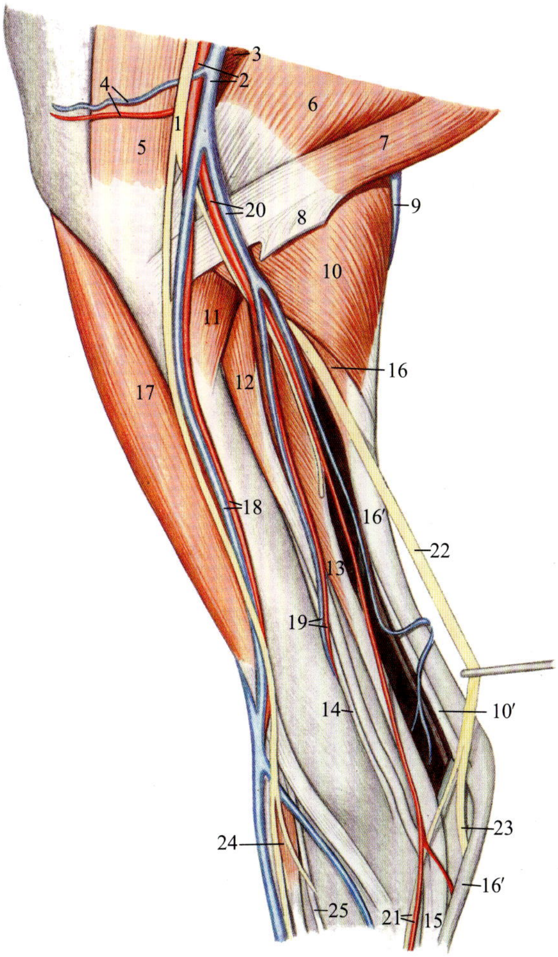

图 7-17　犬小腿内侧结构

1. 隐神经　2. 隐动脉、内侧隐静脉　3. 半膜肌　4. 膝内侧动、静脉
5. 缝匠肌后部　6. 股薄肌　7. 半腱肌　8. 副腱　9. 外侧隐静脉
10. 腓肠肌内侧头　10′. 小腿三头肌腱　11. 腘肌
12. 趾长屈肌　13. 第 1 趾长屈肌　14. 胫骨后肌
15. 趾深屈肌腱　16. 趾浅屈肌　16′. 趾浅屈肌腱
17. 胫骨前肌　18. 隐动脉前支、内侧隐静脉前支
19. 腓动、静脉　20. 隐动脉后支、内侧隐静脉后支
21. 足底内侧神经、足底内侧动脉　22. 胫神经
23. 足底外侧神经　24. 趾短伸肌　25. 第 1 趾长伸肌

（引自 Popesko，1985）

5. 第五层——小腿骨及跗关节

（1）小腿骨　包括胫骨（tibia）和腓骨（fibula），腓骨与胫骨间的缝隙形成小腿间隙（spatium interosseum cruris）。牛和马的胫股粗大，腓骨退化为胫股外侧的一个小骨；羊缺腓骨体部，近端构成一小隆突，位于胫骨外侧髁外缘下部；猪、犬和兔的胫骨和腓骨完整，胫骨较粗，腓骨在胫股的外侧较细；肉食动物腓骨直径变细，与胫骨等长，下部与胫骨连接。

胫骨参与构成股胫关节的大部分，近端为三面体，有 2 个髁，每个髁有关节面与半月板成关节，两髁关节面间有髁间隆起（eminentia intercondylaris），髁间隆起的前、后方为韧带附着的凹窝。胫骨体前后压扁，胫骨粗隆（tuberositas tibiae）从胫骨体前部近端突出，胫骨体的后面有几条沟供腘肌和趾深屈肌附着，称腘肌线（lineae musculi poplitei）。胫骨远端滑车由中间嵴和两个侧翼沟构成，滑车与距骨的滑车嵴成关节，滑车内侧面因有骨质隆起而增大，称内侧髁（malleolus medialis）；滑车的外侧面呈种间特异性变化，肉食动物和猪滑车外侧有切迹，与腓骨远端成关节，牛滑车的外侧面有关节小面与残存的腓骨远端成关节，马滑车外侧髁由腓骨远端和胫骨愈合而成。

（2）跗骨和跗关节　跗骨（tarsal bone）分 3 列，牛有 5 块，马有 6 块，猪和犬有 7 块。跗关节（tarsal joint）由小腿骨远端、跗骨及跖骨近端构成。在关节囊内形成多个滑膜囊。跗关节的韧带除了两侧有内、外侧副韧带外，还有跗骨跖侧的跗跖侧韧带及跗骨背侧的许多小的跗背侧韧带。牛此关节又称飞节（hock）。

（3）跟腱（common calcaneal tendon）　由腓肠肌腱、趾浅屈肌腱、股二头肌腱、半腱肌腱和半膜肌腱共同组成，附着于跟结节。其中趾浅屈肌腱与腓肠肌腱在此有一扭转，趾浅屈肌腱自腓肠肌腱前方由内侧转到后方，并变宽似帽状固着于跟结节，越过跟结节向下到趾部。其作用是伸跗屈趾。跟总腱与趾深屈肌之间的沟在小腿内、外侧分别叫小腿内、外侧沟。

第四节　后脚部的解剖

一、界限

由跗关节以下到蹄部。

二、解剖步骤

（1）沿后脚内侧切开皮肤，并将皮瓣翻起，小心剥离皮肤，仔细清理表面的结缔组织和筋膜。在其中找到浅表的血管神经。观察其分支及走向。

（2）清理后脚的背侧皮下筋膜，找到跗关节上下两侧的环状韧带，在它们之间的跗关节背侧正中清理并辨认以趾内侧伸肌腱，趾长伸肌腱和趾外侧伸肌腱为代表的腱和肌肉层。观察其走向及分支。

（3）从中部断开趾背各腱，辨认其深面的以跖背侧第 3 动、静脉和腓深神经为代表的深层血管神经。观察其走向及分支。

（4）清理后脚跖侧并识别趾浅屈肌腱，观察其走向和分支。

（5）在跖内侧沟中清理并辨认足底内侧神经及与其伴行的足底内侧动脉的浅支。观察足底内侧神经走向及在跖下 1/3 处分出的趾跖侧第 2、3 总神经，及与之同行的动、静脉。

（6）在跖外侧沟中清理并辨认跖外侧神经及与其伴行的足底外侧动脉的浅支。

（7）从中部断开趾浅屈肌腱并向两侧掀开，可见其深层的趾深屈肌腱，再将它断开，寻找其深层的以骨间中肌为代表的跖侧深层肌肉。并观察其走向和分支。

（8）将骨间中肌从中断开，观察跖骨后的深层血管。

三、解剖层次与结构

1. 第一层——皮肤和浅筋膜 后脚部的皮肤较厚。牛有1对主趾（第3、4趾）和1对悬蹄（第2、5趾）；马只有1个主趾（第3趾）；猪有1对主趾（第3、4趾）和1对副蹄（第2、5趾）；犬有4个趾，为第2～5趾。详细参见前肢的解剖。

2. 第二层——浅层血管和神经 在浅筋膜下有大量的浅表血管和神经，但各种动物的分布不一样，将分别叙述如下。

（1）后脚部背侧面

①牛 有腓浅神经的分支和外侧隐静脉的前支（图7-18和图7-19）

腓浅神经穿行于后脚外侧的跖背浅筋膜中，在跖骨近端附近分出内侧支叫趾背侧第2总神经（common dorsal digital nerve Ⅱ），行于趾长伸肌腱与趾内侧伸肌腱的内侧，到趾部延续为第3趾背远轴侧固有神经（abaxial dorsal proper digital nerve Ⅲ），分布于第3趾背内侧。

腓浅神经继续向下在跖骨远端再分出外侧支叫趾背侧第4总神经（common dorsal digital nerve Ⅳ），在趾部延伸为第4趾背远轴侧固有神经（abaxial dorsal proper digital nerve Ⅳ），分布于第4趾背外侧。

腓浅神经的中支叫趾背侧第3总神经（common dorsal digital nerve Ⅲ），与在趾长伸肌腱与趾内侧伸肌腱深面延伸的腓深神经延续的跖背侧第3神经（dorsal plantar nerve Ⅲ）在掌趾关节下方合并。伸至趾间隙时分为第3趾背轴侧固有神经（axial dorsal proper digital nerve Ⅲ）和第4趾背轴侧固有神经（axial dorsal proper digital nerve Ⅳ）分别分布于第3、4趾的背内侧。

足背侧静脉（dorsal pedal vein）：为位于腓浅神经外侧的浅表静脉。它来自外侧隐静脉的前侧支，在跖趾关节附近分为走向背侧的趾背侧第3总静脉（common dorsal digital vein Ⅲ）和趾背侧第4总静

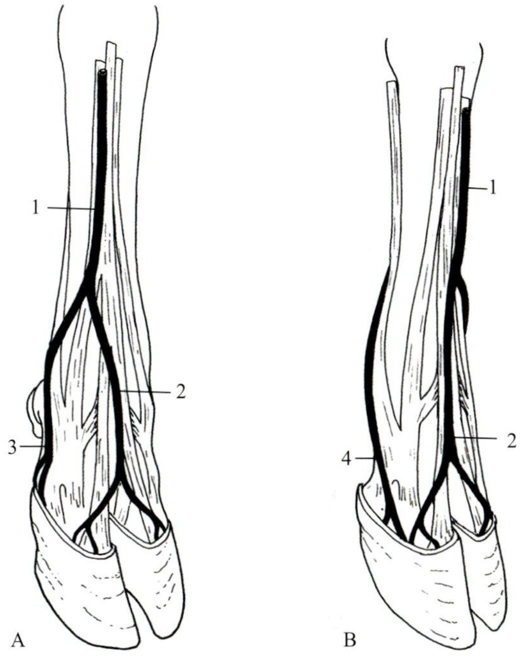

图7-18 牛后脚部主要静脉

A. 右后脚部背外侧面 B. 左后脚部背内侧面

1. 外侧隐静脉前支 2. 趾背侧第3总静脉

3. 趾外侧足底静脉 4. 趾内侧足底静脉

（引自Dyce等，1987）

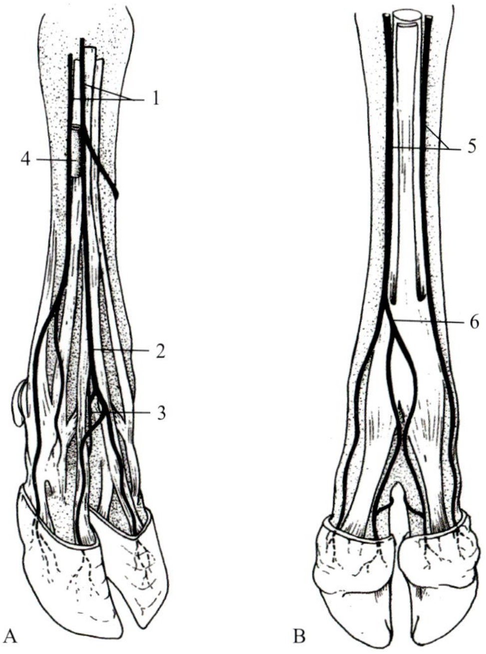

图7-19 牛右后脚部的神经

A. 后背侧面 B. 跖侧面

1. 腓浅神经外侧支和内侧支 2. 趾背侧第3总神经 3. 腓深神经

4. 外侧隐静脉前支 5. 足底内侧和外侧神经 6. 趾跖侧第3总神经

（引自Dyce等，1987）

脉（common dorsal digital vein Ⅳ）分别分布到第 3、4 趾的背侧。

②犬　浅表动脉为胫前动脉的浅支与隐动脉的前支在跗关节附近汇合而成，行于趾长伸肌腱的浅表，在跖骨背侧分出跖背侧第 5 动脉（dorsal metatarsal artery Ⅴ）（走向足底）和趾背侧第 2、3、4 总动脉（common dorsal digital arteries Ⅱ，Ⅲ，Ⅳ），分别沿趾长伸肌腱的 4 个分支的 3 个间隙下行，在下行过程中与来自深层的跖背侧第 2、3、4 动脉吻合继续下行。分出分布于第 2、5 趾内侧和第 3、4 趾两侧的分支，分别称为第 2、5 趾背轴侧固有动脉（axial dorsal proper digital arteries Ⅱ & Ⅴ）和第 3、4 趾背远轴侧固有动脉（abaxial dorsal proper digital arteries Ⅲ & Ⅳ）。其主支继续下行与足底的第 2、3、4 足底趾总动脉相吻合（图 7–20）。

浅表静脉为内、外侧隐静脉的前支汇合后在跗关节附近发出跗内、外侧静脉走向跗关节的后方，其主干称为趾背侧第 3 总静脉（common dorsal digital vein Ⅲ），下行在跖骨背侧分出趾背侧第 2、4 总静脉（common dorsal digital vein Ⅱ & Ⅳ）与隐动脉的分支伴行，其中趾背侧第 2 总静脉还接纳来自深层的胫前静脉，到达趾背侧分别称为第 2 ～ 5 趾背侧固有静脉（dorsal proper digital vein Ⅱ – Ⅴ）。

浅表神经为腓浅神经和隐神经。腓浅神经在胫骨远端分出第 5 趾背远轴侧神经（abaxial dorsal proper digital nerve Ⅴ）沿外侧下行至跖背侧。在跗关节的下方分出 3 支趾背侧总神经，分别到达第 2、3、4 和 5 趾的间隙，称为趾背侧第 2、3、4 总神经（common dorsal digital nerve Ⅱ – Ⅳ），并接纳来自深层腓深神经的分支，其末端分支分布于第 2、3、4、5 趾两侧，分别叫第 2 ～ 5 趾背轴侧固有神经（axial dorsal proper digital nerve Ⅱ – Ⅴ）和第 2 ～ 5 趾背远轴侧固有神经（abaxial dorsal proper digital nerve Ⅱ – Ⅴ）。隐神经沿后脚内侧下行至第 2 趾内侧称为趾背远轴侧第 2 神经（abaxial dorsal digital nerve Ⅱ）。

③猪　浅表无动脉。浅表静脉为来自内外侧隐静脉的前支和胫前静脉在趾骨背侧汇合后分为 3 支趾背侧总静脉，在向下分为第 2 ～ 5 趾背轴侧和背远轴侧固有静脉。其他浅表神经与犬的相同。

（2）后脚部跖侧面

①牛　有足底内、外侧神经，足底内、外侧动脉，以及足底内、外侧静脉。

足底内、外侧神经（medial & Lateral pedal nerves）：由胫神经在跗关节附近分出，分别行于跖内、外侧沟中。在跖趾关节附近，足底外侧神经延续为趾跖侧第 4 总神经（common plantar digital nerve Ⅳ），足底内侧神经则分为趾跖侧第 2 总神经和趾跖侧第 3 总神经（common plantar digital nerves Ⅱ & Ⅲ）。到趾间隙附近，趾跖侧第 3 总神经继续下行分为第 3 趾跖轴侧固有神经（axial plantar proper digital nerve Ⅲ）和第 4 趾跖轴侧固有神经（axial plantar proper digital nerve Ⅳ），分别分布于第 3 趾和第 4 趾的跖内侧。趾跖侧第 2 总神经向下延续为第 3 趾跖远轴侧固有神经（abaxial plantar proper digital nerve Ⅲ），分布于第Ⅲ趾的跖外侧；趾跖侧第 4 总神经向下延续为第 4 趾跖远轴侧固有神经（abaxial plantar proper digital nerve Ⅳ），分布于第 4 趾的跖外侧。

足底内、外侧动脉（medial & lateral pedal arteries）：在跗关节的内侧由隐动脉分出，分别行走于跖内、外沟中。足底内、外侧动脉在跖骨近端内侧面分出深支和浅支，浅支再分细支分布于跖部的皮肤和筋膜。

足底内、外侧静脉（medial & lateral pedal vein）：伴行于同名动脉的后缘，在跗关节的附近上行延为内、外侧隐静脉。

②犬　有足底内、外侧动脉和静脉，以及足底内侧神经（图 7–21）。

足底内、外侧动脉：由隐动脉的后支主干分出，走向深层，在跖骨背侧行于趾浅屈肌腱的浅表并分成 3 支，分别到达第 2、3、4 和 5 趾的间隙，称为足底第 2、3、4 趾总动脉（common pedal digital arteries Ⅱ – Ⅳ）。继续下行至中间趾节骨附近与深层的足底跖侧第 2、3、4 动脉相吻合，然后分支到达第 2、5 趾的内侧和第 3、4 趾的两侧，分别称为第 3、4 趾足底固有远轴侧动脉（abaxial pedal proper digital arteries Ⅲ & Ⅳ）和第 2、3、4、5 趾足底固有轴侧动脉（abaxial pedal proper digital arteries Ⅱ – Ⅴ）。

足底内、外侧静脉：与同名动脉伴行，经足底内、外侧静脉汇入隐静脉的后支。

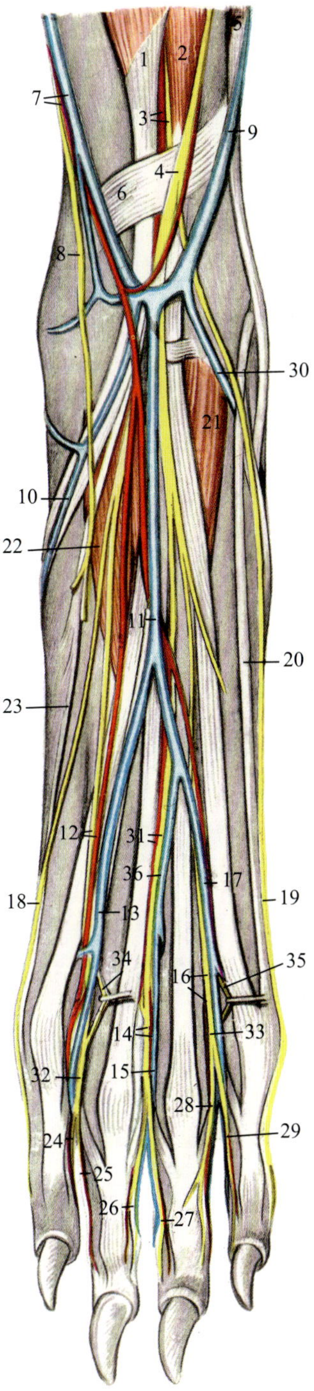

图 7-20　犬左后脚背侧结构

1. 胫骨前肌　2. 趾长伸肌　3. 胫前动脉、腓深神经
4. 腓浅神经　5. 腓骨长肌　6. 伸肌近支持带
7.（内侧）隐动、静脉前支　8. 隐神经前支
9. 外侧隐静脉前支　10. 跗内侧静脉
11. 趾背侧第 3 总静脉
12. 趾背侧第 2 总神经、趾背侧第 2 总动脉
13. 趾背侧第 2 总静脉
14. 趾背侧第 3 总神经、趾背侧第 3 总动脉
15. 趾背侧第 3 总静脉
16. 趾背侧第 4 总神经、趾背侧第 4 总动脉
17. 趾背第 4 总静脉　18. 第 2 趾背轴侧神经
19. 第 5 趾背远轴侧神经　20. 趾外侧伸肌
21. 趾短外侧伸肌　22. 趾短内侧伸肌
23. 第 1 趾长伸肌
24. 第 2 趾背远轴侧固有神经
25. 第 3 趾背远轴侧固有神经
26. 第 3 趾背远轴侧固有神经
27. 第 4 趾背轴侧固有神经
28. 第 4 趾背远轴侧固有神经
29. 第 5 趾背轴侧固有神经
30. 跗外侧静脉
31. 趾背侧第 3 总神经、趾背侧第 3 总动脉
32. 趾背侧第 2 总神经
33. 趾背侧第 4 总神经
34. 跖背侧第 2 神经
35. 跖背侧第 4 神经
36. 趾背侧第 3 总静脉

（引自 Popesko，1985）

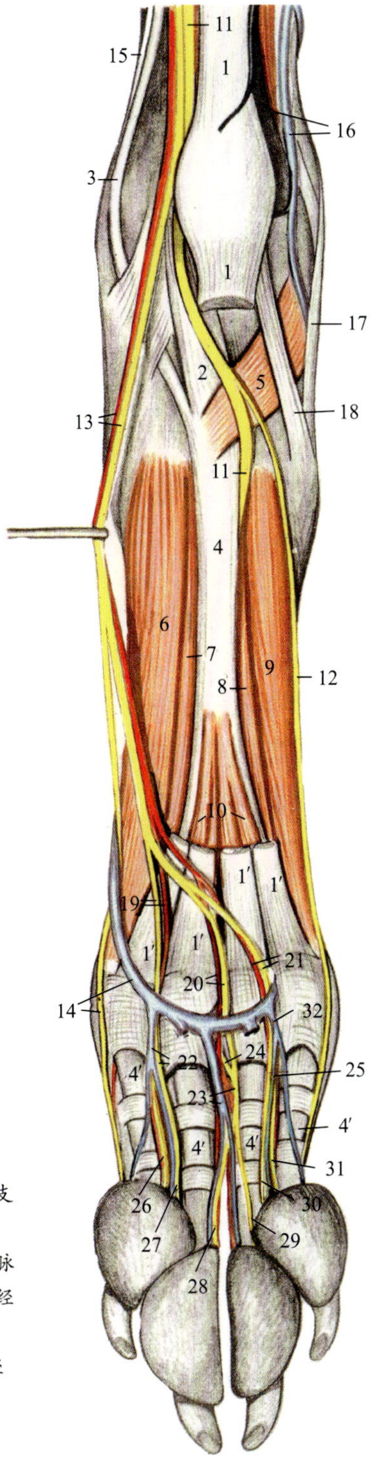

图 7-21　犬右后脚跖侧结构

1,1′. 趾浅屈肌　2. 第 1 趾长屈肌腱　3. 趾长屈肌腱　4,4′. 趾深屈肌腱　5. 跖方肌
6. 第 2 骨间肌　7. 第 2 趾收肌　8. 第 5 趾收肌　9. 第 5 骨间肌　10. 内屈肌
11. 足底外侧神经　12. 第 5 趾跖远轴侧神经　13. 足底内侧动脉、足底内侧神经
14. 足底远侧静脉弓、第 2 趾轴侧神经　15. 胫骨后肌腱　16. 腓骨短肌、外侧隐静脉后支
17. 腓骨长肌　18. 第 5 趾展肌　19. 趾跖侧第 2 总神经、趾跖侧第 2 总动脉
20. 趾跖侧第 3 总神经、趾跖侧第 3 总动脉　21. 趾跖侧第 4 总神经、趾跖侧第 4 总动脉
22. 趾跖侧第 2 总静脉、趾跖侧第 2 总神经　23. 趾跖侧第 3 总静脉、趾跖侧第 3 总神经
24. 跖底第 3 神经　25. 第 4 趾跖远轴侧固有静脉　26. 第 2 趾跖远轴侧固有神经
27. 第 3 趾跖轴侧固有神经　28. 第 3 趾跖远轴侧固有神经　29. 第 4 趾跖轴侧固有神经
30. 第 4 趾跖远轴侧固有神经　31. 第 5 趾跖轴侧固有神经　32. 趾跖侧第 5 总静脉

（引自 Popesko，1985）

足底内侧神经：为胫神经的分支，与足底内侧动脉伴行而下，在跖骨中部先分出足底内侧第 2 趾神经（medial pedal nerve Ⅱ），然后在跖骨远端分成足底第 2、3、4 趾总神经（common pedal digital nerve Ⅱ－Ⅳ），与足底内侧动脉的分支足底第 2、3、4 总动脉伴行，分布到第 2、5 趾的内侧和第 3、4 趾的两侧。足底内侧第 2 趾神经延续为足底第 2 趾远轴侧神经，分布到第 2 趾外侧。

③猪　在后脚部跖侧面内侧的浅表动脉为足底内侧动脉浅支，两侧的浅表静脉分别为内、外侧隐静脉后支，两侧浅表的神经为足底内、外侧神经的分支——趾跖侧总神经。足底内侧动脉浅支下行延续为趾跖侧总动脉，与趾跖侧总神经伴行向下延续为趾跖侧固有动脉和趾跖侧固有神经，分布于各趾的两侧。

3. 第三层——肌腱及肌肉层

（1）后脚部背侧面

①第 3 腓骨肌腱　经过跗关节背侧面，包有滑膜鞘，通过伸肌支持带到达跖骨的背侧，止于大跖骨内侧和第 2、3 跗骨。

②趾长伸肌腱和趾内侧伸肌腱　牛的趾长伸肌腱与趾短伸肌腱合并后向下到达第 4 趾，趾内侧伸肌腱向下到达第 3 趾，它们在跗关节背侧面包有滑膜鞘。猪无趾内侧伸肌腱，它的趾长伸肌腱在跖骨背侧分为 3 个头，趾长伸肌外头腱延伸为趾长伸肌第 5 趾腱；趾长伸肌中头腱延伸为趾长伸肌第 4 趾腱和趾长伸肌第 3 趾腱；趾长伸肌内头腱延伸为趾长伸肌第 2 趾腱和趾长伸肌第 3 趾腱，分别到达各趾背侧。犬的趾长伸肌腱到达跖部分出 4 个分支，分别到达第 2、3、4 和 5 趾远趾节骨的背侧。

③趾短伸肌（short digital extensor muscle）　很小，位于趾长伸肌的深面，以肉质起于跗关节背侧面韧带及关节囊壁。肌腹位于跖骨背侧中央，在跖骨中部开始附着于趾长伸肌腱，到跖骨远端背侧 1/3 处完全转为腱质，同趾长伸肌腱完全结合，加强了后者的腱质。猪的趾短伸肌腱止于第 4 趾背侧。犬的趾短伸肌的肌腹覆盖于跗关节上，分内、外侧头和中间头，其腱在趾长伸肌的深层下行，分支分别从趾两侧到达第 2、3、4 趾骨的中趾节骨并从内侧到达第 5 趾的中趾节骨，然后走向背侧与趾长伸肌腱汇合。

④趾外侧伸肌腱　牛的趾外侧伸肌腱又叫第 4 趾固有伸肌腱，始于跖骨近端背外侧，经跗关节外侧下行至跖背侧，继续沿趾关节伸肌腱外侧缘下行至第 5 趾。猪的第 4 趾伸肌和第 5 趾伸肌相当于此肌，其腱到达第 4 和 5 趾背侧。犬的趾外侧伸肌腱沿胫骨外侧下行，再沿跖部外侧继续下行到达第 5 趾中趾节骨的外侧。

猪、犬的拇长伸肌腱向下延续到第 2 趾外侧。

（2）后脚部跖侧面

①趾浅屈肌腱　牛的趾浅屈肌腱下行至跖中部后，分为 2 支，分别止于第 3、4 趾的中趾节骨；并且 2 腱分别与来自悬韧带浅层的腱膜在跖趾关节处结合形成腱管，供趾深屈肌腱通过。趾浅屈肌腱与跖骨两侧的缝隙形成的沟，分别称为跖内、外侧沟，供足底内、外侧神经和足底内、外侧动脉通过。

猪的趾浅屈肌腱与牛的相似，分为 2 支，止于两主趾。犬的趾浅屈肌腱下行至跖骨中部时分为 4 支，分别到达第 2、3、4 和 5 趾的远趾节骨近端。

马的趾浅屈肌腱到达系骨分为 2 支，附着在冠骨上，有趾深屈肌腱在 2 支之间通过。

②趾深屈肌腱　牛的在跖趾关节处分为 2 支，通过趾浅屈肌腱管，止于第 3、4 趾的远趾节骨的屈肌面。猪的趾深屈肌腱分成 4 支，分别止于 4 个趾。犬的趾深屈肌腱下行至跖骨中部，分为 4 支，分别走在趾浅屈肌的深层，并在近趾节骨的近端从趾浅屈肌腱中钻出，然后下行止于远趾节骨的近端。马的趾深屈肌腱汇合后沿跖部下行，通过籽骨走向趾部，经趾浅屈肌腱之间穿过，止于蹄骨屈肌面。

③悬韧带　又称骨间中肌（middle interosseous muscle），位于趾深屈肌腱的深层，跖骨的跖侧面，犊牛几乎全为肉质，成年牛腱质强厚，但仍有肉质。它到达趾部后，向背侧发出的分支分别与趾内、外侧伸肌腱结合，向后发出的分支在趾部形成跖趾关节掌侧环状韧带和趾近侧环状韧带。在猪，骨间

中肌分为外侧骨间肌（lateral interosseous muscle）和内侧骨间肌（medial interosseous muscle）。犬的有第 2、3、4 和 5 骨间肌（interosseous muscles Ⅱ－Ⅴ）。兔也有此肌。

④跖方肌（quadratus plantae muscle） 犬和兔有此肌，起自腓侧跗骨下端的外侧面和外侧跗韧带，以薄腱并入趾深屈肌腱。

另外，猪和犬的后脚跖侧面还有一些短小肌肉，如第 2 趾展肌（digital abductor muscle Ⅱ）和第 5 趾展肌（digital abductor muscle Ⅴ）及中间的第 2 趾收肌（digital adductor muscle Ⅱ）和第 5 趾收肌（digital adductor muscle Ⅴ）。

4. 第四层——深层血管和神经

（1）后脚部背侧面

①足背动脉和静脉 在牛的跗骨背侧面的伸肌腱下，胫前动脉延续为足背动脉，在跗关节背侧分出分出跗穿动脉（tarsal perforating artery）后称跖背侧第 3 动脉（dorsal metatarsal artery Ⅲ），延跖背侧沟下行，在跖远端分出远穿支与跖深远弓相连之后延续为趾背侧第 3 总动脉（common dorsal digital artery Ⅲ）后，分为第 3、4 趾背侧固有动脉（dorsal proper digital arteries Ⅲ & Ⅳ）；并有同名静脉伴行。

犬的足背动脉（dorsal pedal artery）进入趾长伸肌腱的深层并分出横向的弓状动脉（arcuate artery），而后向下延续为跖背侧第 2 动脉（dorsal metatarsal artery Ⅱ）后分出第 2 近穿支，通过第 2、3 跖骨间隙穿到足底；同时由弓状动脉分出纵向的跖背侧第 3、4 动脉，沿跖骨表面下行一段后走向浅表，分别与隐动脉的分支——趾背侧第 2、3、4 总动脉吻合。

猪的足背动脉和静脉紧贴胫骨前面下行，在跗关节上部分出近侧穿跗动、静脉和跗内外侧动、静脉后，动脉在跗关节远侧部形成跗背侧动脉网，由此网发出远侧跗穿动脉进入脚底部，同时还发出跖背侧第 2～4 总动脉下行形成分布于第 2～4 趾两侧的轴侧和远轴侧动脉；静脉形成跖背侧第 3 静脉和来自足底的跖背侧第 2、4 静脉分别与外侧隐静脉前支在足背浅表的分支相吻合。

马的足背侧动脉为胫前动脉的直接延续，斜向外下方走，被趾短伸肌和趾外侧伸肌腱覆盖，向下走向浅表，在跖骨的跖面远端分为趾内外侧动脉，此动脉常不与静脉伴行。

②腓深神经的分支 牛、羊的腓深神经与胫前动脉伴行，沿跖骨背侧沟下行延续为跖背侧第 2 神经（dorsal metatarsal nerve Ⅱ），在系关节附近合并于跖背侧第 3 总神经（common dorsal metatarsal nerve Ⅲ）。

犬的腓深神经在趾长伸肌腱的深面下行，在跗关节下方分为跖背侧第 2、3、4 神经（dorsal metatarsal nerves Ⅱ－Ⅳ），分别与趾背侧第 2、3、4 总神经相吻合。猪的腓深神经走向同犬。

马的腓深神经相当于腓神经主干的直接延续，伸入趾外侧深肌和趾长伸肌之间，有分支到以上二肌和胫骨前肌，并沿二肌之间的肌间隔前方下行，沿趾长伸肌腱的后方向下延伸，在跗关节前方分为内、外 2 支。内侧支在跖骨前皮下下行，分布于本区域的皮肤，外侧支有一小支至趾短伸肌并伴跖背侧动脉下行分布于跖骨和第一趾关节外侧的皮肤。

（2）后脚部跖侧面

①足底内、外侧动脉的深支和足底内、外侧静脉 牛的参见第二层后脚部跖侧面部分。猪的后脚部跖侧深层动、静脉为足底内侧动、静脉的深支与远侧跗穿动、静脉及外侧隐动、静脉后支在跖骨近端形成近侧足底深弓，由此弓发出的跖底动、静脉（metatarsal plantar artery & Vein）在跖骨远端形成远侧足底深弓；静脉弓发出的分支与浅层的足底浅弓相吻合，动脉弓的分支与趾跖侧总动脉相吻合。犬的足底内、外侧动脉分别沿足底内外侧下行，延续为足底跖侧动脉，与走在浅层的隐动脉后支主干的分支——足底趾总动脉吻合。足底深静脉弓在跖骨的近端表面分出足底跖侧静脉，沿第 2、3、4 和 5 跖骨间隙下行，分布于跖深层的肌肉。

②足底内、外侧神经 参见第二层后脚部跖侧面部分。

5. 第五层——后脚骨和趾关节 基本结构同前肢指部。牛的后脚为 2 趾，由第 3 和第 4 跖骨及相应的系、冠、蹄骨组成；猪、犬的后脚为 4 趾，由第 2、3、4 和 5 跖骨及相应的系、冠、蹄骨组成。

【思考题】

1. 简述坐骨神经及其主要分支的走向和分布。
2. 后肢都有哪几个主要的淋巴结？它们的确切位置在哪里？
3. 简述牛的股管、犬的股三角的构造和位置。
4. 简述股动脉及股神经的走向及其主要分支与分布。
5. 后肢解剖完毕后，总结后肢肌肉、血管、神经的构造。
6. 分段总结臀部、股部、小腿部和后脚大结构特点。
7. 比较牛、猪、犬后腿各部分结构的异同点，总结后肢结构的一般规律。

第八章

骨盆和外生殖器解剖

【教学目标】

1. 了解骨盆的基本概念和构造。
2. 观察和掌握公、母畜盆腔内器官的位置、形态和相互关系及其血管、神经的分布。
3. 了解母牛（羊）、母猪、母犬等家畜卵巢、子宫的形态结构特点，理解伪体、子宫阜、阴道穹窿等结构。
4. 比较公牛（羊）、公猪、公犬等家畜睾丸、阴囊及阴茎的结构特点，了解精索的含义。
5. 掌握乳房的基本构造，了解乳镜的基本概念。

第一节　骨盆的构造

骨盆（pelvis）是由左髋骨、右髋骨、荐骨和前 3 ～ 4 个尾椎以及两侧的荐结节阔韧带构成的前宽后窄的锥形支架。背侧是荐骨和前 3 ～ 4 个尾椎，腹侧是耻骨和坐骨，两侧是髂骨及荐结节阔韧带。骨盆前口以背侧的荐骨岬、腹侧的耻骨前缘和两侧的髂骨体为界；后口以背侧的第 3 ～ 4 尾椎、腹侧的坐骨弓和两侧的荐结节阔韧带的后缘为界。

骨盆的形状和大小由于性别不同而有差异。一般来说，母畜的骨盆比公畜的大而宽敞，骨盆纵径（荐骨与耻骨间的距离）和骨盆横径（髋骨两侧对应点的距离）较公畜的大，骨盆底的耻骨部较凹，坐骨部宽而平，骨盆后口也较大。

牛的骨盆前口斜度较大，呈椭圆形。左、右侧髂骨接近平行（图 8–1）。骨盆底深凹，中部有嵴，坐骨弓较窄而深。羊的骨盆前口斜度很大，呈椭圆形，通过骨盆联合前缘横断面的背侧要过第 1 尾椎。骨盆底比牛的阔而浅。

马的骨盆前口近于圆形，母马的前口较向前下方倾斜，并且较宽。猪的骨盆前口斜度很大，呈椭圆形。母猪的骨盆底宽而扁平，但后口处有结节，后部向腹侧倾斜。坐骨弓宽大。公猪的骨盆底面横向凹，前口小，斜度比母猪小，坐骨弓较深而窄。

犬的骨盆前口斜度较大，母犬的接近圆形，公犬的呈椭圆形，纵径较长。骨盆的髋臼部最窄，后部宽。骨盆底前部窄而凹陷，后部宽而平坦。

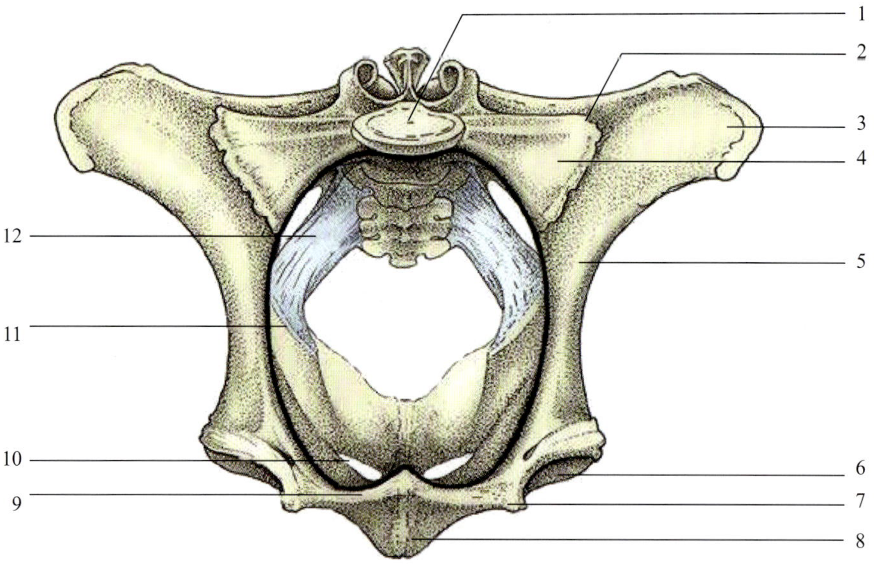

图 8-1　牛骨盆前面观

1. 第 1 荐椎椎体　2. 荐髂关节　3. 髋结节　4. 荐骨翼　5. 髂骨体　6. 髋臼　7. 髂耻隆起　8. 坐骨联合　9. 耻骨梳　10. 闭孔　11. 坐骨棘　12. 荐结节阔韧带

（引自 Dyce 等，2016）

第二节　盆腔内器官的解剖

盆腔（pelvic cavity）位于骨盆内，为最小的体腔，是腹腔向后的直接延续。其内主要容纳大部分泌尿、生殖器官和消化道的末端。腹膜腔的后端在盆腔内形成一些明显的陷凹。盆腔背侧壁的腹膜是由腹腔后部向后延续而来，向下折转到直肠背侧形成直肠荐骨陷凹；由直肠腹侧折转到尿生殖褶（公畜）或子宫和子宫阔韧带（母畜）上形成直肠生殖陷凹；由尿生殖褶或子宫和子宫阔韧带折转到膀胱和膀胱侧韧带背侧形成膀胱生殖陷凹；由膀胱和膀胱侧韧带折转到盆腔底壁形成膀胱耻骨陷凹。

一、公畜盆腔内器官

公畜盆腔内主要容纳部分输尿管、膀胱、尿生殖道骨盆部、部分输精管、副性腺和直肠等（图 8-2 和图 8-3）。

（一）解剖步骤

（1）从一侧清除髂骨外面残余的肌肉及结缔组织，切开荐结节阔韧带，暴露尾骨肌、肛提肌和荐尾腹侧肌。切开荐结节阔韧带时，注意勿伤及以上诸肌。

（2）观察衬于以上诸肌和荐结节阔韧带内面的骨盆筋膜。

（3）做 2 条切割线，通过闭孔内侧缘做一与骨盆联合平行的直线；由坐骨大孔上端至髋结节下端做一直线。沿两直线锯开髋骨。在锯之前先将同侧坐骨结节上附着的阴茎脚切断。注意不要锯得太深，以免伤及盆腔内器官。

（4）除去游离骨片，暴露闭孔内肌及其内的骨盆筋膜。除去肌肉、骨盆筋膜及腹膜壁层，清理盆

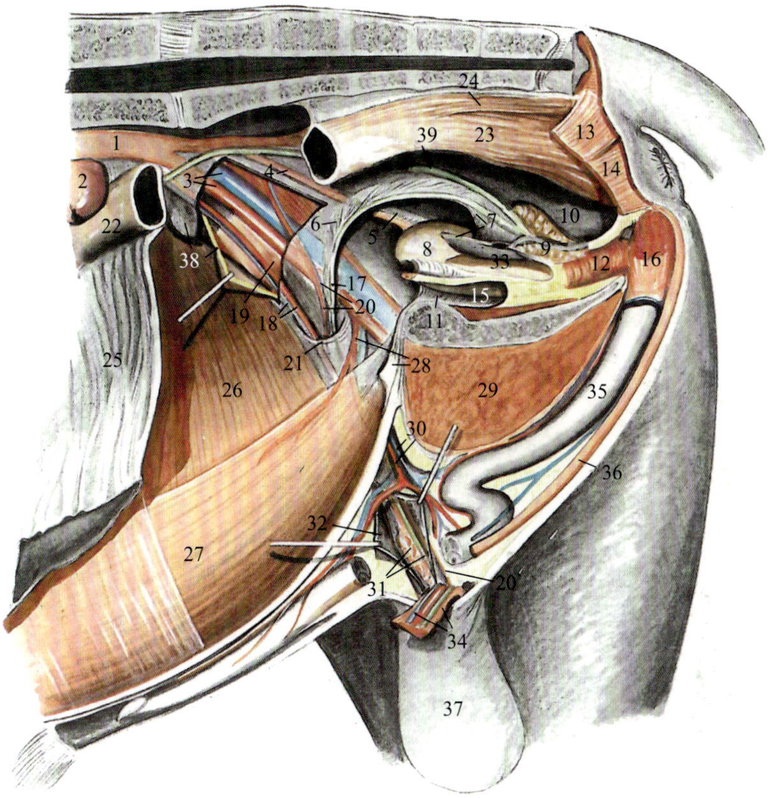

图 8-2　公牛的盆腔内器官

1. 腹主动脉　2. 左肾　3. 髂外动、静脉
4. 脐动脉　5. 膀胱侧韧带　6. 输精管系膜
7. 尿生殖褶　8. 膀胱　9. 精囊腺
10. 直肠生殖窝　11. 膀胱正中韧带
12. 尿生殖道骨盆部　13. 尾骨肌
14. 肛提肌　15. 耻骨膀胱陷凹
16. 坐骨海绵体肌　17. 输精管
18. 睾丸动、静脉　19. 提睾肌
20. 输精管动、静脉　21. 腹股沟深环
22. 降结肠　23. 直肠壶腹　24. 直肠尾骨肌
25. 大网膜　26. 腹内斜肌　27. 腹直肌
28. 阴部腹壁动脉干、膀胱正中韧带
29. 内收肌、半膜肌、股薄肌
30. 阴部外动、静脉　31. 右侧精索
32. 精索和睾丸白膜
33. 膀胱生殖陷凹
34. 左侧精索　35. 阴茎
36. 阴茎缩肌　37. 阴囊
38. 髂内淋巴结、生殖股神经
39. 右输尿管

（引自 Popesko，1985）

图 8-3　公猪骨盆部结构

1. 腰最长肌　2. 臀中肌　3. 腰大肌　4. 腰小肌
5. 髂骨　6. 脊髓　7. 荐骨　8. 阴茎缩肌
9. 直肠尾骨肌　10. 荐尾腹侧肌
11. 肛门外括约肌前部
12. 肛门外括约肌后部
13. 直肠壶腹　14. 腹主动脉、左输尿管
15. 髂内淋巴结　16. 睾丸动、静脉
17. 髂外动、静脉　18. 左脐动脉
19. 前列腺动、静脉　20. 膀胱侧韧带
21,21′. 精囊腺　22. 右输精管
23. 右精索　24. 球腺肌　25. 尿道球腺
26. 尿生殖道骨盆部　27. 骨盆联合
28. 闭孔外肌盆腔部　28′. 膀胱正中韧带
29. 内收肌　30. 股薄肌　31. 球海绵体肌
32. 阴茎脚　33. 坐骨海绵体肌
34. 阴茎　35. 睾提肌
36. 鞘膜、精索内筋膜
37. 阴囊　38. 附睾尾
39. 睾丸　40. 附睾头
41. 阴囊淋巴结
42. 阴部外动、静脉
43. 包皮后肌　44. 腹直肌
45. 包皮憩室　46. 腹股沟管

（引自 Popesko，1985）

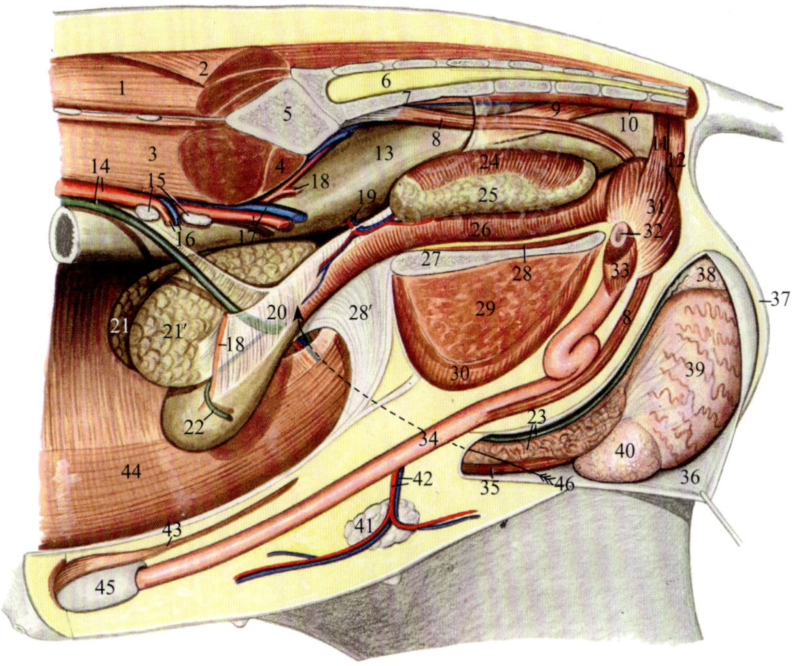

腔内器官表面的脂肪，注意保留血管神经。暴露盆腔内器官。

（5）观察盆腔内器官和血管神经分布情况，沿膀胱两侧触摸膀胱圆韧带的起止点，观察膀胱的位置、形态、充盈度及尿道开口，观察输尿管延伸的路径。观察直肠的形态和位置。沿输精管找到输精管壶腹，观察尿生殖褶、输精管壶腹、尿生殖道盆部和副性腺。观察骨盆部的动脉、静脉，在骨盆腔前口，找到腹主动脉末端，观察髂内动脉及其分支情况。观察骨盆部的交感神经和盆神经及腹下神经来源及分布，注意盆神经丛的位置。观察阴部神经和直肠后神经的来源及分布。

（二）解剖层次

1. 第一层——骨盆侧壁的髂骨及荐结节阔韧带

2. 第二层——闭孔内肌、尾骨肌、肛提肌和荐尾腹侧肌等 见图 8–4。

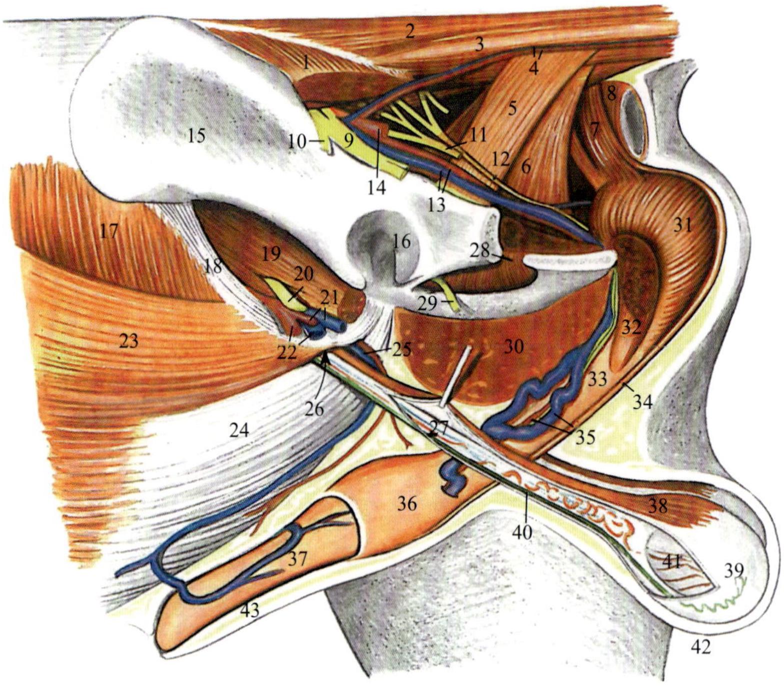

图 8–4 公犬骨盆部结构

1. 臀浅肌 2. 背外侧荐尾骨肌 3. 尾椎横突间肌 4. 尾外侧动、静脉 5. 尾骨肌 6. 肛门提肌 7. 肛门外括约肌前部 8. 肛门外括约肌后部 9. 坐骨神经 10. 臀前神经 11. 股后皮神经 12. 阴部神经 13. 阴部内动、静脉 14. 臀后动脉 15. 髂骨翼 16. 髋臼 17. 腹内斜肌 18. 腹股沟韧带 19. 髂腰肌 20. 股神经 21. 股深动、静脉 22. 股动、静脉 23,24. 腹外斜肌 25. 阴部外动、静脉 26. 腹股沟管 27. 精索 28. 闭孔内肌 29. 闭孔神经 30. 内收肌和股薄肌 31. 球海绵体肌 32. 坐骨海绵体肌 33. 阴茎体 34. 阴茎退缩肌 35. 阴茎背侧动、静脉和神经 36. 球部腺 37. 长部腺 38. 提睾肌 39. 鞘膜和精索筋膜 40. 输精管 41. 睾丸 42. 阴囊 43. 包皮

（引自 Popesko，1985）

（1）闭孔内肌（internal obturator muscle） 起于坐骨、耻骨盆腔面和髂骨以及荐骨翼盆腔面（在牛称为闭孔外肌骨盆内部，仅起于坐骨、耻骨盆腔面），经坐骨小孔出骨盆，止点腱附着于股骨转子窝。

（2）尾骨肌（coccygeal muscle） 薄，略呈三角形，位于荐结节阔韧带内侧，以薄腱起于坐骨棘和荐结节阔韧带，向上向后展开，至尾根进入荐尾腹外侧肌与尾横突间肌之间，止于第 2 ～ 5 尾椎横突及尾筋膜。

（3）肛提肌（levator ani muscle） 略呈三角形，位于荐结节阔韧带与直肠之间，起于坐骨棘，肌纤维向后走，后端稍偏背侧，止于肛门外括约肌的深面。

3. 第三层——骨盆筋膜及腹膜壁层

骨盆筋膜（pelvic fascia） 衬于骨盆壁，其内面大部分衬有腹膜，外面为沿骨盆壁分布的血管、神经和肌肉，在骨盆前口与腹横筋膜和髂筋膜相延续；在骨盆后部则覆盖在直肠和尿生殖道等器官的表面。

4. 第四层——盆腔内器官及血管神经

（1）直肠（rectum）和肛门（anus） 为消化管的末端。直肠一般起自盆腔前口，止于肛门，向前进入腹腔与降结肠相延续，与降结肠之间无明显界限。直肠分前、后两部分，前部被覆腹膜为腹膜部，背侧的直肠系膜为结肠系膜的延续，将腹膜部系于盆腔顶壁；后部膨大形成直肠壶腹（rectal ampulla），无腹膜被覆称腹膜后部，借疏松结缔组织与周围器官相连。直肠的两侧及背侧面接骨盆壁；腹侧面接膀胱、输精管末端、精囊腺、前列腺、尿道球腺和尿生殖道盆部等。肛门为消化管后端的开口，位于尾根腹侧。其外面被覆有皮肤，内面衬有黏膜，中间为肌层。皮肤富含皮脂腺和汗腺；黏膜常形成许多纵褶，黏膜上皮为复层扁平上皮；肌层主要是肛门内括约肌和肛门外括约肌。肛门内括约肌属平滑肌，为直肠环行肌延续至肛门特别发达的部分；后者属骨骼肌，环绕在内括约肌的外围。它们的主要作用是关闭肛门。在肛门的两侧还有肛提肌和肛悬韧带。肛提肌为骨骼肌，位于直肠与荐结节阔韧带之间，肌纤维向后走，后端稍偏背侧，起于坐骨棘，止于肛门外括约肌的深面，在排粪后有牵缩肛门的作用；肛悬韧带为平滑肌带，在肛门腹侧面与对侧同名肌相会后，大部分延续为阴茎缩肌。

公牛的直肠长约 40 cm（羊约 20 cm），粗细较均匀。腹膜部向后常达第 1 尾椎下方；腹膜后部形成不明显的直肠壶腹，其周围常有较多脂肪环绕。

公猪直肠在肛门前方也形成直肠壶腹，周围常环衬有大量脂肪。公猪的肛门不向外突出。

公犬的直肠腹膜部很长，腹膜的折转线在第 2 和第 3 尾椎的腹侧。腹膜后部短。在直肠与肛门交界处的黏膜内含有肛门腺，两侧各有一小口，入肛门囊。囊内含有不洁灰色脂肪样物质，有特殊臭味。公犬的肛提肌相当发达。

公猫的直肠长约 5 cm，位于靠近盆腔顶壁的中线处，由短的直肠系膜悬挂。肛门的两侧各有 2 个大的肛门腺，其直径约 1 cm，在肛门尾部边缘处开口于肛门。

公兔的直肠很长，有 30 ~ 40 cm，部分在盆腔内，向前延伸至腹部，与降结肠之间无明显分界，两者之间形成“S”状弯曲。直肠内有粪球，外形呈串珠状，直肠末端侧壁内有一对暗灰色、细长、扁圆形的直肠腺，长有 1.0 ~ 1.5 cm，可分泌油脂，具有特殊气味。

（2）输尿管和膀胱 左、右输尿管（ureter）横过髂内动脉的腹侧进入盆腔，在盆腔内位于尿生殖褶中，与输精管相交叉，向后伸达膀胱颈的背侧，斜穿膀胱壁开口其内（图 8–2、图 8–3、图 8–5 和图 8–6）。

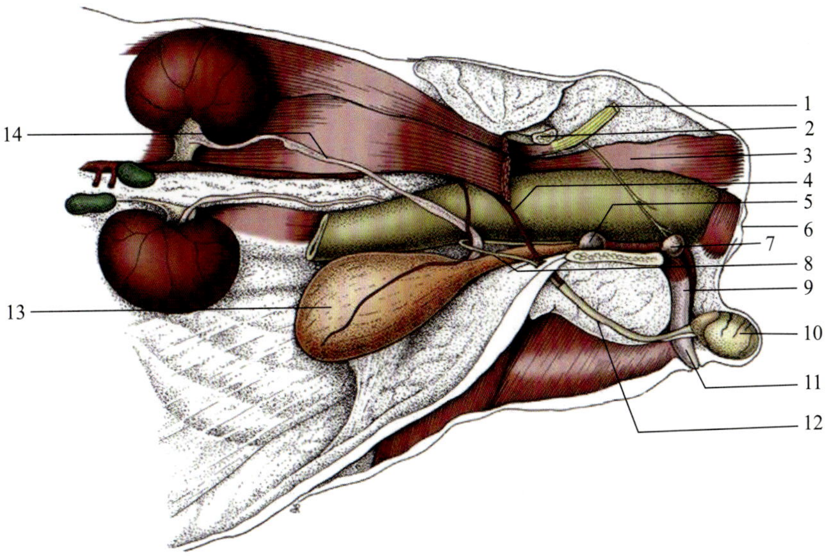

图 8–5 公猫生殖器官左外侧观

1. 坐骨神经 2. 髂骨体
3. 阴部神经 4. 睾丸血管
5. 前列腺 6. 肛门
7. 尿道球腺 8. 输精管
9. 阴茎 10. 睾丸在阴囊中
11. 阴茎包皮 12. 精索
13. 膀胱 14. 左侧输精管
（引自 Dyce 等，2016）

膀胱（bladder）由于贮存的尿液量不同，其形状、大小和位置常有变化。膀胱空虚时，呈梨状，位于盆腔内。充满尿液时，前端可突入腹腔内。膀胱的背侧与直肠、尿生殖褶、输精管末端、精囊腺和前列腺相接。膀胱由前向后可分为膀胱顶（vesical apex）、膀胱体（body of bladder）和膀胱颈（vesical neck）三部分。输尿管斜穿膀胱壁，并在壁内斜行延伸一段距离，在接近膀胱颈的部位开口于膀胱背侧壁，以防止尿液自膀胱向输尿管逆流。膀胱颈向后延接尿道，以尿道内口（internal urethral meatus）相通。

膀胱由三个浆膜褶与盆腔壁相连。膀胱中韧带（median ligament of bladder）或膀胱脐中褶，位于腹面正中，是连接盆腔底壁和膀胱腹侧之间的腹膜褶；膀胱侧韧带（lateral ligament of bladder）或膀胱脐侧褶，有两条，连于膀胱两侧与盆腔侧壁之间，其游离缘各有一条膀胱圆韧带（round ligament of bladder），为胎儿时期脐动脉的遗迹。膀胱后部由疏松结缔组织与周围器官联系，结缔组织内常有多量脂肪。

公牛的膀胱在空虚时约拳头大，比较长，充满尿液时，可达腹腔底壁。

公猪的膀胱比较大，充满尿液时大部分突入腹腔内。

公犬的膀胱容积比较大。当充满尿液时，其颈部在耻骨前缘处，而膀胱体和膀胱顶伸入腹腔，若膀胱充分膨胀，其顶部可伸至脐部。当膀胱空虚时，则全部回缩盆腔内。

公兔的膀胱大部分位于腹腔内，只有颈部向后伸入盆腔。

（3）输精管（deferent duct） 输精管由腹股沟管腹环（深环）离开精索进入腹腔，然后向后上方折转进入盆腔。在盆腔内，于膀胱背侧的尿生殖褶内继续向后延伸，输精管并借此附着于盆腔侧壁下部。在膀胱颈的背侧，左、右输精管相邻接，外侧邻接精囊腺，最后开口于尿生殖道起始部背侧壁的精阜上。有些家畜的输精管在尿生殖褶内膨大形成输精管壶腹，其黏膜内有壶腹腺分布，又称输精管腺部。

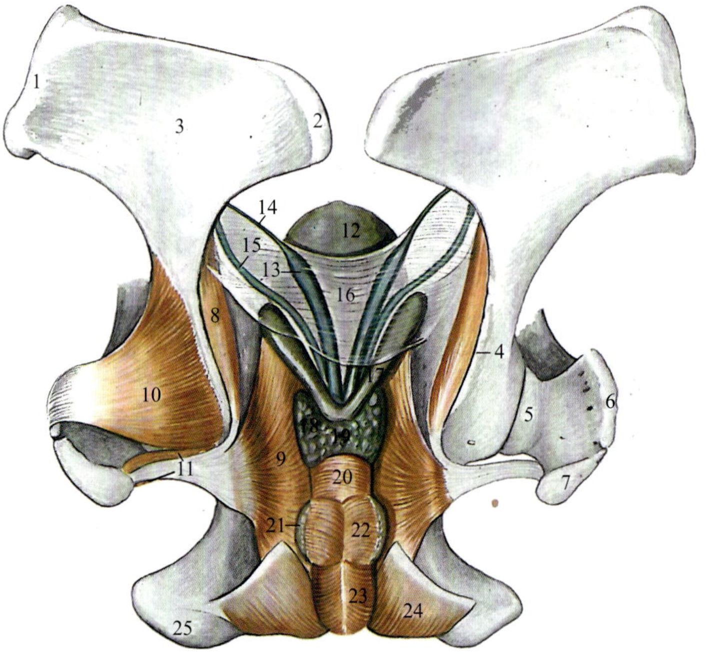

图 8-6 公马的尿生殖道盆部和副性腺（背侧面）

1. 髋结节 2. 荐结节 3. 髂骨翼
4. 坐骨棘 5. 股骨头 6. 大转子前部
7. 大转子后部 8. 闭孔内肌髂部
9. 闭孔内肌坐骨耻骨部
10. 臀深肌 11. 孖肌 12. 膀胱
13. 输精管壶腹 14. 输精管
15. 输尿管 16. 尿生殖褶
17. 精囊腺 18. 前列腺左侧叶
19. 前列腺峡 20. 尿道肌
21. 尿道球腺 22. 尿道球腺肌
23. 球海绵体肌
24. 坐骨海绵体肌
25. 坐骨结节

（引自 Popesko，1985）

公牛、公羊的两条输精管在尿生殖褶内平行，距离较近，并逐步变粗形成输精管壶腹，末端与精囊腺导管共同开口于精阜。

公猪的输精管壶腹不明显，故一般认为公猪缺乏此部。

公犬的输精管壶腹较细。

公兔的输精管与输尿管交叉后，管壁增厚形成输精管壶腹，再向后管径变细与对侧输精管并列，开口于尿生殖道起始部的背侧壁。

（4）尿生殖道（genitourinary tract） 公畜的尿道兼有排精的作用，所以称尿生殖道，前端接膀胱颈，沿盆腔底壁向后延伸，绕过坐骨弓，再沿阴茎腹侧的尿道沟向前，至阴茎头末端以尿道外口开口于外界。尿生殖道以坐骨弓为界分为盆部和阴茎部两部分。在交界处，尿生殖道的管腔稍变窄，称为尿道峡。峡部后方的海绵层稍变厚形成尿道球或尿生殖道球。尿生殖道盆部位于盆腔内，位于盆腔底壁与直肠之间。在起始部背侧壁的中央有一圆形隆起，称精阜。精阜上有一对小孔，为输精管及精囊腺导管的共同开口。此外，在盆部黏膜的表面，还有其他副性腺的开口。盆部的外侧面有环行的横纹肌，称尿道肌。

公牛尿生殖道盆部较长，有 15 ～ 20 cm，管径细而均等。尿道球明显。

公马尿生殖道盆部较短。

公猪尿生殖道盆部较长，成年公猪有 15 ～ 20 cm。

公犬尿生殖道盆部较长，前部包藏在前列腺内（此部在临床上须注意，有时前列腺的膨大，可影响排尿）。尿道球特别发达。

（5）副性腺 包括精囊腺、前列腺和尿道球腺。其分泌物与输精管壶腹部壶腹腺的分泌物，以及睾丸生成的精子共同组成精液。副性腺的分泌物有稀释精子、营养精子及改善阴道环境等作用，有利于精子的生存和运动。幼龄去势后的动物，副性腺不能正常发育（图 8-7）。

精囊腺（spermatic gland）：一对，位于膀胱颈背侧的尿生殖褶中，在输精管壶腹部的外侧。两侧的精囊腺导管分别与同侧的输精管共同开口于精阜。

前列腺（prostate gland）：位于尿生殖道起始部的背侧，一般可分为腺体部和扩散部（分布于尿生殖道壁内）。这两部以许多导管成行地开口于精阜附近的尿生殖道内。前列腺的发育程度与动物的年龄有密切关系，幼龄时较小，到性成熟期变大，老龄时又逐渐退化。

尿道球腺（anteprostatic gland）：一对，位于尿生殖道盆部末端的背部两侧，在坐骨弓附近，其导管开口于尿生殖道内。

公牛的精囊腺是一对实质性的腺体，左、右精囊腺的大小和形状常不对称。前列腺腺体部很小，位于尿生殖道起始部的背侧。扩散部发达，分布于尿生殖道盆部黏膜的周围，表面有尿道肌和筋膜覆盖。前列腺导管在尿生殖道上的开口排列成行，有两列位于两黏膜褶（该褶位于精阜的后方）之间，另外两行在褶的外侧。公羊无前列腺腺体部。尿道球腺为圆形的实质性腺体，大小似胡桃，表面覆有一层厚而致密的纤维组织和球海绵体肌，每个腺体有一条导管，开口于尿生殖道峡部的背侧，开口处共有一个半月状黏膜褶遮盖着。

马的精囊腺呈梨形囊状，壁薄而腔大，表面光滑。囊壁由腺体组织构成。其导管与同侧输精管合并成射精管，开口于精阜。马的前列腺发达，呈蝴蝶形，由左、右两侧叶和中间的峡部构成。每侧前列腺导管有 15 ～ 20 条，穿过尿道壁，开口于精阜外侧。马的尿道球腺呈卵圆形，表面被覆尿道肌，每侧腺体有 6 ～ 8 条导管，开口于尿生殖道盆部末端背侧的两列小乳头上。

公猪的副性腺发达，所以每次的射精量很大。精囊腺特别发达，外形似棱形三面体，由许多腺小叶组成，呈淡红色，其导管开口于精阜外，呈裂隙状。前列腺与牛相似，腺体部位于尿生殖道起始部的背侧，大部分被精囊腺覆盖。扩散部形成一腺体层，分布于尿生殖道盆部的壁内。猪的尿道球腺也特别发达，呈圆柱形，在大公猪长达 12 cm，位于尿生殖道盆部后 2/3 的两侧和背侧，表面有尿道球腺肌（横纹肌）覆盖，其收缩有利于分泌物的排出。每个腺体有一条导管，开口于坐骨弓处的尿生殖道背侧壁。

公犬的精囊腺缺如。前列腺比较大。腺体部为一对实质性腺体，组织坚实，带黄色，位于或接近耻骨前缘。呈球状环绕在膀胱颈和尿生殖道起始部，有一正中沟将腺体分成左右两叶，导管很多；扩

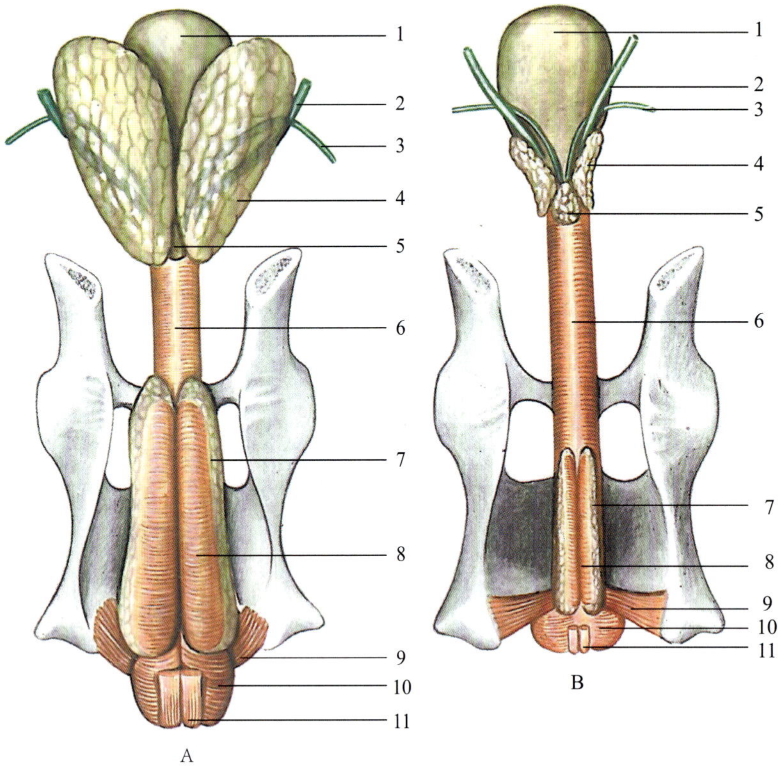

图 8-7　成年公猪副性腺

A. 去势前　B. 去势后
1. 膀胱
2. 输尿管
3. 输精管
4. 精囊腺
5. 前列腺
6. 尿生殖道骨盆部
7. 尿道球腺
8. 球腺肌
9. 坐骨海绵体肌
10. 球海绵体肌
11. 阴茎缩肌
（引自 Popesko，1985）

散部位于膀胱和尿生殖道交界处的尿道壁内，向后延伸一短的距离。腺体的大小多有变异，特别是老龄犬，有时显著增大。

公猫也缺精囊腺。前列腺呈双叶状结构，位于尿生殖道背面，与输精管相通，有几个小孔开口于尿生殖道。尿道球腺如豌豆大，位于阴茎基部的尿道两侧，开口于尿生殖道（图 8-5）。

公兔的精囊腺为一对椭圆形腺体。在其前部为精囊或称雄性子宫，位于膀胱颈和输精管壶腹的背侧，为一扁平囊状，其前端两叶之间有一浅沟，向后在两输精管开口之间开口于尿生殖道盆部起始端的背侧壁。精囊腺导管开口于尿生殖道背面精阜的两侧。兔的精囊和精囊腺合在一起相当于其他家畜的精囊腺。前列腺位于精囊腺的后方，为半球形，分为左、右两部分，各有 3 或 4 条导管开口于尿生殖道背侧壁。尿道球腺呈暗红色，分为两叶，每叶呈长柱状，有 4 条导管开口于尿生殖道的背侧壁，其后部表面被覆有薄的球海绵体肌。另外，公兔还有前尿道球腺，或称旁前列腺，位于精囊基部两侧，腺体小，长为 0.3 ～ 0.6 cm，呈指状突起。结构类似尿道球腺。

（6）血管、神经　见图 8-8 和图 8-9。

①直肠前动脉（cranial rectal artery）　是肠系膜后动脉的分支。在直肠系膜中向后延续，主要分布于直肠。

②髂内动脉（internal iliac artery）　左、右髂内动脉在第 5、6 腰椎腹侧有腹主动脉分出，沿荐骨腹侧和荐结节阔韧带的内侧面向后延伸，主要有下列分支。

脐动脉（umbilical artery）：公牛、公猪明显，直接从髂内动脉发出，是胎儿时期脐动脉的遗留部分，出生后管壁增厚，管径变小，远端闭塞成为膀胱圆韧带。近端主要分支有输尿管支、输精管动脉和膀胱前动脉。分布于输尿管、输精管及精索的筋膜与膀胱前部。

髂腰动脉（iliolumbal artery）：为一起始不定的小动脉，主要分布于髂腰肌。第 6 对腰动脉常起始于此。

臀前动脉（cranial gluteal artery）：有 1 ～ 2 支，有时起于髂腰动脉，经坐骨大孔分布于臀中肌、臀深肌和臀股二头肌。第 1、2 荐支常起始于臀前动脉。

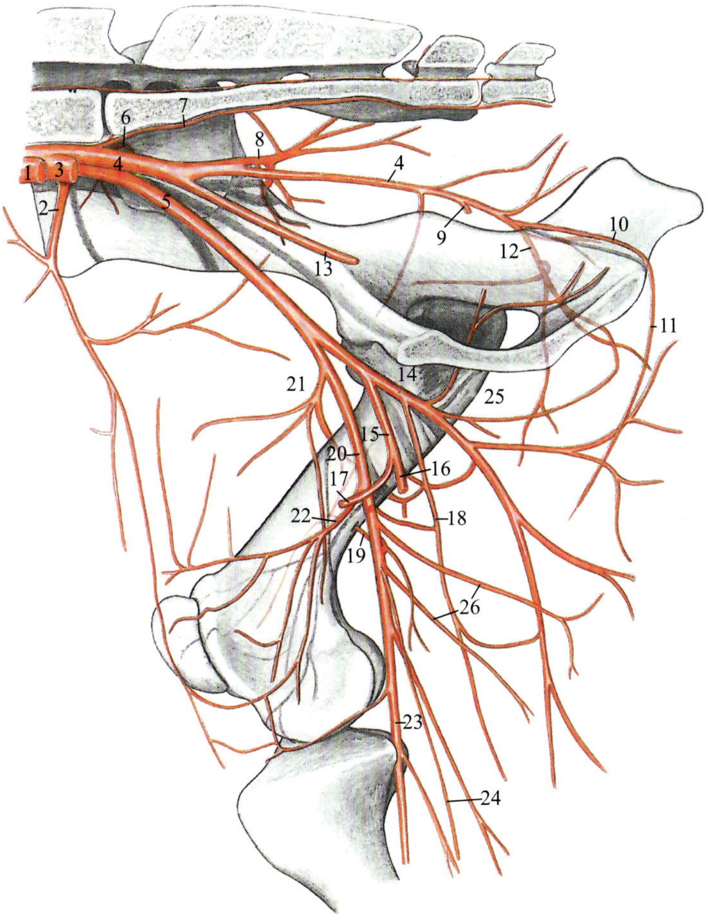

图 8-8 公牛骨盆动脉分布图

1. 左髂外动脉 2. 旋髂深动脉
3. 左髂内动脉 4. 右髂内动脉
5. 右髂外动脉 6. 髂腰动脉
7. 荐正中动脉 8. 臀前动脉
9. 阴道动脉 10. 阴部内动脉
11. 腹侧会阴动脉 12. 臀后动脉
13. 脐动脉 14. 股深动脉
15. 阴部腹壁干 16. 阴部外动脉
17. 腹壁后动脉 18. 旋股内侧动脉
19. 股骨营养动脉 20. 股动脉
21. 旋股外侧动脉 22. 膝降动脉
23. 腘动脉 24. 隐动脉
25. 闭孔支 26. 股后动脉

（引自 Popesko，1985）

闭孔支（obturator branch）：非常小，走向闭孔，分布于股内肌群。

前列腺动脉（prostatic artery）：又称尿生殖动脉，约在坐骨嵴中部，由髂内动脉发出，分布于膀胱、输尿管、输精管、尿生殖道、精囊腺和前列腺。

臀后动脉（caudal gluteal artery）：较粗，经坐骨小孔穿出盆腔向下向后延伸，分布于臀股二头肌及其深面邻近的肌肉。

阴部内动脉（internal pudendal artery）：公牛阴部内动脉为髂内动脉在坐骨小孔之后的直接延续，分出直肠后动脉，分布于直肠后段。在坐骨弓处分出会阴腹侧动脉，分布于会阴部后，延续为阴茎动脉（penial artery）。阴茎动脉经尿道球腺的背侧面和后面，在坐骨弓的背侧、尿生殖道的外侧，分出阴茎球动脉（artery of bulb of penis）和阴茎背动脉（dorsal artery of penis），主干移行为阴茎深动脉（deep artery of penis）。阴茎球动脉分布于阴茎球；阴茎背动脉绕过坐骨弓沿阴茎背侧前行，与阴茎中动脉吻合；阴茎深动脉为阴茎动脉的延续，穿过阴茎球分布于阴茎海绵体。会阴腹侧动脉（ventral artery of perineum）在坐骨弓背侧发出，向后斜经肛提肌外侧，分布于肛门、会阴和尾根。

③荐中动脉（median sacral artery） 是腹主动脉分出左、右髂内动脉后的直接延续，沿荐骨盆面正中线向后延伸，在荐部发出 3～4 对荐外侧动脉。主干延续至尾部，转为尾中动脉（median tail artery）。临床上常在尾根部利用此动脉触诊脉搏。

④阴部外动脉（external pudendal artery） 是髂外动脉分出的股深动脉的分支。公牛较细，向下经腹股沟管分布于阴囊和包皮等。

⑤髂内静脉（internal iliac vein） 为骨盆和尾部静脉的主干，与同名动脉伴行。其主要属支有臀前静脉（cranial gluteal vein）、闭孔静脉（obturator vein）、前列腺的静脉（prostatic vein）、臀后静脉（caudal gluteal vein）和阴部内静脉（internal pudendal vein）。上述静脉与同名动脉伴行。

⑥直肠前静脉（rectum cranial nerve） 与同名动脉伴行，汇入肠系膜后静脉。
⑦阴部外静脉（external pudendal vein） 与同名动脉伴行，汇入股深静脉。

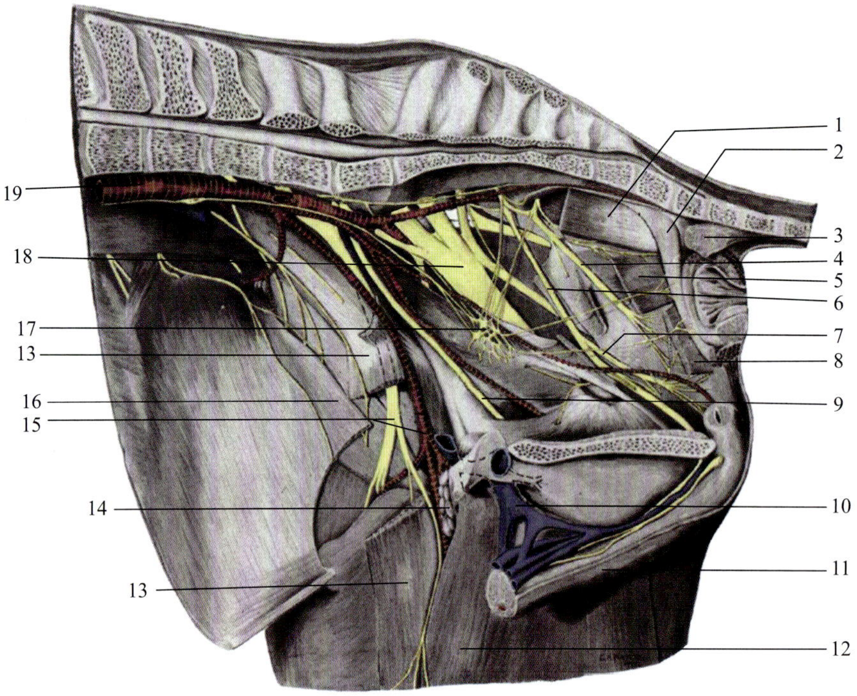

图 8-9 马骨盆壁内侧面

1. 腹侧尾肌 2. 阴茎缩肌 3. 直肠尾骨肌 4. 直肠后神经 5. 尾骨肌 6. 阴部神经 7. 会阴深神经和阴部内动脉 8. 肛提肌 9. 闭孔神经和血管 10. 阴部外静脉 11. 阴茎 12. 股薄肌 13. 缝匠肌 14. 腹股沟深淋巴结 15. 股动脉和股神经 16. 腹内斜肌 17. 盆神经丛 18. 坐骨神经 19. 腹主动脉

（引自 Dyce 等，2016）

⑧神经 荐、尾部交感干沿荐骨盆面向后伸延并逐渐变细，椎神经节逐渐变小，节后纤维组成灰交通支连荐神经和尾神经。

盆神经（pelvic nerve）：来自第 3、4 荐神经的腹侧支，常以 1 ～ 2 支沿骨盆壁向腹侧延伸，在直肠侧壁与膀胱侧壁间形成盆神经丛，并接受腹下神经的分支。盆神经丛中有盆神经节（pelvic ganglion）。然后由盆神经丛发出的节后神经纤维分布于结肠后段、直肠、膀胱和阴茎等器官。

腹下神经（hypogastric nerve）：是由肠系膜后神经节发出，随输尿管入盆腔，在直肠两侧下方加入盆神经丛。

阴部神经（pudendal nerve）：起于第 2 ～ 4 荐神经的腹侧支，在荐结节阔韧带的内侧面向后、向下延伸，越过直肠后与阴部内动脉伴行，分布于尿道、肛门以及阴茎和包皮。

直肠后神经（rectum caudal nerve）：起于第 4（5）荐神经的腹侧支，在直肠与尾骨肌之间向后延伸，分布于肛门。

二、母畜盆腔内器官

母畜盆腔内主要容纳的器官有部分输尿管、膀胱、尿道、部分子宫、阴道、尿生殖前庭和直肠等。卵巢的位置因品种、年龄等不同而有所变化。输卵管位于卵巢和子宫之间。

（一）解剖步骤

母畜盆腔壁的结构与公畜基本相同。母畜盆腔壁的解剖步骤可参考公畜。观察骨盆筋膜和会阴筋膜时，沿闭孔内肌髂骨头背侧缘、坐骨棘和坐骨小切迹切开骨盆筋膜。在骨盆筋膜内面，直肠、阴道和膀胱的外侧和腹侧有大量的脂肪。清除脂肪，可观察盆腔内的器官及血管神经。沿子宫背侧找到子宫阔韧带，观察其延伸范围。在卵巢和子宫之间有卵巢固有韧带，观察卵巢囊。然后观察卵巢、输卵管、子宫、阴道、阴道前庭及阴门等。注意马属动物的排卵窝，牛、羊的伪体、子宫阜和阴道穹窿。

输尿管、膀胱和直肠以及骨盆部的血管神经的观察参照公畜。

（二）解剖层次

1. 第一层、第二层、第三层的结构 参见公畜盆腔内器官解剖。

2. 第四层——盆腔内器官及血管、神经 见图 8-10 至图 8-13。

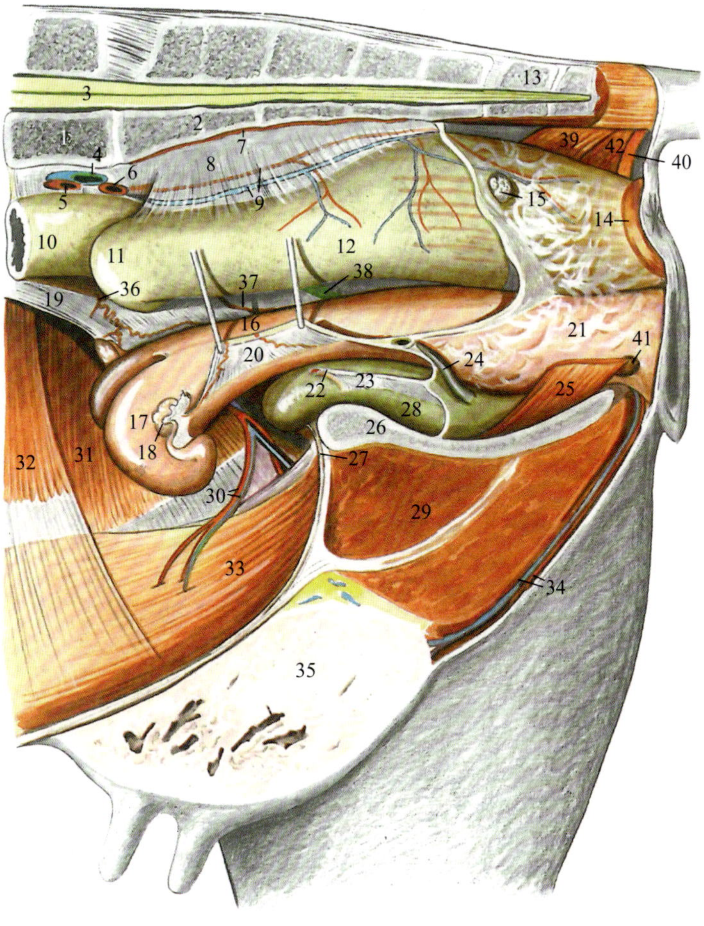

图 8-10　母牛盆腔内器官位置关系

1. 第 6 腰椎　2. 荐骨　3. 脊髓　4. 左髂总静脉　5. 左髂外动脉　6. 左髂内动脉　7. 荐正中动脉　8. 直肠系膜　9. 直肠前动、静脉　10. 降结肠　11. “乙”状结肠　12. 直肠　13. 第 1 尾椎　14. 肛门外括约肌　15. 肛门直肠淋巴结　16. 子宫体　17. 左侧子宫角　18. 左侧卵巢　19. 右侧子宫阔韧带　20. 左侧子宫阔韧带　21. 阴道　22. 脐动脉　23. 膀胱侧韧带　24. 左侧输尿管　25. 前庭缩肌　26. 骨盆联合　27. 膀胱正中韧带　28. 膀胱　29. 股薄肌、内收肌　30. 腹壁后动、静脉　31. 腹内斜肌　32. 腹横肌　33. 腹直肌　34. 会阴腹侧动、静脉　35. 乳房　36. 卵巢动脉　37. 子宫动脉　38. 右侧输尿管　39. 右尾骨肌　40. 阴蒂缩肌　41. 前庭大腺　42. 肛提肌

（引自 Popesko，1985）

（1）直肠和肛门　母畜的直肠和肛门在位置、形态和结构上与公畜的相比基本相同。但其腹侧相邻的器官不同，其腹侧有了宫、阴道、阴道前庭和阴门等。

（2）输尿管和膀胱　左、右输尿管横过髂内动脉的腹侧进入盆腔，大部分位于子宫阔韧带的背侧部，向后伸达膀胱颈的背侧，斜穿膀胱壁并在壁内斜行延伸一段距离，在接近膀胱颈的部位开口于膀胱背侧壁。母畜的膀胱在形状、大小和位置方面与公畜基本相同。

（3）卵巢（ovaries）　卵巢是产生卵子和分泌性激素的器官。动物的种类、年龄及性周期不同，卵巢的形状和大小也有所不同。卵巢经卵巢系膜附着于腰下部或盆腔前口处。其前端为输卵管端与输卵管伞相连，卵巢的后端为子宫端借卵巢固有韧带与子宫角相连。卵巢固有韧带与输卵管系膜之间形成卵巢囊（ovarian bursa）。卵巢的背侧缘有卵巢系膜附着称为卵巢系膜缘或附着缘。此缘缺腹膜，有血管、淋巴管和神经进出称为卵巢门（hilum of ovary）。腹侧缘为游离缘。卵巢没有专门的排卵管道，成熟的卵泡破裂后，卵细胞可由卵巢表面排出，由输卵管腹腔口进入输卵管。

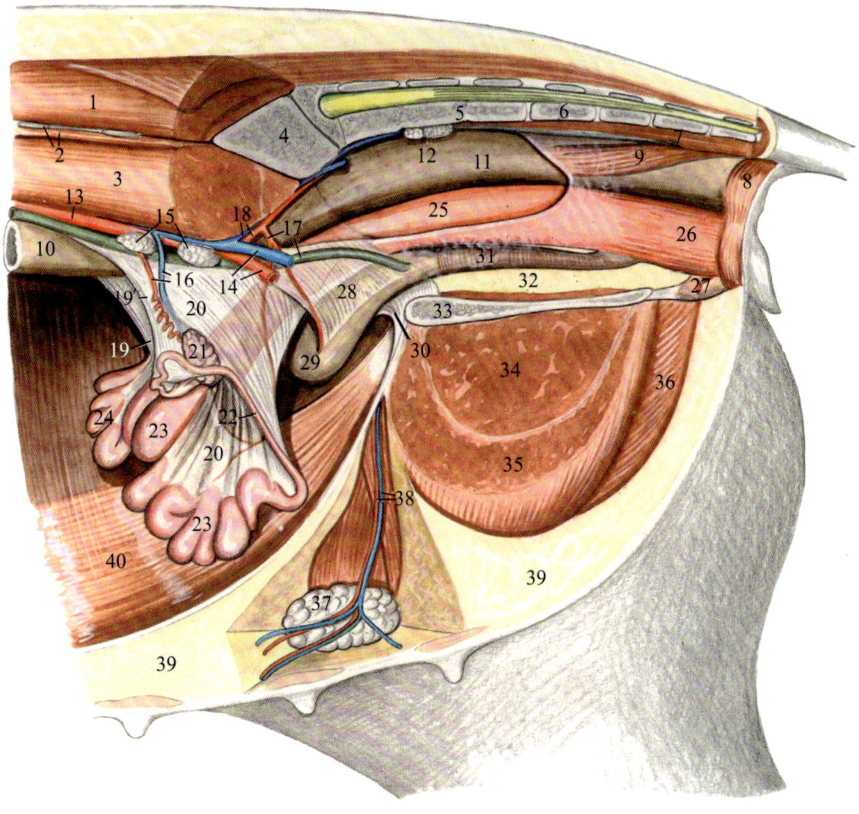

图 8-11　母猪骨盆部结构

1. 腰最长肌　2. 第 6 腰椎横突、腰方肌　3. 腰大肌　4. 髂骨　5. 荐骨　6. 第 1 尾椎　7. 荐尾腹侧肌　8. 肛门外括约肌　9. 直肠尾骨肌　10. 降结肠　11. 直肠壶腹　12. 荐淋巴结　13. 腹主动脉　14. 左髂外动脉、静脉　15. 髂内淋巴结　16. 卵巢动、静脉　17. 左输尿管、左脐动脉　18. 左髂内动、静脉　19. 右卵巢系膜　19′, 20. 左卵巢系膜　21. 左卵巢　22. 左输卵管　23. 左子宫角　24. 右子宫角　25. 阴道　26. 尿生殖前庭　27. 阴蒂脚　28. 膀胱侧韧带　29. 膀胱　30. 膀胱中韧带　31. 尿道　32. 闭孔外肌盆腔部　33. 骨盆联合　34. 内收肌　35. 股薄肌　36. 半膜肌　37. 乳腺淋巴结　38. 阴部外动、静脉　39. 脂肪体　40. 腹直肌

（引自 Popesko，1985）

母牛的卵巢呈侧偏的卵圆形，平均大小为 3.7 cm × 2.5 cm × 1.5 cm，右侧常稍大；水牛的略小（图 8-12）。母羊的较圆、较小，大小为 1.5 cm ×（1 ～ 1.8）cm。性成熟后成熟的卵泡和黄体可突出于卵巢表面。卵巢一般位于盆腔前口两侧附近。未经产母牛的卵巢稍向后移，多在盆腔内；经产母牛的卵巢位于腹腔内，在耻骨前缘的前下方。母牛的卵巢囊宽大。

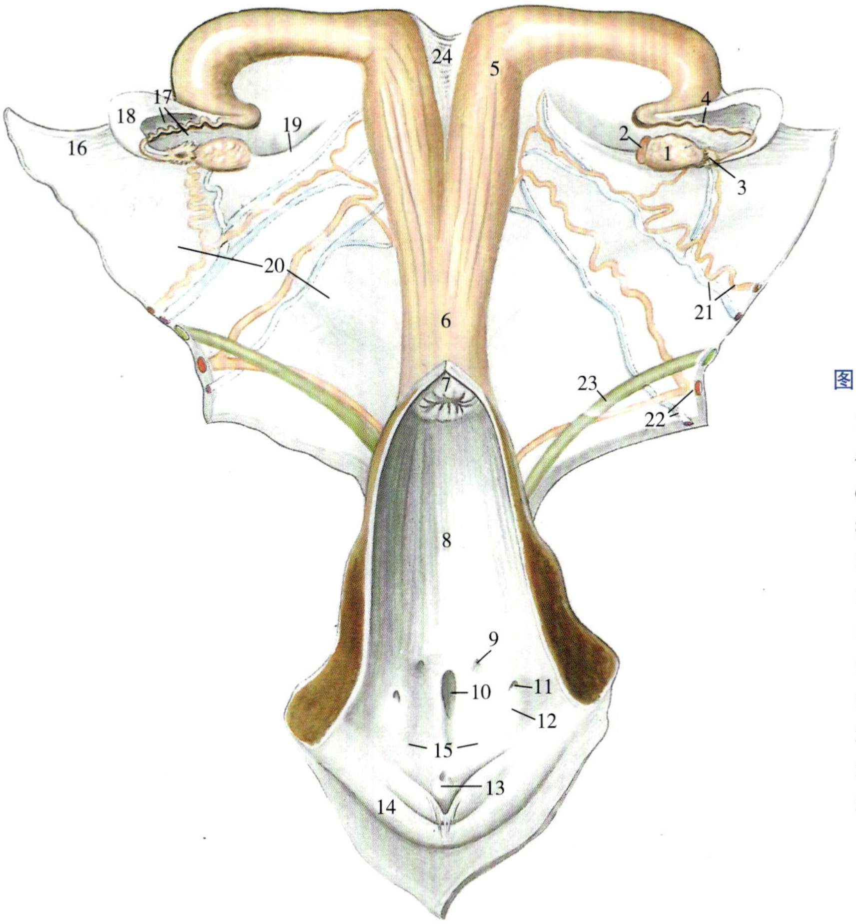

图 8-12　母牛的生殖器官（背侧面）

1. 卵巢　2. 黄体　3. 输卵管漏斗
4. 输卵管　5. 子宫角
6. 子宫体　7. 子宫颈阴道部
8. 阴道　9. 副卵巢纵管
10. 尿道外口、尿道下憩室
11. 前庭大腺开口　12. 前庭小腺隆凸
13. 阴带　14. 阴唇　15. 阴道前庭
16. 卵巢系膜　17. 输卵管系膜
18. 卵巢囊　19. 卵巢固有韧带
20. 子宫阔韧带　21. 卵巢动、静脉
22. 子宫动、静脉
23. 输尿管　24. 角间韧带
（引自 Popesko，1985）

母马的卵巢呈蚕豆形，表面光滑，大部分被覆浆膜。卵巢借卵巢系膜悬于腰下部肾的后方，在第 4 或第 5 腰椎横突腹侧。马属动物卵巢的游离缘有一凹陷部，称为排卵窝（ovulation fossa），成熟的卵泡由此排出卵细胞。

母猪的卵巢一般较大，呈卵圆形，其位置、形态、大小，因年龄和个体不同而有很大变化。性成熟以前的小母猪，卵巢较小，约为 0.4 cm × 0.5 cm，表面光滑，位于荐骨岬两侧稍后方，腰小肌腱附近，位置较为固定；接近性成熟时，卵巢体积增大，约为 2 cm × 1.5 cm，表面有突出的卵泡，呈桑葚状。卵巢位置稍下垂前移，位于髋结节前缘横断面的腰下部；性成熟后及经产的母猪卵巢变得更大，长为 3 ～ 5 cm，表面因有卵泡、黄体突出而呈结节状。卵巢位于髋结节前缘前方约 4 cm 的横断面上，包于发达的卵巢囊内。

母犬的卵巢呈长卵圆形，稍扁平，长约 2 cm。性成熟后卵巢内含有不同发育阶段的卵泡，表面呈现凹凸不平。左、右侧卵巢的位置距同侧肾脏后端 1 ～ 2 cm 或相邻接。卵巢完全被卵巢囊所包裹，卵巢囊的腹侧有裂口。

母猫的卵巢较小，长约 1 cm，宽 0.3 ～ 0.5 cm。性成熟后不同发育阶段的卵泡突出于卵巢表面。卵巢位于腹腔内，由短的卵巢囊包围。

母兔的卵巢呈椭圆形，大小约 1 cm × 0.3 cm。性成熟后卵巢表面有突出的卵泡。卵巢位于腰下部肾的后方，左侧在第 4 腰椎横突腹侧，而右侧稍靠前。

（4）输卵管（oviduct）　输卵管是一对细长而弯曲的管道，位于卵巢和子宫角之间，有输送卵细胞的功能，也是卵细胞受精的地方。输卵管由输卵管系膜固定，后者位于卵巢的外侧，是子宫阔韧带分出的连系输卵管和子宫角之间的浆膜褶。卵巢固有韧带是位于卵巢后端与子宫角之间的浆膜褶，它位于输卵管的内侧。输卵管可分为漏斗、壶腹和峡 3 个部分。

输卵管漏斗（infundibulum of uterine tube）：位于输卵管的最前端。漏斗的边缘有许多不规则的皱褶，称输卵管伞（pavilion of the oviduct）。漏斗的中央有一小的开口通腹膜腔，称输卵管腹腔口（abdominal orifice of uterine）。

输卵管壶腹（ampulla of uterine tube）：较长，为漏斗和峡之间的稍膨大部分，管壁薄而弯曲。

输卵管峡（isthmus of fallopian tube）：较短，细而直，管壁较厚，末端以输卵管子宫口与子宫角相通。

母牛的输卵管长为 20 ～ 28 cm，弯曲度中等。输卵管伞较大，末端与子宫角之间无明显分界。母羊的输卵管相对较长，有 14 ～ 15 cm，较牛的弯曲。

母猪的输卵管长为 25 ～ 30 cm，弯曲度比马小，末端与子宫角之间无明显分界。

母犬的输卵管细小，长为 5 ～ 8 cm。输卵管伞大部分位于卵巢囊内，其腹腔口较大，而子宫口很小。

母猫的输卵管前 2/3 较粗，后 1/3 较细。

母兔的输卵管长为 8 ～ 10 cm，末端与子宫角之间无明显分界。

（5）子宫（uterus） 母畜的子宫是一个中空的肌质性器官，富有伸展性，是胎儿生长发育和娩出的器官，子宫借子宫阔韧带悬吊和附着于腰下部和盆腔侧壁。其大部分位于腹腔内，小部分位于盆腔内，在直肠和膀胱之间，前端与输卵管相接，后端与阴道相通。子宫阔韧带为宽而厚的腹膜褶，含有丰富的结缔组织、血管、淋巴管及神经，其外侧有子宫圆韧带（round ligament of uterus）。

母畜的子宫可分为子宫角、子宫体和子宫颈三部分。子宫角在子宫的前部，呈弯曲的圆筒状，一般位于腹腔内。其前端以输卵管子宫口与输卵管相通，向后延续为子宫体。子宫体位于盆腔内，部分在腹腔内，呈圆筒状，向前与子宫角相连，向后延续为子宫颈。子宫颈为子宫后段的缩细部，位于盆腔内，壁很厚，黏膜形成许多纵褶，内腔狭窄，称为子宫颈管。前端以子宫颈内口与子宫体相通，子宫颈外口向后通阴道。子宫颈向后突入阴道内的部分，称为子宫颈阴道部（vaginal part of cervix）。子宫颈管平时闭合，发情时稍松弛，分娩时扩大。子宫的形态、大小、位置和结构，因畜种、年龄、个体、性周期以及妊娠时期等不同而有很大差异。

母牛、母羊的子宫均为双角子宫，大部分位于腹腔内。子宫角一对，在子宫的前部，位于腹腔内，未经产的母牛、羊则位于盆腔内。成年母牛的子宫角较长，平均为 35 ～ 40 cm，羊为 10 ～ 20 cm。左、右子宫角的后部因有结缔组织和肌组织相连，表面又被腹膜包盖，从外表看很像子宫体，所以称该部为伪体；子宫角的前部互相分开，开始先向前弯向下外方，然后又转向后上方，卷曲成绵羊角状。子宫体较短，母牛长为 3 ～ 4 cm，母羊约 2 cm。子宫角和子宫体的黏膜上有特殊的圆形隆起，称子宫阜（caruncle），母牛共有 4 排约 100 多个；母羊约有 60 多个，顶端凹陷。未妊娠时，子宫阜很小，长约 15 mm；妊娠时逐渐增大，最大的有握紧的拳头大，是胎膜与子宫壁结合的部位。母牛的子宫颈长约 10 cm，母羊约 4 cm，壁厚而坚实，子宫颈管由于黏膜突起的互相嵌合而呈螺旋状，平时紧闭，不易张开，子宫颈管外口的黏膜形成明显的辐射状皱褶，形似菊花，向后突入阴道内形成子宫颈阴道部。妊娠子宫的位置大部分偏于腹腔的右半部。

马的子宫呈“Y”字形，子宫较少弯曲呈弓形，子宫角约与子宫体等长，子宫颈阴道部明显，呈现花冠状黏膜褶。

母猪的子宫为双角子宫。子宫角一对，特别长，经产母猪可为 120 ～ 150 cm，子宫体短，长约 5 cm。2 月龄以前的小母猪，子宫角细而弯曲，似小肠，但壁较厚。子宫角的位置依年龄大小而有变化。在较大的小母猪，位于盆腔入口处，后两个腰椎两侧的下方；性成熟后，子宫角增粗，壁厚而颜色较白，因子宫阔韧带较长，子宫角移向前下方，位于髋结节的前下部。子宫颈较长，在成年猪长为 10 ～ 15 cm。没有子宫颈阴道部，因此与阴道无明显界限。子宫颈黏膜形成两行半圆形隆起的黏膜褶，交错排列，称为子宫颈枕，使子宫颈管呈狭窄的螺旋形。

母犬的子宫为双角子宫，大部分位于腹腔内。子宫角一对，细而长，分叉成“V”形，子宫体和子宫颈很短。一个中等体形的犬，子宫角长为 12 ～ 15 cm，子宫角腔的直径很均匀，没有弯曲，近于直线，全部位于腹腔内。子宫体长为 2 ～ 3 cm。子宫颈短、壁厚，子宫颈含有一层厚的肌层。其后端呈圆柱状突入阴道内形成明显的子宫颈阴道部。子宫黏膜含有长的子宫腺和短管状陷窝。

母猫的子宫为双角子宫，呈“Y”形，子宫角和子宫体位于腹腔内，子宫体长约 4 cm，子宫颈突入阴道内。

母兔的子宫为双子宫，左、右侧的子宫是完全分开的。有一对弯曲较长的子宫角。子宫角后端扩大形成两子宫体。向后延续为左、右子宫颈，分别开口于阴道。子宫全长约 7 cm。

（6）阴道（vagina） 阴道既是交配器官，又是产道。阴道呈扁管状，位于骨盆腔内，前接子宫颈，向后延续为阴道前庭，其背侧与直肠相邻，腹侧与膀胱及尿道相邻接。有些家畜的阴道前部因子宫颈阴道部突入而形成一环状或半环状陷窝，称为阴道穹窿（fundus of vagina）。

母牛的阴道长为 20 ～ 25 cm。妊娠母牛的阴道可增至 30 cm 及以上。阴道壁很厚，因子宫颈阴道部的腹侧与阴道腹侧直接融合，所以阴道穹窿呈半环状，仅见于阴道前端的背侧和两侧。

马的阴道宽阔，周壁较厚。阴道穹窿呈环状。

母猪的阴道较短，长为 10 ～ 12 cm，直径小，肌层厚。黏膜有皱褶，不形成阴道穹窿。

母犬的阴道比较长，前端变细，肌层很厚。黏膜形成纵走皱褶。有不明显的阴道穹窿。

母猫的阴道较短，前端形成阴道穹窿。

母兔的阴道相当长，可为 7.5 ～ 8 cm。

（7）阴道前庭（vestibule of vagina）、阴门（vulva）和雌性尿道 阴道前庭是母畜的交配器官和产道，也是尿液排出的经路，所以又称尿生殖前庭。阴道前庭和阴门共同构成母畜的外生殖器。

母畜的阴道前庭与阴道相似，呈扁管状，前端腹侧有一横行的黏膜褶为阴瓣（hymen）。阴道前庭以阴瓣为界与前部阴道隔开，后端以阴门与外界相通。在阴道前庭的腹侧壁上，紧靠阴瓣的后方有一尿道外口（external orifice of urethra）。在尿道外口后方两侧有前庭小腺（lesser vestibular gland）的开口；两侧壁有前庭大腺（greater vestibular gland）的开口。

阴门位于肛门的腹侧，有左、右两片阴唇（labium of vagina）构成，两阴唇间的裂隙称为阴门裂（fiss of vagina）。两阴唇的上、下两端相联合，分别形成阴门背联合（dorsal combination of vagina）和腹联合（ventral combination of vagina）。在阴门腹联合的前方有一阴蒂窝（clitoral fossa），内有小而凸出的阴蒂（clitoris）。阴蒂相当于公畜的阴茎，也由海绵体构成。

雌性尿道较短，位于阴道腹侧，前端与膀胱颈相接，后端开口于阴道前庭起始部的腹侧壁，为尿道外口。

母牛的阴瓣较不明显。在尿道外口的腹侧，有一个伸向前方的短盲囊，长约 3 cm，称尿道下憩室（suburethral diverticulum），给母牛导尿时应注意不要把导尿管插入憩室内。母牛的 2 个前庭大腺位于阴道前庭的两侧壁内，各以 2 ～ 3 条导管开口于隐窝内。前庭小腺不发达。母牛的尿道长为 10 ～ 12 cm。

马的阴唇前方的前庭壁上，有发达的前庭球（vestibular bulb），长为 6 ～ 8 cm，相当于公马的阴茎海绵体，马的阴蒂较发达。

母猪的阴瓣为一环形褶。阴道前庭腹侧壁的黏膜形成两对纵褶，前庭小腺的许多开口位于纵褶之间，阴蒂细长，突出于阴蒂窝的表面。

母犬在尿道外口的两侧各有一小陷窝。无前庭大腺；一般有前庭小腺，其导管向后走，在正中嵴的两侧开口。前庭球比较大，腹侧常由一短的峡部相互连接。有一个比较大的阴蒂窝。有一黏膜褶由前向后延续，盖在阴蒂和阴蒂窝的表面，褶的中央部有一向外突出的部分，常被误认为阴蒂。阴唇比较厚，腹联合较尖锐。黏膜光滑，呈红色，由于淋巴组织的存在，表面常有小隆起。

母猫的尿生殖前庭又称尿殖窦，长约 1 cm。

（8）血管、神经 见图 8-13。

①直肠前动脉 其走向与分布见公畜盆腔内器官解剖。

②卵巢动脉（ovarian artery） 于子宫阔韧带中向后延伸，在分出输卵管支和子宫支（子宫前动脉）后，经卵巢系膜进入卵巢，分布于输卵管、子宫和卵巢。

③髂内动脉 走向与公畜基本相同。主要分支为髂腰动脉、臀前动脉、闭孔支、臀后动脉、脐动脉、阴道动脉和阴部内动脉。

前5个分支的走向和分布见公畜盆腔内器官解剖。

脐动脉走向和变化基本同公畜。其主要分支有输尿管支、子宫动脉（或子宫中动脉）和膀胱前动脉。分布于输尿管、膀胱前部、子宫角和子宫体。子宫中动脉沿子宫阔韧带下行，有分支与卵巢动脉的子宫支以及阴道动脉的子宫支相吻合。

阴道动脉（vaginal artery）相当于公畜的前列腺动脉，分布于直肠、子宫、阴道、阴道前庭、尿道和膀胱。母牛的阴道动脉是由髂内动脉发出的，分前、后两支。前支为子宫后动脉，沿阴道和子宫侧壁向前行，与子宫中动脉相吻合，分布于子宫颈和阴道，也有分支分布于尿道、膀胱颈和输尿管。后支沿阴道的背外侧面后行分布于阴道前庭和直肠，还分出一支会阴背侧动脉，行经阴蒂退缩肌和肛提肌之间向会阴延伸，分布于会阴、阴门和阴唇，主干延续为直肠后动脉。

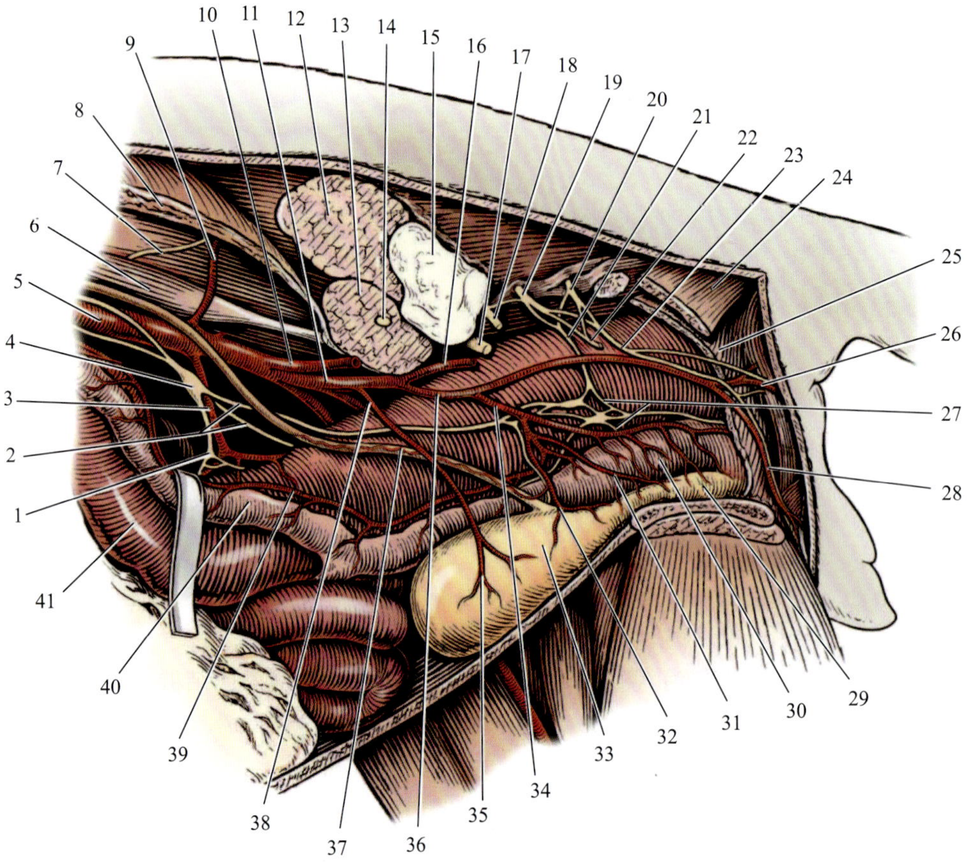

图 8-13 犬左侧骨盆部神经和血管

1. 肠系膜后神经丛 2. 左、右腹下神经 3. 肠系膜后动脉 4. 肠系膜后神经节 5. 主动脉 6. 腰小肌 7. 股外侧皮神经 8. 腹壁斜肌 9. 旋髂深动脉 10. 髂外动脉 11. 髂内动脉 12. 腰方肌 13. 髂腰肌 14. 股神经 15. 荐髂关节 16. 臀后动脉 17. 第6、7腰神经 18. 第1荐神经 19. 第2荐神经 20. 第3荐神经 21. 盆神经 22. 股后皮神经 23. 阴部神经 24. 尾骨肌 25. 肛提肌 26. 会阴神经与动脉 27. 盆神经丛 28. 至阴蒂的动脉与神经 29. 尿道 30. 阴道 31. 阴道动脉的尿道支 32. 膀胱后动脉 33. 膀胱 34. 阴道动脉 35. 膀胱前动脉 36. 阴部内动脉 37. 输尿管及阴道动脉的输尿管支 38. 脐动脉 39. 子宫动脉 40. 子宫角 41. 降结肠

（引自 Evans 和 de Lahunta，2017）

阴部内动脉走向与公畜基本相同。在母牛，阴部内动脉为髂内动脉的延续，分出会阴腹侧动脉，分布于会阴部、阴门。并以阴蒂背侧支和乳房支分布于乳房之后，在坐骨联合后端延续为阴蒂动脉分布于前庭球和阴蒂。会阴腹侧动脉走向同公畜，此动脉在母畜分布于肛门、会阴、阴唇和尾根。分布于肛门的为直肠后动脉，分布于会阴的为阴唇背侧支。前庭球动脉相当于公畜的阴茎球动脉，为阴部内动脉的延续，行经阴门缩肌内侧，进入前庭球。

④荐中动脉　其分支与分布见公畜盆腔内器官解剖。

⑤静脉　髂内静脉为骨盆和尾部静脉的主干，与同名动脉伴行。其主要属支有臀前静脉、闭孔静脉、阴道静脉（vaginal veins）、臀后静脉、阴部内静脉和子宫静脉（uterine veins）。上述静脉与同名动脉伴行。

直肠前静脉与同名动脉伴行，汇入肠系膜后静脉。

⑥神经　荐尾部交感干见公畜盆腔内器官解剖。

盆神经和腹下神经来源和走向见公畜，主要分布于结肠后段、直肠、膀胱、子宫和阴道等器官。

阴部神经和直肠后神经来源和走向见公畜，前者分布于阴唇和阴蒂；后者分布于肛门、阴蒂和阴唇，也有小支到尾骨肌和肛提肌。

第三节　外生殖器的解剖

一、公畜外生殖器的解剖

公畜的外生殖器包括阴茎、包皮和阴囊。阴囊内有睾丸、附睾及部分精索。

（一）解剖步骤

（1）观察阴茎皮肤、包皮和阴囊皮肤的特征，注意阴囊缝。

（2）定切口方位，按以下各线切开皮肤，一围绕肛门；一由肛门沿中线至包皮；一由包皮至膝褶；一由阴囊后端至小腿内侧中部；一围绕小腿中部。翻起腹股沟区及其附近小腿内侧的皮瓣以暴露皮下组织。

（3）观察皮下组织，剥离阴茎筋膜，在阴茎两侧皮下可发现一对淋巴结群，为阴囊淋巴结。在腹股沟浅环内侧角可见相互平行的一对动脉和静脉，为阴部外动脉和阴部外静脉。切开包皮，观察阴茎的外形、分段及阴茎根的附着情况。在阴茎体部横断阴茎观察其内部构造。

（4）切开并翻起阴囊皮肤，观察其深面不含脂肪的、粉红色的皮下组织即肉膜。沿肉膜深面向内探查位于正中矢状面上的阴囊中隔。观察位于肉膜深面的阴囊筋膜，轻轻剥离阴囊筋膜，可见淡红色的睾外提肌。切开总鞘膜，打开鞘膜腔，可观察睾丸、附睾、精索、睾丸系膜和阴囊韧带。将睾丸和附睾自正中矢状面切开，观察其内部构造。

（二）解剖层次

1. 阴茎的解剖

（1）第一层——阴茎皮肤与包皮　阴茎的外面为皮肤，薄而柔软，容易移动，富有伸展性。

包皮（prepuce）：为皮肤折转而形成的一管状鞘，有容纳和保护阴茎头的作用。

公牛的包皮长而狭窄，完全包裹着退缩的阴茎头。包皮口位于脐的后方约 5 cm 处，周围生有长毛，形成特殊的毛丛。包皮具有两对发达的包皮肌。包皮前肌起自剑状软骨部，止于包皮口的后方，可向前牵引包皮；包皮后肌起自腹股沟部，在包皮前方汇合，可向后牵引包皮。去势公牛的阴茎短，位于包皮的深部，故去势公牛必须从包皮的深部排尿。

马的包皮有两层，分别称为内包皮和外包皮，当勃起时展平。外包皮较长，其游离缘围成包皮口或包皮外口。内包皮直接包于阴茎头之外，比外包皮短小，游离缘围成包皮环（preputial ring）或包皮内口。

公猪的包皮口很窄，周围生有长的硬毛。包皮腔很长，前宽后窄。前部背侧壁有一圆口，通入一卵圆形盲囊，为包皮憩室或包皮盲囊（preputial blind sac）。囊腔内常聚集有余尿和腐败的脱落上皮，具有特殊的腥臭味。

（2）第二层——阴茎浅筋膜和阴茎深筋膜及阴囊淋巴结　阴囊淋巴结（scrotal lymphonode）为公畜的腹股沟浅淋巴结，位于阴茎的背侧、精索的后方，通常有 2 个。引流阴囊、包皮、阴茎以及股部和小腿部皮肤的淋巴。汇入髂内淋巴结。

（3）第三层——阴茎　阴茎为公畜的交配器官，后部起于两侧的坐骨结节上，沿左、右股部之间的腹底壁向前延伸至脐部的后方，可分为阴茎根（root of penis）、阴茎体（body of penis）和阴茎头（head of penis）三部分。阴茎根为起于坐骨结节的两个阴茎脚，其外侧面覆盖着发达的坐骨海绵体肌，此为横纹肌。两阴茎脚向前合并为阴茎体；阴茎体呈圆柱状，介于阴茎根和阴茎头之间，占阴茎的大部分。在起始部由两条扁平的阴茎悬韧带固着于坐骨联合的腹侧面；阴茎头位于阴茎的前端，其形状因家畜种类不同而有较大差异。

阴茎主要由阴茎海绵体（cavernous body of penis）和尿生殖道阴茎部构成。阴茎海绵体外面包有很厚的致密结缔组织膜，称为白膜，富有弹性纤维。白膜向内伸入，形成小梁，并分支互相连接成网。小梁内有血管、神经分布，并含有平滑肌（尤其是在马和肉食动物）。在小梁及其分支之间的许多腔隙，称海绵腔。腔壁衬以内皮，并与血管直接相通。其实际上是扩大的毛细血管。当充血时，阴茎膨大变硬而发生勃起现象，故海绵体又称勃起组织。分布到阴茎的阴茎深动脉，沿小梁分出许多短的分支。这些分支在阴茎回缩时，呈螺旋状，故称螺旋动脉。这种动脉直接开口于海绵腔中。螺旋动脉内壁有隆起的内膜垫，垫内有平滑肌束。平时，垫内的平滑肌略呈收缩状态，内膜垫隆起增厚，闭塞动脉管腔，减少血量。阴茎勃起时，螺旋动脉和小梁的平滑肌松弛，致使螺旋动脉伸直，管腔开放，血液可直接流入海绵腔。由于中央较大的海绵腔首先充血膨胀，压迫外周的海绵腔，因而堵塞血液流入白膜静脉丛的口。血液继续流入海绵腔，压力增高，阴茎勃起。射精后，螺旋动脉的平滑肌收缩，血液流入海绵腔减少，同时由于小梁肌纤维的收缩和弹性纤维的回缩，海绵腔的血液进入静脉，勃起消失。尿生殖道阴茎部周围包有尿道海绵体，位于阴茎海绵体腹侧的尿道沟内。尿道海绵体的构造与阴茎海绵体相似。尿道海绵体的外面被有球海绵体肌。

阴茎的肌肉除构成尿生殖道壁的球海绵体肌外，还有坐骨海绵体肌和阴茎缩肌。坐骨海绵体肌为一对纺锤形肌，起于坐骨结节，止于阴茎脚，收缩时将阴茎向后向上牵拉，压迫阴茎海绵体及阴茎背静脉，阻止血液回流，使海绵腔充血，阴茎勃起，所以又称阴茎勃起肌；阴茎缩肌为两条细长的带状平滑肌，起于尾椎或荐椎，经直肠或肛门两侧，于肛门腹侧相遇后沿阴茎腹侧向前延伸，止于阴茎头的后方。该肌收缩时可使阴茎退缩，将阴茎隐藏于包皮腔内。

公牛的阴茎呈圆柱状，长而细，成年公牛的阴茎全长约 90 cm，勃起时直径约 3 cm。阴茎体在阴囊的后方形成一“乙”状弯曲，勃起时伸直，阴茎头呈扭转状，尿生殖道开口于左侧螺旋沟中的尿道突上。公牛阴茎的白膜很厚，还分出许多发达的小梁伸入海绵体内。除阴茎根外海绵腔很不发达，所以阴茎较坚实，勃起时阴茎变硬，但加粗不多。阴茎的伸长主要靠“乙”状弯曲的伸直。公羊的阴茎与公牛的基本相似，但阴茎头的构造特殊，其前端有一细而长的尿道突，公绵羊的长为 3 ～ 4 cm，呈弯曲状；公山羊的较短而直。射精时，尿道突可迅速转动，将精液射在子宫颈口的周围。

马的阴茎长约 50 cm，呈左、右略扁的圆柱状，粗大，平直。阴茎头膨大，后缘或基部形成阴茎头冠（corona of glans penis），其上有阴茎头窝（fossa of glans penis），窝内有一短的尿道突，尿道突上有尿道外口。

公猪的阴茎与公牛的相似，但“乙”状弯曲部在阴囊前方。阴茎头呈螺旋状扭转，尿生殖道外口为一裂隙状口，位于阴茎头前端的腹外侧。

公犬的阴茎后部有 2 个明显的海绵体，正中由阴茎中隔分开。中隔前方连一骨块，称阴茎骨（baculum）。骨的长度在体形较大的公犬约 10 cm 及以上。阴茎骨相当于海绵体的前部，经骨化而成。阴茎头很长，覆盖整块阴茎骨，它的前部呈圆柱状，游离端为一尖端。阴茎头的起始部膨大，称龟头球（bulb of glands），内有勃起组织。自龟头球起始，有 2 条背静脉，沿阴茎背侧面向后走，在坐骨弓处相互联合。

公猫的阴茎主要包括 2 个阴茎海绵体，其中有丰富的血窦。两侧阴茎海绵体相连接处分别形成阴茎的背沟和腹沟，尿生殖道阴茎部位于腹沟内。阴茎的远端有一块阴茎骨。

公兔的阴茎呈柱状，前端细而稍弯曲，无膨大的阴茎头。平时阴茎向后伸向肛门腹侧，勃起时坐骨海绵体肌收缩，牵引阴茎游离端向前。

2. 阴囊的解剖

阴囊（scrotum）：为呈袋状的腹壁囊，内有睾丸、附睾和部分精索（图 8-14）。阴囊壁的结构与腹壁相似，可分为皮肤、肉膜、阴囊筋膜及睾外提肌和总鞘膜。

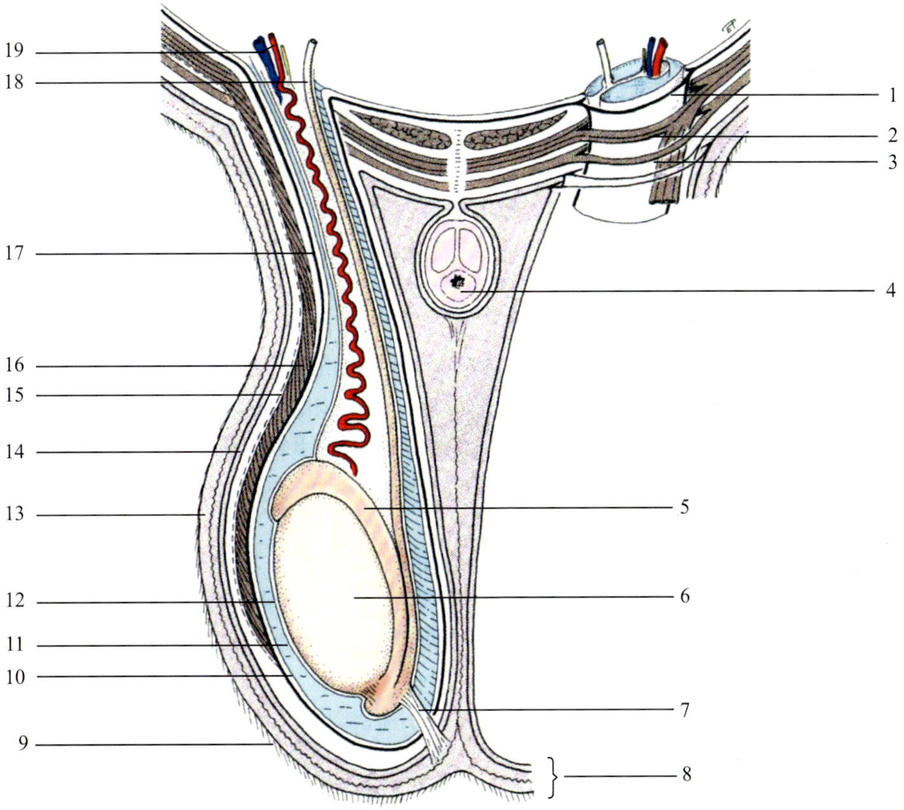

图 8-14　阴囊结构模式图

1. 鞘膜环　2. 腹股沟深环　3. 腹股沟浅环　4. 阴茎　5. 附睾　6. 睾丸　7. 附睾尾韧带　8. 阴囊　9. 皮肤　10. 睾丸鞘膜壁层　11. 鞘膜腔　12. 睾丸鞘膜脏层　13. 肉膜　14. 精索外筋膜　15. 提睾肌筋膜　16. 提睾肌　17. 精索内筋膜　18. 输精管　19. 睾丸动、静脉

（引自陈耀星和刘为民，2009）

（1）第一层——阴囊皮肤　阴囊皮肤薄而柔软，富有弹性，表面生有短而细的毛，内含丰富的汗腺和皮脂腺。阴囊表面的腹侧正中有阴囊缝（scrotal raphe, raphe of scrotum），将阴囊从外表分为左、右两部分。

（2）第二层——肉膜　肉膜（sarcolemma）紧贴于皮肤的深面，不易剥离。肉膜相当于腹壁的浅筋膜，由含有弹性纤维和平滑肌纤维的致密结缔组织构成。肉膜在正中线处形成阴囊中隔（septum of scrotum），将阴囊分为左、右互不相通的两个腔。阴囊中隔背侧分为两层，分别从阴茎的腹侧和两侧向上附着于腹壁。肉膜有调节阴囊内温度的作用，冷时肉膜收缩，使阴囊皱缩，散热面积减小；天热时肉膜松弛，阴囊下垂。

（3）第三层——阴囊筋膜　阴囊筋膜（scrotal fase）位于肉膜的深面，由腹壁深筋膜和腹外斜肌腱膜延伸而来。将肉膜和总鞘膜疏松地连接起来，其深面有睾外提肌（提睾肌，cremaster external muscle）。后者来自腹内斜肌，包于总鞘膜的外侧面和后缘。通过其收缩和舒张，使睾丸和附睾接近或远离腹壁，与肉膜一同有调节阴囊内温度的作用，以利于精子的发育和生存。

（4）第四层——总鞘膜　总鞘膜由腹壁（横）筋膜和腹膜壁层延续而来，衬于阴囊筋膜的深面。由总鞘膜折转到睾丸和附睾表面的为固有鞘膜，相当于腹膜的脏层。折转处形成的浆膜褶，称为睾丸系膜。在总鞘膜和固有鞘膜之间的腔隙，称为鞘膜腔（vaginal cavity），内有少量浆液。鞘膜腔向上延续，进入腹股沟管变细变窄，称鞘膜管，以鞘膜管口与腹膜腔相通。在鞘膜管口未缩小的情况下，小肠可脱入鞘膜管或鞘膜腔内，形成腹股沟疝或阴囊疝，须进行手术治疗。附睾尾与阴囊之间相连的睾丸系膜下端加厚的部分称为阴囊韧带（ligament scrota）或附睾尾韧带（ligament of tail of epididymis）。去势时切开阴囊壁后，必须切断阴囊韧带和睾丸系膜，才能将睾丸和附睾与阴囊分离。

公牛的阴囊在松弛状态下呈瓶状，阴囊颈明显。皮肤表面仅有稀而短细的被毛；公羊阴囊皮肤的被毛很发达。阴囊从耻骨部下垂于两股之间。

马的阴囊位于两股之间，呈前、后水平位。

公猪的阴囊位于会阴部，肛门腹侧，与周围皮肤的分界不明显。睾外提肌发达，沿总鞘膜表面扩展到阴囊中隔。

公犬的阴囊位于股部后方，肛门的腹侧。

公猫的阴囊也位于肛门腹侧。

公兔的阴囊位于股部后方，在肛门的两侧。阴囊内的鞘膜腔，实际上是腹腔的下陷部分，与腹腔相通。

（5）第五层——睾丸、附睾和精索　睾丸和附睾均位于阴囊内，左、右各一，中间有阴囊中隔隔开。睾丸（testis）呈左、右稍扁的椭圆形，表面光滑。外侧面稍隆凸，与阴囊外侧壁接触；内侧面平坦，与阴囊中隔相贴。附睾（epididymis）附着的缘为附睾缘；另一个缘为游离缘。血管和神经进出的一端为睾丸头，有附睾头附着；另一端为睾丸尾，有附睾尾附着（图 8-15）。

①睾丸表面大部分被覆浆膜，称固有鞘膜（tunica vaginalis propria）　固有鞘膜的深面为白膜，它是由致密结缔组织构成的一层强厚的纤维膜。白膜的结缔组织从睾丸头向睾丸的实质内伸入，沿睾丸纵轴形成睾丸纵隔。由睾丸纵隔分出许多呈放射状排列的结缔组织隔，称为睾丸小隔。睾丸小隔伸入睾丸实质内，将睾丸实质分成许多锥形的睾丸小叶。每个睾丸小叶内有 2 ～ 3 条曲细精管（contorted seminiferous tubules），为精子发生的场所。曲细精管向睾丸纵隔延伸，末端变直的一段为直细精管（straight seminiferous tubule）。直细精管进入睾丸纵隔内互相吻合成网状小管称为睾丸网（rete testis）。最后，睾丸网在睾丸头处接睾丸输出小管。睾丸的间质组织为填充在曲细精管之间的结缔组织。其中含有血管、淋巴管、神经纤维和睾丸特有的间质细胞。一般认为间质细胞分泌雄激素，主要是睾酮，可增进正常的性欲活动，促进副性腺的发育与第二性征的出现。

②附睾是贮存精子并使之成熟的地方，其附着于睾丸的附睾缘，表面也被覆有固有鞘膜和薄的白

膜，可分为附睾头、附睾体和附睾尾。附睾头膨大，由十多条睾丸输出小管组成；睾丸输出小管汇合成一条附睾管，迂曲并逐渐增粗，构成附睾体和附睾尾，在附睾尾处延接输精管。附睾尾借睾丸固有韧带与睾丸尾相连。

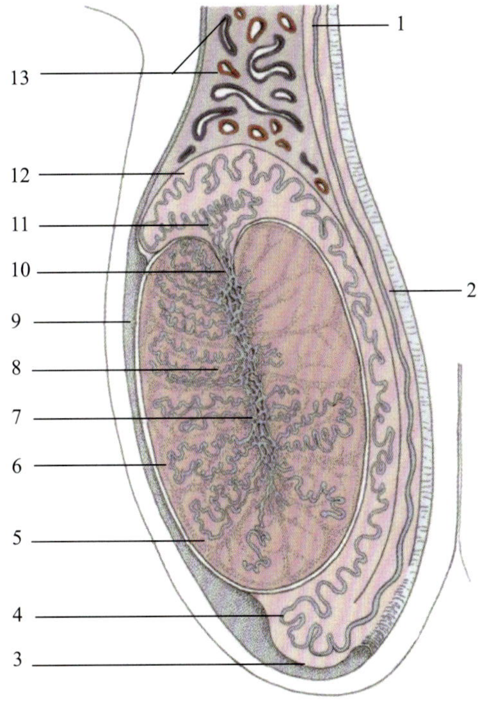

图 8–15　睾丸和附睾的结构模式图

1. 输精管　2. 附睾体
3. 附睾尾　4. 附睾管
5. 睾丸间隔　6. 曲精小管
7. 睾丸网　8. 睾丸纵隔
9. 白膜　10. 睾丸网
11. 输出管　12. 附睾头
13. 睾丸动脉和蔓状丛
（引自陈耀星和刘为民，2009）

公牛的睾丸较大，呈长椭圆形，长轴与机体的纵轴垂直，睾丸头位于上方，附睾位于睾丸的后方，睾丸实质呈微黄色。公牛的附睾头扁平，呈“U”字形覆盖在睾丸头的前缘和后缘；附睾体细长，沿睾丸后缘的外侧向下伸延，至睾丸尾，转为粗大明显的附睾尾，且略下垂。

公猪的睾丸很大，呈椭圆形，质地较软，长轴斜向后上方，睾丸头在前下方。附睾位于睾丸的前上方。附睾尾很发达，呈钝圆锥形，位于睾丸的后上方。

公犬的睾丸比较小，呈卵圆形，长轴自后上方斜向前下方，睾丸头在前下方，附睾比较大，位于睾丸前上方偏外侧。

公猫的睾丸近似球形，附睾位于睾丸的背侧。附睾头宽而圆。

公兔的睾丸呈长卵圆形，睾丸头位于前方。幼兔的睾丸和附睾位于腹腔内，待性成熟后仅在生殖季节睾丸和附睾才下降到阴囊内。公兔的附睾很发达，位于睾丸的背外侧。

③精索（spermatic cord）　为一扁平的圆锥形结构，其基部附着于睾丸和附睾上，上端达鞘膜管内口，由输精管、血管、淋巴管、神经和平滑肌束等组成，外包以固有鞘膜。其与睾丸和附睾表面的固有鞘膜相延续。

输精管由附睾管直接延续而来，由附睾尾沿附睾体至附睾头附近，进入精索后缘内侧的输精管褶中，经腹股沟管入腹腔。

公牛的精索比较长；公猪的精索甚长，在中等体型的公猪有 20 ～ 25 cm 长；公犬精索长。

3. 血管、神经

（1）动脉

①睾丸动脉（testicular artery）　起于腹主动脉，在一窄的腹膜褶中沿腹壁伸向腹股沟管，参与构成精索。分布于睾丸，并有侧支分布于鞘膜、输精管和附睾。

阴茎动脉见公畜盆腔器官解剖。

会阴腹侧动脉见公畜盆腔器官解剖。另外还分出一支阴囊背侧支。

②阴部外动脉（external pudendal artery） 行经腹股沟管至腹股沟浅环，分出腹壁后浅动脉和阴囊腹侧支。腹壁后浅动脉有分支分布于包皮和腹底壁的皮肤。阴囊腹侧支分布于阴囊、阴囊淋巴结等。

③提睾肌动脉（cremasteric artery） 由髂外动脉（马）或腹壁后动脉（牛）分出，随同睾丸动脉进入腹股沟管，分布于提睾肌、鞘膜和阴囊。

（2）静脉

睾丸静脉（testicular vein）与同名动脉伴行，汇入后腔静脉。

阴茎静脉与同名动脉伴行，经阴部内静脉汇入髂内静脉。

会阴腹侧静脉与同名动脉伴行，经阴部内静脉汇入髂内静脉。

阴部外静脉（external pudendal vein）与同名动脉伴行，经阴部腹壁静脉、股深静脉汇入髂外静脉。

（3）神经

生殖股神经（genitofemoral nerve）来自第2、3、4腰神经的腹侧支，沿腰肌间下行，由腹股沟管走出，分布于阴囊、包皮和腹股沟区的皮肤。

阴茎背神经（dorsal nerve of penis），沿阴茎背侧向前延伸，分布于阴茎。

二、乳房的解剖

乳房（udder）是由皮肤、筋膜和乳腺实质构成。乳腺（mammary gland）是皮肤腺，属复管泡状腺，为哺乳动物所特有。在公、母畜虽均有乳腺，但只在母畜因用乳汁哺育幼仔的需要，乳腺充分发育并具有泌乳能力。母畜的乳腺均参与形成较发达的乳房。

（一）解剖步骤

（1）观察乳房皮肤的特点，尤其注意牛的乳镜。

（2）定切口方位，按以下各线切开皮肤，一围绕肛门和阴门；一由阴门沿中线至乳房前端；一由乳房前端至膝褶；一由乳房后端至小腿内侧；一围绕小腿中部；一围绕乳头。翻起腹股沟区及其附近小腿内侧的皮瓣。

（3）观察乳房浅筋膜并对其实施剥离，注意腹壁浅静脉，暴露深筋膜。

（4）纵切一侧乳腺，观察其内部构造。

（5）翻起乳腺，在腹股沟管皮下环可看到阴部外动脉、阴部外静脉和二、三条生殖股神经。在乳腺基部后上方有一对乳房淋巴结。

（二）解剖层次

1. 第一层——乳房皮肤 乳房的最外层是皮肤，薄而柔软，内有汗腺和皮脂腺，除乳头外一般长有稀疏的细毛。

2. 第二层——乳房筋膜 皮肤的深层是浅筋膜，浅筋膜由疏松结缔组织构成，使乳房皮肤具有活动性。乳头的皮下无浅筋膜，与深部组织紧密相连。发达的深筋膜位于浅筋膜的深层，形成了乳房的悬吊装置。被覆在每一半乳腺的内、外表面，形成一个连续的包膜。

3. 第三层——乳腺实质及血管神经、乳房淋巴结

（1）乳腺实质 是由乳腺组织和分布于其间的结缔组织构成。乳腺组织被结缔组织分成许多小叶，每个小叶由分泌部和导管部组成。分泌部包括腺泡和分泌小管，其周围有丰富毛细血管网。导管部有许多小的输乳管汇合成较大的输乳管，较大的输乳管通入乳房下部的腺乳池和乳头内的空腔乳头乳池。经乳头管向外开口。

母牛乳房由4个乳腺结合成一个整体，位于腹壁后部的下面，向后延伸至两股之间骨盆底的下面。

乳房由较明显的纵沟和不明显的横沟分为 4 个乳丘，每个乳丘上有一个乳头，乳头多呈圆柱形或圆锥形。每个乳头有一个乳头管。在乳房后部到阴门裂之间呈线状毛流的皮肤纵褶称为乳镜，是鉴定产乳能力的标志之一。母羊的乳房呈倒置的圆锥形，由一纵沟分为左、右两半，每半各有一个圆锥形乳头（绵羊偶有两个，一般后乳头小），乳头基部有较大的乳头乳池。每个乳头上有一个乳头管。

母猪的乳房位于胸部和腹部正中线两侧。乳房的数目依品种而异，一般 5 ～ 8 对，有的 10 对。乳池小，每个乳头有 2 ～ 3 个乳头管。

母犬的乳房一般形成 4 ～ 5 对乳丘，对称排列于胸腹正中线两侧。

母猫的胸腹正中线两侧一般有 5 对乳房，前 2 个位于胸部，后 3 个位于腹部。

母兔的乳房位于胸腹正中线两侧，一般 3 ～ 6 对，每个乳头约有 5 条乳腺管开口。

（2）血管、神经　阴部外动脉通过腹股沟管至乳房基部，分为 2 支，一支向前为腹壁后浅动脉，沿腹直肌表面向前延伸，分布于乳房前部，又称乳房前动脉；另一支向后，为乳房后动脉，亦称阴唇腹侧支，分布于乳房后部、乳房淋巴结等（图 8–16）。

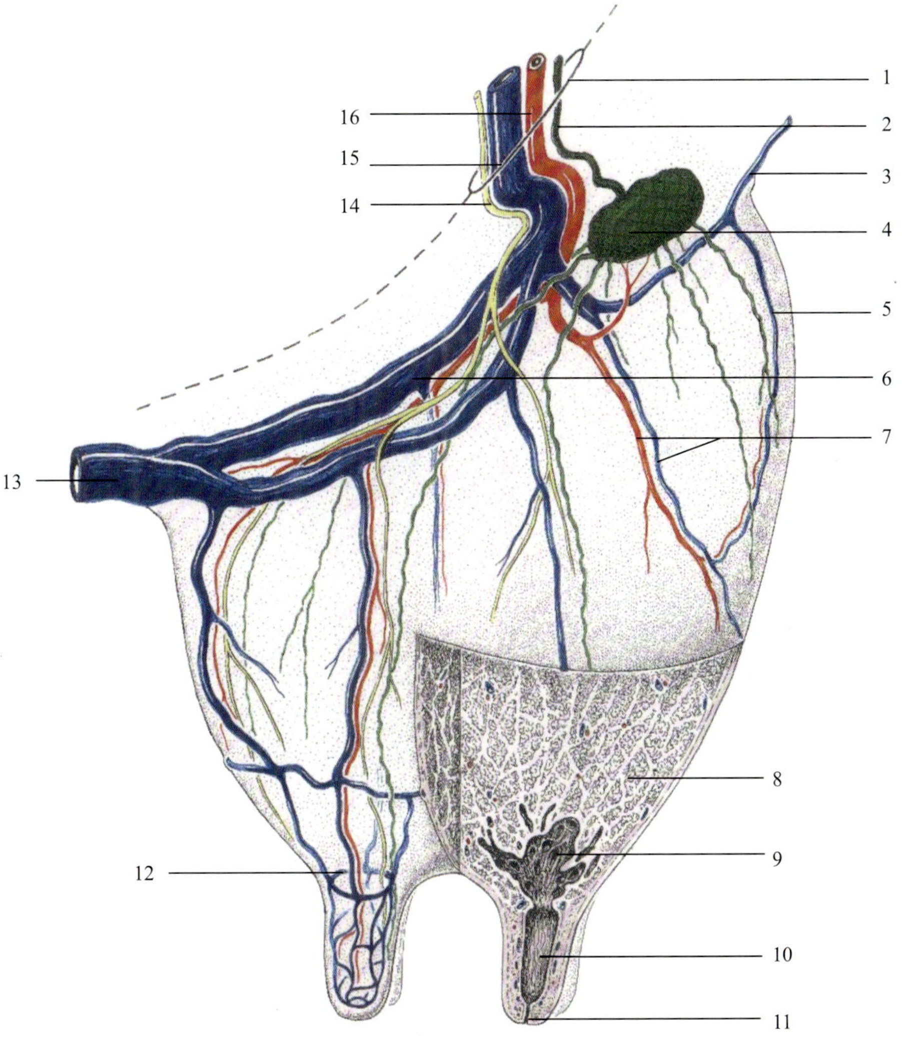

图 8–16　牛乳房的神经分布和血液供应（示意图）

1. 腹股沟浅环　2. 输出淋巴管　3. 阴部内静脉的阴唇背侧支　4. 乳房淋巴结　5. 阴唇腹侧静脉
6. 乳房前静脉　7. 乳房后动、静脉　8. 腺组织　9. 腺乳窦　10. 乳头乳窦　11. 乳头管
12. 静脉环　13. 腹壁后浅静脉　14. 生殖股神经　15. 阴部外静脉　16. 阴部外动脉

（引自陈耀星和刘为民，2009）

阴部内动脉以阴唇背侧支和乳房支分布于乳房后部。

阴部外静脉与同名动脉伴行，将乳房的血液经阴部腹壁静脉、股深静脉汇入髂外静脉。

腹壁后浅静脉又称乳房前静脉，沿腹皮下向前延续为腹壁皮下静脉，至第 8 肋处，通过腹直肌上的孔（乳井）汇入胸廓内静脉。

生殖股神经的走向见公畜外生殖器解剖，母畜的生殖股神经由腹股沟管走出，分布于乳房及其附近的皮肤。

（3）乳房淋巴结（mammary lymph node） 为母畜的腹股沟浅淋巴结，位于乳房基部后上方的皮下，通常有 2 个。引流乳房、前庭、阴门以及股部和小腿部皮肤的淋巴，汇入髂内淋巴结。

【思考题】

1. 公畜生殖器官由哪些部分组成？
2. 阴囊壁包括哪几层结构？
3. 睾丸的形态和结构如何？
4. 比较各种家畜子宫的形态结构特点。
5. 公畜、母畜的盆腔内各有哪些内脏器官？
6. 什么叫乳镜？母牛乳房的形态结构特点如何？
7. 简述髂内动脉的分支及分布。
8. 简述盆神经的位置与分布。

第九章 脊柱解剖

【教学目标】

1. 了解脊柱区的分区和骨性标志。
2. 掌握脊柱区软组织解剖层次结构。
3. 掌握脊柱的连接方式和椎管的组成特点。
4. 掌握脑和脊髓的形态、位置和结构特点。

第一节 脊柱的分区和骨性标志

一、界限与分区

脊柱区（vertebral column region）是由脊柱及其背侧、两侧软组织所构成的中轴部位，包括颈部、胸背部、腰部、荐部和尾部五部分（图 9–1）。

1. 界限 前界为以两侧耳根后缘连线向下与地面垂直引出的假想横断面，直至喉部皮褶；后界为最后尾椎；两侧界为自颈斜方肌下缘、三角肌后缘、肩胛骨后角、左右髂骨嵴至第 4 尾椎棘突的连线。

2. 分区 自前向后又分为颈部、胸背部、腰部、荐部和尾部 5 个区。

颈部与胸背部以左右两侧肩峰的连线为界，胸背部与腰部以最后胸椎棘突与最后肋下缘连线为界，腰部与荐部以最后腰椎棘突到左右髂骨嵴的连线为界。荐部是左右髂骨嵴到第 1 尾椎三点间所围成的三角区。尾部由第 1 尾椎至最后尾椎。

二、骨性标志

家畜脊柱区重要的骨性标志较多，主要有以下几部分（图 9–1）。

1. 棘突（spinous process） 在背正中线上，自前向后可摸到大部分椎骨棘突；胸椎棘突斜向后上，彼此呈叠瓦状排列；腰椎棘突呈垂直位；荐椎棘突退化融合成荐正中嵴；前 4 枚尾椎棘突。

2. 横突（transverse process） 颈椎中的寰椎翼呈水平位；腰椎横突呈水平位。

3. 肩胛冈（spine of scapula） 为肩胛骨外侧面纵行隆起，肩胛冈远端为肩峰。

4. 肩胛骨后角（posterior angle of scapula） 易触及，对应第 5 肋（犬）、6 肋（猪）、7 肋（牛）、8 肋（马）椎骨端。

5. 肋骨（rib） 最后一对肋在脊柱肌两侧可触及，并向前均可触及两侧肋骨，直到肩部。但犬的最后肋为浮肋，过短，触及时易将第 12 肋误认为是第 13 肋。

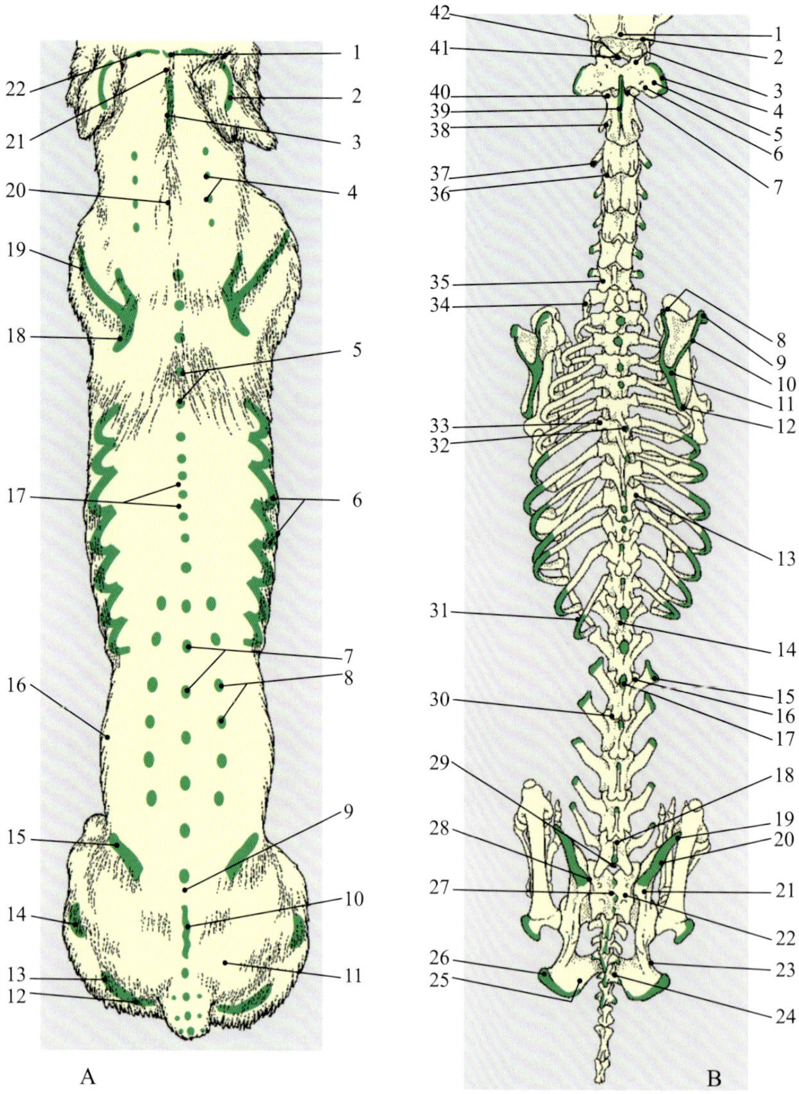

图 9–1　犬脊柱的分区和骨性标记

A. 脊柱的表面结构：1. 枕外粗隆　2. 寰椎　3. 轴突　4. 颈椎横突　5. 胸椎棘突　6. 肋骨　7. 腰椎棘突　8. 腰椎横突　9. 腰荐连接部　10. 荐正中嵴　11. 坐骨直肠窝　12. 坐骨弓　13. 坐骨结节　14. 股骨大转子　15. 髂骨嵴　16. 腰髂肋肌　17. 棘上韧带　18. 脊椎边缘　19. 肩胛骨棘　20. 项韧带　21. 枕骨大孔　22. 项嵴

B. 脊柱的骨性标记：1. 枕外隆突　2. 项嵴　3. 寰椎外椎孔　4. 寰椎翼　5. 寰椎横突孔　6. 寰枢关节　7. 椎间孔　8. 肩胛骨前角　9. 肩胛骨肩突　10. 肩胛骨棘　11. 肩胛骨背侧缘　12. 肩胛骨后角　13. 第 10 胸椎　14. 第 1 腰椎　15. 第 3 腰椎横突　16. 第 3 腰椎乳头突　17. 第 3 腰椎棘突　18. 第 7 腰椎　19. 髂骨嵴　20. 荐结节　21. 坐骨大切迹　22. 荐骨　23. 坐骨小切迹　24. 第 4 尾椎　25. 坐骨弓　26. 坐骨结节　27. 荐正中嵴　28. 荐髂关节　29. 腰荐连接部　30. 腰椎后关节突　31. 第 13 肋骨　32. 第 7 胸椎棘突　33. 第 7 胸椎横突　34. 第 1 肋骨　35. 第 7 颈椎　36. 第 4 颈椎后关节突　37. 第 4 颈椎横突　38. 枢椎横突孔　39. 枢椎棘突　40. 枢椎前关节突　41. 寰枕关节　42. 枕骨大孔

（引自陈耀星和曹静，2021）

第二节　脊柱区软组织解剖

脊柱区由浅入深包括皮肤、浅筋膜、深筋膜、肌肉和血管神经等软组织以及脊柱。

一、浅层结构

（一）皮肤

较厚且致密，移动性小，有较丰富的毛囊和皮脂腺。

（二）浅筋膜

常有皮下血管和神经通行其间，其中皮神经均来自脊神经的背侧支，由深部向浅部延伸而来。猪浅筋膜内广泛分布脂肪；犬颈部、腰部和臀部筋膜中广泛分布脂肪，坐骨窝和腰窝褶也存在脂肪。猪、马、犬颈侧部的浅筋膜内还含有颈皮肌（详见颈部解剖）。

（三）皮神经

皮神经来自脊神经背侧支，都分为内、外侧2支。

1. 颈部　颈神经的内侧支，位于头半棘肌内侧；外侧支在头半棘肌与夹肌之间，分布于颈背外侧的肌肉和皮肤。

2. 胸背部　胸神经的内侧支在背颈棘肌和背腰最长肌的内侧，而外侧支从髂肋肌沟出来，分布于脊柱背外侧的肌肉和皮肤。

3. 腰部　腰神经的内侧支也在背腰最长肌的内侧，而外侧支在背腰最长肌的外侧缘，分布于脊柱背侧的肌肉和皮肤。后3对腰神经的背侧支形成臀前皮神经。

4. 荐尾部　荐神经的背侧支经荐背侧孔穿出，分布于荐臀部肌肉和皮肤。前3对荐神经的背侧支称为臀中皮神经。

5. 尾部　尾神经的背侧支合成尾背侧神经，分布于尾背侧肌肉和皮肤。

（四）浅血管

颈部的浅动脉主要来自颈浅动脉、颈深动脉、枕动脉和椎动脉（详见颈部解剖）等的分支；胸背部的来自肋间背侧动脉（详见胸部解剖）的分支；腰部来自腹主动脉的壁支，即成对的腰动脉的分支；荐部来自荐中动脉的分支，尾部来自尾中动脉的分支。各动脉均有相应静脉伴行。

二、深筋膜

深筋膜覆盖于浅层肌肉的表面，并深入肌肉的间隙内，包裹在相伴行的血管神经外围，构成血管神经束。颈部深筋膜较薄，腰背筋膜和荐部筋膜较厚。

腰背筋膜（fascia lumbodorsalis）是由致密结缔组织构成的深筋膜，腰背筋膜紧贴于此区肌肉的表面，但易分离。其内侧缘附着于棘上韧带。外侧缘分2层：浅层作为背阔肌的腱膜；深层供背侧锯肌、腹外斜肌腰部、腹横肌等起始。在鬐甲部特别增厚，深层形成背肩胛韧带或棘横筋膜，是颈部肌肉的起点，胸菱形肌、头半棘肌和夹肌起始于此。从背肩胛韧带分出3层腱膜：浅层供背侧锯肌起始；中层伸入背最长肌及背髂肋肌之间；深层伸入背最长肌及夹肌之间。由于鬐甲部肌肉与筋膜的分层结构，创伤化脓时，往往扩散至肌层之间，不易处埋。

三、肌层

脊柱区的肌肉可分为颈背侧肌群、背腰肌群及荐尾部肌群。

（一）颈背侧肌群

颈椎背侧有十多块肌肉，可分为以下5层（图3-3至图3-5，图9-2）。

1. 第一层——颈斜方肌 详见颈部解剖。

2. 第二层——颈菱形肌及颈腹侧锯肌 详见颈部解剖。

3. 第三层——夹肌

4. 第四层——头寰最长肌、头半棘肌、颈最长肌和颈髂肋肌

5. 第五层——颈多裂肌、头背侧大直肌、头背侧小直肌、头前斜肌、头后斜肌和颈横突间肌

①夹肌（splenius muscle） 位于颈椎背侧，阔而薄，呈三角形，部分被颈斜方肌及颈腹侧锯肌覆盖。起自背肩胛韧带前部及项韧带索状部，止于枕骨、颞骨及前3或4个（牛、猪）胸椎棘突，前4或5胸椎棘突（犬）；第3、4、5颈椎横突（马）。其作用是：两侧同时收缩可抬头颈；一侧收缩则偏头颈。

②头寰最长肌（longissimus caput-atlas muscle） 包括头最长肌和寰最长肌两条平行的扁平带状肌肉。头最长肌较大，在背侧，起于前2、3个胸椎横突，止于颞骨乳突；寰最长肌较窄小，在腹侧，起于第3～7颈椎关节突，止于寰椎翼，犬只有20%有此肌，猫无此肌，其他家畜有此肌。两者的深面贴邻头后斜肌和头半棘肌，浅面大部分被夹肌所覆盖。作用同夹肌。

③ 头半棘肌（semispinalis capitis muscle） 又称复肌（complexus muscle），为三角形的板状肌，表面有3～5条斜行的腱划，位于夹肌的深面和项韧带板状部之间。该肌起自前8～9个（牛）或前5～7个（猪和马）或前3～4个（犬）胸椎的横突以及后5个（犬后4个）颈椎的关节突，止于枕骨的项面及枕嵴下方处。作用同夹肌。

④颈最长肌（longissimus cervicis muscle） 可视为背腰最长肌的延续，呈三角形，位于后几个颈椎与前几个胸椎之间的夹角内，被颈腹侧锯肌所覆盖。牛、马的起于前6（7）个胸椎横突，止于后4个颈椎横突。猪的起于前4个胸椎横突，止于后5个颈椎横突。犬的颈最长肌和猪的基本相似。

⑤颈髂肋肌（cervical iliocostalis mucle） 可视为背髂肋肌的延续，由3、4个肌束组成，起自第1肋骨，止于后3、4个颈椎横突。有升颈作用。

⑥颈多裂肌（cervical multifidus muscle） 位于后5个颈椎椎弓背面，除寰枢关节外，每一椎间关节都有一肌束，被头半棘肌覆盖，深面接棘肌、项韧带、与椎骨的椎弓。作用是两侧同时收缩可升颈；一侧收缩可偏颈，并有轴转作用。

⑦头背侧大直肌（rectus capitis dorsalis major muscle） 在项韧带索状部之下，位于寰椎及寰枢关节背侧面，起自枢椎棘突，止于枕骨后面。有抬头作用。

⑧头背侧小直肌（rectus capitis dorsalis minor muscle） 在头背侧大直肌覆盖之下，位于寰枕关节背侧面，起自寰椎背面，止于枕骨后面。作用同头背侧大直肌。

⑨头后斜肌（obliquus capitis caudalis muscle） 呈四边形肌肉，牛、马发达，猪比较薄，位于寰椎和枢椎的背侧面，起自枢椎棘突及后关节突，止于寰椎翼的背侧面。作用为转动头及寰椎。

⑩头前斜肌（obliquus capitis cranialis muscle） 位于寰枕关节两侧短而厚的四边形肌，起自寰椎翼前缘及腹侧面，止于颞骨及颈突。作用为抬头及偏头。

⑪ 颈横突间肌（cervical intertransverse muscle） 位于颈椎侧面，占据关节突与横突间的空隙内。有偏颈作用。

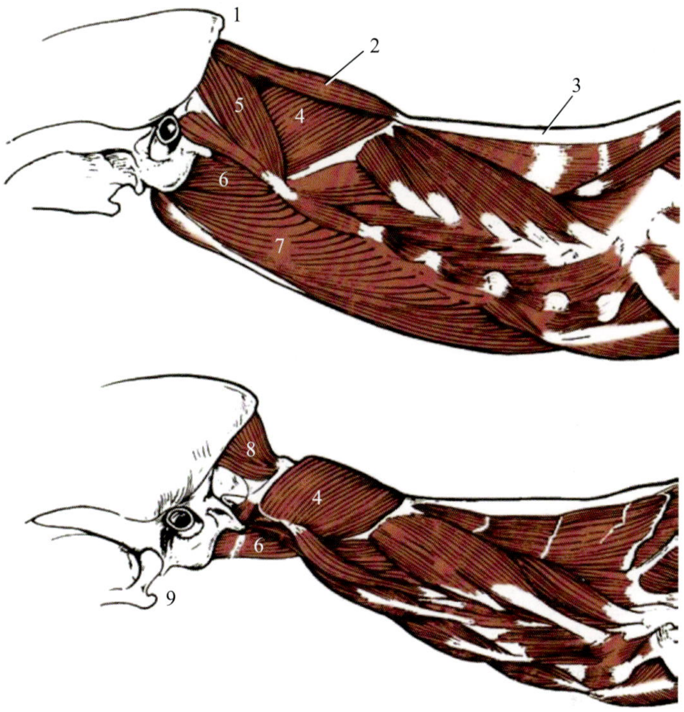

图 9-2　犬寰枕关节和寰枢关节相关肌肉侧

1. 枕外隆突
2. 头背侧大直肌
3. 项韧带
4. 头后斜肌
5. 头前斜肌
6. 头腹侧直肌
7. 头长肌
8. 头背侧小直肌
9. 下颌骨角突

（引自 Singh，2018）

（二）背腰肌群

背腰部有十余块肌肉，可分为以下 4 层（图 9-3 和图 9-4）。

1. 第一层——胸斜方肌和背阔肌　详见前肢解剖。

2. 第二层——胸菱形肌、前背侧锯肌和后背侧锯肌　详见胸壁解剖。

3. 第三层——背最长肌、背髂肋肌

4. 第四层——背颈棘肌、背多裂肌、棘间肌、腰横突间肌

①背最长肌（longissimus dorsi）　长而强大，富含腱质，呈三棱形，位于胸腰椎棘突与肋骨上端、腰椎横突之间的三棱形夹角内，自髂骨前缘伸达最后颈椎。起自髂骨前缘和荐椎、腰椎及后数个胸椎棘突。向前分为 2 支：腹侧支止于腰椎、胸椎和第 7 颈椎的横突以及肋骨的外侧面；背侧支止于后 4 个颈椎棘突（又称为背颈棘肌半棘肌）。其作用：伸背腰；协助呼气；跳越障碍物时，参与提举躯干前部（后肢支地负重时）或后部（前肢支地负重时）；挽车或犁地时，起主要作用。

②背髂肋肌（dorsal iliocostalis muscle）　又称肋最长肌（longissimus costarum muscle），狭长而分节，由一系列斜向前下方的肌束组成，上缘与背最长肌外侧缘接触。二者之间形成髂肋肌沟，沟中有针灸穴位。起自后 8（牛）或 15（马）个肋骨的前缘和腰椎横突末端，止于所有肋骨的后缘（牛、马、猪）和前 12、13 个肋骨的后缘（马）及第 7 颈椎横突。其作用是向后牵引肋骨，协助呼气。

③背颈棘肌（spinalis dorsi cervicis muscle）　位于背部、在背最长肌和棘突之间，表面被腰背筋膜覆盖，肌腹越向前越大。它以多条强腱束起于前部腰椎及后部胸椎的棘突，肌纤维向前行，肌腹前部分为内、外两部分：内侧部在上方，止于各胸椎棘突和棘上韧带；外侧部在下方，向前下方伸展，止于第 1 胸椎和后 5 个颈椎的棘突。

④背多裂肌（multifidus dorsi muscle）　位于背最长肌内侧和胸、腰及荐椎棘突之间，为一长分节性肌。该肌表面多腱质，有一系列斜向前上方行的平行肌束，越向后肌束越长而厚。它起于荐骨外侧部、腰椎关节突和胸椎的横突，止于荐骨前部的棘突、胸腰椎棘突和第 7 颈椎棘突。该肌浅面有背最长肌和荐尾背侧肌的外侧部，深面为椎骨棘突。

⑤棘间肌（interspinale muscle）　位于背腰部各棘突之间，肌纤维纵向走行。

⑥腰横突间肌（intertransversales lumborum muscle） 位于腰椎横突间隙内，薄而呈腱性，浅面接背最长肌。可协助偏腰。

（三）荐尾部肌群

荐尾部有4块肌肉，背侧肌有荐尾背侧肌和尾横突间肌，腹侧肌有荐尾腹侧肌和尾骨肌。牛、马、猪尾部肌肉相似。

1. 荐尾背侧肌（dorsal sacrocaudal muscle） 位于荐骨和尾椎横突的上方，分内、外侧两部分，荐尾背内侧肌（dorsal medial sacrocaudal muscle）和荐尾背外侧肌（dorsal lateral sacrocaudal muscle）。内侧部在正中矢状面和对侧同肌相接。它起于荐骨及前数尾椎的棘突，最前部和背最长肌相连，止于尾椎的横突及外侧面，在最后4尾椎处，变为多条细腱。二肌共同作用使尾挺起，一侧收缩使尾向一侧倾斜。

2. 尾横突间肌（caudae intertransverse muscle） 位于尾椎两侧，在荐尾背侧肌和荐尾腹侧肌之间，由第2尾椎起（牛、猪），荐骨外侧缘（马）或第1尾椎起（犬），位于各尾椎横突之间。两侧共同作用可固定尾椎，一侧作用使尾椎侧屈。

3. 荐尾腹侧肌（ventral sacrocaudal muscle） 位于荐骨和尾椎横突的下方。它也有内、外侧部，有时两部分界不清楚。内侧部起于第2荐椎以后的荐骨下面及前几个尾椎的下面，止于尾椎横突及下面。外侧部起于荐骨中段的侧部和下面，止于尾椎横突及下面。共同作用下降尾，一侧收缩使尾向外侧倾斜。

4. 尾骨肌（coccygeal muscle） 也称尾肌，位于荐坐韧带后上部的内侧面和股二头肌的深面，呈扁片状肌，分浅、深2片，浅片大，深片小，两片之间有致密结缔组织膜。牛、马、猪尾肌起于荐坐韧带后部，或起于坐骨棘（犬），肌纤维斜向后上，止于第3、4尾椎横突。该肌深面有直肠和荐尾腹侧肌。

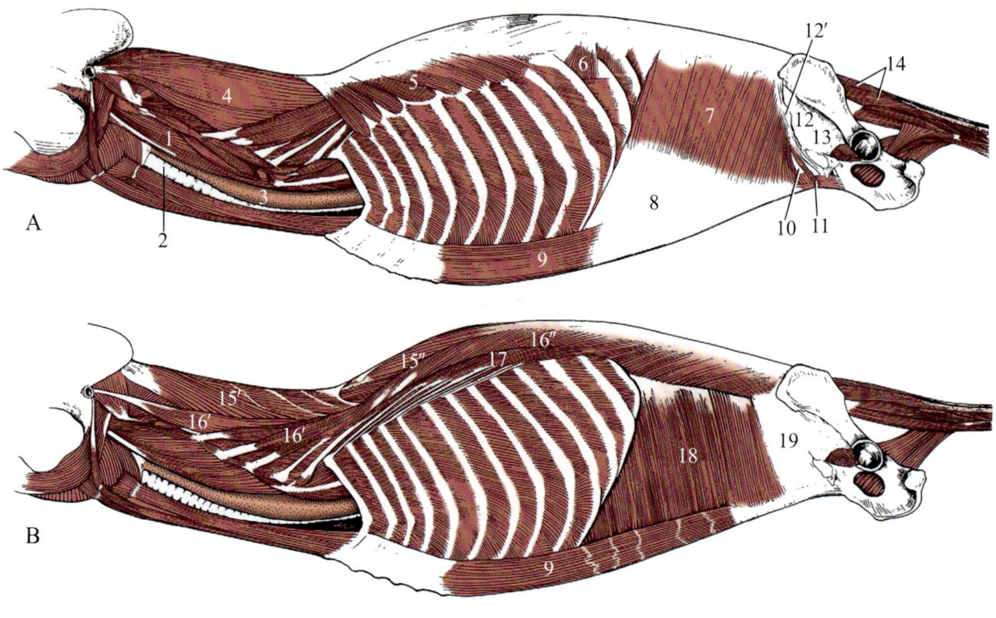

图9-3 犬的躯干肌

A. 中层肌 B. 深层肌

1. 头长肌 2. 气管 3. 食管 4. 夹肌 5. 前背侧锯肌 6. 后背侧锯肌 7. 腹内斜肌 8. 腹内斜肌腱 9. 腹直肌 10. 腹内斜肌游离后缘 11. 提睾肌 12. 腹股沟韧带 12′. 切断并掀起的腹外斜肌腱膜 13. 髂腰肌 14. 背侧腱尾肌 15. 横突棘肌系 15′. 头半棘肌 15″. 棘肌和半棘肌 16. 最长肌系 16′. 头最长肌和颈最长肌 16″. 胸最长肌 17. 髂肋肌 18. 腹横肌 19. 腹横筋膜

（引自Singh，2018）

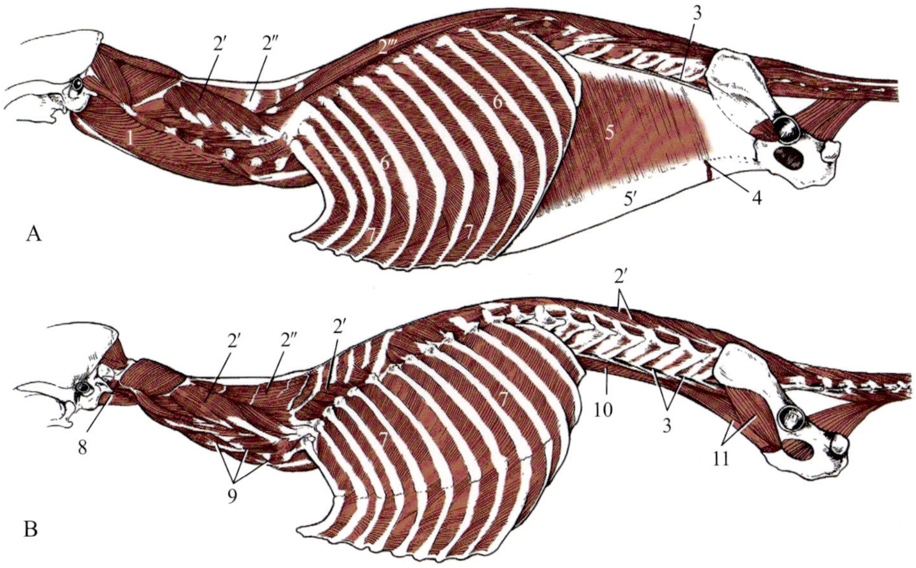

图 9–4　犬的躯干深层肌

A. 深层肌　B. 最深层肌

1. 颈长肌　2′. 多裂肌　2″. 头半棘肌　2‴. 棘肌半棘肌　3. 腰方肌　4. 腹直肌　5. 腹横肌　5′. 腹横肌腱膜　6. 肋间外肌　7. 肋间内肌　8. 头腹侧直肌　9. 颈长肌　10. 腰小肌　11. 髂腰肌

（引自 Singh，2018）

四、深部血管和神经

（一）动脉

脊柱区深部动脉来源不一，颈部来自枕动脉和肋颈动脉干；胸背部和腰部主要由肋间背侧动脉和腰动脉供血；荐尾部由臀前动脉、荐中动脉和尾中动脉供血。

1. 枕动脉（occipital artery） 起于颈动脉窦背侧的细支。主干向上伸延，沿途发出侧支，分布到寰枕关节处的肌肉和皮肤以及硬脑膜和脑脊髓等。

2. 肋颈动脉干（costocervical trunk） 为锁骨下动脉在胸腔的分支，起于锁骨下动脉起始处背侧，在第 1 肋与颈长肌间向前上方伸延，相继分出肋间最上动脉、肩胛背侧动脉、颈深动脉后，延续为椎动脉。

（1）肋间最上动脉（suprema intercostalis artery） 在胸椎与颈长肌间的沟中向后伸延，沿途分支形成 1 ～ 3 对肋间背侧动脉。分布于第 1、2、3 肋间的肌肉和皮肤。

（2）肩胛背侧动脉（dorsalal scapular artery） 从第 2 肋间穿出胸腔，分布于鬐甲部肌肉和皮肤。

（3）颈深动脉（deep cervical artery） 经第 1 肋前缘出胸腔，于头半棘肌与项韧带间前行，分布于颈背侧肌肉和皮肤。

（4）椎动脉（vertebral artery） 为肋颈动脉干的直接延续，经第 1 肋骨前缘由胸腔内通出时，先位于第 7 颈椎横突的下方、斜角肌的内侧面，由此伸向前上方，进入第 6 颈椎横突孔，向前行于横突管内，直至第 2 颈椎止（猪、犬、马还向前伸延至寰椎翼窝与枕动脉吻合），沿途在各椎间孔附近发出背侧支、腹侧支和脊髓支，背、腹侧支分别分布于颈背、腹侧的肌肉和皮肤；脊髓支经椎间孔入椎管，分布于脊膜和脊髓等。

3. 肋间背侧动脉（dorsal intercostal artery） 起于胸主动脉背侧的成对侧支，数目为相应动物的肋骨对数减一，牛肋间背侧动脉的前 3 对由肋颈动脉干的肋颈动脉发出；马第 1 对起自颈深动脉，第

2～4对起自肋间最上动脉；其余各对起自胸主动脉分出的壁支部分。其余均由胸主动脉分出；每对肋间背侧动脉在椎间孔处分出背侧支后，主干沿肋骨的血管沟向下延伸，与胸廓内动脉等的肋间腹侧支吻合。背侧支粗大，分支到脊柱背侧肌肉、皮肤外，并发出脊髓支，随脊神经根入蛛网膜下腔，分布于脊髓。主干向下，沿途发出数支外侧皮支，分布于胸壁肌和皮肤。

4. 腰动脉（lumbar artery） 腰动脉通常为6对，前5对起于腹主动脉，牛、马最后1对起于髂内动脉；猪最后1对起于荐中动脉，在个别情况，猪后2对腰动脉以1对总干起于腹主动脉。每一腰动脉除分支分布于腰肌外，还分出脊髓支和背侧肌支。脊髓支分布于腰部脊膜和脊髓。背侧肌支分布于背侧的肌肉。

5. 臀前动脉（cranial glutea artery） 臀前动脉起于髂腰动脉分支处后方，常有1～2支，出坐骨大孔，分支到臀肌。牛常发出第1、2荐支到荐部。

6. 荐中动脉（middle sacral artery） 腹主动脉的延续干，沿荐骨腹侧正中向后，沿途分出荐支入荐腹侧孔，分支到脊髓（脊髓支）和肌肉（背侧支）。主干向后伸达尾椎腹侧正中，称尾中动脉。中国水牛的荐中动脉多数缺乏，由髂内动脉分出的左右荐外侧动脉，向后汇集成尾中动脉。荐中动脉在髂内动脉总干根部背侧引出，于荐骨腹侧中央与同名静脉为伴后行，直至尾部，延续为尾中动脉。它于始部背侧分出1对最后腰动脉；后行分出2对分布于第3、4荐下孔的动脉支；接着在前4尾椎的腹侧面，分出3支动脉，分别贴着椎体腹侧面后行，分为叉状，分别进入两侧椎孔；继而在第4、5尾椎相对处分出一动脉，后行到第6尾椎处，分为左、右2支，左、右支又分为尾背侧动脉及尾腹侧动脉，与其主干一起进入尾部。

7. 尾中动脉（middle caudal artery） 从尾椎腹侧血管沟内向后，至第4、5尾椎处则位于皮下，用手指触摸能清晰感到搏动，是牛的脉诊动脉。尾中动脉在沿途发出尾支，并在尾椎横突背侧和腹侧吻合形成尾腹外侧动脉和尾背外侧动脉，分布到尾部肌肉、皮肤。

（二）静脉

脊柱区深部的静脉与动脉伴行，并可通过椎外静脉丛与椎管内、颅内以及盆部等处的静脉广泛相通。

（三）神经

脊柱区的神经主要来自脊神经（包括颈、胸、腰、荐及尾脊神经）的背侧支和副神经。脊神经背侧支呈明显的节段性分布。

1. 颈神经背侧支 颈神经背侧支分布至颈部皮肤和深层肌（详细见颈部解剖）。

2. 胸神经背侧支 分布至胸背部皮肤和深层肌（详细见胸部解剖）。胸神经背侧支离开胸椎椎管经椎间孔出来，分为外侧支及内侧支。外侧支在背最长肌之下，沿肋提肌后部表面向下后方行，穿过背最长肌和髂肋肌之间，再穿过背侧锯肌和背阔肌，分布于胸背侧的皮肤和背最长肌。其中第4、5对的背侧支，由吸气背侧锯肌和肩胛软骨穿出后，分布于冈下肌、斜方肌及皮下。第6对的背侧支穿过肩胛软骨后，顺前臂筋膜张肌后缘下行，分布于该部皮下。背侧支的外支投影线，恰在肩胛软骨后角和髋结节之间的线上。内侧支由背多裂肌深面上行，在鬐甲部，于背最长肌深面上行，分布于皮下。

3. 腰神经背侧支 分布至腰区、臀区皮肤和深层肌。腰神经一般为6对，变动范围为5～7对。腰神经经腰椎椎间孔离开脊髓，分为背侧支和腹侧支。背侧支分布于脊柱背侧的肌肉和皮肤。腹侧支出椎间孔后在腰肌背侧向外侧行。腹侧支根部之间有吻合支联系，形成腰神经丛（plexus lumbalis），其中最后1对神经与第1对荐神经腹侧支之间有吻合支联系。

4. 荐神经背侧支 分布至荐尾骨背面、臀区肌肉和皮肤。荐神经有4对，由脊髓末部引出，分为背侧支和腹侧支。背侧支也分为内侧支和外侧支：内侧支是肌支；外侧支除最后荐神经外终止于臂区的皮肤。腹侧支在骨盆内侧壁延伸。前 2 对荐神经腹侧支和最后 2 对腰神经腹侧支形成腰荐神经丛（plexus lumbosacralis）。由腰荐丛引出的神经有臀前神经、臀后神经和坐骨神经。由后部的荐神经腹侧支形成的神经是阴部神经和臀后神经总干。

5. 尾神经 分布到尾部肌肉和皮肤。尾神经一般为 6 对，由相应的椎骨后方的椎间孔穿出，立即分为背侧支和腹侧支。背侧支比腹侧支细。若干的背侧支彼此连接，形成尾背侧丛。若干的腹侧支也彼此连接，形成尾腹侧丛。尾神经后行，直到尾尖。

6. 副神经 详见颈部解剖。

第三节 脊柱的解剖

脊柱由一系列椎骨借助椎体间连接、椎弓间连接和关节等连接形成。

一、脊柱连接

（一）椎体间连接

1. 椎间盘（intervertebral disk） 是相邻椎骨的椎头和椎窝之间，借纤维软骨和韧带相连，纤维软骨呈盘状称椎间盘。盘的外周是纤维环（anulus fibrosus），中央为柔软而富有弹性的髓核（pulpy nucleus），是胚胎时期脊索的遗迹。椎间盘具有弹性，有缓冲作用，椎间盘越厚的部位，运动范围越大。因颈部和尾部的椎间盘厚，故活动范围较大。由于退行性变或者外伤等导致椎间盘中央的髓核膨出或突出压迫脊髓，可导致神经系统疾病（图 9–5）。

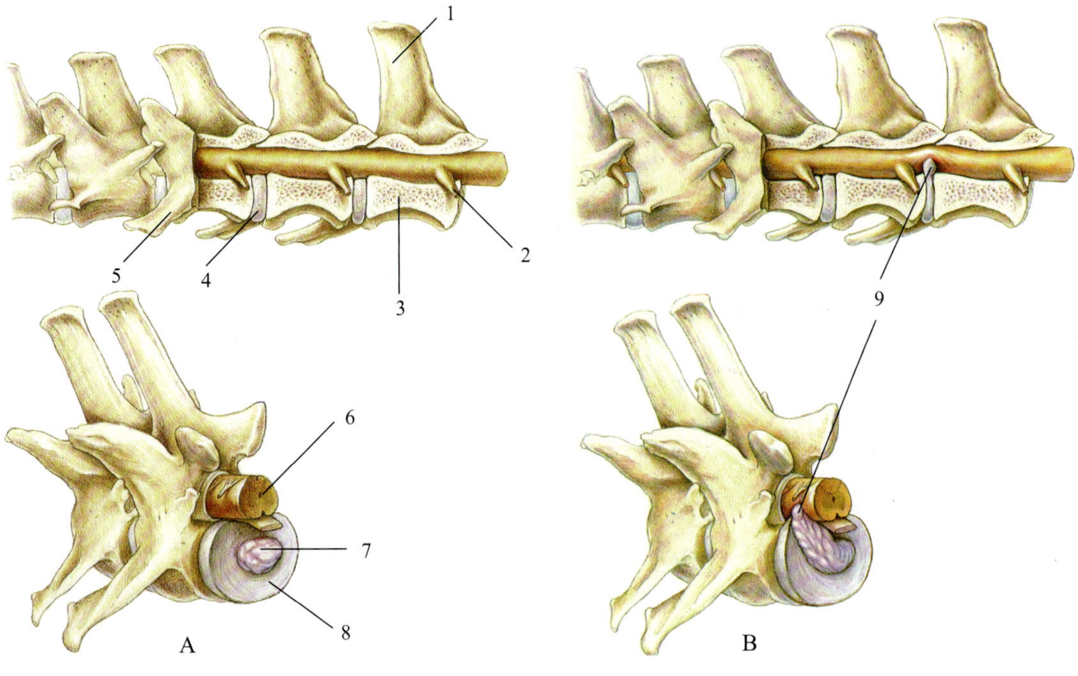

图 9–5 正常的脊椎和脊髓（A）与椎间盘疾病（B）

1. 棘突 2. 脊神经 3. 椎体 4. 椎间盘 5. 横突 6. 脊髓 7. 髓核 8. 纤维环 9. 椎间盘脱出

（引自 Hill's，2007）

2. 背侧纵韧带（dorsal longitudinal ligament） 位于椎管的底壁，起自枢椎，止于荐骨。在每个椎体的中央部较窄，椎间盘处变宽，并紧密附于椎间盘上。

3. 腹侧纵韧带（ventral longitudinal ligament） 附着于椎体和椎间盘腹侧面的长韧带，起于第 7 胸椎或第 2 ～ 3 腰椎，止于荐骨的骨盆面。

（二）椎弓间连接

椎弓间连接包括椎弓板之间连接和各突起之间的连接。除关节突间形成关节外，其余均由韧带连接（图 9–6）。

1. 棘上韧带（supraspinous ligament） 连于多数椎骨棘突的顶端，由枕骨向后伸延至荐骨。颈部棘上韧带特别强大，称项韧带（nuchal ligament）。项韧带是由弹性组织构成的黄色强韧带，位于枕骨后方、颈椎背侧及前 3 ～ 4 个胸椎棘突之间的正中矢状面处，可分为索状部和板状部。索状部由左右紧邻的两条索状韧带构成，自枕骨的项结节（前称枕外结节）起始，沿着颈椎背侧缘向后，附着于第 3（牛）或第 4（马）胸椎的棘突，向后延接棘上韧带。项韧带索状部沿其全长从体表（颈背侧缘）均可摸到。板状部位于索状部和颈椎棘突之间，也呈两层紧贴的致密弹性纤维板，起于后上方的项韧带索状部和第 2、3 胸椎棘突，由此伸向前下方，连接于第 2 ～ 7 颈椎的棘突。牛的板状部后半部分，即由第 1 胸椎至后 3 个颈椎棘突之间是单层的。犬的项韧带起于枢椎棘突后端，止于第 1 胸椎棘突顶端。猪的项韧带不发达，仅由薄层弹性组织构成的棘间韧带连接于椎骨的棘突之间。

2. 横突间韧带（intertransverse ligament）及棘间韧带（interspinous ligament） 是位于相邻椎骨横突、棘突之间的短韧带，均由弹性纤维构成。腰部无横突间韧带。

3. 弓间韧带（interarcuate ligament） 也称黄韧带 ligamentum flavum），连接相邻的两个椎弓板，参与构成椎管，有限制脊柱过度腹侧屈的作用。

4. 关节突间关节（zygapophysial joints） 是相邻椎骨的前后关节突的关节面构成，属平面关节，有关节囊，可进行滑动。颈部的关节囊强而宽大，胸腰部的小而紧。每个关节虽只能做轻微运动，但各椎骨间的运动总和却很大。

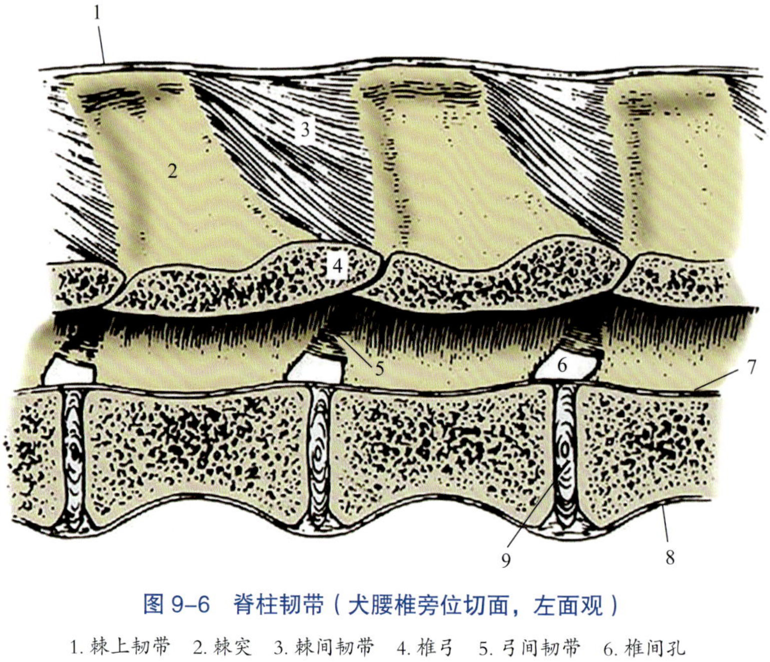

图 9–6　脊柱韧带（犬腰椎旁位切面，左面观）

1. 棘上韧带　2. 棘突　3. 棘间韧带　4. 椎弓　5. 弓间韧带　6. 椎间孔
7. 背侧纵韧带　8. 腹侧纵韧带　9. 椎间盘

（引自 Dyce 等，2010）

（三）枕寰关节和寰枢关节

1. 枕寰关节（atlanto–occipital joint） 由寰椎的关节前窝与枕骨髁构成的关节。关节囊宽大，左、右两滑膜囊彼此不相通。为双轴关节，可以围绕横轴进行头的伸屈动作，也可以围绕纵轴进行小范围的左、右转动。

2. 寰枢关节（atlantoaxial joint） 由寰椎鞍状关节面与枢椎齿突构成，关节囊松大，运动范围较大。可沿枢椎的纵轴向左右转动头部。

二、椎管

椎管（vertebral Canal）由各椎骨的椎孔连成，前至枕骨大孔通颅腔，后至第 6 尾椎（猪、犬）。椎管内有脊髓、脊髓被膜、脊神经根、血管、脑脊液和少量结缔组织等。

1. 椎管壁的构成 棘上韧带附着于椎骨棘突背端并从胸椎段延伸至尾椎段。棘间韧带沿着相邻棘突的整个高度从上到下连接。椎骨和椎间盘由背侧纵韧带相连，形成椎管底。椎管顶部由椎弓、弓间韧带和关节突关节组成，弓间韧带在椎间隙的水平处变宽。椎管两侧壁由椎弓根（intervertebral pedicles）和椎间孔组成。

2. 椎管腔的形态 在横断面上，各段椎管腔的形态和大小不完全相同。颈椎椎管向后渐高、渐宽，至第 7 颈椎则前宽后窄；由第 2 ～ 7 颈椎，脊柱呈上凹下凸的弓形；胸椎椎孔比颈椎小；荐段呈扁的三角形。犬椎管横断面呈椭圆形，水平向比垂直向宽。

第四节　脊髓的解剖

一、解剖步骤

（1）打开椎管，分别观察脊硬膜，然后尽可能将脊神经根分离出来，连同硬膜一起将脊髓取出，留待观察。

（2）可先剪开脊硬膜，观察脊髓外部结构，再分段横断脊髓，观察脊髓的内部结构。

二、脊髓和脊膜

（一）脊髓被膜及腔隙

1. 脊髓的被膜 脊髓外面被覆有三层结缔组织膜，总称为脊膜（spinal meninges）。由外向内依次为脊硬膜、脊蛛网膜和脊软膜（图 9–7）。

（1）脊硬膜（spinal dura mater） 由白色致密结缔组织构成，厚而坚韧，形成一长管状的硬膜囊（dural sac）。其前端附着于枕骨大孔边缘，并与脑硬膜相连，向后到达脊髓圆锥，包绕终丝附于尾骨背面，并向外延伸包裹所有脊神经根，出椎间孔后延续成为脊神经外膜，再与椎间孔周围的结缔组织紧密相连，起固定作用。

（2）脊蛛网膜（spinal arachnoid membrane） 紧密附着于脊硬膜内面，是一层薄而半透明的膜，缺少血管和神经，向前与脑蛛网膜相接，向后直达脊髓圆锥，有终丝穿过。向两侧随脊神经根延续为脊神经被膜。蛛网膜通过结缔组织小梁与脊硬膜和脊软膜相连接。

（3）脊软膜（spinal pia mater） 脊软膜薄，为一层富含血管和神经的结缔组织膜，紧贴在脊髓的表面，与脊髓不易分离，向前与软脑膜相连，向后在脊髓后端延续为终丝，对脊髓的滋养具有重大意义。

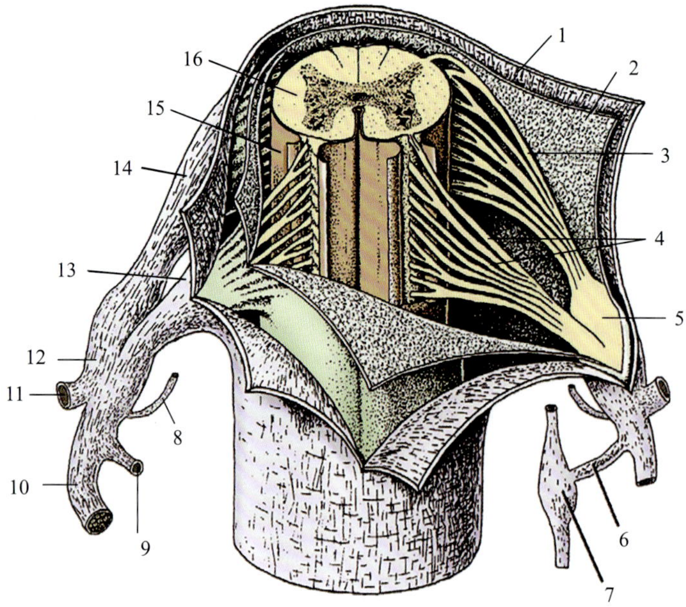

图 9-7 脊髓横切示意图，脊膜切开，显示脊髓节段和脊髓根

1. 脊硬膜 2. 脊蛛网膜 3. 脊神经背侧根丝 4. 脊神经腹侧根丝 5. 脊髓神经节 6. 交通支 7. 交感干神经节 8. 脊膜支 9. 交通支 10. 腹侧支 11. 背侧支 12. 脊神经 13. 腹侧根（脊膜内） 14. 背侧根（脊膜内） 15. 脊软膜（包裹脊髓和脊神经根丝） 16. 脊髓（横切）

（引自 Evans 等，2013）

2. 脊膜腔隙 脊髓各层被膜间以及脊硬膜与椎管管壁间均存在腔隙，由外向内有硬膜外腔、硬膜下腔和蛛网膜下腔。

（1）硬膜外腔（epidural space） 在脊硬膜与椎管之间有一较宽的腔隙，称为硬膜外腔，内含大量脂肪和结缔组织以及内部椎静脉丛，有脊神经通过。在临床上做硬膜外麻醉时，即将麻醉药注入硬膜外腔，阻滞脊神经的传导作用。硬膜外腔通常在腰荐间隙的水平上更大，因为硬膜囊在这个区域逐渐变细。由于腰荐间隙和硬膜外腔在这个位置都是最大的，犬和猫的硬膜外麻醉通常在此位置进行。牛和马一般在第 1、2 尾椎之间进行（图 9-8）。

硬膜外麻醉时，硬膜囊被无意刺穿的可能性很大。大型犬的硬膜囊通常止于 L6 ～ L7 处，而猫的硬膜囊可向尾侧延伸至第 1 荐段；因此，猫进行硬膜外麻醉时更常见到“湿头”（wet-tap）的原因——即使针正确定位在腰荐间隙，也可能刺穿硬膜囊，使脑脊液进入针内并能在针中检测到。小型犬由于硬膜囊可延伸到腰荐间隙，有时甚至可达荐骨，因此，也可能发生类似情况。

（2）硬膜下腔（subdural space） 在脊硬膜与脊蛛网膜之间形成狭窄的硬膜下腔，内含淋巴液，向前与脑硬膜下腔相通。

（3）蛛网膜下腔（subarachnoid space） 脊蛛网膜与脊软膜之间形成相当大的腔隙，将蛛网膜与脊软膜分开。该腔充满脑脊液，以营养脊髓，向前与脑蛛网膜下腔相通，向后延伸到脊髓圆锥，此处蛛网膜下腔较宽，称为腰大池（lumbar cistern）。腰大池穿刺是临床和实验工作中获取脑脊液样本的常用方法，腰荐间隙是最易操作的部位（图 9-8）。

（二）脊髓

1. 外形 脊髓（spinal cord）位于椎管内，自枕骨大孔后缘向后伸延至荐部（图 9-9），呈背、腹

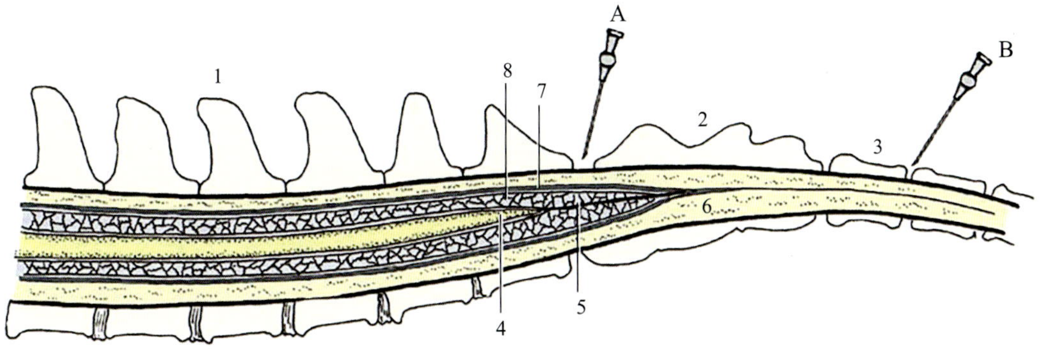

图 9-8 椎管及其内容物正中矢状面观

腰荐间隙和第 1、2 尾椎之间的间隙用针指示：A. 用于脑脊液采集 B. 用于硬膜外麻醉 .

1. 腰椎 2. 荐骨 3. 尾椎 4. 脊髓圆锥 5. 终丝 6. 硬膜外腔 7. 脊硬膜 8. 蛛网膜下腔含脑脊液

（仿自 Dyce 等，2010）

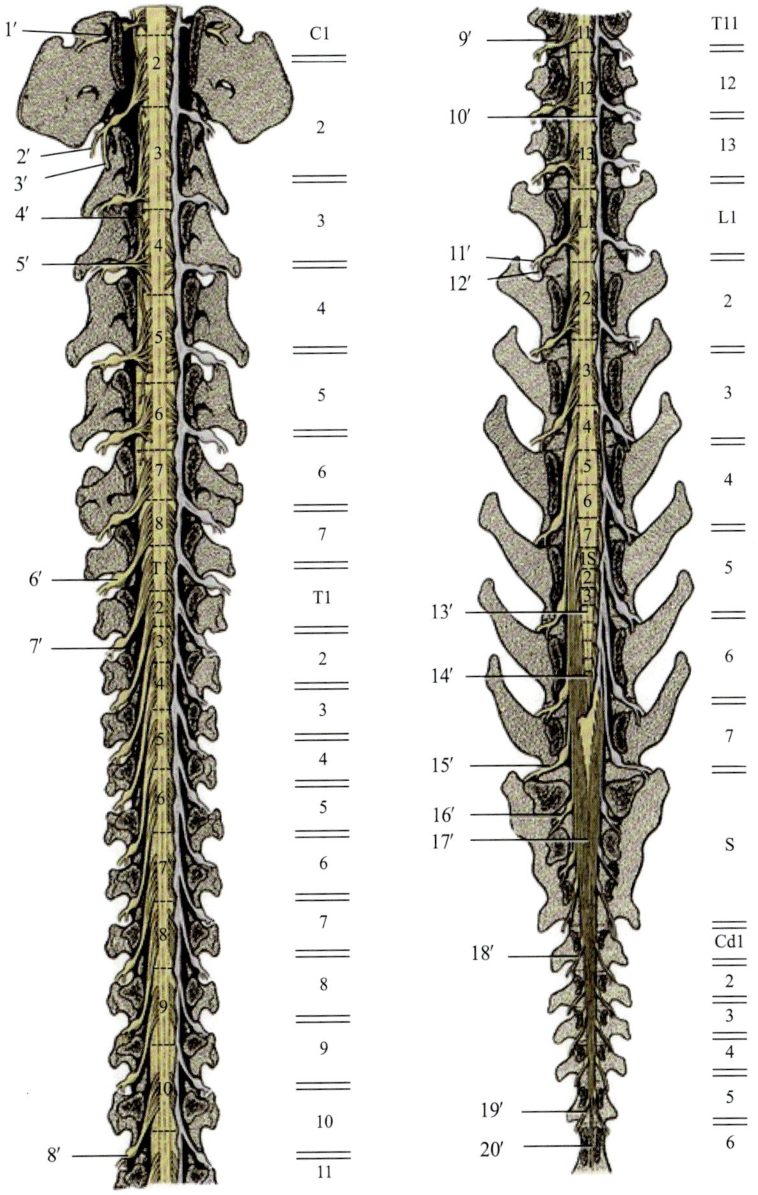

图 9-9 犬脊神经根和脊髓（背侧面）

1′. 第 1 颈神经
2′. 第 2 颈神经腹侧支
3′. 第 2 颈神经背侧支
4′. 副神经
5′. 第 4 颈神经背侧根
6′. 第 8 颈神经脊神经节
7′. 第 1 胸神经
8′. 第 10 胸神经
9′. 第 11 胸神经背根
10′. 脊硬膜
11′. 第 1 腰神经腹侧支
12′. 第 1 腰神经背侧支
13′. 第 1 尾神经段
14′. 第 5 尾神经段
15′. 第 7 腰神经
16′. 第 1 荐神经
17′. 马尾
18′. 第 1 尾神经
19′. 第 5 尾神经
20′. 终丝
C1. 第 1 颈椎
T1. 第 1 胸椎
T11. 第 11 胸椎
L1. 第 1 腰椎
S. 荐椎
Cd1. 第 1 尾椎

（引自 Evans 和 de Lahunta, 2017）

向稍扁的圆柱状，向后端逐渐缩细形成圆锥状，称为脊髓圆锥（conus medullaris），最后形成一根来自软膜的细丝，称为终丝（filum terminale）。终丝外面包以硬膜附着于尾椎椎体的背侧，有固定脊髓的作用。脊髓在颈胸段之间和腰荐段之间外形成膨大，分别形成颈膨大（cervical intumescentia）和腰膨大（lumbar intumescentia）。

脊髓的背侧正中有纵向的浅沟称为背正中沟，脊髓的腹侧正中有纵向的深裂称为腹正中裂。在背正中沟的两侧分别有一背外侧沟，脊神经背侧根的根丝经此沟进入脊髓。在腹正中裂的两侧，也分别有一腹外侧沟，是脊神经腹侧根的根丝发出的部位。

在胚胎发育过程中，脊髓和脊柱的后期生长速度不同，脊柱比脊髓生长快，脊髓逐渐短于椎管，并在出生后继续下去。从而使脊髓节段与椎骨原来的对应关系发生变化。相对位置的移位使脊髓节段在颅骨上从它们在相同编号的椎骨内的原始位置移动，越靠近尾端节段的脊髓移位越明显，引起荐神经和尾神经的特殊排列，从而形成马尾。脊髓末端的位置因物种而异（在生命早期，随年龄的增长而变化）（图 9-10），反刍动物的 L6，猪的 L5 或 L6，马的 S2，大型犬的 L6 或 L7，小型犬的 S1，猫在 L6 和 S3 之间变化较大。了解脊髓节段与椎骨的对应关系，对临床确定麻醉位置和脊髓病变部位有重要意义。

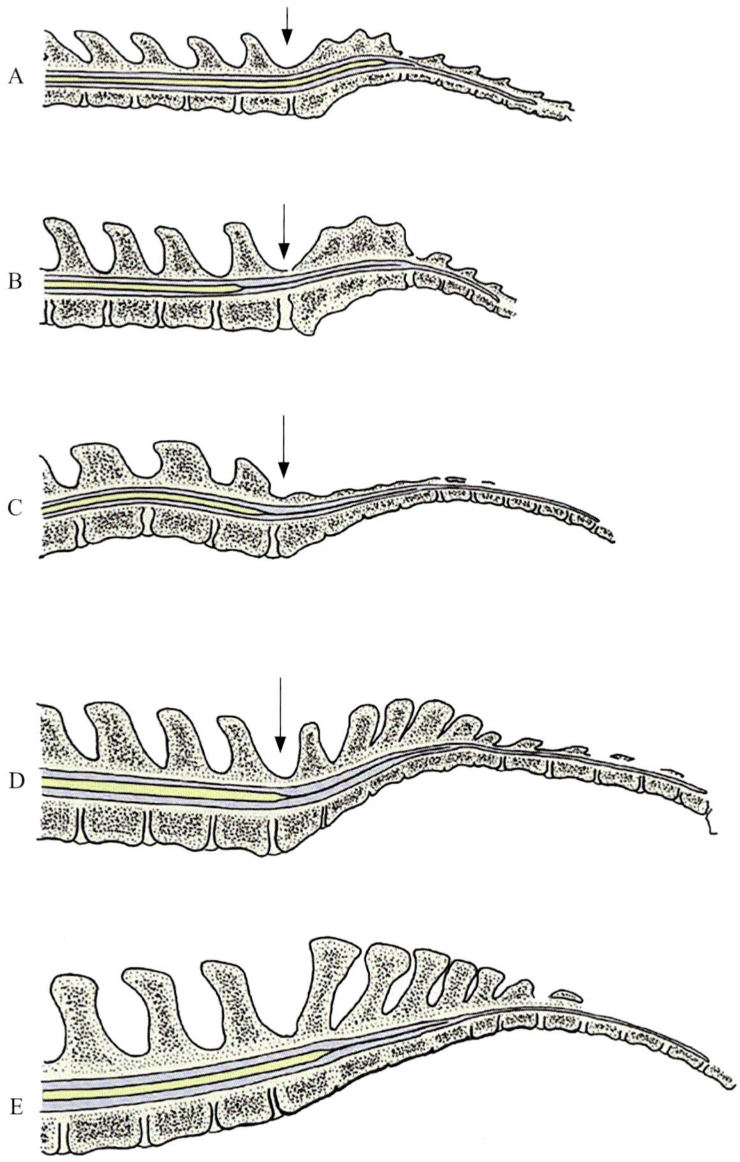

图 9-10　不同动物椎管和脊髓正中矢状面

A. 猫　B. 犬　C. 猪　D. 牛　E. 马

箭头所指为腰荐间隙

注意：不同动物脊髓圆锥位置不同，并向后延伸为终丝

（引自 Dyce 等，2010）

2. 内部结构 脊髓内部中央有细长纵走的中央管（central canal），前通第4脑室，内含脑脊液。在脊髓内部中央周围的是灰质，灰质外面是白质（图9–7）。

（1）灰质 在脊髓的横断面上，灰质呈H形，其全长形成纵柱，每侧部的灰质分别向背、腹侧伸入白质，分别称背侧柱（dorsal column）和腹侧柱（ventral column），柱的横断面成角状，也可称为背侧角和腹侧角。中央管周围连接两侧的灰质，称为灰质连合（commissura grisea）。颈、胸、腰、荐各段脊髓灰质的大小和形态均不同。胸髓的灰柱比其他节段的小，且在胸髓和腰髓前部的腹侧柱基部的外侧还有一不太明显的外侧柱（lateral column）。脊髓颈膨大和腰膨大的腹侧柱较大，内含神经元的数量也较多。

（2）白质 位于灰质的周围，主要由纵走的神经纤维构成，为脊髓上、下传导冲动的传导径路。白质可划分为3对索，即背侧索、外侧索和腹侧索。背侧索（dorsal funiculus）为背侧正中沟至背外侧沟之间的白质。外侧索（lateral funiculus）是背外侧沟与腹外侧沟之间的白质。腹侧索（ventral funiculus）是腹外侧沟至腹正中裂之间的白质。

（三）脊神经根

每一节段脊髓均接受来自脊神经的感觉神经纤维，并发出运动神经纤维，分别形成背侧根（dorsal root）和腹侧根（ventral root），脊神经根以一系列细根丝（rootlets）的形式附着在脊髓上（图9–7和图9–9）。背侧根较长，外侧有脊神经节。各段脊神经节的大小不完全相同。背侧根和腹侧根在椎间孔附近合并为脊神经，经椎间孔出椎管后，且脊神经立即分成4个主要分支，即背侧支、腹侧支、脊膜支和交通支，交通支与交感干神经节相连。

在腰段脊髓以前的脊神经根与各该节段的椎间孔相对。在腰段后部与荐部，由于脊神经根在椎管内伸延一段距离才出其相应的椎间孔，且脊神经根包围在脊髓圆锥和终丝的周围，此结构称为马尾（Cauda equina）。

（四）脊髓的血管

1. 动脉 来源有2个，即起自椎动脉的1条脊髓腹侧动脉、2条脊髓背外侧动脉及起自节段性的根动脉。它们之间有广泛吻合（图9–11）。

（1）脊髓腹侧动脉（ventral spinal artery） 该动脉是供应脊髓的主要动脉，位于脊髓腹侧，有一条沿脊髓腹正中裂走行。脊髓腹侧动脉沿途发出一系列中央支（central branch），也称垂直动脉（vertical artery），它们像梳子齿一样从脊髓腹侧动脉发出，并在腹正中裂内向脊髓中心延伸，为大部分的灰质和周围部分白质提供血液。

（2）脊髓背外侧动脉（dorsolateral spinal artery） 一对，较小，位于脊髓背侧，沿脊髓背外侧走行。不同物种，此动脉呈现不稳定和不规则的特征。

脊髓背外侧动脉和腹侧动脉沿途分支相互吻合成稀疏且不规则的动脉吻合网（anastomosing network）。但这些吻合支较细不足以作为替代通道。如果脊髓腹侧动脉受阻，则导致脊髓损伤。

（3）根动脉（radicular artery） 起自节段性营养动脉的脊髓支（spinal branches），头部的根动脉主要来自枕动脉、椎动脉，胸部的根动脉来自肋间背侧动脉，腰部的根动脉来自腰动脉，荐尾部的根动脉来自荐外侧动脉。根动脉随脊神经穿椎间孔入椎管分为背根动脉（dorsal radicular artery）、腹根动脉（ventral radicular artery）和脊膜支（meningeal branches）。在有些动物，背根动脉和腹根动脉在身体的某个或某些节段中呈不规则缺失。脊神经根的损伤除了会影响该特定节段的感觉和运动神经根丝外，还会影响其动脉，从而导致脊髓自身变性。

在平椎间孔处，脊髓表面吻合的动脉网常形成不规则、不稳定的动脉环（arterial ring），此环环绕脊髓，加强血液供应，并接收背根动脉和腹根动脉。

2. 静脉 脊髓的主要静脉是位于椎管腹侧硬膜外腔中的一对椎内腹侧静脉丛（ventral internal

vertebral venous plexus)，此静脉丛向前在寰枕区与基底窦（basilar sinus)(颅内乙状窦的一个分支）相接（图 9-12)。两侧的椎内腹侧静脉丛之间及其与椎静脉、肋间背侧静脉、奇静脉、荐外侧静脉和尾静脉之间均有吻合支相连，脊髓静脉系瓣膜发育不良且稀少。椎内静脉丛收集椎骨和脊髓的静脉血。虽然这是一个双侧对称的节段性系统，但各节段血管的大小变化很大，包括偶尔缺少一条或多条血管。

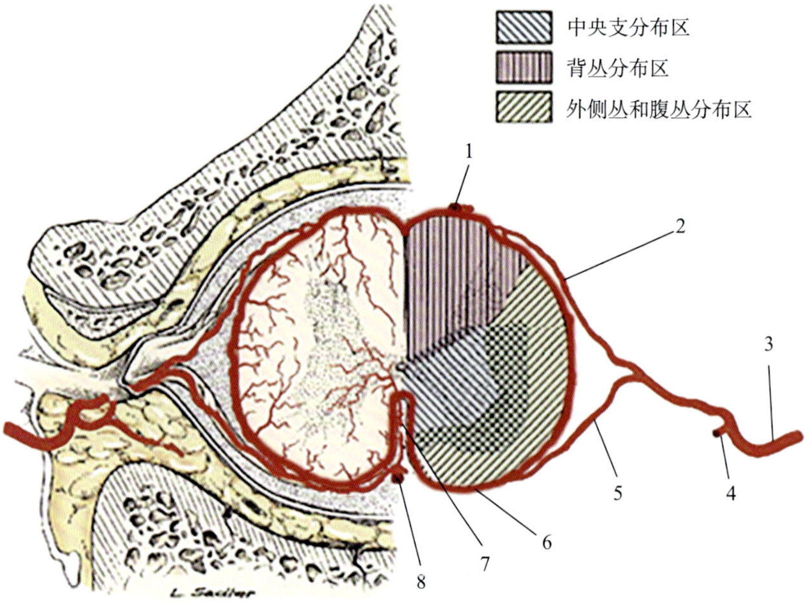

图 9-11　犬脊髓的动脉血管

1. 脊髓背外侧动脉　2. 背根动脉　3. 脊髓支　4. 脊膜支　5. 腹根动脉
6. 动脉环　7. 中央支　8. 脊髓腹侧动脉
（引自 Evans 和 de Lahunta，2013）

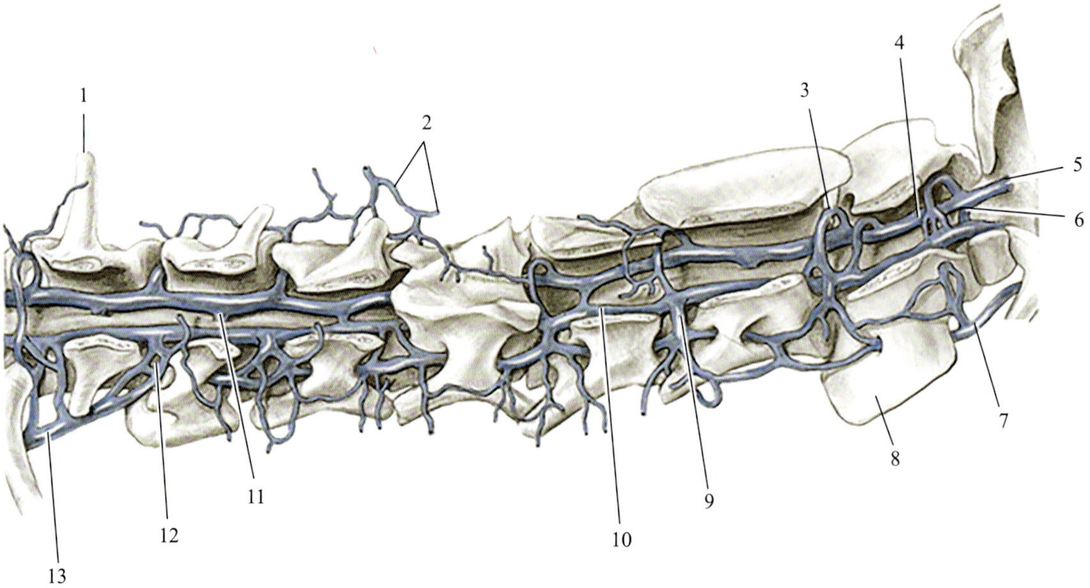

图 9-12　犬颈椎静脉系（右侧观）

1. 第 7 颈椎　2. 椎外静脉丛　3. 弓间支　4. 椎内左腹侧静脉丛　5. 左侧基底窦
6. 腹侧基底间窦　7. 椎静脉　8. 寰椎　9. 第 3 椎间静脉　10. 椎内右腹侧静脉丛
11. 基底静脉　12. 第 7 颈神经出口　13. 椎静脉
（引自 Evans 和 de Lahunta，2017）

【思考题】

1. 椎体间连接有哪些？各有何意义？
2. 椎弓间连接包括哪些？
3. 简述椎间盘的构成及意义。
4. 颈背侧肌群包括哪些肌肉？
5. 背腰肌群具体包括哪些肌肉？
6. 简述椎管的组成和内容。
7. 硬膜外麻醉和蛛网膜下腔麻醉分别需经哪些结构？从解剖学角度分析术中应注意哪些问题？
8. 脑脊液位于哪两层脊膜之间？

参考文献

[1] 安徽农学院 . 家畜解剖图谱 . 上海：上海人民出版社 , 1977.

[2] 陈耀星，崔燕 . 动物解剖学与组织胚胎学（全彩版）. 北京：中国农业出版社 , 2019.

[3] 陈耀星，李福宝 . 动物解剖学及实验教程第二分册：动物局部解剖学（动物解剖实验实习指导）. 2 版 . 北京：中国农业大学出版社 , 2010.

[4] 陈耀星 . 畜禽解剖学 . 4 版 . 北京：中国农业大学出版社 , 2023.

[5] 陈耀星 . 动物解剖学彩色图谱 . 北京：中国农业出版社，2013.

[6] 南京农业大学，甘肃农业大学，北京农业大学，等 . 拉・汉兽医解剖学名词 . 长沙：湖南科学技术出版社，1986.

[7] 南开大学 . 实验动物解剖学 . 北京：高等教育出版社 , 1979.

[8] 斯坦利・H. 多恩 , 彼得・C. 古迪 , 苏珊・A. 埃文斯 , 等 . 犬猫解剖学彩色图谱 . 2 版 . 陈耀星 , 曹静 , 主译 . 沈阳：辽宁科学技术出版社 , 2021.

[9] 汪定基 . 家畜局部解剖学 . 北京：农业出版社 , 1993.

[10] 谢铮铭 . 驴马实地解剖 . 北京：农业出版社 , 1987.

[11] 杨安峰 . 兔的解剖 . 北京：科学出版社 , 1979.

[12] 杨昌辉 . 图解家畜比较解剖学（下册）. 台湾：徐氏基金会出版 , 1978.

[13] Horst Erich König, Hans-Georg Liebich. 家畜兽医解剖学教程与彩色图谱 . 3 版 . 陈耀星 , 刘为民，主译 . 北京：中国农业大学出版社 , 2009.

[14] Budras KD, Habel RE. Bovine anatomy: an illustrated text. London: Schlütersche, 2004.

[15] Dyce KM, Sack WO, Wensing CJG. Textbook of veterinary anatomy. WB Saunders Company. USA, 1987.

[16] Dyce KM, Sack WO, Wensing CJG. Textbook of veterinary anatomy. 4th ed. St. Louis: Saunders/Elsevier, 2010.

[17] Dyce KM, Sack WO, Wensing CJG. Textbook of veterinary anatomy. 5th ed. St. Louis: Saunders/Elsevier, 2016.

[18] Evans HE, de Lahunta A. Miller's anatomy of the dog. 4th ed. New York: Elsevier Saunders, 2013.

[19] Evans HE, de Lahunta A. Guide to the dissection of the dog. 8th ed. Singapore: Elsevier, 2017.

[20] Hill's. Hill's atlas of veterinary clinical anatomy. New Jersey: Hill's Pet Nutrition, Inc, 2007.

[21] König HE, Liebich H-G. Veterinary anatomy of domestic animals textbook and colour atlas. 7th ed. Stuttgart: Thieme, 2020.

[22] McCracken TO, Kainer RA. Color atlas of small animal anatomy. David Carlson, Illustrator. Ames,Iowa: Blackwell Publishing, 2008.

[23] Popesko P. Atlas of topographical anatomy of the domestic animals. London: WB Saunders Company Philadelphia, 1985.

[24] Singh B. Dyce, sack, and wensing's textbook of veterinary anatomy. 5th ed. St. Louis: Saunders/Elsevier, 2018.

[25] International committee on veterinary gross anatomical comenclature. Nomina anatomica veterinaria. 6th ed. Belgium: World Association of Veterinary Anatomists, 2017.